图书在版编目（CIP）数据

现代性·地方性——岭南城市与建筑的近代转型／彭长歆著.
上海：同济大学出版社，2012.3
ISBN 978-7-5608-4749-8

Ⅰ.①现… Ⅱ.①彭… Ⅲ.①城市建筑－研究－岭南
－近代 Ⅳ.① TU-098.12

中国版本图书馆 CIP 数据核字（2011）第 279308 号
本书出版获上海文化发展基金会图书出版专项基金、广州大学学术专著出版基金资助

现代性·地方性——岭南城市与建筑的近代转型
著　　作　　彭长歆
出版策划　　萧霏霏（xff66@yahoo.com.cn）
责任编辑　　陈立群（clq8384@126.com）
视觉策划　　育德文传
装帧设计　　昭　阳
电脑制作　　宋　玲　唐　斌
责任校对　　徐春莲
出　　品　　支文军

出　　版
　　　　　　同济大学出版社 www.tongjipress.com.cn
发　　行
　　　　　　上海市四平路 1239 号　邮编　200092　电话 021-65985622
经　　销　　全国各地新华书店
印　　刷　　上海新华印刷有限公司
成品规格　　185mm×214mm　336 面
字　　数　　580000
版　　次　　2012 年 3 月第 1 版　2012 年 3 月第 1 次印刷
书　　号　　ISBN 978-7-5608-4749-8
定　　价　　68.00 元

现代性·地方性

——岭南城市与建筑的近代转型

彭长歆 著 同济大学出版社

致　谢

这本书是在笔者博士学位论文基础上经过长期思考、修改而成。

笔者受业于华南理工大学，前后历时十二年。邓其生教授是笔者研究的启蒙者，他致力于岭南地域性传统建筑的研究与实践，为启发笔者对本地区建筑文化的热爱，并选择合适的研究方向，先生曾带笔者考察广东地区的传统寺庙、园林、民居、村落和城市，并最终确定中国近代建筑史为笔者博士研究的主要方向，岭南是这一研究的着眼点。记得当时得知这一决定时笔者欣喜若狂，并在随后的研究中乐此不疲、前行至今。在建筑历史的学习中，笔者曾受教于陆元鼎、刘管平、吴庆洲、程建军、郑力鹏、刘业等诸教授。陆先生早年毕业于国立中山大学建筑工程学系，因此成为笔者求教近代建筑与近代建筑教育的主要亲历者，他在传统民居尤其是广东五邑侨乡民居的研究成果屡为我所借鉴；笔者对近代园林的浓厚兴趣很大程度上受益于刘先生对岭南园林的大量研究，他向我们描述了本地区园林艺术丰厚的历史底蕴；吴先生在笔者大学三年级时从英国回来，并短暂担任班主任，之后在各个学习阶段均得到先生的指点和帮助，笔者从先生的城市史、建筑史研究中获益颇多；程先生精于传统建筑技术尤其是大木作的研究，其研究成果为笔者比较中西结构技术与材料体系提供了帮助；由于研究方向相近，笔者与郑先生有着广泛的交流和深厚的友谊，他的个案研究为我提供了许多有价值的线索。笔者曾多次向清华大学张复合教授、东南大学刘先觉教授、南京大学赵辰教授、同济大学伍江教授、广州大学董黎教授、华南师范大学李传义教授等请教。诸位先生在不同领域的研究成果使笔者受益一生。

在研究中，诸多前辈及同仁好友给予笔者无私的帮助。林兆璋、蔡德道、谭荣典等建筑前辈曾接受笔者采访，林沛克先生提供了有关其父林克明先生的家族史料，Peter E. Paget先生提供了有关其祖父伯捷(Charles S. Paget)先生的家族史料，黎式强先生则介绍了其叔父黎抡杰先生的情况。笔者与赖德霖博士有着长期的交流。德霖亦师亦友，曾提供大量文献史料，并对笔者的研究提出了许多宝贵意见。学界同仁殷力欣、卢端芳、包慕萍、肖毅强、卢洁峰、曹劲、王浩娱、陈志宏、钱锋、冯江、吴隽宇、谭金花、蔡凌、姜省、张天洁、刘源、韦羽等与笔者有着广泛的学术交往，从中获益良多。笔者与广州孙中山大元帅府纪念馆有着大量合作，包括2007年与澳大利亚维多利亚州立图书馆、墨尔本大学歌夫斯博士(Derham Groves)合作开展的澳大利亚建筑师帕内(Arthur W. Purnell)在华建筑活动研究；李穗梅主任、朱晓秋女士还不时展示该馆收藏的历史影像，使笔者受益匪浅。广东省立中山图书馆倪俊明副馆长、李毅萍女士及其文德路分馆的同事曾给予笔者图书资料的帮助。在查阅资料过程中，笔者还得到了广东省档案馆、广州市档案馆、广州中山纪念堂、广州市图书馆、汕头市档案馆、江门市档案馆、台山市档案馆、海口市档案馆、北海市文物管理所等单位的协助。原广东人民出版社岭南文库赵殿红博士最早建议出版本书，并就书中的许多话题与笔者进行过讨论。同济大学出版社编辑陈立群先生是一位颇具侠义和责任感的出版人，他忍受了笔者在编辑修改过程中慢条斯理的工作作风。

　　最后，要感谢家人。慈父不断整理、装订笔者收集的文献资料，母亲和妻子在生活上给予了无微不至的关爱，我儿小一也是笔者写作的动力。希望本书的最后出版能给多年来饱受困扰的家人以慰藉。

彭长歆

2012年2月19日

目　录

绪　论

本研究是在中国建筑现代转型这一宏大历史背景下，从岭南这一区域视角出发，考察岭南城市与建筑的近代转型并探索其发展的内在机制。

一、缘　起

岭南作为区域对象的选取，首先源于对中国近代建筑研究的框架性认识。近二十年来，中国近代建筑研究在坚持以普遍性为原则的一般性结论的同时，也尝试以个案、以特殊类群为对象的非一般性结论的研究，在揭示中国近代建筑发展轨迹的同时，展现了建筑生态的多样性及其背后的历史成因。从方法论看，上述研究较好地从宏观与微观层面把握了中国近代建筑的发展特征，并取得了一系列非常重要的成果。但是，将上述方法用于岭南近代建筑的研究，不免产生许多困惑。宏观层面，在中国近代建筑研究一般性结论的语境中考察岭南近代建筑，我们发现，因区域发展的特殊性，岭南近代建筑表现出比一般性更错综复杂甚至相互对立的历史现象，试图用以普遍性为原则的一般性结论来解释地区现象是苍白和没有说服力的，在一定程度上也反证了一般性结论的缺陷和不真实性；微观层面，通过建筑个案的研究，的确可以避免在时代主流特征之外对局部变动所蕴涵的重要意义的漠视。但同时，个案的研究永远是局部的、个体的，在完整的历史表述中是片段的和不全面的。困惑之余，笔者开始思考在宏观与微观之外另一层面的建构。以一个相对稳定的区域作为考察对象，从中观层面揭示区域性的一般性结论的同时，发现个案或特殊类群的异动特征，应较宏观层面的研究来得更为真实，也较单纯的个案研究来得更为系统和完整。

作为古代中国最早接触西方以及近代中国最早进行资产阶级革命的地区之一，岭南在中国近现代史中的特殊地位决定了对象选择的历史价值。从16世纪中期葡萄牙人定居澳门及1685年清政府开放海禁开始，岭南与西洋的接触成为中国近代历史的缘起。由于独特的地理位置，岭南文化率先与西方文化相碰撞，岭南一度成为中国人探索外部世界的中心。随着海禁开闭的反复和鸦片战争的爆发，西方建筑文化以岭南为主要登陆点渐次传入，岭南建筑也先于其他地区发生转折性变化，其时空的先发性是中国近代建筑发展进程中不可缺失的一环。在中国近代历史发展的洪流中，岭南是资产阶级民主革命的中心和源发地，对封建专制的反抗使岭南人较早建立起对科学理性的追求和向往。许许多多岭南子弟通过各种途径在海外学习西方建筑艺术和近代建筑科学，并在资产阶级民主政体建立后积极参与国内建设，他们在近代城市管理、建筑艺术、建筑技术及建筑教育等方面贡献颇多。在中国建筑的近代化历程中，岭南扮演了实践者和输出者的角色，因而具有相当的示范性。在区域视角下对岭南近代城市与建筑进行综合考察和研究，既可丰富中国近代建筑史的研究，有助于建立一个以区域为背景的框架体系，还可发现区域内特殊现象对中国建筑近代转型的特殊意义，回答许多中国近代建筑研究尚未解决的问题。

二、岭南作为区域概念的认知

"岭南"作为区域概念的认知，始于传统的行政区划和地域概念。从行政区划看，岭南为唐贞观十道、开元十五道之一，治所在广州，范围大约包括今广东、海南、广西大部和越南北部地区。[①]唐开元二十一年(733)设方镇，置岭南五府经略讨节使，至德元年(756)升为岭南节都使，治所在广州，直辖广管诸州，约今广东钦山港以东大部分地区，兼领桂、邕、容、安南四管。咸通三年(862)分为东西两道：以广管为岭南东道节都使；邕管岭南西道节都使，兼领桂、容、安南三管。唐以后岭南行政区划屡有变化，但治下区域除宋时分离出去的越南北部之外基本维持不变。从地理区位看，岭南位于中国的最南部，北枕南岭，南临南海，西接云贵，东接福建。南岭——大庾、骑田、越城、萌渚、都庞(一说揭阳)五岭横亘在粤北和湖南、江西两省之间及广西东北部。由于陆路及水路交通不便，古代岭南与岭北中原地区经济及文化交流不畅，这种相对封闭的地理状况使岭南具有十分清晰的地域特征。

由于行政区划稳定和地域特征明显，前人对岭南的区域身份认同远较今天的省籍观念更为强烈。唐开元年间，张九龄主持开凿大庾岭梅关古道，"兹路既开，然后五岭以南人才出矣，财货通矣，中原之声教日进矣，遐陬之风俗日变矣"。[②]日益扩大的交流使身份识别成为必然，因借着自然地理与行政区划的整合，岭南成为地籍身份的代名词。与此同时，由于贬谪制度的推行，历代贬官流人通过史志、诗歌等不断强化岭南作为化外之地的想象。其中，北宋苏轼因流放惠州、雷州、海南等地，寄情山水风物而有"不辞长作岭南人"的冲动，成为区域认同的典型例证。

近代以来，本地区文化艺术开始自觉寻求地域的认同。由于早开风气，岭南诗歌、绘画、音乐等在近代中西文化交融时期呈现锐意革新的态势。"岭南诗派"、"岭南画派"等逐渐成为具有地方性格的流派艺

---

①辞海(缩印本).上海：上海辞书出版社，1980：790.
②(明)丘濬.唐文献公开大庾岭路碑阴记∥(清)郝玉麟等监修.广东通志(六十四卷)，第六十卷·艺文志·文集.

术。其中，"岭南画派"更在高剑父、高奇峰、陈树人带领下，提出了"折中中西、融会古今"的艺术主张，成为岭南近代文化艺术发展的中心思想，并扩展至其他领域。"岭南"一词也逐渐约定俗成为表达本地区文化形态的代名词。

由于区域发展相对稳定，类群特征明显，"岭南"为历史学、经济学、社会学及地理学等学科所关注，并成为中国区域性研究的重要对象。在历史学领域，我国学者较早认同这一区域存在的当为区域经济的研究，其理论原型与美国学者施坚雅(G. William Skinner, 1925~2008)的研究有着密切关系。从1960年代开始，施坚雅尝试将历史学与社会学、经济学、人类学、地理学等多门学科相结合，对中国的集市和市镇进行研究，从而将中国基层社会构筑出一个明晰的模式。他在1977年主编的《中华帝国晚期的城市》一书中进一步扩展了区域性研究的理论，并对以往将整个中国作为单一体系进行研究的倾向进行了批判："中华帝国晚期的城市，并不构成一个单独的一体化的城市体系，而是构成好几个地区体系，地区之间只有脆弱的联系。"[1]施坚雅根据流域盆地和农业耕作状况将中国划分为包括岭南在内的九个相对独立的经济区域。虽然其研究主要从社会经济角度切入，但综合考虑时间与空间的双重因素，注重局部与整体，以及区域与区域间互动关系的研究方法，即使在其他研究领域，也同样具有方法论上的指导意义。[2]

建筑学领域有关岭南区域概念的形成源于建筑学家对该地区城市与建筑的地域性研究。1958年，"岭南建筑"第一次在夏昌世教授的文章中出现。[3]他把岭南建筑适应气候的需求归纳为遮阳、隔热、通风等几个主要元素，并发展出与之相应的形式构造与设计方法。实际上，在相当长一段时间里，岭南现、当代建筑的探索和实践也一直因循着这种思路，并着重在建筑物理性能方面对岭南建筑的地方性进行描述。1980年代以后，随着建筑历史和建筑文化研究的开展和深入，归纳和总结岭南建筑基于文化和历史的地域特征成为本地区史学研究的主要方向。1987年，刘管平先生对岭南古典园林进行了定义[4]；1993年，邓其生先生从建筑文化角度论述了岭南古代建筑的文化特征[5]；陆元鼎先生则长期关注民系对于岭南民居建筑研究的重要性，并以此为基础扩展了岭南地域的传统认知。[6]

岭南近现代建筑的过往研究同样遵循着这种约定俗成的地区概念，但似乎并未意识到以区域性研究

---

① [美]施坚雅.十九世纪中国的地区城市化.施坚雅主编.中华帝国晚期的城市.叶光庭等译.第1版.北京：中华书局，2000：242.
② 陈江：明代中后期的江南社会与生活.上海：上海社会科学院出版社.2006：3.
③ 陆元鼎认为，"岭南建筑"一词，最早出现在《建筑学报》1958年第10期刊载的由当时华南工学院建筑学系教授夏昌世撰写的《亚热带建筑的降温问题——遮阳、隔热、通风》一文中，该文将岭南建筑的气候特征归纳为遮阳、隔热、通风几个主要元素。陆元鼎.岭南人文·性格·建筑[M].北京：中国建筑工业出版社，2005：3.
④ 刘管平.岭南古典园林[M].北京：中国建筑工业出版社，1987.
⑤ 邓其生.岭南古代建筑文化特色[J].建筑学报，1993，(12)：16~18.
⑥ 鉴于五岭山脉在地理分界及气候分区方面的可识别性，以及该地区民系发展的稳定性和关联性，陆元鼎从广义上将五岭以南包括广东、海南、广西南部、福建南部、台湾南部以及香港、澳门等地区纳入岭南的地域范围，较之以往有一定程度的扩展。详见，陆元鼎.岭南人文·性格·建筑[M].北京：中国建筑工业出版社，2005：2.

为基础建构体系的重要性。与宏观的中国近代建筑研究相比较，岭南近代建筑的过往研究大多在微观层面上以个案形式进行，其观察虽然细致，但因为缺乏对地区内整体状况的考察而显得十分单薄。以体系方式进行区域性研究，其核心在于对象区域与相邻区域的不对称、不类同，以及区域内部高度联动的政治、军事、经济及文化背景：一方面，近代岭南与相邻区域的的重大差异，确保了岭南相对独立的区域特征；另一方面，由于民初地方自治势力的强大，岭南基本实现了政令统一、上行下效的政治局面，从而确保了区域内部发展的整体性。在相对稳定的区域背景下，岭南近代城市、建筑类型、建筑艺术、建筑技术、建筑制度、建筑教育等建筑系统内部诸方面呈现相互影响、互动发展的区域特征。显然，在区域性研究基础上进行体系建构将有助于全面把握上述局面形成的深层内因。

最后，仍然要回到对岭南近代建筑这一区域建筑概念的认知上。岭南近代建筑对区域概念的认知包括狭义和广义两方面。广义的岭南近代建筑是以完全的地理学方法来界定，即在近代时期在岭南地区发生的一切建筑活动。但事实上，人们大多采用了狭义的岭南近代建筑作为研究对象，即发生在条约口岸最为集中的西江、东江和韩江流域，包括广州、江门、三水、北海、梧州、汕头等地的建筑活动。由于区域内部相互影响和辐射，一些边缘地区包括海南海口、广西南宁、粤北韶关及近代形成的香港、澳门等地区均应纳入区域研究的范畴。另外，由于近代历史的特殊性，一些传统意义的域外临界地区也与中心地区呈现相同特征，最典型的例子如福建漳州、厦门等地。由于陈炯明闽南护法运动的开展，其城市与建筑深受岭南中心城市的影响。同时，由于陈炯明模范漳州的建设，直接影响了1920年代初模范广州的建设，因此，将其纳入区域性研究的考察范围符合岭南近代建筑发展的历史事实。需要说明的是，由于经济发展相对滞后，以及桂系军阀的长期割据，作为岭南重要组成的"邕管"西部地区在近代化的广度和深度上远逊于以西江、北江和东江流域为主体的"广管"东部地区，并直接影响了前者在岭南建筑近代化历程中的作用和地位。

三、近代历史框架的确定

中国建筑史学有关"近代历史"的认识源于中国社会史、经济史研究的相同概念，并在研究中扩展自己的内涵和外延。由于19世纪"中国社会停滞论"和"中国文化否定论"的主导，西方学者由马士(H. B. Morse)的《中华帝国对外关系史》[①]和费正清(J. K. Fairbank)等人的《中国对西方的回应》[②]确立了哈佛学派"冲击—反应"的中国近代史研究的话语模式，该学派把中国近代史看作是在西方冲击下开始其近

---

①(美)马士(H.B.Morse) 著，张汇文、章巽等译.中华帝国对外关系史[M].上海：三联书店，1957.
②Ssu-yü Teng(邓嗣禹)and John K.Fairbank(费正清).China's Response to the West: A Documentary Survey,1839~1923[C]. Harvard University Press,1982.

代化运动的历史。同样由于"中国社会停滞论"和"中国文化否定论"的主导，苏联学者则提出了"侵略—革命"论的中国近代史话语模式，把中国近代史看作是西方侵略、中国人民奋起反抗的革命史。由于外力的介入成为主因，两种话语模式均将1840年作为中国近代史的开端。[①]两种模式在不同时期影响了中国近代建筑史的研究。早期的学者借用"侵略—革命"模式把中国近代建筑的发展纳入意识形态的对立中来研究，而后期更多的学者则用"冲击—反应"模式来解释中国建筑的现代转型，认为促发这种近代化转变的是率先完成由传统农业社会步入近代工业社会的欧美新兴资本主义工业国家，他们通过先期完成近代化所积累的大量财富和技术，向包括中国在内的亚洲及其他国家地区实行贸易和殖民扩张，并使之发生诱导性的近代化发展。[②]而建筑生产资本主义关系的建立与上海近代建筑发展的关键性问题在实证研究下取得突破，成为该模式衍生下中国近代建筑史研究的重要成果。[③]

正如当前中国社会史、经济史所面临的"规范认识"危机一样[④]，中国近代建筑史研究有关"近代化"，以及现代转型的认识也开始出现新的变化可能，岭南区域性研究为这种变化提供了实证。虽然，有被指为民族主义或"亚洲中心论"的嫌疑，澳门和广州十三行的早期状况使我们对近代化来自西方的"诱导"或"入侵"观点产生了怀疑。为反抗"西方中心论"对话语的主导，许多学者开始从自身内部寻求中国近代化发生的根源，与明清时期"资本主义萌芽"论相提并论的是有关"朝贡贸易体系"的研究，其成果对近代化的解释是中国的内生机制——以朝贡贸易为核心的体系发生了危机，最终促成中国近代化的转型。[⑤]以同样视角考察17~19世纪前半期澳门与广州十三行，西洋建筑的传入与发展及传统营造体系的解体，无论方式或特征都明显不同于鸦片战争后中国建筑的现代转型，前者是以吸纳为前提的共生和融合，后者是以破坏为前提的楔入和改造，并最终发展为以资本主义生产关系的建立为衡量标准的近代化，中国建筑有可能自我发展的近代化模式也因此被扼杀和湮没。需要指出的是，虽然差异巨大，内生机制与诱导机制在结果上是一致的，即改变传统营造体系的发展方向，实现中国传统建筑的现代转型。为区分和比较两种机制在前后相继的两个时期所引发的变化，有必要将1840年前的澳门和广州十三行纳入岭南近代建筑研究的视野中，并以恰当的方式体现其在区域性岭南

---

①许苏民.中国文化现代化的历程——17世纪中西大分流的历史教训[J].华南理工大学学报(社会科学版)，2006，(6)：18~25.
②杨秉德.中国近代中西建筑文化交融史[M].武汉：湖北教育出版社，2003：2.
③赖德霖《从上海公共租界看中国近代建筑制度的形成》以上海公共租界市政机构与土地、房屋的有偿使用的关系为基础，论述了建筑生产的资本主义生产关系的形成是上海近代建筑发展关键性的问题，该结论被认为有可能具有普遍性。汪坦.中国近代建筑史研究问题[J].建筑学报，1993，(5)：19.
④黄宗智比较了中、西方有关中国社会、经济史研究的主要模式和理论体系，认为中国史学研究处于"资本主义萌芽论"、哈佛学派"冲击—反应"模式以及其他新观念的理论困境中。(美)黄宗智.经济史中的悖论现象与当前的规范认识危机[J].史学理论研究，1993，(1)：42~60.
⑤(日)滨下武志 著，朱荫贵、欧阳菲 译.近代中国的国际契机——朝贡贸易体系与近代亚洲经济圈[M].北京：中国社会科学出版社，1999；(美)乔万尼·阿里吉、(日)滨下武志、(美)马克·塞尔登 合编，马援 译.东亚的复兴.以500年、150年和50年的视角[C].北京：社会科学文献出版社，2006.

近代建筑发展史中的地位。

有关近代化及其发生机制的讨论，为岭南近代建筑的区域性研究确立了时间标尺，但线性历史的发展并非稳定和匀质，选择重要的时间点并进行纵向划分将有助于历史脉络的把握。在中国近代建筑史的划界分期问题上，有多位学者提出不同的划分方式，其中，杨秉德"把中国近代建筑史置于近代中国剧烈变化的政治、经济背景中，把中国近代建筑的产生与发展作为近代中国政治、经济背景发展变化的结果来考察"[1]，并以此为主要依据提出"三期说"。其时间节点包括1840年(鸦片战争)、1900年(庚子事变)、1911年(辛亥革命)、1927年(国民政府定都南京)、1937年(抗日战争全面爆发)、1949年(中华人民共和国成立)；赵国文则"从中国三大阶梯的地理特点和近代西方建筑文化对中国的四次传播入手，构筑了中国近代建筑历史的时空框架"，并提出了中国近代建筑史的五期说。[2]其时间节点包括1840年、1863年(太平天国运动失败)、1900年、1927年、1949年、1977年(中国改革开放)。上述二说具有一定的代表性，虽然结束期各有不同，但基本上以1840年鸦片战争作为中国近代建筑史的开端。并以近代时期重要政治事件作为分界的主要依据。值得注意的是，二位学者对近代政治通史中一些重要的时间概念均能从中国近代建筑的发展规律出发，客观分析，详加厘定，避免了以政治史替代建筑史的尴尬。

岭南近代建筑的发展历程从总体上看，服从于中国近代历史发展的普遍规律，但在细节方面，由于特殊的社会、经济、政治和军事背景，岭南近代建筑史有其自身的特殊性。笔者认为，应以直接推动建筑现代转型的各种历史事实作为近代建筑历史分期的主要依据。某一区域建筑体系的历史分期必然因该区域在发展历程中的特殊性而存在不同于整体的差异性。岭南近代建筑历史的特殊性可归结为对以下几个问题的回答：

1. 对1840年前近代历史的确认与可能的定义

作为中国近代史中最重要的时间节点，1840年在岭南近代建筑史中被赋予新的含义。作为起点，它揭开了因西方入侵而被诱导的近代化的序幕；作为中间点，它是前后两种近代化模式的临界点和转折点。通过区域性岭南近代建筑的研究，中国近代建筑史有关时间区间的一般性结论得以扩展和延伸。政治通史和中国近代建筑史的既有研究均赞成以1840年鸦片战争作为近代史的源起，这是科学的和具有普遍性的认识。然而就岭南而言，以1840年作为岭南近代化历程的开端，似乎忽略了朝贡贸易向条约制度转变的全过程，史家认为这是鸦片战争前后中国社会剧变的根本原因。在这个过程中，岭南以具唯一性的公行贸易扮演了促成这种转变的关键角色。而作为岭南乃至中国近代建筑史尤其不能忽略的是，在1840年以前，岭南一隅的澳门和广州十三行早在16～17世纪就有了西洋建筑的实质性登陆和发展，这种先发性

①杨秉德.中国近代建筑史分期问题研究[J].建筑学报.1998, (9): 53—54.
②赵国文.中国近代建筑史的分期问题[J].华中建筑.1987, (2): 13～18.

使岭南建筑的西洋化(近代化的早期特征)在较早时期便已开始。因此有必要将1840年前的这段历史纳入岭南近代建筑研究的视野,并以恰当方式列入岭南近代建筑史的分期方案中。

2. 关于晚清动荡的政治局势和外患内忧对岭南近代建筑史的影响

从1840～1911年短短六十年时间里,晚清动荡的社会和政治局势可以用外忧内患来概括。这不仅包括两次鸦片战争西方殖民主义对中华帝国的冲击,还包括1894～1900年帝国主义势力的全面入侵,其间还爆发了席卷大半个中国的太平天国运动(1851～1864年)等等。在这里,我们尤其需要探讨的是1894～1900年这一特殊历史时期对岭南建筑现代转型的影响,在既有的近代史分期方案中,均将该阶段作为分期的主要依据。虽然有前期洋务运动的革新之举,器物层面的文化嬗变终究改变不了积弱已深的晚清社会,中日甲午战争(1894)、戊戌变法(1898)、义和团运动及抵抗八国联军入侵(1900)的失败,一方面使鸦片战争以来思想先行者们孜孜以求的重建中华帝国秩序的“中体西用”思想被建立民族国家的政治思想所取代[1];另一方面,清廷从1901年开始施行新政,试图在政治体制上顺应时代的潮流。然而,政治的洪流仅仅在意识形态领域产生了推动近代中国发展的强大动力,对中国近代建筑的影响则仍然缓慢而滞后,这一点在岭南表现得尤为突出。岭南虽然是两次鸦片战争的源发地和主战场之一,但“五口通商”和条约制度使岭南失去了对外贸易的主导地位,洋务运动的最终成果也仅限于广州机器局(1873年创办)和广东钱局(1886年创办)等。实际上,在1894～1900年历次事件中,受打击最为沉重的是封建王权的核心部位,岭南建筑的近代化在鸦片战争前后取得先发优势后,在晚清随后的时间里缺乏推动建筑现代转型的足够动力。因此,将1840～1911年整个晚清时期作为一个完整阶段来研究岭南近代建筑可以更为全面真实地反映其近代化历程。1911年辛亥革命由于从政治体制上完全改变了封建王朝的专制特征,并逐渐建立建筑生产的近代资本主义生产关系,是岭南乃至中国建筑近代化历程中无可辩驳的历史临界点。

3. 关于地方自治势力的主导作用

民国时期地方自治势力对岭南城市与建筑的现代转型有着积极的推动作用,尤其反映在1912～1936年间。几个重要时间节点包括:1912年广东军政府工务部成立;1918年广州市政公所成立;1921年广州市政厅暨广州市工务局成立,这些机构是中国近代史中最早由中国人主导的市政建设和城市管理机构。尤其是1921年广州市政厅的成立,标志着岭南近代城市管理制度的建立,并直接促发了20世纪二三十年代岭南城市建设的快速发展。

另一个有关地方自治势力的重要时段为1929～1936年陈济棠主粤时期,与之相近的一个时间概念是1927年国民政府定都南京。自辛亥革命以来,广州一直是中国资产阶级民主革命的中心,孙中山先生分

---

①杨秉德.中国近代中西建筑文化交融史[M].武汉:湖北教育出版社,2003:10.

别于1917年成立中华民国军政府；1920年恢复军政府，成立中华民国政府；1923年设立大元帅大本营(称大元帅府)；1925年孙中山逝世后国民党在广州设立中华民国国民政府(史称广州国民政府)。1926年国民政府北迁后，岭南从政治中心向地方省治过渡。在蒋介石树南京政府为正统的同时，岭南地方势力以李济深、陈铭枢、陈济棠为代表仍试图建立相对独立的政治实体，以实现区域自治。通过内部权力斗争，陈济棠于1929年主粤，稍后，西南政务委员会在陈济棠领导下成立，形成"宁粤对抗"的政治局面。因此，1929年在政治上带来的影响应较1927年更为深刻。另外，陈济棠八年主粤时期是岭南社会、经济发展最迅猛的时期，也是岭南建筑近代化历程中成果最显著的时期。在其任内，颁布了建筑工程师登记注册制度(1929)；建立了新型的现代水泥工业，广州西村士敏土厂于1932年正式投产；完成了岭南近代建筑教育体系的建构，岭南第一个建筑系在勤勤大学成立(1932)；等等。因此，将1929年作为岭南建筑近代化历程中一个重要阶段的开始是合理的。综上所述，岭南建筑近代化及历史框架如下(表0-1)：

表0-1　　　　　　　　　　　　岭南城市与建筑近代转型的历史框架

发展时期		重要事件
近代前期 (16世纪~1840年)		西洋建筑在澳门、广州十三行出现并得到初步的发展
殖民主义与西洋化 1840~1911年		广州开辟租界并发展成为独立的租界区，香港、澳门被割让，汕头、江门、梧州、北海等条约口岸及租界地广州湾初具近代城市的雏形。西方建筑在上述条约口岸和租借地得到进一步的发展，并逐渐影响传统建筑的形式特征。娱乐、商业及工业建筑等新建类型在后期出现并发展
民族性与现代性的探索 1911~1938年	1911~1921年	以广州为代表出现打破旧有防御性城市格局的市政改良运动，具体表现为拆除筑城路和城市基础设施的建设。西方建筑影响进一步扩散，新建筑体系逐渐形成
	1921~1929年	城市市政改良运动全面展开，西方城市理论传入，广州、汕头等中心城市开始不同规模的城市运动。新建筑体系基本形成。本土建筑师开始探索和实践具有主体性格的中国固有式风格
	1929~1938年	城市设计向科学理性的方向发展。建筑活动进入鼎盛时期。建筑师登记注册制度、近代建筑技术和材料工业、建筑教育等建构完毕，建筑近代化在岭南基本完成。现代主义开始传播和发展
抗战时期 1938~1949年		建筑活动在战争中基本停止。临时广东省省会韶关在战时有限度发展。租借城市湛江则畸形发展。战后重建和复原工作由于国民党政治的腐败和军事的失利停滞不前

需要指出的是，上述历史框架的建立并不意味着本书试图采用达尔文式的生命演进方法论述岭南城市与建筑的发展。相反，笔者认为这一线性历史的论述方法有机械界分历史的嫌疑。

四、现代性与地方性

在本书中，笔者试图用现代性、地方性这两个概念来描述岭南城市与建筑的近代转型。作为研究的核心观点，笔者认为，中国建筑的近、现代化是建筑系统重建并形成现代性的过程。由于该过程伴随着现代民族国家与相应机制的创建，其转型历程是近代中国现代性建设的物质外显，而岭南是这一现代性方案的地区呈现。与此同时，在岭南城市与建筑的近代转型中，地方性是不可或缺的推动力量，它一方面参与其中，是现代性建设的重要内容；另一方面则保持了独立的发展，从而确保了近代岭南城市与建筑有别于其他地区的现代性。在某种程度上，地方性推动了现代性进程。

所谓现代性，哈贝马斯(Jurgen Habermas)、卡林内斯库(Mate Calinescu)、尧斯(Hans Robert Jausse)、吉登斯(Anthony Giddens)、盖尔纳(Ernest Gellner)等人曾有广泛深入的探讨和争论。分析和识别前人的论述，现代性可大致概括为从14世纪文艺复兴运动尤其是18世纪启蒙运动以来西方世界的历史状况与文化精神。其中，卡林内斯库在《现代性的五种面向》(*Five Faces of Modernity*)中，从时间角度出发，通过对西方文化发展的时间分期及呈现面貌的研究，诠释现代性内涵。他认为现代性观念起源于基督教的末世教义的世界观。哈贝马斯在《现代性——一个未完成的方案》中，对尧斯提出的有关"现代"的起源——五世纪晚期用来区分基督教与异教和罗马的过去的时间观念表示了认同，同时指出，对于当下的我们而言，现代时期开始于文艺复兴，并由于法国启蒙运动——在科学的启发下知识的无限进步和理性观念将自身从此前所有历史关联中抽离出来(哈贝马斯，1981)。哈氏指出："人的现代观念随着信念的不同而发生了变化。此信念由科学促成，它相信知识无限进步、社会和改良无限发展。"

综合分析文艺复兴和启蒙运动以来西方世界的历史状况与文化精神，其现代性内涵包括两方面：其一，相对于传统性或前现代时期的农业经济、礼俗观念、专制统治及社会结构与生活方式而言，现代性标志着资本主义新的世界体系趋于形成，世俗化的社会开始建构，世界性的市场、商品和劳动力市场在世界范围的流动；民族国家的建立，与之相应的现代行政组织和法律体系(陈晓明，2003)；其二，思想文化方面，现代性标志着人类对蒙昧、未开化的精神世界的摒弃，对自由、理性的追求，以及以启蒙主义理性原则为基础的对社会历史和人类自身的反思性认知体系的建立，现代教育体系的建立和各种学科和思想流派的持续产生等。[①]正如阿尔布劳(Martin Albrow)所总结的那样，现代性是"理性、领土、扩张、革新、应用科学、国家、公民权、官僚组织和其他许多因素的大融合"。这些因素集中表现在三方面：民族国家的出现、科学的发展、普遍的世俗思想即"启蒙思想"的兴起。[②]

对于中国而言,现代化是一个由外力启动的历史进程。虽然，一些学者并不认同现代化是现代性进程的观点[③]，但现代化确实导致了现代性的结果。艾森斯塔特认为："就历史的观点而言，现代化是社会经济、政治体制向现代类型变迁的过程，它从17世纪到19世纪形成于西欧和北美，而后扩及其他欧洲国家，并在19世纪和20世纪传入南美、亚洲大陆。"④自1840年鸦片战争被西方世界敲开国门后，中国开始了现代性建构的蹒跚历程。其思想文化的启蒙早有严复、张之洞、康有为、梁启超、孙中山等人的探索性思考，后有陈独秀、胡适倡导的新文化运动对科学和民主观念的引进，并最终转向以救亡为主调的五四运动。金耀基指出："中国的现代化，从根本的意义上说，绝不止是富强之追求，也不止是争国族之独立与自由，而实在是中国现代性的建构。中国的现代性的建构，千言万语，则不外乎是一个现代中国文明秩序的塑造。"⑤

追求科学进步、自由民主、民族独立是中国现代性方案的三个核心内容。由于饱受封建主义和帝国主义双重压迫，中国的现代性进程除了在时间上以古代为参照，还在空间上以西方为参照，并外显为以科学主义反对封建主义、祛除愚昧，以民主反对专制，以民族主义反对帝国主义，等等。围绕这三个核心内容，标志性事件包括"师夷长技以制夷"的洋务运动、幼童留学等，试图从科学技术层面完成向现代国家的转变；拯救民族危机、变革图存的维新变法和辛亥革命，试图从政治制度层面完成现代国家的建构。许纪霖辨识了中国近代思想界从政治的民族主义到文化的民族主义的转变，同时指出早期的政治家及思想家试图将具有独特精神价值的民族共同体与普世化的、在某种程度上西方化的民主政治共同体相结合，在中国的历史文化传统基础上，重新建构一个既符合全球化普世目标，又具有中国特殊文化精神的民族国家共同体。这一思考在1931年"九一八"事变后被打断，民族主义思潮代替世界主义成为中国思想界的主流。过去的问题是如何融入全球化，而现在变成如何在一个全球帝国主义时代，保持文化的独特性，重新唤回民族自信心，以实现中华民族的复兴。⑥

中国近代城市与建筑对中国现代性进程的响应突出反映在建筑系统内部各组成要素上。自文艺复兴和启蒙运动以来，西方建筑体系的主要内容包括建筑技术、建筑艺术、建筑生产组织，以及建筑教育等借由欧洲工业革命和殖民主义扩张逐渐上升为全球普世性的建筑知识，并最终主导中国城市与建筑的近代转型。其现代性内涵包括了现代性进程中所遭遇到的几乎所有问题及解决方案，即赖德霖所总结的国际主义与地方主义、民族和国家、城市化与乡村、社会化与个人、技术与艺术、商业化、工业化与艺术生

①陈晓明.现代性有什么错？从杰姆逊的现代性言说谈起[J]长城，2003，(2).
②秦晓.当代中国问题现代化还是现代性[M].北京：社会科学文献出版社，2009：69.
③如哈马贝斯认为，现代化理论是对现代性的肢解。它"取消了现代性与其欧洲源头的联系，而将之泛化为一般社会发展的中性时空模式；同时，它打断了现代性与西方理性主义的历史语境的内在联系。因而现代性过程不再构思为合理化的、作为合理性结构在历史中的对象化"。转引自 单世联.哈贝马斯现代性理论述论[A]//包亚明主编.现代性与空间的生产[C].上海教育出版社，2003：170—171.
④艾森斯塔特.现代化：抗拒与变迁.北京：中国人民大学出版社，1988：1.
⑤金耀基.中国的现代转向.牛津大学出版社，2004年中文版，自序.
⑥许纪霖.在现代性与民族性之间：张君劢的自由民族主义思想[J].学海，2005，(1)：15.

产，乃至家庭、性别等诸方面。[1]有意思的是，有关国际主义与地方主义、民族与国家的表述正是本书将要着重强调的话题。与德霖不同，笔者更愿意根据空间层级的变化，将上述现代性内涵条理成地方—国家—世界这一简便易行的话语模式。

对应于地方主义，与岭南城市与建筑现代性进程有关的话题是地方性或地区性。通常而言，地方性被视为现代性需要摒弃的对象。鲁道夫夫妇在《现代性中的传统性》中认为："'现代性'意为：地方纽带和地区性的观点让位于全球观念和普世态度……"[2]笔者认为，岭南的地方性并非近代岭南现代性进程的障碍，而在很大程度上是这一进程的重要推动力量。因地处边陲，岭南的空间区位由两个参照系统共同定位，并因此构建了地方与国家、岭南与世界这两组对应并存的空间关系。在平衡国家与世界之间，近代岭南发展了独特的文化观念和知识体系。

长期以来，岭南的地方性知识与来自中原的正统主流意识长期并存发展，其知识结构的二元性使本地读书人在试图融入王朝秩序的同时，仍然保持着十分清晰的区域身份和主体意识。程美宝认为地方意识与国家观念的交织是近代广东文化观念的根源(程美宝，2006)。这一方面体现在广东的知识精英对地方利益的维护，包括宣扬"广东自立"、"广东者广东人之广东"在内的观点从鸦片战争以后长期存在，与中央的对抗及地方自治使以广东为主体的岭南文化呈现鲜明的地方性；另一方面，则表现在近代广东人对创建"现代中国"的热衷。早从19世纪最后十年开始，以孙中山为核心的广东革命者即酝酿"驱除鞑虏，恢复中华，创立合众政府"(兴中会，1895)，并最终推翻外族政权。辛亥革命后，孙中山国民党人更以广东为据点、以北伐为手段进行统一全国的政治及军事活动。其参与者和领导者大部分是广东人，"他们不但努力组织实体的政府，还构想抽象的理念，甚至设计许多影响日常生活和行为的仪式和建筑"。[3]在地方与国家之间，岭南的精英阶层根据时机的不同将自己的地方性知识进行不同层面的阐述。

在构建地方与国家关系的同时，岭南与世界保持了紧密接触。在鸦片战争前很长一段时间里，岭南几乎独自承担了与世界的交流：对于世界而言，岭南即中国，是世界进入中国的通道；对于朝廷中央而言，岭南是阻隔帝国与世界的屏障，一群广东商人被委托处理与西方国家的大小事务。鸦片战争后，该状况虽然被改变，却同时开启了广东人向世界的流动。各阶层的广东人以各种方式前往海外，或经商，或求学，或充当劳力等，形成大规模的海外族群。他们与国内的经济、文化与思想联系，对后来岭南及中国的政治及经济发展产生了深远影响。

地方与国家、岭南与世界的双重双边关系使岭南的地方性兼有中国与世界的双重背景。对于中国的现

①赖德霖.从宏观的叙述到个案的追问：近十五年中国近代建筑史研究评述——献给我的导师汪坦先生[J]建筑学报，2002，(6)：60—61.
②[美]西里尔·E·布莱克编.杨豫、陈祖周译.比较现代化[C].上海译文出版社，1996：106.
③程美宝.地域文化与国家认同：晚清以来"广东文化"观的形成[M].北京：生活·读书·新知三联书店，2006：39.

代性进程而言，岭南的地方性知识既有因区域身份所导致的地区性，也有因吸收外部知识所产生的世界性，折射至城市与建筑的近代转型，则表现为现代性方案的多元化，即前文所述地方主义、国家主义乃至国际主义的综合反映。以岭南城市的近代转型为例，其现代性内涵含括了历史文脉的延续、现代民族国家意识形态的渗透，以及西方城市规划思想的实践和技术手段的在地化，等等。得益于地方性，岭南城市与建筑的近代转型发展了有别于中国其他区域的差异性。

五、内容与结构

从总体来看，中国近代建筑史是在外来影响下摆脱传统营造方式，并在建筑生产的各个方面实现现代转型的过程。在这个过程中，不同区域因其政治、经济、文化及社会发展的不同，以及接受外来影响的强弱不同，而使中国建筑的近代转型表现出多样性和差异性。反映至建筑系统内部，则表现为城市、建筑类型、建筑艺术、建筑师、建筑技术、建筑教育等诸方面发展的不平衡和差异性。为综合反映岭南近代城市与建筑的发展全貌、探索其近、现代化发展的区域特征以及实现近代转型的内在机制，本书将围绕建筑系统内部各方面展开研究，其内容和框架如下：

第一章 近代早期西洋建筑文化传播

由于中西海上贸易和天主教对华传教活动的开展，澳门和广州十三行成为近代早期西洋建筑文化在岭南的登陆点。本章将探讨1840年第一次鸦片战争以前本地区西洋建筑活动的开展及动力机制，着重研究19世纪中期前葡萄牙人在澳门的城市与建筑活动、广州十三行西洋商馆建设、西方教会的早期渗透与建筑活动等。与过往的研究不同，本章对澳门早期房屋营建及工匠制度、十三行商馆西洋风格演替等问题进行了回答。通过上述研究，笔者试图探讨近代早期东西方建筑文化融合发展的"共生"模式，以别于鸦片战争后西方建筑文化对中国的"楔入式"影响。

第二章 城市理想与理想城市的建设

本章主要关注近代岭南的城市化进程、传统城市的改良和城市规划活动的开展。作为岭南政治、经济及文化中心，广州是本章考察的重点。由于独特的地理位置，广州是最早接受西洋文化影响、并在空间形态上予以响应的中国传统城市。与此同时，作为中国近代资产阶级民主革命的中心和重要源发地，以及中国近代民族主义的重要兴发地，广州是中国近代最早由中国人自办市政的城市，其市政改良和城市建设的经验随着1920年代国民党人北伐统一全国的进程极大影响了中国内陆其他城市。从个案内涵与外延来看，广州具备中国城市近代化发展中几乎所有的一般性特征，并较其他城市更能反映国民党人对现代中国城市的期许。

本章还研究了汕头等岭南近代商埠城市的兴起，以及由华侨发起的民间造市行为。通过分析岭南水系网络及条约口岸城市的分布情况，笔者认为，岭南近代条约口岸的开辟依据了中西双方自开海贸易以来的口岸经验，同时经历了水上交通工具由远洋帆船向蒸汽轮船过渡过程中西方人对新口岸的认识和利用，岭南近代城市网络因此呈现与航运及水系网络高度吻合的特征。另外，笔者还发现，条约制度是岭南城市近代化的缘起，条约口岸的开辟与发展直接引发了岭南近代商埠城市在城市结构方面的突变。得益于观念和资金优势，华侨是岭南近代城市运动的重要参与者和推动者，在局部区域甚至是造城运动的主要发起者。如果说官方是城市策略的制订者，是城市形态发展的主导者，华侨则从更广泛、更基本的层面，自下而上推动了城市近代化进程。

本章研究主要内容包括：条约制度下近代城市网络的形成，近代市制和市政管理机构的建设，传统城市的现代化改造，中心城市及华侨城镇规划活动的开展，近代西方城市规划理论的输入与实践，等等。在研究中，还将特别关注具有区域共性的城市空间片段如骑楼的研究，探讨其发生的制度原型和传播方式；关注市政人才和城市管理者的城市规划思想及对城市发展的贡献等。

第三章　近代建筑师与执业状况

在中国建筑的现代转型中，岭南因其特殊的地理位置和时空的先发性，是较早形成建筑师职业并不断发展的地区之一。为考察岭南近代中、西建筑师群体及执业状况，笔者试图对区域内建筑师职业的产生及制度成因，建筑师的专业背景、执业方式和执业环境、建筑师注册登记制度的形成、建筑师及其设计作品、重要建筑家的建筑思想和创作手法等进行研究。书中有关岭南近代建筑师登记制度的研究将回答制度源发与背景、本地区建筑业生产关系构成等问题。另外，通过研究，还将揭示一批"无名"建筑的真正设计者，发掘一批曾在不同历史时期或历史时段执业于岭南的建筑师。

第四章　西洋化与殖民主义建筑语境的形成

本章与紧接其后的第五章同属于建筑艺术及思想范畴，设计主体与建筑形式的不同是界分章节的主要依据。通过考察建筑师与岭南建筑近代转型的关系，笔者发现，1920年代是一个非常重要的时期。在此之前，由于西方建筑师的主导，岭南被动接受了西方建筑文化的殖民性扩张，开始了以西化为表征的近代化历程。1920年代中期以后，中国建筑师开始全面接管鸦片战争以来西方建筑师对本地区建筑话语的主导，岭南建筑的近代转型在主体和方式上出现重大变化。岭南建筑在自主发生近代转型的同时，开始重建中国建筑的民族性和现代性。

本章探讨了岭南近代建筑的西洋化与殖民主义建筑语境形成的关系。笔者认为，西洋化是殖民主义的建筑外显，是西方建筑文化在岭南殖民性扩张的典型特征。笔者将岭南建筑的西洋化历程大致分为两个阶段，早期以殖民地外廊式建筑、产业建筑的流布及教会的早期拓展为线索，后期则以西方古典主义的兴起为标志。笔者发现，在前后两个阶段中，西方教会与商人在建筑策略方面保持了距离。在早期拓展阶段，西方商人为快速"占领"与殖民的需要，其建筑活动多采取技术简便、造价低廉的营建策略，殖民地外廊式是这一策略的集中体现；而一旦稳定下来，西方古典主义建筑成为彰显财富和权力的重要手段。与此相反，西方教会在拓展初期更多地从宗教礼仪出发，采用西方本土的教堂形式；后期则逐渐认识到中国传统文化强大的内聚力和排异性，教会建筑采用中国风格成为调适策略的重要组成，在很大程度上也反映了西方殖民意识在文化策略的修正。虽然如此，教会建筑的适应性设计在教会内部仍有规范化或地方化的分歧，从而推动了岭南近代教会建筑中国风格的多样性。

有关西方殖民主义建筑语境在岭南的形成，与中国建筑师的出现、工匠的技术积淀及民间观念的改变有着必然联系。自1920年代开始，第一代留学西方的中国建筑师陆续回国，他们大多接受了西方学院派建筑教育，在古典主义形式运用方面具有较高专业素养，他们通过设计行为从更广泛的层面改变了岭南城市的建筑风貌。而岭南工匠由于较早接受西方建筑的建造技术及装饰工艺的训练，在乡村自建、尤其是华侨地区的建造活动中发挥了重要作用。显然，建筑观念的西洋化是西方殖民主义建筑语境广泛拓展的主要原因。

第五章 现代中国建筑的探索

岭南是中国建筑现代性与民族性探索的重要源发地和实践地。在本书中，笔者将开始于1920年代前期的民族主义建筑及发生于1930年前后的现代主义建筑统称为现代中国建筑。在笔者看来，"现代中国"反映了与"过去"的决裂，是现代性有关时间概念的中国化和在地化。

本章首先探讨了岭南——所谓的"地方性"对象，在现代中国建筑构建过程中所扮演的角色。由于孙中山国民党人从1917年开始即以岭南为中心探索政府组织、军队建立、城市管理、意识形态建构等一切可能的技术模式，其政治的意志和决心诉求于文化和艺术，使该时期包括建筑在内的文化与艺术形式集中反映了国民党人有关现代民族国家的初步构想。通过广州的实践，一种综合表达民族性与现代性的技术模式逐步形成，即后来被称为"中国固有式"的现代中国建筑。同时，由于孙中山国民党人统一国家的实现，这种"地方性"的技术模式最终走出省级地方空间，成为国家推广的主要原型。

其次，笔者还试图探讨地方自治对民族主义建筑实践的影响。1929～1936年，由于"宁粤分裂"，宁粤双方在政治、经济、文化甚至是军事方面呈竞争态势，陈济棠西南政府执行了与南京中央政府看似相同却本质迥异的文化政策。以此为背景，1930年代的广州通过一系列公共及文教建筑相对独立地发展了基于"文化复古"思潮的中国固有形式的探索和实践。其他有关"中国固有式"建筑实践的讨论还包括文化民族主义对城市空间形态的影响，以及"中国固有式"的改良策略等。

岭南近代建筑学另一个具有开创性的贡献是现代主义运动的开展，勤勤大学建筑工程学系的现代主义教育无疑是这一运动发起和实施的重要环节。虽然处于地理和近代中国建筑现代化发展的边缘，勤勤大学建筑工程学系在林克明、胡德元、过元熙等人的带领下，几乎独自完成了现代主义在岭南的输入与传播。其传播路径的建立在一定程度上反映了岭南建筑在国家与世界之间独立发展的地方性。仍需说明的是，作为近代中国最早开始摩登建筑实践的地区，1930年代的上海和南京，现代主义主要是作为一种"风格"被接受。[1]而岭南现代主义思想的传播是以该时期广东政治、经济和文化的发展为前提，在陈济棠地方自治的政治气候下，广东工业化建设、经济建设和新文化建设综合发展的结果。从某种意义上看，由于现代意识的萌发，岭南现代建筑运动在1930年代的广东已有酝酿发展的趋势。对这一认识的论述为中国现代建筑研究提供了一个新的视角，从而避免长期以来有关现代建筑运动在中国缺失的具有普遍性的观点。

第六章 西方建筑技术的植入与近代建筑技术体系的建构

西方建筑技术的植入与近代建筑技术体系的建立是岭南建筑近代转型的一个重要标志。整体来看，岭南乃至中国近代建筑技术的发展经历了技术的近代化和技术体系的近代转型两个阶段。技术的近代化主要表现在西方建筑技术的植入，技术体系的近代转型却从根本上摆脱了传统营造制度的束缚，从而发展了与现代建筑活动相适应的技术、材料及管理体系。本章关注的重点包括：西方建筑结构技术的传入途径、使用方式与类型特征，近代营造体系的建立，建筑技术法规的制订与管理，新型建筑材料的生产或输入，建筑应用技术的现代化，营造业管理，重要营造商，营造技术与设备的现代化，等等。

第七章 建筑教育的开展与教学体系的本土化

本章将对岭南建筑教育的开展进行研究。作为岭南建筑近代转型的重要事件，建筑教育的本土化从根本上改变了知识传授和思想传播在近代早期由西方完成的单一途径，对于重新构建新的知识传播体系具有重要意义。本章重点探讨的问题包括：早期建筑教育的方式和途径；建筑教育的开展及对岭南近代建筑师执业体系的影响；广东省立勷勤大学建筑工程学系及随后国立中山大学建筑工程学系教学体系的构建及对现代主义传播的影响，等等。笔者认为勷勤大学建筑工程学系的创立不但是岭南近代也是中国建筑现代转型中的重要事件。与同时期创立的其他学院派建筑教育体系不同，勷勤大学建筑工程学系坚持以工程技术和工程实践为导向的教学模式，在区别于"鲍扎"主流教学模式的同时，为现代主义思想的传播完成了教学体系的建构。[2]从时间上看，它自创立初期开始的现代主义教育和宣传比圣约翰大学建筑系早了许多，后者在黄作燊带领下从1942年开始现代建筑教育的探索[3]。而较之同一时期中央大学建筑系，勷勤大学建筑工程学系在现代主义宣传方面充满了自觉，它自上而下，由教师到学生，有关现代主义建筑的介绍和讨论也更为系统和丰富。对勷勤大学及随后中山大学建筑工程学系的研究将有助于回答现当代岭南建筑的地域主义实践在近代时期的思想根源。

---

①赖德霖."科学性"与"民族性"——近代中国的建筑价值观[A].赖德霖.中国近代建筑史研究[M].清华大学出版社，2007：216~222.

②彭长歆.中国近代建筑教育一个非"鲍扎"个案的形成：勷勤大学建筑工程学系的现代主义教育与探索[J].建筑师，2010，(2)：89~96.

③钱锋，伍江.中国现代建筑教育史(1920~1980)[M].北京：中国建筑工业出版社，2008：101.

第一章　近代早期西洋建筑文化的传播

明末对西洋海上贸易的兴发是岭南早期西洋建筑文化传播的直接成因。始于15世纪初，以郑和、达·伽马(Vasco da Gama,约1460~1524)和麦哲伦(Fernando de Magallanes,1480~1521)为代表的航海探险极大促进了东西方的相互了解和交往。中国与西洋、欧洲、美洲的联系逐步建立起来，并由于对华贸易和传教活动的开展，西洋文化和西洋艺术呈东渐态势，并首先由葡萄牙人在澳门、其他欧美商人在广州十三行建立了欧洲建筑艺术在岭南的登陆点。与此同时，西方传教士也不遗余力向内陆腹地渗透，其间历经保教与禁教，初步形成以澳门为中心的传教网络。在贸易和宗教的双重背景下，西洋建筑文化从16世纪开始便以澳门五门户不断影响岭南传统建筑的发展历程。

第一节　澳门城市与建筑

葡萄牙人在登陆澳门初期所造建筑相当简陋，经过三百余年不同种族的建筑艺术，尤其是受当地华人和葡萄牙人建筑艺术的影响，逐渐形成中葡建筑高度融合的艺术风格。实际上，在19世纪中期西方建筑文化以突变、楔入的方式改变中国传统建筑文化发展之前，在岭南一隅的澳门半岛上，东西方建筑艺术的相遇是谦和共存、相互影响，共同发展。对19世纪以前澳门建筑的历史进行研究，将有助于揭示岭南早期西洋建筑形式的本源，回答早期夷馆风格、工匠建造、材料来源等诸多问题。不仅如此，以往中国近代建筑史研究对于外来西方建筑文化影响的讨论多集中于19世纪中期以后的"楔入式"影响，而澳门建筑三百余年的演进过程，代表了另一种东西方建筑文化融合发展的"共生"模式，对这种模式的探讨和研究将丰富中国近代建筑史的研究，有助于正确理解岭南近代建筑地域性格的形成。

一、澳门的形成与发展

澳门城市的形成受贸易和宗教影响，而这两个因素与葡萄牙人来华有直接关系。16世纪上半叶，作为欧洲最早集朝野力量拓展东方航线和进行殖民扩张的国家，葡萄牙首先在印度和马六甲取得殖民地。其间，葡萄牙船队多次进扰中国的广东、浙江和福建等沿海地区，试图通过武力手段，夺取驻华据点，但在当时明朝官府的反击下这些企图都遭到了失败。1534年葡萄牙人首次踏足澳门，晾晒因台风受湿的货物，并通过贿赂从1550年代开始，谋取到在澳门长期停留和贸易的权利。1554年，日本航线船队司令索萨(Leonel de Sousa)与广东海道副使汪柏达成口头协议，葡人得以居留澳门。

毫无疑问，澳门城区的形成与发展首先源于经贸的发展。在索萨取得协约后，澳门半岛开始对外国商队开放，澳门正式成为各国商人的聚居贸易点。由于官府的严格控制，葡人早期建筑多为临时建造。据《澳门纪略》，夷商初上岸时，"仅蓬累数十间"，随着贸易的拓展和官府的姑息迁就，"商人牟奸利者渐运瓴壁蓁角为屋"，澳门开始出现葡人聚落。嘉靖三十六年(1557)，因击败海盗有功，葡人获中国官府批准在澳门建立永久居所，该年被视为澳门城市发展之始。同年，澳门正式加入由罗马天主教廷授予圣职的果亚教区。世俗与宗教的结合，使澳门城市建设从一开始就烙上了中世纪欧洲城市，尤其是地中海葡萄牙城市的印记，即自发组织的城市结构和自由发展的街道脉络，[①]与中国城市秩序井然的空间结构明显不同。

---

① 巴拉舒. 澳门中世纪风格的形成过程[J]. [澳门]文化杂志. 1998, (35): 45-46.

经贸发展导致人口增加和城市扩展。1557年后葡萄牙人大批进入澳门，其中部分来自广东珠海境内的浪白澳，这里曾是葡萄牙早期对华贸易的主要根据地。1562年澳门葡人居住人口为800人，三年后为900人，尚未包括孩童和随葡萄牙人来的马六甲及黑人奴仆等。至1569年，澳门夷商、奴仆和在澳华人总数已不下万人。[1]人口激增和大量建筑活动使澳门城区发展迅速。这些外来移民开始"筑庐而居"，[2]或"渐运砖瓦木石为屋"。[3]1558年，澳门已有葡人居所数百幢，[4]即庞尚鹏所言："不逾年，多至数百区，今殆千区以上。"[5]嘉靖四十四年(1565)叶权游澳门，称"今数千夷团聚一澳，雄然巨镇"。[6]

图1-1 澳门地图 (1634), [澳门]文化杂志,1998, (35): 79.

人口增长和对外贸易的繁荣，使澳门在16世纪"成为远东最有名的城市之一"，[7]葡人博卡罗(Antonio Bocarro)解释其原因时认为："因为各种财富大量地从这里运往各地交易；它有大量的贵重物品，它的市民比该国其他任何城市都更多、更富有。"[8]一时间，成片的住宅区和市场不断建成，街道也随之出现。1560年，出于维持内部秩序和保证商贸活动正常运作的需要，居澳葡人经投票选举产生市议会。1586年，鉴于市议会的良好运作，葡印总督宣布确认澳门为"中国圣名之城"。澳门成为在中国官府有效控制下、葡人自治的亚洲商贸中心城市。

宗教是促成澳门城市发展的另一重要因素。从建立货站开始，天主教传教士就在澳门落户并协助葡萄牙商人定居，同时，葡商也因其固有宗教传统而极力支持传教活动，并通过进献财物等形式帮助教会发展。自1557年澳门加入果亚教区起，前往澳门的传教士和神父不断增加。1558年，在港口附近的沙栏仔葡人定居点，第一座以圣安多尼命名的教区教堂(即花王堂)建立起来，澳门真正的城市规划也从此开始。[9]教堂及社区建设也遵循欧洲的传统，选择地势较高处进行，并以教堂和教堂前部广场为中心营造住所，从而逐渐形成社区单元，并进一步强化澳门葡萄牙城市的特征。继耶稣会之后，其他教派也来到澳门，1560年圣奥斯定会教堂、1580年圣方济各会大修院、1587年圣多明我堂(即板樟庙，又称玫瑰堂)等教会教堂陆续建成，[10]使澳门半岛逐渐成为宗教活动中心。1575年，教皇敕书设立澳门主教区，兼管对中国内地和日本的传教活动。在巴雷托·德·雷曾德(Barreto de Resennde)绘于1634年据称为澳门最早的地图中(图1-1)，教堂在城市中的布局和标志作用已非常显著。位于城市中心建于1576年的主教座堂

① 汤开建.澳门开埠初期史研究[M].北京：中华书局，1999: 224.
② [明]郭尚宾.郭给谏疏稿，卷一：防澳防黎疏.
③ [明]郭棐.万历广东通志，卷六十九：澳门.
④ 汤开建.澳门开埠初期史研究[M].中华书局，1999: 140-141.
⑤ [明]庞尚鹏.抚处濠镜澳夷疏.
⑥ [明]叶权.贤博编.附：游岭南记.
⑦、⑧ [葡]博卡罗(Antonio Bocarro).1563年的澳门[A].

Boxer C.R.(博克塞).Seventeenth Century Macau in Contemporary Documents and Illustrations [C].Hong Kong,Heinemann Education Books (Asia) Ltd.1984: 14~38.
⑨ 巴拉舒.澳门中世纪风格的形成过程[J].[澳门]文化杂志.1998(35): 57.
⑩ 澳门政府.澳门从开埠至1970年代社会经济和城建方面的发展[J].[澳门]文化杂志.1998, (36/37): 13.

MAXOU.

图1-2 澳门远眺及海港上的荷兰船只(纽荷芙,约1665年),香港艺术馆.珠江风貌——澳门、广州及香港[Z].香港市政局,2002: 62.

周围更聚集了包括住宅、坟地等在内的世俗社会的一切。贸易结构虽然决定了初期的城市组织形式,但天主教会在建立权力体系之后,成为社会和城区的稳定因素。

由于教会拥有大量物业和财产,以教堂为中心的城市布局和以商贸交易为中心的城市布局交融,构成澳门早期城市格局的重要特点。整个城镇的早期形态呈狭长带状,从南湾沿岸,沿一条西北、西南走向山脊,逐渐延伸到内港北湾的狭长地带上。西北部靠近内港的地区首先发展,西南部则在1590年后渐有发展,并在圣老楞佐教堂区附近延伸,该教堂1618年在圣奥斯定修院附近修建。另外,在华人聚居点也开始有教堂的兴建和各派别教会的扩张。

17世纪前半期是澳门发展的黄金时期,与中国内地和日本的贸易往来极大推动了人口的增长和城市的繁荣。据博卡罗1635年统计,当时城市方圆约半里格,最窄处50步,最宽处350步。[①]至于人口,"澳门有850户葡萄牙人家庭,还有同样多的土著家庭,他们全都是基督徒"。[②]而林家骏神父记载,到1644年时,城市人口增至4万。[③]至17世纪末,澳门已发展成为国际性商贸城市(图1-2)。

澳门的繁荣引起荷兰人和西班牙人的垂涎,防御的需要成为葡萄牙人筑城的借口。1622年,荷兰人袭击澳门,这一事件引起清朝政府的关注,由此批准葡人修筑城垣。其间,地方官府对葡人筑城的规模多有疑惑,并屡加干预,但筑城仍得以持续进行。[④]

从17世纪中期开始,在日本航线被终止、荷兰对马六甲海峡实行封锁、1685年清康熙帝开放海禁以及广州十三行贸易渐兴等众多因素影响下,澳门持续衰落。但清政府在1757年下令关闭广东以外的其他三处口岸,只有澳门仍保留其开放状态,所有在广州经商的西方商人不得不将澳门作为重要栖身地。[⑤]富裕的商人带来了充足的资金,大量的投资使澳门城市建设进入第二次繁盛期,但此时对华贸易的中心逐渐由澳门转至广州十三行,那里的公行贸易从18世纪初期开始进入繁荣期并一直延续,直至鸦片战争后上海、香港的崛起。[⑥]

二、澳门早期建筑

在澳门城市形成与发展过程中,澳门建筑受到了中国建筑文化(主要是岭南传统建筑文化)和葡萄牙建筑文化的双重影响。早期澳门只有一些渔村聚落,妈阁庙、观音堂等庙观建筑颇具岭南地方特色,其脊饰、柱式、装饰等与同时期岭南传统建筑并无明显区别,并一直保存至今(图1-3)。在澳门形成与发展过程中,由于华人人数不断增加,带来所属地区

①、②[葡]博卡罗(Antonio Bocarro).1635年的澳门[A].Boxer C.R.(博克塞).*Seventeenth Century Macau in Contemporary Documents and Illustrations*[C].Hong Kong,Heinemann Education Books (Asia) Ltd.1984: 14~38.另注:里格(League),一种长度单位,1里格相当于3.0法定英里(4.8公里)。
③、④汤开建.澳门开埠初期史研究[M].北京:中华书局,1999: 229,239~247.

尤其是广东及相邻福建的建筑文化和技术传统，中国建筑文化成为影响澳门建筑发展的重要力量。同样，澳门西方建筑文化也经历了由弱到强的过程。随着经商和传教活动的开展，以葡萄牙建筑传统为主导的西方建筑文化逐渐发展成为与中国传统建筑文化并行发展的另一条主线。

图1-3 澳门妈祖庙(局部)(1870~1879)，中国国家图书馆、大英图书馆.1860~1930英国藏中国历史照片(下)[Z].北京：国家图书馆出版社，2008：333.

　　澳门早期临时性建筑活动在1557年明嘉靖皇帝准许葡萄牙人居澳后得到改变，澳门建筑开始发生质的变化。首先，开始采用较牢固的砖瓦材料，这得益于中国商人的帮助，即张廷玉《明史》所称："商人牟奸利者渐运瓴壁蓁角为屋。佛朗机遂得混入，高栋飞甍，栉比相望。"[7]澳门葡人聚落与建筑开始出现；其次，开始采用欧洲建筑形式，并与中国建筑传统并行发展。荷兰画家狄奥多·德·布里(Theodore de Bry,1528~1598)制作于1598年前后的铜版画《早期澳门全图》(图1-4)展现了澳门早期的建筑风貌：具有不同平面形状，方形、圆形、正六边形或八角形——用厚实墙体构筑的建筑；有些入口形式很明显采用了拱券形式；图中分布着具有标识作用的教堂的钟塔，等等。种种特征说明该时期澳门的建筑

⑤公行贸易时期，清政府规定，欧美商船进入广州黄埔以后，负责船货交易的各国大班得以居停十三行，与行商进行交易。交易完毕，各国大班必须随船回国，或到澳门暂住，等候下一个贸易季度的来临。因此，澳门在供葡人居留的同时，也容纳进行贸易的西方商人。
⑥广州十三行在18世纪至19世纪中期为欧洲对华贸易的中心，但在1840年第一次鸦片战争后失去外贸垄断地位，更在1856年第二次鸦片战争后，被新兴口岸上海和香港所超越。
⑦(清)张廷玉.明史.卷三二五(佛郎机传).

图1-4 早期澳门全图(西奥多·德·布里，约1598年)，香港艺术馆.珠江风貌——澳门、广州及香港[Z].香港市政局，2002：61.

31

图1-5澳门圣保禄教堂
前壁, Trea Wiltshire.
*Encounters with
China:Merchants
Missionaries and
Mandarins*[M].
Hongkong: Formasia
Books Limited, 2003:
51.(左)
图1-6 澳门圣玫瑰堂
(自摄于2009年8月)

形式已受到欧洲建筑传统的影响。虽然有评论认为该画无视中国建筑特色，"顶多是画家远处一瞥的作品"，[①]但屈大均(1630~1690)关于澳门的描述却从侧面证明狄奥多·德·布里绘画具有一定的可信度。他说："其居率为三楼，依山高下，楼有方者、圆者、三角者、六角、八角者。肖诸花果形者，一一不同，争以巧丽相尚。"[②]

从16世纪中期至17世纪中后期，是澳门建筑受葡萄牙建筑艺术影响最深刻的时期。早期木构教堂陆续重建，在建造中开始采用西方正规式样和砖石技术。相对澳门半岛其他中国传统建筑而言，该时期葡萄牙建筑艺术处于强势地位，但已出现中葡建筑融合的趋势。16世纪后期，耶稣会士在澳门葡商帮助下，开始修建专门培养传教士的圣保禄神学院和圣保禄教堂。1630年教堂落成，1620~1637年加建前壁。前壁设计糅合了多方面因素，包括西方古典和东方的色彩。教堂装饰将西方的巴洛克要素与东方绘画结合起来，把具有葡萄牙、中国和日本语汇的渊博主题集于一体，宏伟而奇特。[③]教堂由本地葡人和中国工匠建造，被放逐的日本天主教徒也参与了建设，技艺的多元和混杂使该建筑成为早期东西方建筑艺术相互交融的典型个案。1835年的一场大火将该教堂烧毁，仅余内部地面和前壁，即今澳门大三巴牌坊(图1-5)。而该时期另一座教堂建筑板樟庙(圣玫瑰堂)在1721年重建后被公认为澳门最华丽的巴洛克式教堂(图1-6)。

同时期民用建筑也多采用西方模式，但主要吸收的是葡萄牙的传统，也包括葡萄牙人殖民印度和马六甲后获得的经验。仁慈堂、市政厅、白马行和麻疯院等民用公共建筑则深受地中海建筑文化影响：如它们都有庭院，高度为一层、二层甚至三层，厚实的墙壁用砖石砌成，但一般都采用中国式人字形屋顶，首层一般为储藏室和仆人用房，二楼以上为主层。16世纪后期许多住宅都具有上述特征。花王堂街一号便是这类葡人早期住宅建筑的典型样式。[①]与此同时，岭南传统建筑艺术继续得到保持和发展，这一方面表现在城内大量增加的岭南传统民居，另一方面表现在西式建筑中有岭南传统建筑的装饰特

①香港艺术馆.珠江风貌——澳门，广州及香港[Z].香港市政局，2002: 25.
②[清]屈大均.广东新语.中华书局标点本.卷二：澳门.
③澳门政府.澳门从开埠至1970年代社会经济和城建方面的发展[J].[澳门]文化杂志.1998, (36/37): 23.

征和屋架木构特征。

从17世纪末期开始随着商贸的衰退，澳门建筑出现新的发展特点。一方面，居澳华人增多，具有岭南传统建筑特色的民居和其他建筑形式发展迅速，对葡风建筑影响渐深。总体来看，18世纪至19世纪末期是澳门建筑融合发展的高峰时期。一种具有中、葡特色的建筑风格逐渐形成，尤其反映在住宅建筑中，留存有大量典型案例，并逐渐取代十六七世纪纯粹的葡式建筑而成为澳门建筑的主流。另一方面，从18世纪开始，欧洲新的建筑艺术形式通过各国商人和宗教的传播引入澳门，古典主义和巴洛克也开始影响澳门的葡风建筑，尤其反映在一些新建教堂和公共建筑物中，如1746~1758年建造的圣若瑟修院教堂(图1-7)，其前壁凹凸有致，为巴洛克式的中心化平面构图，显示出极强的动感，而雄伟的穹窿圆顶矗立在殿堂的十字形结构上。

在1840年鸦片战争爆发前，外国公司在澳门停留的最后阶段，新古典主义开始盛行，此时广州十三行商馆尚处于简化的西洋形式阶段。该时期澳门著名建筑师若泽·托马斯·德·亚基诺(Jose´ Toma´s de Aquino)的许多作品，如1834年重建的渣甸府、1837年西望洋教堂、1839年葡英剧院、1846年竹园自宅、1848年二龙吼小官邸等，均从学院派的新古典主义形式中获得灵感，并逐渐吸收了19世纪折中主义的语汇。18世纪末的伯多禄剧院(Teatro Dom Pedro V，又称岗顶剧院)，是受古典主义影响的一个较早案例，其前门采用了希腊式山花和柱廊设计(图1-8)。

关于澳门建筑的另一个问题是殖民地外廊式建筑何时出现。在约1830年一幅由中国画家绘制的《澳门的南湾与内港》画作中(图1-9)，已经隐约有殖民地外廊式建筑存在，其开

①Wong Shiu Kwan.澳门建筑：中西合璧相得益彰[J].澳门：文化杂志，1998，(36/37): 165-166.

图1-7 澳门圣若瑟修院教堂(左)
图1-8 澳门岗顶剧院，[澳门]文化杂志.1998,(35): 8.

图1-9 澳门南湾与内港(约1830年),香港艺术馆.珠江风貌——澳门、广州及香港[Z].香港市政局,2002: 99.
图1-10 澳门金斯曼宅邸走廊(关乔昌,1843),[澳门]文化杂志.1998,(35): 133.(下)

敞的外廊形式与具有厚实外墙和狭窄窗洞特征的葡风建筑形成鲜明对比,但之前其他关于澳门的绘画中,外廊式样并无明显体现。关乔昌作于1843年左右的油画《澳门金斯曼宅邸走廊》则十分真实地描绘了外廊的空间特征和建筑细部。为加强遮阳效果,廊外侧甚至有可收放卷帘(图1-10),说明外廊建筑之于气候的种种便利已被在澳西人所接受。

中葡建筑的相互影响和补充,产生了最适合澳门文化特点的建筑艺术形式。在16世纪中叶至19世纪三百多年的发展历程中,中葡建筑文化并行发展、互相影响、高度融合,使澳门建筑逐渐形成自己的主体性格,并具备整合和吸收各种外来建筑文化影响的能力。从表征来看,通过对不同时期、不同文化传统的艺术形式兼收并蓄,澳门建筑产生了以西洋形式为主、岭南装饰艺术为辅混合多元的艺术特征。但与近代西方建筑文化单向逆转中国传统建筑的"西洋化"相比,无论在方法还是观念上有很大不同。前者表现为共生、协调,后者表现为不兼容、不妥协。

三、共生下的建筑文化生态

从文化交流的主体看,"人"是最终的决定因素,而文化生态的形成也必然以"人"的参与为前提,表现为赞助人(业主、或建造者)、建筑师、工匠等对建筑活动的共同参与,并因文化、艺术及技术背景的不同,形成互动交流过程。受其影响,包括中国人及西方人在内的文化受众群体通过对建筑物质功能和精神功能的体验,使建筑文化以超越物质形态的方式传播,由此促进了澳门早期建筑文化生态的形成和澳门早期中西建筑文化交流的自主

① 巴拉舒(Carlos Baracho),澳门中世纪风格的形成过程[J].澳门: 文化杂志,1998,(35): 63-64.
② 天主教辅仁大学主编.朗世宁之艺术——宗教与与艺术研讨会论文集[C].台北: 幼狮文化事业公司,1992: 45.
③ 李向玉.澳门圣保禄学院研究[M].澳门: 澳门日报出版社,2001: 86,179,182.
④ 王庆余.利玛窦携物考[J].中外关系史论丛,第一辑,世界知识出版社,1985: 115.

机制的产生。

　　为确保长期稳定的贸易和居住，葡萄牙人采取了务实和灵活的策略，同样的做法也在商栈、住宅等民用建筑的建造中有所体现。由于中国建筑传统相对薄弱，在16世纪至17世纪早期的大部分时间里，葡萄牙人在运用本土建筑形式方面并未受到限制，但在实施过程中，却因地方材料和施工工艺影响，在建筑细部和内部空间使用方面，表现出足够的适应性和灵活性，而在澳葡人对明、清政府的谦卑政策加强了两种异质文化传统的共生与融合。保存至今的许多早期民用建筑，其总的特征便是中葡建筑相互借鉴，并通过自由组合和运用而别具特色。

　　相对商人简单实用的原则，欧洲建筑艺术在澳门的传播更多地源于天主教的传教活动。早在葡萄牙人登陆澳门前，天主教会已在印度的科钦(Cochin)和果阿(Goa)等地建立了颇为完善的传教网络，并进行了大量建筑活动，教会也因此积累了相当丰富的建筑经验。进入澳门后，限于资金、材料及劳动力匮乏，澳门早期教堂建筑十分简陋，多用竹、稻草、木板或夯土(Chunambo)建造。[①]随着贸易的展开，葡人财富积累渐多。在宗教信仰和本国传统推动下，教会得到了信众大量捐款和帮助，并开始在新教堂建设中谋求具有正规式样的教堂建筑形式。在教会尤其天主教会的观念中，宗教艺术包括绘画、音乐、建筑等是宗教礼仪的必要辅助和构成，所谓"艺术如能加以正当利用，则其任务和使命，就是用美的生动表现，使人的精神超越官能的范围以及物质的领域，上达理智和道德的理想境界，一直向往至高之善、绝对之美、万善万美之天主……"[②]并因此发展了一系列有关内部空间和外部建筑形式的礼仪和规范，罗曼风、哥特式、巴洛克等西方建筑艺术形式正是在这样的背景下产生和发展，并因全球性传教活动的开展而推广开来。

　　作为最早进入澳门并自认为最正统的天主教派，耶稣会在面对强大的中国文化传统时有着其独到理解，并采取了调适策略来应对传教需要。这一方面与耶稣会士入乡随俗的传统有关；另一方面则与耶稣会士早期对华传教活动中所接受的经验和教训有关。范礼安神父(Alessandro Valignano)是较早认为有必要需求新方法的人，作为视察员，他在1579年派遣罗明坚神父到澳门时，就已清楚地表明前往中国内陆传教的神父必须学习中国语言，同时要蓄发，留胡子，脱僧袍，着儒服等，以"适应"中国文化的策略进行传教活动。[③]耶稣会士罗明坚(1543～1607)、利玛窦(1552～1610)在广东肇庆的传教经历为耶稣会确立了样板。他们采用了范礼安神父所描述的方法，同时认为"传道必先获华人之尊敬，以为最善之法，莫若渐以学术收揽人心"，[④]并因此得到地方官员、知识分子和民众的信任(图1-11)。利玛窦本人也最终得到中国官方认同，规定只向赞同利玛窦观点的传教士发给进入中国的特许，同样的规定在铎罗主教觐见康熙皇帝时得到重

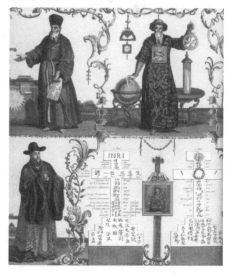

图1-11 耶稣会倡导的传教方法(上)成功影响了中国人(下)(局部)(图中左上为利玛窦神父)，Gianni Guadalupi.*China Through the Eyes of the West: From Marco Polo to the Last Emperor*[M]. Vercelli, Italy: White Star Publishers, 2004: 100.

申。利玛窦在中国的成功坚定了耶稣会面对“中国礼仪”时所采取的灵活和调适方针，并一直坚持至18世纪中期罗马天主教会与清康熙朝决裂。

同样的理念扩展至新教堂的建设中。面对澳门日益增长的华人群体，在坚持教会传统、遵守相关规范的同时，通过建筑和雕刻等直观艺术形式影响华人社群成为耶稣会的重要手段。1602年当新的圣保禄教堂开始在原址重建时，耶稣会首先在建筑朝向上进行了适应当地气候的调整，教堂是南北朝向，而非天主教规制的东西朝向，其变动某种程度上反映了耶稣会对中国传统习俗的尊重。1630年教堂落成，1620～1637年加建前壁。为营造从人间到天堂的叙事性主题，同时达到传播教义、颂扬圣母的目的，耶稣会建筑师在前壁的建筑语汇上选用了古典主义与哥特式的结合，以宣扬天主教的崇高和伟大。前壁为耶稣会式的舞台型牌坊，没有塔楼，由柱子隔开的三部分组成，中间部分最高，有五层，左右两侧为三层。每层都布置了具有完整叙事主题的雕刻，同时融合了天主教和东方文化的渊博主题及装饰色彩：东方文化中的因果、轮回被诠释为上帝—魔鬼、生—死、善—恶的二元对应关系；以天主教征服中国的企图被诠释为圣母踏足中国龙；为强化中国百姓对雕刻主题的理解，“鬼是诱人为恶”、“圣母踏龙头”、“念死者无为罪”等汉字标题以对联形式雕刻在画面上。其他包括日本和中国在内的许多东方题材也以隐喻和象征的手法来帮助耶稣会进行宣教。

虽然目的各有不同，作为赞助人，葡萄牙商人和传教士对中国文化和建筑传统的态度并无二致。他们将这些务实的思想和观念贯彻于他们的建筑活动中，为中葡建筑艺术交流提供了一个对等、共生的文化环境。

在赞助人为其文化价值进行取向、调适的同时，建筑师通过专业技能实现建筑对该价值的物质表现。澳门是中国近代最早有西方建筑师活动的地区之一，由于天主教传教活动的需要，教会建筑师早从16世纪开始即已参与教会的设计与建造工作，宗教与艺技的双重背景使建筑师更灵活地游走于东西方文化、艺术与技术之中。相对利玛窦在广东肇庆和帝都北京所采用的中式建筑外表和欧式内部装饰的方法，①在中国文化传统相对薄弱的澳门，建筑师可以自由发挥其专业素养，而更需要思考的也许是如何使设计适应地方材料和建造方法。

在有关澳门的许多文献和研究中，都提到了“Chunam”或“Chunambo”这种材料。一种观点认为“Chunam”是葡萄牙从印度或马六甲学习的夯土技术。在对其进行实物考察后会发现，“Chunam”与广东地区传统的夯土墙工艺十分相似。②而语义分析显示，“Chunam”实为粤语“舂冧”之音译，即充分捣实或充分搅拌之意，该工艺在澳门半岛以外的岭南其他地区都广泛存在。虽然，并不排除葡萄牙人最早从印度或马六甲学习夯土技术的可能，但材料和工艺在澳门的本土化是显而易见的。在缺乏石料的前提下，“Chunam”成为16-17世纪澳门许多教堂的墙体用材，其中包括圣保禄教堂。一种观点认为，在1602年的重建中，耶稣会建筑师、数学家卡洛•斯皮诺拉(Carlo Spinola，1564～1622)为适应“Chunam”的力学特性，放弃了该时期耶稣会常用的单一主殿体系，回归中世纪的三殿体系。③这是一个非常重大的修改，在教会建筑的发展中，教堂内部空间和殿堂的设计与教会讲道方式有着密切关系。单一主殿因方便讲道，同时使教堂内部空间简化为圣坛与座席的单一对应关系，以强化空间的纯粹性和唯一性，逐渐为耶稣会所认同，并在16世纪中期成为耶稣会教堂的主要空间形式。④“Chunam”的承压性能决定了它无法承受过大、过重的屋顶。因此，将“Chunam”墙体进行组合，将大空间分解为小空间，是卡尔洛神父面对地方材料的调适之举。当然，采用“Chunam”作为墙体材料的另一种可能则是，负责承建的伊纳西奥•莫雷拉(Inácio Moreira)在考察了当地材料后进行了选择。⑤

中式屋顶是建筑师不得不采用的另一项地方建筑传统。虽然后期有西式三角木屋架的出现与应用，但在

16～18世纪的大部分时间里，中式屋架仍是澳门早期教堂和民用建筑的主要屋架形式，其上覆盖着中式瓦。建筑师在大部分设计中因循中式屋架对平面空间的限定，而在建筑的组合中更多地反映中国传统的空间结构，其特征在民用建筑如住宅、货栈中表现尤为明显。当然，另一种解释是，建筑师直接学习了地方传统建筑的空间结构，如庭院、天井的组合等，西式建筑的特征更多反映在表皮，包括西方古典形式的拱形骑楼、装饰、门楣、窗楣、各种形式的柱式等。

显而易见，赞助人着重于两种文化的平衡，而建筑师更多地从理性分析角度完成建筑设计对文化、经济、技术、地理、气候、习俗等各种因素的适应性调整。需要指出，由于澳门早期教会建筑活动的特殊性，赞助人与教会建筑师在面对中西建筑文化交汇所采取的适应性策略几乎高度一致，从而保证了教会"适应性"建筑对其他民用建筑的示范性。

作为建筑观念、建筑艺术到建筑实体的实施者，工匠的文化母原、技能背景是干预和影响建筑活动最终结果的重要因素。中、西方建筑文化在千百年发展历程中，形成了各自高度稳定、特征鲜明的建筑体系。体系内部的建筑活动高度成熟，保持着自我运作的规律性。澳门早期中西建筑文化交流的一个主要特征，即中、西方两种建筑体系的混合并行，作为中国传统建筑体系的代表，中国工匠以其专业技能扮演了传承或干预两种不同建筑文化的角色。

虽然互存戒心，中国官府和澳葡当局对使用中国工匠几乎高度一致。澳门建城初期，为吸引具有一定工作技能的华人入居，在澳葡人不惜以重金引诱。明隆庆三年(1569)，陈吾德称澳门葡人："挟其重赏招诱吾民，求无不得，欲无不遂，百工技艺，趋者若市。"[⑥]孙承泽《春明梦余录》更载："佛朗机之夷，则我人百工技艺有挟一技以往者，虽徒手，无不得食。民争趋之。"[⑦]而稳定增长的华人人口，成为澳门持续发展的人力及技术保障。地方官府出于限制葡人建筑活动的需要，也采取了有利于中国工匠的措施。1583年广东海道副使颁布命令："禁擅自兴作，凡澳中夷寮，除前已落成，遇有坏烂，准照旧式修葺，此后敢有新建房屋，添造亭舍，擅自兴一土一木，定行拆毁焚烧仍加重罪。"[⑧]同时，"夷人寄寓澳门，凡造船房屋，必资内地匠作"。[⑨]这些禁令在1749年被重申并被译成葡文刻碑立于议事厅前，成为葡人建筑活动必须遵守的规范。

总体来看，中国工匠在澳门早期三百余年的建筑活动中保持了从材料到结构的地方传统。这一方面是因为西洋建筑传统在澳门相当薄弱，另一方面是由于中国工匠在应对西方建筑体系时高度的技术自信，他们通常通过熟悉的木作技术来适应西式结构和装饰的要求。在圣保禄教堂的建造中，中国工匠用曲木制作半圆券，并在其上施以红、蓝等各种奇妙颜色。显然，西方建筑常用的石砌拱券结构，被中国工匠以木作方式加以模拟，并按照中国传统对结构构件进行装饰。工程负责人伊纳西奥·莫雷拉对上述做法的默许在一定程度上也说明工匠的即兴创作在当时是一种非常普遍的现象。教会建筑尚且如此，民用建筑则更为突出。在对建筑外部尤其住宅等民用建筑的外部进行装饰时，地方建筑传统得到了

①在利玛窦、金尼阁《利玛窦中国札记》中，提到了利玛窦在广东肇庆和北京设计建造教堂的情况，除肇庆"仙花寺"尚存疑问外，其他所建教堂都有该特征。
②它通常由贝壳烧制成灰，并与稻草、黏土等舂捣夯实而成，为增加黏性和强度，米浆或红糖水也常常搅拌其中。
③巴舒拉(Carlos Baracho)澳门中世纪风格的形成过程[J].澳门：文化杂志，1998：69～71.
④其标志为1564年建成的里斯本圣罗克教堂，资料来源同上。
⑤李向玉在他的著作中提到了范礼安聘用伊纳西奥·莫雷拉作为工程负责人的情况。李向玉.澳门圣保禄学院研究[M].澳门：澳门日报出版社，2001：112.
⑥(明)陈吾德.条陈东粤疏.谢山楼存稿.卷一.
⑦(明)孙承泽.浙省海寇.春明梦余录.卷四二.
⑧、⑨(清)印光任、张汝霖.澳门纪略.卷上，官守篇.

图1-12 澳门白眼塘前地建筑(约1870),澳门历史[Z].香港:明报出版社有限公司,2000.

淋漓尽致的发挥(图1-12)。来自广东和福建的工匠,使地方建筑技术成为干涉两种建筑文化的主角。中构番楼,白垩墙面,贝雕窗楣,砖砌叠涩等成为澳门早期中、葡建筑的共同特征。

需要说明,在近代早期三百余年的发展中,传统营造业在澳门并未发生质的变化。由于技术传承方式和传统营造制度的稳定性,保证了中国工匠在参与西洋建筑活动时营造技术的稳定性,从而确保了技术层面中国工匠与西洋建筑师在中西建筑文化交流中的对等性和共生性。

从结构关系看,赞助人—建筑师—工匠是建筑活动发生的三个链环,链环之间的紧密协作保证了建筑作为物质个体的实现和文化信息的承载。受众群体在被动接受的同时,其文化信息逐渐内化为受众文化的一部分,并主动作用于新的建筑活动,该过程实际上就是建筑文化生态形成和发展的过程。在这个过程中,赞助人、建筑师、工匠是建筑活动的直接参与者,他们通过分工的不同实现建筑对各自观念——或思想、或艺术、或技术的反映,使建筑在具备物质功能的同时,成为各种观念的载体。而文化受众是建筑文化推广和文化生态形成的关键,他们通过建筑实物的认知,上升为观念的认知,并最终完成建筑文化生态的建构。

澳门早期文化受众的培养得益于宽松的族群关系。由于中国政府的有效管制,加之宗教和贸易的支配作用,澳门形成了复杂的权利共存结构。[①]该结构保证了东、西方不同族群的和谐共处,催生了澳门特殊的文化受予体系:东、西方不同族群宽容地接受来自对方观念的渗透和影响,并以自己最恰当的方式参与其中。葡人"得一唐人为婿,皆相贺",而华人入教则改穿西人服饰之类的社会现象普遍存在,双方在相互尊重前提下,互相学习、互相适应、互相促进。混合、多元、包容、共生,澳门社会及其文化受众的特殊性格确保了澳门建筑文化生态的扩展和平衡,并最终形成由赞助人、建筑师、工匠和文化受众为链环的澳门早期建筑文化生态圈。

共生下的建筑文化生态的形成,使澳门建筑逐步走上独立发展,既不同于中国地方建筑传统,也不同于葡萄牙欧洲建筑传统的道路。各族群紧密合作,以相对独立、自我循环的文化生态模式完成建筑活动,对内以隐性方式规范建筑活动,对外以显性方式彰显文化性格。这与鸦片战争后西方建筑的楔入模式或移植模式有本质不同,也与后殖民语境下建筑文化的发展有明显区别。由于近代早期澳门共生下的建筑文化生态的形成,游离于赞助人—建筑师—建筑工匠之外的文化受众转变为文化主体性格的创造者和修正者。某种程度上,也正由于文化生态的形成,文化受众向具有稳定文化性格的赞助人转变成为必然。

① 权利共存结构在澳门的存在被许多学者所认同,如澳门政府。澳门从开埠至20世纪70年代社会经济和城建方面的发展[J].澳门:文化杂志,1998,(36-37):29.
② 岭南工匠因熟悉西洋建筑做法,在1840年第一次鸦片战争后随买办和西洋商人辗转其他约开口岸成为西洋建筑的主要营造者。
③ 印光任.雕楼春晓诗:何处春偏好,雕楼晓景宜。窗晴海日上,树暖岛云披。有户皆金碧,无花自陆离。坡仙应未见,海市道神奇。
④ 张汝霖.澳门寓楼即事诗:剖竹绥殊俗,行橹驻暮秋。到门频拾级,窥牖曲通楼。几月能圆缺,帘风自拍浮。海隅容错处,应视一家忧。
⑤ 林则徐1839年巡视澳门时用日记形式记录了他的观察。

四、澳门西洋建筑与岭南建筑近代化

澳门西洋建筑因其时空的先发性成为岭南建筑近代化历程的重要组成部分。以中国近代建筑必然接受西洋化影响这一客观事实看待澳门葡风建筑的发展历程，无疑大大突破了关于近代演变的时间区间。需要指出：澳门的发展历程并非传统意义的"近代化"，它是部分西方人群体在南中国海岸线上这个特定地点，在中国地方官府有效辖制下，最初以中世纪欧洲模式经营的一个独特城市，它本身的发展演变也经历了由古代向近代的转变，是一个逐步近代化的历程，因此，用"西洋化"或"西风东渐"来描述鸦片战争前澳门独特的发展状况似乎更为贴切。然而，论及岭南甚至中国建筑的近代化历程，却无法回避这段历史和作用。从1557年葡萄牙人被允准居住，至1887年澳门被租借，其间长达三百余年，澳门从传统岭南渔村发展演变成中葡建筑文化高度融合的远东经贸及宗教中心，澳门建筑的西洋化明显早于岭南其他地区，更早于中国内陆。因此，澳门建筑在西洋形式的引入、发展和与中国传统建筑的融合方面具有很强的示范性。

澳门是岭南近代早期海上贸易的出海口，与广州距离仅145公里，极强的地缘关系使澳门西洋建筑与岭南近代建筑的发展密切相关。一方面，在澳西人对华贸易的兴衰与广州十三行贸易的开展有必然的因果关系，后者因东西方矛盾冲突促发了鸦片战争，是中国近代巨变的源起；另一方面，澳门西洋建筑活动对十三行的早期建设存在技艺输出的可能，在十三行前的百余年中，澳门在地方官府严格控制西洋建筑活动的政策下，已经准备了大批熟悉西洋作法的地方工匠，他们在西洋形式、传统技术对西洋形式的适应、地方材料的运用等方面已积累了相当丰富的经验，这和鸦片战争后广东工匠向刚刚开埠的上海输出一样具有同样的道理。[②]

近代早期澳门建筑文化生态的形成，使澳门成为建筑文化和观念的输出地。自明以来，王士性、庞尚鹏、汤显祖、印光任、张汝霖、屈大均、林则徐等明清地方官员或文人士绅均到过澳门，对澳门建筑特色留下了深刻印象。其中，印光任《雕楼春晓诗》[③]、张汝霖《澳门寓楼记事诗》[④]等诗作，以及林则徐"夷人好治宅，重楼叠层，多至三层，绣门绿窗，望如金碧"等细致观察[⑤]，向世人展示了澳门建筑有别于中国传统建筑的差异所在。而《澳门纪略》、《广东新语》等文献对澳门历史、人文风俗的记载，则全面揭示了澳门作为中西文化共融之地的存在。需要指出，传统中国的文化传播系统中，文人、士大夫阶层扮演了极其重要的角色，其文化内涵与价值观念通过诗歌、史传等形式薪火相传。显然，林则徐等人对澳门的造访与忆述以隐性或显性的方式，向澳门之外更广大的文化受众群体传播，并使观念的形成成为可能。

可以肯定地说，1840年鸦片战争只是西方建筑文化全面进入的一个契机。此前，岭南一隅的澳门及后述"广州"十三行，西洋建筑的移入早在二三百年前就已开始，它从观念、技术和艺术等多方面对岭南传统建筑文化潜影默化。长期以来，近代建筑史研究领域将1840年作为中国近代建筑史的开端，有片面和静态研究之嫌，许多学者也对此作出了批评和探讨。对澳门及十三行的研究，使我们对政治学之外的近代史定义应有更清晰的认识。

第二节　广州十三行

广州十三行是另一个因中外贸易而发展起来的地区。与葡萄牙人在澳门半岛较宽松的生活环境相比，西方商人不得不在广州城外紧靠珠江边一个狭小区域里进行商业活动，但他们同样按照西方模式改造商馆和住宅，并在18

世纪早期逐渐形成中国内陆第一个西方人社区。由于十三行的存在，广州城市与建筑面临新的变化。城墙内依然保持着自宋以来的基本格局，城外沿珠江两岸，无论建筑面貌还是城市结构都呈现新的、以商业贸易为导向、混合、多元化的嬗变；不断发生的贸易摩擦和东、西方文化的巨大差异终于导致1840年鸦片战争的爆发，十三行也在1856年的战争中被焚毁，但它所承载的西洋建筑文化随着殖民者不断扩张的步伐而广泛流布，成为中国传统建筑近代突变的缘起。

一、贸易制度更替与广州十三行

广州十三行是朝贡贸易向公行贸易过渡与发展的产物。自秦以来，岭南以广州为中心有1800多年海上贸易的历史，但海上贸易实际上是从藩属国向宗主国纳贡开始的，"假入贡之名，行市易之实"，逐渐发展成为朝廷对外贸易的一种制度和形式，即朝贡贸易，或称"贡市贸易"、"贡舶贸易"等。朝贡贸易最大的特点是不以贸易为主要目的，而是"通夷情抑奸商，俾法禁有所施，因以消其衅隙"，①从而宣扬浩荡皇恩。蕃商由于"非入贡，即不许其互市"，②往往随贡使而来，并以入贡之名，既受朝廷赐赠，又获准在口岸进行交易，因而获利甚厚，进而推动朝贡贸易的蓬勃开展。

中央政府对"朝贡贸易"的管理始于唐代。广州设"市舶使"主管外交、贸易和税收。③元初至元廿三年(1286)，广州设"市舶提举使"担负同样职责。④明成祖派郑和七下西洋，朝贡贸易进入高峰期，诸蕃要求入贡互市者大增。为接待南洋贡使，明成祖永乐三年(1405)，广州设"怀远驿"，并在驿馆旁另建官房120间接待同来蕃商⑤，"夷馆"之说自此始，建筑空间及城市结构调适贸易制度的需要是这种新的建筑类型出现的根本原因。至15～16世纪，欧亚航线和美洲航线先后开辟，中国与欧洲和美洲的联系逐步建立起来，欧、美国家开始加入对华贸易，其中以葡萄牙为先导，首先在印度和中国澳门建立贸易据点，对传统朝贡贸易形成极大冲击。朝贡贸易在组织形式上面临变革。

公行贸易是朝贡贸易之后一种新的外贸制度和形式。明嘉靖年间，由于倭患猖獗，实行"闭关绝贡"，其后海禁时紧时松，但广州沿海贸易从未断绝。1662年，清康熙帝即位后，社会稳定，外船被允许进入珠江互市通商，并重修"怀远驿"，以供蕃人居住和存货。但陆续而来的欧洲船队，以贸易而非朝贡之名，不得不租赁民房或投居当地行栈进行贸易。一种新兴的行商制度在经营该类"蕃馆"行栈的行业基础上产生，并被官府引申发展为"公行制度"。即官府厘定具有充足资金和外贸经验的华商充任"行商"(Hong Mechants)，他们是蕃商和中国商人的中介，专营包办对西洋贸易，享有承销外洋进口货物和内地出口货物的独占权。清政府通过行商管理对蕃贸易、征缴税款，避免官府与外国商人发生直接关系，也防止外国商人与其他中国人接触。⑥清康熙二十四年(1685)，清政府正式宣布开海贸易，并设立粤海关，管理对外贸易和征收关税事务，公行贸易由此发韧。

"行商"在制度上解决了与洋商交易的原则和方法，同时对新的交易空间和场地提出了要求。一方面，依照清代贡典，旧有驿馆不能接待非朝贡的洋商；另一方面，官府并不希望西方商人杂居在市民中间，而洋商本身也希望有一相对集中和固定的交易场所。梁廷枬《粤海关志》云："国朝设关之初，番舶入市者仅二十余椿，至者劳以牛酒，令牙行主之，沿明之习，命日十三行。船长曰大班，次日二班，得居停十三行，余悉守舶，仍明代怀远驿旁建屋居蕃人制也。"⑦说明粤海关设立之初，十三行夷馆区便已建立。康熙三十八年(1699)英国东印度公司首先在十三行设立商馆，康熙五十八年(1719)法国设立商馆，以后各国陆续设馆。这些商馆多冠以各国国名，并逐渐兼理对华外交，有领事驻扎馆内，实际上成为该国对华贸易、外交综合体。为强化对洋商的控制，乾隆二十二年(1757)颁谕仅留广州"一口通商"，十三行遂成西洋诸国联络中国的唯一窗口。

二、十三行空间结构与布局

十三行选址迎合了公行制度既定的官方不接触政策，同时为满足适合交易的原则，城外临近江岸的滩涂成为最初的交易场所。⑧梁嘉彬指出："夷馆全在广州十三行街，即今十三行马路路南。"⑨又据曾昭璇考证，十三行具体位置是北以十三行街为界，南以珠江江岸为界，东以西濠为界，西以联兴街为界，即今文化公园、十三行街、人民南路、仁济路一带。⑩

对十三行商馆布局的研究主要基于以下素材：

①1832年由伦敦传教会传教士马礼逊(John Robert Morrison)所作文字简图；

②1840年由英国人布兰斯通(W. Bramston)以近代测量学方法绘制、詹姆斯·怀尔德(James Wyld，1812～1887)印行的"广州地图"，其中有对十三行建筑情况的详细描述(图1-13)，该图在1925年马士《东印度对华贸易编年史》中被引用；

③英国驻广州首任领事李太郭(George Tradescant Lay，约1805～1845)于1843年绘制的十三行馆区简图；

④1885年亨特(William C. Hunter,1812～1891)在《旧中国杂记》中据称绘于1844年前的十三行简图；

⑤1856年英国舰队司令巴特(William Thornton Bate，1820～1857)等实测的十三行地图(图1-14)；

⑥其他则包括威廉·希基(William Hickey，1749～1830)、亨特等人关于十三行的文字描述，以及《中国丛报》(China Repository(7/1845，7/1846)和《远东观察》(The Far Eastern Review)(2/1919)杂志等历史文献对十三行文字或图形的记录；

⑦18-19世纪西洋画家和中国外销画家绘制的十三行风景画中，大多描绘了商馆前国旗的存在，为商馆所属提供了佐证。

在以往的研究中，包括梁嘉彬《广东十三行考》、田代辉久的《广州十三行夷馆研究》⑪、曾昭璇等人的《广州十三行商馆区的历史地理》⑫等关于十三行布局的论述也是基于上述素材，着重反映19世纪初期至两次鸦片战争期

①明史·食货志.
②王圻.续文献通考.卷三十一：市籴考.
③、④黄启臣主编.广东海上丝绸之路史[C].广州：广东经济出版社，2003：123，324.
⑤王云泉.广州租界的来龙去脉[A].中国人民政治协商会议广州市委员会、政协广州文史资料委员会.广州文史资料——广州的洋行与租界[C].广州，广东人民出版社，1992.12，(44)：3.
⑥王云泉.广州租界的来龙去脉[A].中国人民政治协商会议广州市委员会、政协广州文史资料委员会.广州文史资料——广州的洋行与租界[C].广州，广东人民出版社，1992.12，(44)：4-5.
⑦梁廷枏.粤海关志.

⑧早期商馆在滩涂上以干阑式建筑，之后才逐渐填筑河岸形成码头和陆地。
⑨梁嘉彬.广东十三行考.第1版.广东人民出版社，1999：350.
⑩曾昭璇，等.广州十三行商馆区的历史地理[A].广州历史文化名城委员会等.广州十三行沧桑[C].第一版.广州：广东省地图出版社，2001：10.
⑪马秀之，等.中国近代建筑总览(广州篇)[M].北京：中国建筑工业出版社，1992：9～23.
⑫参见：广州历史文化名城委员会等.广州十三行沧桑[C].广州：广东省地图出版社，2001：7～28.但文中所引亨特图(图三)似乎混淆了靖远街和同文街.

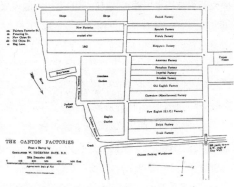

图1-13 1840年布兰斯通十三行测绘图，香港艺术馆.珠江风貌——澳门、广州及香港[Z].香港市政局，2002: 143.(左)

图1-14 巴特1856年十三行测绘图，Valery M.Garrett.*Heaven is High,the Emperor Far Away——Merchants and Mandarins in Old Canton*.Oxford University Press, 2002: 79.

① 马秀之，等.中国近代建筑总览（广州篇）[M].北京：中国建筑工业出版社，1992: 9~23.

② 广州历史文化名城委员会等.广州十三行沧桑[C].广州：广东省地图出版社，2001: 7~28. 但文中所引亨特图（图三）似乎混淆了靖远街和同文街.

③、④ 香港艺术馆.珠江风貌——澳门、广州及香港[M].香港市政局，2002: 23, 144.

间十三行情况，但对18世纪或更早时期的布局特征似乎未有全面揭示。

火灾是影响十三行空间结构和建筑形态的最重要因素。在十三行历史上曾发生过几次影响深远的火灾，包括乾隆十三年(1748)、道光二年(1822)、道光二十年(1840)，以及1856年火焚导致十三行历史的终结，其间虽然火灾频发，但波及范围和受灾程度远不及上述四次那么严重。在1748年第一次严重火灾后，商馆开始采用半西式的建筑形式，③而十三行布局相信从这次火灾后，开始采用后来一直延续的垂直江岸纵向并列的布局模式，以便在有限地段里以平等方式容纳更多商馆，并直接面向码头，这从大量反映十三行的油画作品中得到证实。但1748年前的十三行地区又是怎样一个状况呢？

荷兰人纽荷芙(John Nieuhof,1618~1672)于1655~1657年间随同荷兰东印度公司使团访问中国，在他的纪实性画作《广州城远眺》(图1-15)中，描绘了广州城及珠江沿岸的情况：江岸边类似于货栈的建筑物采用了平行江岸的布局模式。1751年，彼得·奥斯伯克(Peter

图1-15 广州城远眺(纽荷芙，1669年后)，香港艺术馆.珠江风貌——澳门、广州及香港[Z].香港市政局，2002: 145.

Osbeck)曾有如下记述："河岸上筑建了一排排的房子，是中国人租借给逗留此地的欧洲人的。"⑧然而，由此断定早期的十三行商馆平行江岸布设尚不充分。但有一点可以确认，在1748年以前的广州城外，珠江岸边并没有出现后来十三行所采用的平面组织方式，这从广州早期的外销瓷器中也得到证实。

1748年第一次火灾后，无论建筑形式还是布局模式都发生了极大变化，促成这种改变的应该是1720年成立的公行组织的协调作用。在以往的研究中，较多强调了该时期贸易制度的历史性转变，但如果将1748年前后十三行布局模式的改变和公行的协调及管理机制联系起来，也许可以得出如下结论：公行的成立使过往松散的"蕃馆经营者"——本地外贸商人联合起来，形成统一的行会组织。当火灾发生后，公行发挥了统筹与协调作用，得以将江边自由布局的旧商馆遗址重新规划和布局，以形成新的适宜交易、装运及封闭管理的布局结构，在这种情况下建筑也根据夷商的建议或指导开始采用"半西式"的立面形式。

在上述反映十三行空间布局的简图或地图中，布兰斯通和巴特二图均采用了测量学方法，标注了比例尺，在表达上也较精确。其中，巴特实测图着眼于十三行商馆的四置情况，包括岸线、周边道路、商馆地块边界及所属等均有详细标注，这应是1856年英军进攻广州时十三行的真实情况。而布兰斯通图则对建筑物状况有详细说明，尤其在建筑物的布局结构方面真实反映了以院落组织平面的中国特色，更确切地说，是明清时期广东民居的庭院特征。这种窄面宽、大进深、多重院落布局的平面布局特点在今天广州西关一带晚清建筑遗存中仍清晰可见。在约1810年前后中国外销画家的一幅画作《从集义行(荷兰馆)顶楼眺望广州全景》中，也充分描绘了这种中国式的院落情况(图1-16)，画作中部和右下角甚至还有中式建筑特有的卷棚过廊和前廊。当然，其中也不乏西洋建筑的细节特征：宽阔的平台，其四周围以西式的栏杆，等等。另外，布兰斯通图对英国馆、荷兰馆的前廊表述在同时期关于十三行的绘画中得到了证实。

19世纪关于十三行的各种平面图中，商馆排列情况基本一致，即由西向东，依次为丹麦行(又称德兴行，Danish Factory)、同文街、西班牙行(Spanish Factory)、法国行(French Factory)、明官行(Mingqua's Factory)、靖远街(又称老中国街)、美洲行(又称广源行，American Factory)、宝顺行(Paoushun Factory)、帝国行(即德国馆，Imperial Factory)、瑞行(Swedish Factory)、老英行(Old English Factory)、周周行(又称丰泰行等，Chow Chow Factory)、新豆栏街(又称猪巷Hog Lane)、新英行(又称宝和行，New English Factory)、荷兰行(又称集义行，Dutch Factory)、小溪行(又称怡和行，Greek Factory)共十三座洋行商馆，并被垂直于北面十三行街的三条街道同文街、靖远街、新豆栏街分成三个区域。

另外，1843年李太郭图和1856年巴特图均反映了在同文街和靖远街之间靠近江岸处新建的洋行房舍，以及靖远街和新豆栏街之间靠近江岸的美国花园及美国花园以东的英国花园。在巴特图中靖远街的最北端还有一座建筑与十三行关系密切，即洋行公所(Consoo House)，这是一座供行商集会用的中国式建筑，直到1839年，所有与外贸有关的事宜和官府指令都在这里处理和执行。

亨特的《旧中国杂记》指出，在中间六座馆前面的广场"四周围着设有石头地基的坚固的栏杆"。实际上，在更早一点的画作中，几乎每座商馆前都有木栅栏直到江边码头。如从约翰·克拉克(John Clark)作于1811年的画作中就可以看出靖远街向商馆区出口处甚至有可开启的门扇，说明十三行商馆区与城内华人是隔离的。当然，这也可能是清末广州城内为防盗、防卫而普遍设置的"街闸"而已。

1840年第一次鸦片战争后，由于西方国家在华政治及经济地位的改变，十三行经历了由纯粹商馆区向符合西

方模式的社区的过渡。绘于1850年前后的多幅外销画反映了这个客观事实:十三行作为第一交易场所的功能已经弱化,早期用于交易的十三行前平台在1841年大火后被改造成美国花园和英国花园,并按照西方模式进行建设(图1-17),数年后成为树木繁盛、配植丰富的西式花园。而直接交易中心和装运场则迁移到了河南原货仓所在地。另外,两次鸦片战争之间十三行区域内出现了一座重要建筑物,即1841年在英国馆和荷兰馆部分场地上建起的一座英国圣公会教堂。该教堂兴建于1847年,总共花费了137843.34英镑,其中一半源于广州英人的捐款,另一半由英国政府出资。[①]教堂和花园的出现从根本上改变了十三行商馆区作为贸易场所的原始定位,标志着广州城外西人社区的正式形成。十三行实际成为西洋各国在华的政治及经济中枢,而因应花园管理而成立的"广州花园基金会"更成为十三行西人社会具有自治性质的公共事务管理机构的雏形。[②]

1856年第二次鸦片战争爆发,英军炮击广州并焚毁民居,广州市民激于义愤,放火焚烧洋行。其后各国未再进行重建工作,1858年,英、法二国谋取沙面租界,以新的布局形式进行规划,十三行历史遂告终结。

三、十三行商馆的西洋化

十三行历史上遭遇多次火灾,火后的重建或修复使商馆的西洋建筑形式呈现阶段性发展。但是,与澳门建筑在中国传统较为薄弱的离岛和半岛区域所经历的西洋化发展不同，十三行处于广东地方省治的中心和岭南建筑传统最为厚实的地区，揭示商馆建筑的西洋化及演变历程，是研究十三行和岭南建筑近代化之重要一环。

在17~19世纪中西贸易旅程中，众多西洋画家、商人、传教士甚至水手曾先后到过澳门及广州，其中有狄奥多·德·布里(Theodore de Bry，1528~1598)、约翰·纽荷芙(John Nieuhof,1618~1672)、威廉·亚历山大(William Alexander，1767~1816)、托马士·丹尼尔(Thomas Daniell，1749~1840)、乔治·钱纳利(George Chinnery，1774~1852)、奥古斯特·波塞尔(Auguste Borget，1808~1877)，等等为我们留下了详实的文字和图像记录。需要注意的是，在当时以中国题材为主题的众多画作中，有许多是由从未来华的西洋画家依据前人的素描稿所完成，其中以托马士·阿伦姆(Thomas Allom)为代表，虽然其画作中的神秘主义和杜撰为研究者所诟病，但在仔细辨识后仍有十分重要的文献参考价值。除西方画家外，当时还活跃着一群以贸易外销画为业的岭南本土画家，啉呱、庭呱(关联昌)、煜呱(怡兴)、新呱等是其中的代表人物。他们或以中国传统的正面构图法、或以西洋透视画技法描绘广州风景，其中相当数量以十三行及相关景物为题材，并由西方商人带至欧洲和美洲，成为记录十三行变迁的又一重要史源。[③]另外，同时期大量外销瓷器和器具上也以十三行商馆为题材。这些艺术品有关十三行西洋建筑的描绘十分充分并且相互验证，因而具有较高可信度。

十三行商馆由"蕃坊"发展而来，早期形态无疑是中国式的。通常认为，纽荷芙1655年《广州城远眺》的画作中位于城南河岸边的一列中式建筑正是西方商人最早使用的商行或仓库。1748年的火灾为十三行提供了重构秩序和重建形式的机会，但早期商馆仍十分简陋。1751年，瑞典斯德哥尔摩学会会员、观察家彼德·奥斯伯克以传教士身份随瑞典东印度公司轮船"查理斯皇子"号抵达广州时，对"商行"的定义简单概括为"泛指一些临河或建于水面木桩上、由中国商人租予欧洲船员居停的楼房"。[④]这种干阑式商馆建筑在早期外销瓷器中也有具体表现。

有关十三行商馆出现西洋形式的最早记录应为1753年德罗廷格尔摩的中国庭馆内所摆设的一扇漆面屏风(图1-18)。屏风上所绘广州风景，开始反映商馆的西洋形式，该屏风在1777年之前已装置在中国庭馆内。[⑤]经过火后十至二十年建设，至1769年威廉·希基(William Hickey)过访此地时，十三行已具有

①Valery M.Garrett. *Heaven is High,the Emperor Far Away——Merchants and Mandarins in Old Canton*[M]. Oxford University Press, 2002: 155.

②十三行"广州花园基金会"成立时间不详，但沙面租界开辟后，该组织依然存在，并继续担任英租界公共花园的管理之责。

③笔者注意到江滢河博士的著作《清代洋画与广州口岸》对这一领域进行了深入而细致的研究。参见江滢河. 清代洋画与广州口岸[M].中华书局，2007.

④、⑤香港艺术馆. 珠江风貌——澳门、广州及香港[Z].香港市政局，2002: 23.

图1-18 德罗廷格尔摩中国庭馆内的漆面屏风(吴隽宇博士提供)

①香港艺术馆.珠江风貌——澳门、广州及香港[Z].香港市政局,2002:23.

②、③王云泉.广州租界地区的来龙去脉[J].中国人民政治协商会议广州市委员会、政协广州文史资料委员会.广州文史资料——广州的洋行与租界[C].广州,广东人民出版社,1992.12,(44):6.

④[美]马士.中华帝国关系史:第1卷[M].张汇文,等,译.北京:三联书店,1962:415.

"房间漂亮"、"设施方便"、"门前国家旗帜高扬"等在中后期画作中所反映的种种特征。①

18世纪后期至19世纪中期,西洋形式在十三行得到极大发展。其原因有三方面:其一,对外国商人的居住禁令解除后,让生活过得更舒适的想法令外国商人有装饰和翻修家居的可能,这点和葡萄牙人在澳门取得定居权后的情况十分类似,行商在这方面也应该给予了帮助;其二,商馆设立之初,名义上由行商提供馆舍,实际上由外国商人出资兴建,②以本国西洋形式兴建行馆成为必然;其三,十三行历史上曾遭遇多次大火,行馆重建和修复耗资巨大,行商无力承担,再加之十三行后期行商破产加剧,西方商人逐渐取得地块或房产控制权,尤其在第一次鸦片战争和1841年火灾后,中国行商原建商馆全部易手,③十三行掀起大兴土木的高潮,"在约21英亩的一个区域里,其中17英亩到末了盖满了房屋"。④

火灾是促成十三行商馆建筑形式演变的最重要因素。灾后重建工作推动了十三行商馆建筑在形式风格方面的更替变换。通过对十三行历史上所发生的重大火灾进行时间排序,并以图像认知方式对十三行商馆建筑在火后的情况进行比较和分析,可以基本把握其形式演替的总体特征:

(1)第一时期(1748~1822)

1748年后,西洋形式开始出现并与中国风格并行发展。文艺复兴风格影响了商馆最早的建筑外观,帕拉第奥母题在1757年建的新英国馆前廊和1760年建的荷兰馆前廊得到最细致的体现(图1-19);除中国商人的行馆外,最西端的丹麦馆是早期最受本地传统影响的外国商馆之一,在该时期大部分时间里,丹麦馆采用了类似于中国行馆的前廊形式,西洋形式只是在门窗券拱等处有所体现。与丹麦情况类似的还有美国馆,其于1784年首次设立。至少在1805年前,美国馆还是一座比早期丹麦馆更本地化的建筑(图1-20),相信其前身为行商所有和兴建。

1822年火灾发生前,丹麦馆已采用和其他商馆相似的西洋形式;同文街东侧的西班牙馆、法国馆及靖远街东侧的帝国馆、瑞典馆、旧英国馆及周周馆在18世纪晚期均采用了相近的处理手法,但西班牙馆和法国馆采用了两层贯通的壁柱,而帝国馆、瑞典馆、旧英国馆及周周馆首层和二层被水平线脚分开,其二层均采用了科林斯壁柱形式,入口上方多采用双柱,底层处理则表现出多样性(图1-21)。

由于殖民亚洲和非洲所积累的丰富经验,英国与荷兰更早地在商馆中采用前廊空间和百叶窗,以适应华南地区炎热、潮湿的气候特征。当然,面对开阔的江景,荫凉的前廊是眺望的最好地点。另外,当时中国商馆如宝顺行和明官行等已采用或具备西洋式建筑的细部特征。

(2)第二时期(1822~1840)

1822年11月3日大火由北面民居蔓延而来,除了小溪馆外的所有商馆遭到毁灭性破坏。在重建中,英国馆和荷兰馆虽保留了前廊,但已放弃了帕拉第奥形式,而表现出英国摄政王时期的新古典主义,包括厚实的基部和雅典式的山花等(图1-22)。而帝国馆、旧英国馆、周周馆及丹麦馆等普遍采用了巨柱式，圆形柱身，在立面中的比例明显大于早期的壁柱形式，柱头则多为爱奥尼式，也有简单的多立克式(如丹麦馆)。从立面构成和比例看，当时的商馆建筑仍为两层，但威廉·亨特(William Hunter)对1820年代的西洋商馆有如下描述："……下层作会计室及货仓，亦设有主管、其助手、仆人和苦力的房间，此外另有一间以花岗石建成的钱库，装上铁闸，以充替当时仍未设立的银行。二楼设有饭厅及客厅，三楼则是卧室。"①

(3) 第三时期(1840～1856)

该时期开始出现殖民地外廊式样。

道光二十年(1840)九月八日发生的大火再一次重创十三行(一说1841年5月22-23日火灾)。钱泳《履园丛话》记载："太平门外火灾，焚烧一万五千余户，洋行十一家。"汪鼎《雨韭盦笔记》云："烧粤省十三行七昼夜。"由于公行制度在第一次鸦片战争后被废除，火后的重建几乎一夜之间摆脱了束缚，商馆建筑被任意加建或改建。

需要指出，火灾后短时期内美国馆、宝顺馆、帝国馆、瑞典馆、旧英国馆及周周馆按照1840年前的式样进行了重建，这在迄今为止唯一一幅有关十三行建筑实物的照片中得到证实(图1-23)。在1844年法国人于勒·埃及尔(Jules Itier,1802～1877)拍摄的这幅照片中，从左至右依此为宝顺馆、帝国馆、瑞典馆、旧英国馆和周周馆。位于靖远街与新豆栏街之间的

图1-19 采用帕拉第奥母题的新英国馆和荷兰馆，香港艺术馆. 珠江风貌——澳门、广州及香港[Z]. 香港市政局, 2002: 161.(上左)
图1-20 十三行商馆(约1805), 香港艺术馆.珠江风貌——澳门、广州及香港[Z].香港市政局, 2002: 165.
图1-21 英国馆西侧部分商馆(约1807), 香港艺术馆. 珠江风貌——澳门、广州及香港[Z].香港市政局, 2002: 169.(下左)
图1-22 约1839-1840年的十三行，香港艺术馆.珠江风貌——澳门、广州及香港[Z].2002: 172.(下右)

①W.C.Hunter.*The Fan-qui at Canton before Treaty Days, 1825~1844*[M]. London: Kegan Paul, Trench & Co, 1882, reprint, Shanghai: The Oriental Affairs,1938: 15.

并列六馆中只有最西侧的美国馆未被摄入。1844年后,旧英国馆加建了一层平顶柱廊建筑(图1-17)。

1842年《南京条约》的签订开启了中国"自由贸易"的历史,十三行地区也因摆脱了公行束缚而愈加繁荣。1840年代后期,两座庞大的殖民地外廊式建筑建立起来(图1-24),从而突破了前期十三行商馆建筑谦恭卑顺的水平天际线和符合传统空间结构的小开间门面。由于营建技术的简单易行以及对亚热带气候的适应,殖民地外廊式在后来陆续开辟的条约口岸中被广泛应用,十三行也因此成为中国内陆最早出现这种样式的地区。与此同时,1847年在英国花园内,一幢英国新哥特风格的教堂建立起来、矗立在商馆区中部,以完全异质和不妥协的形象昭示着西方建筑文化的存在。所有后来在租界地区所能见到的景象,包括殖民地外廊式建筑、教堂、西式花园等在1850年前后的十三行地区已经完全呈现。

四、十三行之于城市结构的嬗变

由于外贸财富的积累和多元文化的发展,十三行所在的广州河岸区域从18世纪末期开始向具有控制性的城市核心过渡,从而引发城市结构的嬗变。作为新的经济核心和外来文化核心,十三行独立于象征封建皇权的城墙体系之外,通过经济、贸易、文化等影响促发城墙外沿珠江河岸地带城市结构,包括功能结构、空间结构和景观结构的嬗变。虽然,对于在珠江北岸滩涂上发展起来的十三行商馆区,即便最兴旺的1840~1856年,也未突破北面的十三行街,以及以同文街、靖远街所限定的狭小区域。但为配合十三行外贸对城市资源的调配,一些新的城市功能区域开始出现,如十三行附近的商业街区,河南的仓栈建筑群、黄埔的码头港口等;一些新的居住社区开始形成,如买办、富商在西关、荔湾、河南等区域的聚集;一些自然及人文景物被发掘成为新的城市地标,等等。

作为地方府治中心,广州城有着完备的城墙和适于礼制的空间结构。其筑城始自秦汉,经历代改造、扩建,至清顺治四年(1647)已形成由旧城、子城及东、西翼城所组成的

图1-23 于勒·埃及尔所摄十三行局部(从宝顺馆到周周馆)(1844)
资料来源:澳门历史档案馆.早期澳·穗摄影作品展[Z].1990:15.(左)
图1-24 从河南眺望十三行商馆(庭呱,约1852),香港艺术馆.珠江风貌——澳门、广州及香港[Z].香港市政局,2002:195.

城市防御体系。城墙内由南至北，有大清门、学官、布政司、广州府、巡抚部院等官府衙门，形成城市的权力核心；虽然商业发达，广州城内商业区被局限在狭窄的街巷中；城市街道严格按里坊制进行控制和管理，这种中世纪的城市结构在辛亥革命前几乎没有实质性的改变。

城市结构的嬗变首先始于功能结构的调整。由于贸易和官方控制的需要，外国商船被限令停泊在黄埔村外水域，那里设有码头、海关、仓库等，形成了世界航运贸易在亚洲的中心——黄埔港。为约束西洋水手的活动，同时提供休憩场地，黄埔港外的多个岛屿被划定提供上述功能。其中，南侧的小谷围岛(即今广州大学城所在地)规定由法国水手使用，东南侧的长洲岛被英国水手所使用。上述二岛因此有了"法国人岛"和"英国人岛"的称谓。在对外贸易的促发下，十三行附近的滩涂逐渐发展成为新的商业区和码头，其中的商栈与西洋商人有着直接或间接的贸易活动，如同文街十六号庭呱(关联昌)的外销画店等。因为通商条约的签订，河南在1840年后也有了较大发展，西方人选择这里建立仓库进行直接的贸易活动。1856年十三行火毁后，河南仓栈区有了更大规模的扩展，并直接影响了该区域在广州近代城市发展中的功能定位。垄断的公行贸易同时培养了拥有巨大财富的行商及买办群体，他们在西关、河南、花地等地建造别墅、花园，如同文潘启、潘有度父子，以及怡和行伍秉鉴在河南和花地的花园[①]，丽泉行潘长耀在西关的潘园等。虽然身份存疑，潘仕成在荔枝湾畔建造的大型私园"海上仙馆"，也与河南海幢寺、花地及其他行商花园一道成为十三行西方商人经常游乐的场所，河南的伍家花园甚至一度成为英国访华使团驻扎地。[②]由于富商云集，城外西关为西方人所看重，并成为沙面选址的重要依据。[③]在整个18世纪和19世纪前半期，新的功能结构的酝酿和发展是广州城市发展的典型特征，它北靠城墙、南至河南、东起黄埔、西至芳村花地，形态虽然离散，却集中反映了对外贸易及中西交流对城市结构的调适，显而易见，十三行是一切变革的核心。

在功能结构出现变化的同时，城市空间开始摆脱封闭、内敛的城墙体系，向滨水开放空间过渡。长期以来，除衙署官道外，广州城内空间由濠涌水道和蜿蜒曲折的街巷交织而成，形成错综复杂的网状结构。狭窄的街巷中密布着店铺和住宅，是日常交往和公共活动的主要空间，其混乱、嘈杂令十八九世纪到访广州的西人惊讶不已。在外贸和航运的调适下，新的功能结构沿珠江两岸展开，如十三行商馆区，河南码头、仓栈区，西关买办商人社区等在远离城内政治核心的同时，也确保了滨水空间的形成。宽阔的河道成为新的空间结构的核心，它以外向、开放的空间形态与城内封闭、致密的网状结构形成鲜明对比。

城市结构的嬗变为景观地理带来新的认知，有关城市景观的描述开始脱离以山水胜景为标记的传统模式[④]，新的景观坐标因航运和贸易的发展而被不断发掘。一般认为，西方人对广州地理的认知始于1655年荷兰使团，随团画师纽荷芙按照西方传统记录了广州的城市地标，包括城墙、城门、光塔、六榕塔、粤秀山，以及山顶的镇海楼等(图1-15)，这也是广州传统景物的重要组成。其后，西方人纷至沓来，他们在重复描述或描绘上述景物的同时，开始标

① 彭长歆.清末广州十三行行商伍氏浩官造园史录[J].北京：中国园林，2010(5):91~95.

② 1817年1月，由Lord Amherst率领的英国使团在出使北京返抵广州后，选择河南的伍家花园作为领事馆署所在地，历时三周。之前的1793年12月19日，由马嘎尔尼勋爵率领的使团曾选择海幢寺作为领事馆驻地。海幢寺即在后来的伍家花园西侧。

③ 靠近西关富人区是沙面成为租界的原因之一。

④ 古代中国城市对于城市景观的描述多以诗、画方式进行归纳和总结，其表述重意象、轻实体，与西方地理地标和景观地标的表述方式形成鲜明对比。如明代羊城八景有粤秀松涛、穗石洞天、番山云气、药洲春晓、琪林苏井、珠江静澜、象山樵歌、荔湾渔唱。清代羊城八景则有粤秀连峰、琶洲砥柱、五仙霞洞、孤兀禹山、镇海层楼、浮丘丹井、西樵云瀑、东海鱼珠。

图1-25 长洲岛西人墓地(新呱, 约1840), 香港艺术馆.珠江风貌——澳门、广州及香港[Z].香港市政局, 2002: 131.

记和命名新的地标, 并使这些地标或构筑物兼有中、西双语名称。首先是广州南城墙南侧、珠江河道中的小岛——海珠石因荷兰人的一度占领, 被命名为荷兰炮台, 其东侧的东水炮台也许因同样原因被命名为法国炮台。公行贸易开启后, 更多地理景物被发掘并标记, 如前述黄埔附近的法国人岛和英国人岛, 这两座岛上都设有西洋坟场, 埋葬了因各种原因死亡的西方人, 其中包括美国首任驻华专员亚历山大·埃佛里特(Hon. Alexander H. Everett)。西洋坟场按西方传统布置, 设有方尖碑、墓碑等纪念物, 在性质上已等同于西方的纪念公园, 不时有西方人造访凭吊(图1-25)。作为外贸时期广州城市景观的重要组成, 上述地标或景物通过外销画在西方世界广泛传播, 其自然景观和人文景观也因此具有了"世界性"。

考察新的城市结构所具有的文化意义, 我们发现, 它明显区别于鸦片战争后单向扩张的殖民主义的城市文化, 也区别于澳门早期以葡萄牙人为主导的"共生"文化。由于十三行的存在, 新的城市结构在不触及旧的皇权体制下展开; 同时由于大量兼有中西双语标识的城市地标的存在, 广州城成为该时期最具"国际性"的中国都市。

第三节　西方教会在岭南内陆的早期建筑活动

在贸易之外, 西方教会对岭南内陆的传教活动同样伴随有零星的西洋建筑活动的发生。基督教[①]对岭南的影响, 可上溯至唐代, 阿拉伯商人阿布·赛德·哈爽在《印度中国见闻录》中称唐末黄巢进入广州时, 居住在广州的外国人多达12万, 其中包括伊斯兰教、犹太教和基督教等教徒。[②]但与伊斯兰教相比, 基督教对岭南影响不大, 故多未见于史。

基督教大规模传入岭南并产生较大影响者在明清两代, 其中以天主教耶稣会最为进取。方济各·沙勿略(Francois Xavier, 1506~1552)最早被耶稣会派来广东传教, 他于明世宗嘉靖三十一年(1552)试图进入内地被拒, 郁郁寡欢死于广东台山上川岛。天主教在岭南的大规模宗教活动始于澳门。在16世纪中叶葡萄牙人获准在岛上进行贸易活动的同时，天主教会随即展开传教活动，神父冈萨雷斯(Grego′rio Gonza′lez)于1554年便建立了简陋的茅草教堂。由于葡萄牙人和天主教徒的苦心经营，1557年澳门加入天主教果亚教区；1575年，罗马教皇敕书设立澳门主教区，岭南边陲渔村澳门成为天主教在远东的一个重要传播中心，并在16～17世纪建造了大量修院和教堂。

以澳门为中转，西方传教士从未停止过对岭南内陆的渗透。明万历六年(1578)，耶稣会远东视察员范礼安(Alexandre Valignani，1538～1606)抵达澳门；次年，耶稣会士意大利人罗明坚(Michel Ruggieri，1543～1607)到澳门，西班牙教士七人到广州；1582年，耶稣会士意大利人利玛窦(Matthieu Ricci,1552～1610)奉范礼安之命抵达澳门；同年，罗明坚得到广东道台陈文峰允准，在肇庆东关天宁寺居住，并正式传教，随后转往广州、绍兴和桂林；1583年，利玛窦也从澳门抵达肇庆传播西学和天主教义，并向官府申请建立教堂。

利玛窦和罗明坚在肇庆建造的第一座教堂是二层西式建筑。"传教士获得了靠西江西郊的一块土地，紧靠一座被当地人称为'花塔'的塔下，它的字面意义就是像花一样的塔。他们所建造的房屋每侧由两间组成，中间是一个敞开的大厅，作为礼拜堂用，正中祭坛的上面挂一幅画，是怀抱婴儿耶稣的圣母像。本城的知府为他们送来了两块匾，一块挂在礼拜堂的进口处，另一块则在内部。第一块匾上刻有'仙花寺'，另一块上有'西来净土'。""房子本身很小，但很中看。中国人一看它就感到很惬意。这是座欧洲式的建筑物，和他们自己的(指当地中国人房屋，笔者注)不同，因为它多出一层楼并有砖饰，也因其美丽的轮廓有整齐的窗户排列作为修饰。"③罗明坚、利玛窦在教堂里展示了从西欧带来或自制的天文仪器，并展示了载有欧洲宫殿、拱门、桥梁等建筑成就的精美图册。由于文化和宗教信仰的冲突，罗明坚于1588年回到欧洲，利玛窦也于1589年被勒令离开肇庆，移居韶州南华寺。在那里，利玛窦等人建造了一座中式教堂。"为避免敌意的指责，也为了防止官员们在市内举行宴会，犹如他们在寺院所做的那样，所以这所房屋是按中国式样设计和建造的，只有一层楼。"④这似乎和利玛窦在离开广东后改穿儒服一样具有同样的理由，是为了在形式上更中国化，以利于传教。

由于教会的传播工作，天主教在岭南得到持续发展，尤其在清康熙"保教令"的推动下，传教活动克服了"中国礼仪之争"的困扰，使中国天主教堂的建设在康熙年间达到全盛时期。至1723年雍正继位后下诏严禁传教时，岭南教会事业已达相当规模。广东总督鄂弥达等在1732年8月21日关于驱逐广州各天主堂西洋人到澳门的奏章中，详细说明广州城内共有男天主堂八座，为西门外杨仁里东约堂、杨仁里南约堂、濠畔街堂、芦排苍堂、天马巷堂、清水濠堂、小南门内堂、花塔街堂，"入教男子约万人"；另又有女天主堂八座，为清水濠女堂、小南门内女堂、东朗头堂、盐步堂、西门外圣母堂、大北门天豪街圣母堂、小北门火药局前女堂、河南滘口女堂，"入教女子约二千余百人"；以上各堂绝大部分由西洋传教士担任堂主。①这些天主堂的建筑形象由于缺乏更详细的史料，不能

---

①作为世界三大宗教之一，基督教传说由耶稣在巴勒斯坦创立。公元313年，基督教由罗马帝国西部皇帝君士坦丁一世宣布为官方认可的合法宗教。1054年，东西两派基督教会分裂。东派教会自称正教，西派教会自称公教，即中文语境中的天主教(The Roman Catholic Church)。至1520年代，由于宗教改革运动，陆续产生一批脱离罗马公教(天主教)的各宗派，统称新教(Protestantism)，即我国称谓的基督教(或称耶稣教)。由此，基督教三大派别天主教、东正教、新教正式形成。为明晰中西语境下教派名称之特定内涵，避免误解和混清，本书以基督教统称天主教、东正教、新教三大派别，以新教或基督教新教特指Protestantism。
②参见张星烺.中西交通史料汇编.第2册.中华书局，1977：207-208.
③、④[意]利玛窦，[比]金尼阁著.利玛窦中国札记[M].何高济、王遵仲、李申译.中华书局，1983：173，182，244.

作出明确判断，但在雍正的朱批中，有"天主堂房屋或改作公所或官卖良民居住"等字句，从政府和民间对外来宗教的抗拒心理看，能充作公所或民居的建筑应该还是中式的，但不排除有西洋装饰和教会符号的可能。

雍正以后百余年，清廷历朝采取了严厉的禁教政策，对外贸易也仅留广州"一口通商"，并一直持续到鸦片战争前。虽然不能进行公开的传教活动，但教会一直试图重新开展此项工作。同时由于英国在18世纪末先后击败西班牙、荷兰和法国掌握了海上霸权，英国东印度公司在十三行也掌握了中国对外贸易的大部分，英国基督教新教教徒开始迫不及待地谋求对华传教事业的开展。1793年，英使马戛尔尼经澳门、广州到北京，向乾隆皇帝提出包括允许英国传教士来华自由传教在内的七项要求，遭拒。1807年，基督教新教伦敦会传教士马礼逊(Robert Morrison，1782~1834)来到广州，并在其后27年间在广州和澳门从事翻译圣经、编撰《华英字典》等工作，为东西方文化交流作出较大贡献，直至1834年逝于广州。其间美国、德国等国传教士也来到广州，并在文化交流方面贡献良多，如大卫·雅俾理(David Abeel，1804~1846)、艾利亚·裨治文(Elijah Coleman Bridgman，1801~1861)等。但传教事业却未有实质开展，这种状况一直持续至鸦片战争后禁教政策被彻底打破。

作为晚清帝国在地理上的边缘，澳门与广州十三行中西建筑文化交流的历史反映了近代早期中国向外"拓展"的可能。这种"内生"下的贸易制度或文化交流虽然严格限定在偏于一隅的岭南，却营造了基于全球贸易体系和宗教体系的"世界"性的文化交流语境，如果没有鸦片战争的干扰，该语境可能引发有别于中国近代建筑文化发展的多种可能性，它可能是混合的、多元的，但绝对不是单极的西方建筑文化的殖民性扩张。

在与西洋的贸易和交往中，岭南最早接受了西洋文化的影响，并在澳门和广州十三行直接建立了西洋建筑文化的传播地。长达数百年的演替发展，使中西建筑融合共存成为这两个地区建筑文化发展的主流，并直接影响了近代岭南乃至中国建筑的发展方向。与澳门和十三行相类似的是始建于18世纪中期的北京长春园西洋景区，它虽然在形式上更接近当时西洋建筑的主流风格，并在细节上表现出更丰富的变化，但其仅供少数人享乐使用的目的注定了长春园未能如澳门和十三行那样建立起广泛的文化辐射和影响，这也是澳门和十三行在贸易或宗教促发下发生东西方建筑文化碰撞交流的意义所在。

值得注意的是，在澳门和十三行这两个西风东渐的重要支点中，前者发生较早、规模较大、阶段完整、发展充分，而后者却以更激烈的矛盾冲突引发了中国近代之历史巨变。折射至建筑学领域，前者在澳门这个特定区域完成了中西建筑共生发展的模式和方法，而后者却见证了商行建筑从"中西合璧"向殖民地外廊式的过渡，以及西方建筑文化的强势楔入。

---

①中国第一历史档案馆、广州市荔湾区人民政府. 清宫十三行档案精选[Z]. 广州：广东经济出版社，2003：78.

第二章 城市理想与理想城市的建设

1840年、1856年两次鸦片战争及战后条约的签署从根本上改变了岭南乃至中国传统城市的发展轨迹，使之步入近代化历程。在这个过程中，岭南传统城市因条约制度的影响在布局模式和网络体系等方面变化显著。同时，由于广州贸易垄断地位的丧失，岭南城市在晚清大部分时间里缺乏足够的发展动力。从发展过程和结果看，以近代嬗蜕来描述岭南传统城市的早期近代化似乎更为恰当。岭南传统城市的革命性变革发生在辛亥革命后，并以近代城市管理体系的形成和城市法规制度的建立为标志，在具有新学或西学背景的政治家、地方官员、市政工程专家、建筑师及较早接受西方观念的华侨实业家等社会精英的共同努力下，岭南城市从街道表层的改造入手，通过一系列城市规划活动的开展和实践，逐步实现城市结构和城市空间的现代转型。其中，租界或租借地及华侨市镇的建设为岭南城市近代化带来了新的观念和方法，因而同样纳入岭南城市近代化的研究范畴。

第一节　岭南传统城市的近代嬗蜕(1840~1911)

总体来看，岭南近代城市类型可大致分为两种：一类是根据不平等条约对外开放的城市，如广州、汕头、梧州等，通常称为"条约口岸城市"(Treaty Ports)，主要集中在河海沿岸，拥有便利的水上交通；另一类是非条约城市，主要分布在岭南腹地，受条约影响较少，发展十分缓慢。条约口岸城市和非条约城市在发生现代转型前，绝大部分都有着传统城市结构的基本脉络，即以家庭手工业和小农业相结合的自给自足的自然经济为特点、以血缘宗法制度为基础的传统建筑群落通过街巷组织所形成的城市形态。由于长期的对外贸易，一些中心城市(如广州)在1840年前已表现出近代商埠城市的雏形。

条约制度是传统城市近代化发展的最初动力，在其影响下，岭南传统城市的改变包括：

①以政治及军事治所为特征的传统城镇网络发生了彻底改变，以水路通商为目的的新城市体系逐步形成。一些新的墟镇集市因良好的水运条件被发掘成为未来商埠，从而摆脱了晚清帝国以政治及军事管理为目的的城镇布局模式。

②城市形态从内陆防御型传统模式向外向开放型模式过渡，城市网络逐渐与水运网络重合，形成一批沿海、沿江城市。

③城市结构逐渐从符合传统礼制的布局模式向更适合商业发展的方向转变。城市中心逐渐从以官府衙署为核心的内城向更靠近船运中心的滨水地带发展；租界、海关、洋行的集中地成为新的权力中心，并与传统帝国的政治中心相对峙。前者控制了经济，后者仍维持对传统社会的管理。

④租界或其他类型的西人特权区域执行了"华洋分处"的既定策略。新的、西化了的城市结构在传统城市外缘逐渐形成。

一、双城模式

条约制度下，岭南传统城市最直接的改变来自租界、租借地或割让城市的开辟及所引发传统城市结构的突变。用"双城"来描述鸦片战争后租界与旧城、传统城市与割让城间的对应关系也许并不恰当，却直白地凸现了"新"与"旧"、中国传统与西方化在该时期的矛盾冲突，揭示了广州旧城—沙面租界及广州—香港在近代初期的二元对应关系。其合作和竞争直接或间接推动了晚清岭南城市与建筑近代化发展的缓慢步伐。

(1) 租界与华界

沙面租界的开辟与十三行被焚毁有直接关系。1842年8月29日《南京条约》签订后，英国人多次提出在广州租地未遂。1856年10月，第二次鸦片战争爆发，英军在攻破沿江所有炮台后进入十三行地区。11月初，为便于防守并阻止中国军民袭击，英军拆毁十三行地区周围大片房屋，激起民变。12月14日深夜，广州民众在被拆毁的铺屋残址上点火，火势迅速蔓延并波及商馆。十三行除一幢房子幸存外，全部化为灰烬，英军也被迫撤退。一年后，英法联军再攻广州，1857年12月29日城陷，广东巡抚柏贵、广州将军穆克德纳投降，并在英法联军监督下成立了中国近代第一个傀儡政权，设立了以英国领事巴夏礼(Harry Smith Parkes, 1828~1885)为首，由英、法人组成的三人委员，中方官员仍由清廷派遣，却由英、法共管。①

英、法联军占领广州后，积极寻求新的地段以取代十三行地区。此前，由于1854年英、法、美《土地章程》的公布，租界制度已经成熟，原广州十三行的外国商人及英、法当局也据此以战争赔偿为由索取所谓"居留地"，但在选址上却存在分歧，因而有重建十三行地区及迁往河南、花地等诸多设想。最后由英领巴夏礼排除众议选址沙面，1859年5月31日伦敦政府的电报确认了该方案。②其选址理由有三：

①有自然生成的碇泊地，稍加建设即可停泊大小船只；

②接近中国富贾大商居住的西关，贸易交往方便；

③宜于夏季纳凉、眺望。③

英、法两国随即责成广东当局负责，于1859年下半年展开沙面河滨地基的填埋和筑堤工程，至1861年秋季完成。整个填造工程耗资32.5万(墨西哥元)，英国出资4/5，法国出资1/5。填埋后的沙面岛呈椭圆形，纵长2850(英尺)，横宽950(英尺)；堤岸用花岗岩垒成，地基高出水面丈余；北部以人工开挖的河涌(即沙基涌)与华界分开，河涌上架设东、西两桥与陆地联系。所得55英亩(约330亩)土地按两国出资比例相应分配，其中，英租界44英亩(合264亩)，位于沙面西端，法租界11英亩(合66亩)，位于沙面东端。④1861年9月(咸丰十一年七月)，两广总督劳崇光与巴夏礼签订《沙面租约协定》，称："今经本部代大清国议将此地租给大英国官宪永为大英国随意使用……大清国均不能在此地内执掌地方、收受饷项，以及经理一切事宜。"沙面自此正式沦为租界。

隔离状态的存在使沙面建设完全独立于传统旧城之外，并按西方模式进行。这是所有租界建设的共同特征，但在沙面反映尤为突出。华界与租界的双城特征使岭南城市与建筑的近代化一开始就具有影响和被影响的多重竞争态势。

在土地供给方面，沙面采用了西方的土地拍卖制度。殖民者将租界土地分为82个地块，其中六块预留为英国领事馆办公及官邸用地，一块为教会用地，余下75块于1861年9月4日进行公开拍卖。前排沿江地块每幅估值4000美元，最终卖到每幅5000~8000美元，

①王云泉. 广州租界地区的来龙去脉[A]//中国人民政治协商会议广州市委员会文史资料研究委员会. 广州文史资料——广州的洋行与租界[C], 1992, (44): 27.

②H.S.Smith.*Diary of Events and The Progress on Shameen, 1859~1938*[M].1938: 7.

③沙面特别区署成立纪念专刊特辑, 1942.4.

④王文东、袁东华.广州沙面租界概述[A]//上海市政协文史资料委员会等合编.列强在中国的租界[C].北京: 中国文史出版社.1992: 254.

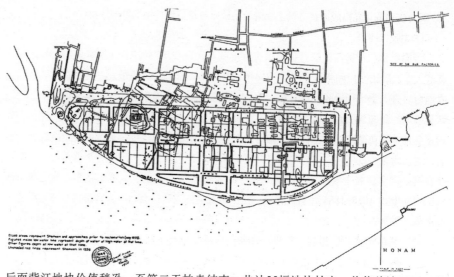

图2-1 广州沙面租界规划图, H.S.Smith. *Diary of Events and The Progress on Shameen, 1859~1938*[M].1938.

后面背江地块价值稍逊。至第二天拍卖结束，共计55幅地块拍出，价值总计248000美元。①法国因在1861年已向清政府取得原两广总督署为"永租地"，并全力修建天主教堂及附属建筑，工程浩大，至1888年始成，所以沙面法租界迟至1889年11月6日才进行第一次土地拍卖。

在土地规划方面，西方人在沙面完成了岭南第一个具有近代意义的城市规划，采用的是典型的殖民城市的规划模式。其道路系统由中央绿荫大道、沿江环道和贯穿南北的纵道组成方形骨架，并将建筑用地分布在大小不等的12个方形街区中(端部地块形状稍异)；每个街区由多个大小相近、窄面宽、大进深的平行地块组成，以保证土地划分的标准化和土地批租的公平性，并最终形成小尺度方格网式的街巷肌理和空间形态；②岛的南部规划了沿堤岸的步行道、花园及运动场地；英国圣公会和法国天主教会分别在租界内拥有各自领地。殖民商业城市的种种特征在狭小的沙面岛上得到了最大体现(图2-1)。

在市政方面，沙面租界为岭南引入了西方城市自治管理的模式和方法，但同时也经历了从民约管理到市政公办的过渡，其前后有多个组织承担了沙面的公共事务管理。最早有十三行时期成立的"花园基金会"，在获得清政府对十三行美国花园和英国花园的赔偿后，继续在沙面行使管理公共花园的职能，并发展成为新的"广州花园基金会"(Canton Garden Fund)。对该基金会的最早记录见于1864年4月9日，卡勒威(R. Carlowitz，礼和洋行创办人)、迪肯(James. B. Deacon，的近洋行创办人)、莫尔(George Moul)三位被委任为理事并负责处理用于植树和改善沙面环境的资金安排。沙面岛绿化在该基金会支持和督办下于1865年2月基本完成，正如十三行美国花园那样，树种选择和物种搭配显示了基金会对岭南植物的高度熟悉。③而另一个公共事务机构——"广州图书馆"(Canton Library and Reading Room)由"广州花园基金会"拨款建立。在1868年5月15日的一封信中，其名称被"广州俱

①H.S.Smith. *Diary of Events and The Progress on Shameen, 1859~1938*[M]. 1938: 9.
②孙晖、梁江以中国近代租界和租借地为例，分析和总结了中国近代殖民商业中心区的结构布局、街廓肌理、街道规划等特征，从而明确了该模式在近代中国的表现形态。详见孙晖，梁江.近代殖民商业中心区的城市形态[J]. 城市规划学刊.2006, (6): 102~107.
③H.S.Smith. *Diary of Events and The Progress on Shameen, 1859~1938*[M].1938: 9~11.

乐部"(Canton Club)所取代，该组织是中国英租界中成立最早的俱乐部。①上述机构或组织虽然在执事过程中常有英国领事参与，但基本上属于民约性质，负责对沙面公共事务进行规划和管理。现存最早对沙面工部局(The Shameen Municipal Council)的记录见于1871年6月22日义务秘书史密斯(Geo. Mackrill Smith)写给法国领事的信件。信中称："工部局已从英租界土地承租人中选出以管理沙面的公共事务，并寻求一切支持以改善岛内状况。"②直到1885年，法租界才拥有自己的工部局，并与英界工部局划界而治。③1881年1月，经开会协商，沙面花园委员会(即广州花园基金会)和广州俱乐部决定向工部局移交基金和财产。1月28日，在财产和文献移交完毕后，历史最为悠久的民约组织"广州花园基金会"停止运作，而广州俱乐部则转归工部局直接管理。④沙面进入了工部局时代。

从工部局承担的工作看，其职能包括市政公共设施规划和建设、税务管理和治安等，几乎涵盖了现代概念中城市公共事务的全部。市政公共设施在工部局成立后被逐步引入或建设，其中包括：第一台英国灭火器的购入(1872)、中国电报公司沙面电报局的成立(1889)、电话的使用(1906)、在运动场和足球场西侧建造儿童游戏场(1906)，1909年7月电力系统的建立；1908年承租78号地块以建设公共泳池及1912年供水系统的建立；等等。⑤

19世纪末20世纪初，在香港的西方建筑师事务所开始向沙面派驻分支机构。已知的有丹备洋行(William Danby, Architect and Engineer)沙面分行等，其主持建筑师帕内(Arthur. W. Purnell, 1878~1964)于1904年与美国土木工程师学会准会员伯捷(Charles S. Paget, 1874~1933)另组治平洋行，在沙面及广州设计了大量作品。⑥1915年7月，广州发生严重水灾波及沙面，在长达三星期的浸泡中，许多建筑物被毁坏，包括英国领事馆。1919年8月，工部局任命布拉梅尔德(T. Brameld)为顾问建筑师，并一直工作至1934年辞职。⑦

由于良好的管理和建设，沙面至19世纪末已取得不俗成绩(图2-2)。一位德国人描述1886年的沙面租界时称："在这里，有欧洲人的事务所和住宅，有领事馆，有一个国际俱乐部，同一个小教堂，整个地方是一片田园风光。"⑧法租界的建设迟至1888年广州石室天主教堂完成后才开始，并首先建造了领事馆和法国东方汇理银行广州分行。在短时期的建设后，法租界也繁荣起来。作为一个纯西方化的、自给自足，兼具工作、生活和宗教功能的租界"城市"，沙面岛面积虽然只有0.22平方公里，却给对岸的广州旧城树立了一个西方城市的样板，并间接促成张之洞修筑长堤的举措。⑨1911年前后，地方政府更有向沙面学习发展大沙头的计划。⑩晚清民国初时期，沙面对于广州旧城无论在城市风貌还是管理制度等方面具有示范作用。

(2) 广州与香港

如果说沙面只是广州城外一块由西方人管理的"飞地"，那么香港则由于地缘和城

①～⑤H.S.Smith. Diary of Events and The Progress on Shameen, 1859~1938[M].1938: 14, 16, 18-19, 17~26.
⑥彭长歆.20世纪初澳大利亚建筑师帕内在广州[J].新建筑, 2009, (6): 68~72.
⑦ H.S.Smith. Diary of Events and The Progress on Shameen, 1859~1938 [M].1938: 29.
⑧[德]施丢克尔(Helmuth Stoecker).19世纪的德国与中国(Deutschland Und China Im 19.Jahrhundert)[M].乔松, 译.北京: 三联书店, 1963: 21, 注1.
⑨彭长歆."铺廊"与骑楼: 从张之洞广州长堤计划看岭南骑楼的官方原型[J].华南理工大学学报(社科版), 2006.12, (6): 66~69.
⑩[香港]华字日报[N], 1911-01-03.

图2-2 1880年代广州沙面，中国国家图书馆、大英图书馆.1860~1930英国藏中国历史照片(上)[Z].北京: 国家图书馆出版社, 2008: 201.

①丁新豹.历史的转折:殖民体系的建立和演进[A]//王赓武主编.香港史新编(上册)[C].香港:三联书店(香港)有限公司,1997:59~63.

②陆晓敏.英国九龙"新界"概述[A]//上海市政协文史资料委员会等主编.列强在中国的租界[C].北京:中国文史出版社.1992:492~499.

③郑宝鸿.港岛街道百年[M].香港:三联书店(香港)有限公司.2000:10.

图2-3 从邮政局南眺云咸街(绘画:Murdoch Bruce,1846),(右侧建筑为香港会所,左侧旗杆处为港务官办事处),香港艺术馆.历史绘画[Z].香港市政局,1991:31.

市间的竞争关系而与广州一起成为岭南近代史上具有真正"双城"意义中的两极。在17~19世纪对华贸易中,英国一直尝试在华南建立类似澳门的长期居留地,香港因其适于航运的滨海特征和优越自然环境令英国政府垂涎已久。①第一次鸦片战争后,清政府被迫与英国政府签订《南京条约》,开放广州、福州、厦门、宁波、上海五口通商及赔款2100万银元,给予英方协定关税权、领事裁判权、片面最惠国待遇等,并割让香港。1860年3月,第二次鸦片战争期间,陆续到达香港的万余英军强行在港岛对岸的九龙尖沙嘴登陆及驻扎。当月21日,巴夏礼与两广总督劳崇光签订《劳崇光与巴夏礼协定》,租借九龙半岛南部(包括昂船洲);10月24日,中英签订《北京条约》,九龙(界限街以南)从租借地变成割让地;1898年英国驻华公使窦纳乐(Claude Maxwell MacDonald,1852~1915)又以"香港防御需要"为借口,与庆亲王奕劻及李鸿章展开强租新界谈判,1898年6月9日在北京完成租借新界的《展拓香港界址专条》;1899年英国殖民当局无视"专条"规定,强行接管原属于中国政府管辖的九龙寨城。②自此,包括港岛、九龙半岛、新界在内的香港全境形成,并以英国海外属地方式进行殖民统治和管理。

因缺乏长远考虑,香港早期的城市建设在规划层面非常零散和片面。香港的建设始于为殖民政府管治及西方人居留所进行的一切,包括1841年为连接占领角和各军营而修建的荷李活道和通往行政中心的花园道等,以及在维多利军营以西的行政中心山坡上(即政府山)兴建的邮政局(1842)、会督府(约1850)、辅政司署(1850)及港督府(1854)等政府建筑。③为配合西方商人的信仰、娱乐及社交需要,一系列公共建筑也建造起来,包括圣约翰教堂(1849)、香港会所(1846)(图2-3)、马场(1846)及各种英式运动场。西方土地制度也被施用于香港,英国人早在1841年占领香港后即成立田土厅(Land Office),并立即测量及划分土地。同年6月14日便有第一次土地拍卖以取得财政来源,④土地获得者很快建起了殖民地外廊式样的住宅、洋行和货栈。但在土地转让问题上,英国政府与香港殖民政府发生了严重分歧,前者并不认

可义律提出的土地处置方法,认为不得将任何土地做永久转让。⑤诸如此类分歧使早期的投资充满不确定性。另外,和上海开埠时的情况有些类似,殖民者开拓香港的原初目的是为了谋取短暂的商业利益,这使香港早期的建设充满了临时性。而贸易增长缓慢、治安状况恶劣等现象使在港西人充满了悲观情绪。第一任财政官罗伯特·蒙哥马利(Robert Montgomery Martin,1801? ~1868)也认为,香港"令人窒息"、"多石、崎岖、陡峭的悬崖"、"像发霉的斯蒂尔顿奶酪"。⑥甚至有人认为殖民香港是一个错误。⑦

由于太平天国运动迅猛发展，1850年代成为香港发展的转折点。为逃避战乱，中国内地商绅纷纷举家来港，带来人力和资金。香港人口与商户激增，1841年港岛总人口为7450，至1861年已达119321，其中，2986人为西方人。[④]同时，在澳门和广州的西方商人也逐渐转移至香港，使香港经贸快速繁荣，并在鸦片战争后逐渐成为华南的货物分配中心，中国进口商品的1/4和出口的1/3皆由香港周转并通过香港进行分配。从1855年开始，香港和上海的贸易额已开始超越广州。[⑤]

与香港商业的发展相适应，市政建设迅速发展，其策略以筑路为先。在最初20年，中环与上环大部分街道铺设完成；1857年在香港市街道安装油灯；1858年建成上环、中环、下环、太平山四个商场；1860年建成太平山、东街、中街、西街、西营盘、山顶道等道路，南面则扩建了至香港仔的道路，在那里，德忌利士洋行修建了在东方首屈一指的船坞。1860年代，香港维多利亚城已具备近代海滨城市的雏形(图2-4)。

香港的进一步发展源于港口贸易的持续繁荣和航运业的急速扩张。19世纪中后期，由于苏伊士运河开通，香港航运业由帆船时代向轮船时代过渡，并逐渐奠定世界性港口城市的地位。为容纳激增的人口和适应海运发展，殖民政府从19世纪五六十年代开始不断填海，以扩大商业和居住用地，并兴建货仓。1854年，宝灵城经填海建成并继续扩展；1871年，第一个公共货仓企业——香港货栈公司问世；1886年香港九龙仓货栈公司成立；1878年，港府拨款建设维多利亚码头，供远洋深水轮船停泊；1889年中区填海计划着手进行，1904年完成，多个码头在新填地先后建成(图2-5)。皇后行、太子行、圣佐治行、亚历山大行、于仁行、香港会所等附有升降机、电灯及电风扇等先进设施的新型大楼也相继建成。与此同时，公用事业、邮电通信等也快速发展，香港中转贸易港的地位不断加强，并逐步减弱对英国的依赖。至19世纪末香港已发展成为国际化大都市。

图2-4 1860年代香港海港全貌(画家佚名，1855～1860)，香港艺术馆.历史绘画[Z].香港市政局，1991: 20.

④龙炳颐.香港的城市发展和建筑[A]//王赓武.香港史新编(上册)[C].香港：三联书店(香港)有限公司，1997: 220.

⑤～⑦弗兰克·韦尔士(Frank Welsh).香港史[M].王皖强、黄亚红译.北京：中英编译出版社，2007: 175-176, 185-186, 190.

⑧郑宝鸿.港岛街道百年[M].香港：三联书店(香港)有限公司.2000: 26.

⑨黄启臣.广东海上丝绸之路史[C].广州：广东经济出版社，2003: 591.

图2-5 中区填海工程(约1904年),香港历史博物馆.四环九约:博物馆藏历史图片精选[Z].香港市政局,1994: 42.

香港在经济和城市方面的成就既是近代广州长期失落的根源,也是推动广州城市近代化发展的重要力量。由于香港华人对广州"省城"的高度认同,两地民众在各个层面的交流广泛而深入,促进了两地社会、经济、文化、艺术等互动局面的形成。毫无疑问,香港是近代广州的比照对象和学习目标。民国初,广州大量城市法规如骑楼规则及近代建筑制度如建筑工程师登记等均以香港相关条例为基础改造和发展;近代广州改善城市结构、改善水运设施等有利于经济发展的举措无一不以香港为直接竞争对象。学习与竞争、调适与发展成为近代广州面对香港的强大压力时城市策略的重要组成,并一直延续至今。

(3) 双城模式下社会风尚及文化思想的嬗变

由于长期对外贸易的开展和中西文化交流,广州近代社会风尚在鸦片战争前已呈嬗变之势。早在乾隆年间,斯当东(George Leonard Staunton,1737~1801)随英国特使马戛尔尼(George Macartney,1737~1806)访华途中,已发现广东沿海地区年轻人私下仿穿西服的现象。[①]1825年,美国人亨特则在广东看到:"中国人不是在口袋里藏一个挂表,而是在衣服外边,绣花的丝质腰带上,挂两个表,表面朝着外边露出来。"[②]鸦片战争后,西方器物文化的广泛传播使岭南社会风尚愈加欧化(图2-6),广州"与外人通商最早,又最盛,地又殷富,故其生活程度冠于各省。而省城地方,则殆与欧美相仿佛,较上海且倍之"。[③]租界和香港由于殖民化和西方化程度更深,在引领社会风尚方面扮演着重要角色。1859年,一位刚到香港的英国人曾描述街头所见:"我在街上散步,看见很多中国姑娘的天足上穿着欧式鞋,头上包着鲜艳的曼彻斯特式的头巾,作手帕形,对角折叠,在颏下打了一个结子,两角整整齐齐的向两边伸出。我觉得广州姑娘的欧化癖是颇引人注目的。"[④]社会风尚的变化导致生活方式及行为方式的近代转变,并折射至建筑领域。建筑中采用西式装饰和柱式成

图2-6 19世纪末身着西式服装的广州女性,Valery M. Garrett.*Heaven is High,the Emperor Far Away——Merchants and Mandarins in Old Canton*[M]. Oxford University Press, 2002: 163.

为晚清岭南建筑活动的普遍现象，广州陈家祠(1888)的生铁柱和开平风采堂(1906~1914)的中西混合式样反映了社会风尚的嬗变在晚清逐渐普及到传统社会结构的最基层，并渗透至血缘宗法空间中。

社会风尚的嬗变同时导致更具革命性的新观念、新风气的萌动。始于林则徐"睁眼看世界"的文化启蒙，晚清有识之士通过各种途径了解西方、认识西方。鸦片战争后沙面的建设和香港的成就为中国近代资产阶级民主思想的形成和发展提供了绝佳参照物。康有为第一次游历香港，亲眼目睹"西人宫室之瑰丽，道路之整洁，巡捕之严密，乃始知西人治国有法度，不得以古旧之夷狄视之"。[5]自《南京条约》签订、开放五口通商以来，以民主、自由为主题的西方社会学说及其他人文和自然科学在广州及香港地区广泛传播，使岭南近代思想文化逐渐适应或推动资产阶级维新改良和资产阶级民主革命的进行。洪仁玕、郑观应、何启、胡礼垣、黄遵宪、康有为、梁启超、孙中山、朱执信等为代表的岭南近代思想家，几乎涵盖了中国近代从早期改良主义思想、变法维新思想，到资产阶级民主思想的全部。双城之下，广州与租界，以及广州与香港在进行城市竞争的同时，文化思想的交流使岭南再次成为中国近代巨变的文化和思想源泉，并最终成为中国近代资产阶级民主革命的策源地。

二、条约口岸的开辟与岭南近代商埠城市的形成

条约制度下条约口岸的开辟是岭南近代商埠城市形成的重要基础。第一次鸦片战争后《南京条约》对通商口岸的开辟，在很大程度上是西方人为打破广州"一口通商"的贸易限制、进行所谓自由贸易而进行的，其后签订的几乎所有不平等条约均将条约口岸或其他外人特权区域的开辟作为其重要内容。条约口岸的选择依据何种原则开辟，以及与岭南近代商埠城市形成的关系等是本节所关心的问题。

有理由相信，西方国家迫使清政府签订的不平等通商条约中，有关岭南条约口岸的开辟依据了双方自开海贸易以来的口岸经验，同时经历了水上交通工具由远洋帆船向蒸汽轮船过渡过程中对新口岸的认识和利用。[6]岭南自古以来海上贸易繁盛，口岸众多。康熙二十三年(1684)开海贸易后，"粤东之海，东起潮州，西尽廉南，南尽琼崖，凡分三路，在在均有出海门户"。[7]当时广东开放给中外商人进行贸易的口岸几乎遍布广东沿海各地及部分内河沿岸，计有7个总关口，总关口下又有小关口60多个。[8]上述关口中，既有以南洋、东洋为贸易对象，也有对西洋进行贸易，其地域范围涵盖了岭南(包括海南岛)几乎所有沿海和江河出海区域。在早期对西洋的贸易中，既有官方认可的公行贸易，也有明令禁止的走私贸易。英国东印度公司从18世纪末开始数量庞大的鸦片走私活动，使澳门、香港、南澳、汕头等口岸先后成为鸦片贸易的场所。1858年，美国驻华公使列卫廉(William Bradford Reed，1806~1876)在给国务卿加斯(Lewis Cass，1782~1866)的报告中称："汕头，是厦门西南约一百英里的一个口岸，它是未经条约承认(对外开放)的，这是阁下知道的。那里进行着

①[英]斯当东.英使谒见乾隆纪实[M].叶笃义，译.上海：上海书店出版社，1997：503.

②[美]亨特.旧中国杂记[M].沈正邦，译.广州：广东人民出版社，2000：148.

③胡朴安.中华全国风俗志(下篇)[M].石家庄：河北人民出版社，1986：370.

④[英]呤唎.太平天国亲历记(上册)[M].王维周，译.上海：上海古籍出版社，1985：7.

⑤康有为.康南海自编年谱·光绪五年条[A]//中国史学会.戊戌变法(四).上海：上海人民出版社，2000：115.

⑥在相关领域研究中，赵国文较早提出"作为物质交通媒介的运输工具的类型对文化传播的进程具有十分重要的意义"的观点，他据以论证的是因此而引起的"中国地域的差别与历史发展的不平衡性"。参见，赵国文.中国近代建筑史分期问题[J].华中建筑.1987(2)：13-14.

⑦梁廷枬.粤海关志.卷五：口岸一.

⑧刘正钢，乔素玲.清代海上丝绸之路的继续发展[A]//黄启臣.广东海上丝绸之路史[C].广州：广东经济出版社.2003：499.

图2-7 一艘带有风帆的明轮式蒸汽轮船抵达广州十三行，Boston: Ballou's Pictorial Drawing-room Companion[N]. May 9, 1857.(左)
图2-8 航行于珠江河面的螺旋桨式蒸汽轮船，李穗梅.广州旧影[Z].上海：人民美术出版社，1998:31.

大量的鸦片贸易和苦力贸易，它似乎得到每一个参与这种贸易的人的默认；香港的报纸定期刊登汕头的船期表。"[①]列卫廉的报告说明汕头在依据《天津条约》正式开埠前，殖民者对该口岸的情况已相当了解，并有相当丰富的口岸贸易经验。无论这种经验的取得是否合法，其对条约口岸的开辟显然早有准备。

值得注意的是，近代早期中外通商条约之约开口岸几乎全部集中在沿海地区，除了前述口岸经验外，另一个重要原因也许是早期海上交通工具的可达性所致。虽然早在1807年8月富尔顿(Robert Fulton,1765~1815)设计的"克勒蒙"号蒸汽轮船就已在纽约哈德逊河下水试航，但直到第一次鸦片战争前蒸汽轮船并未得到足够信任。西方人依据帆船的航行经验首先选择了最靠近海岸的地区作为约开对象，包括广州、福州、厦门、宁波、上海五口。1840年代，带有风帆的明轮式蒸汽轮船开始在广东出现(图2-7)，不过其活动仍局限在沿海地带，除条约所限，船的机动性也是其中的重要因素。因此，当时开辟贸易口岸的企图仍表现为后帆船时代的特征，岭南之汕头、琼州、九龙、北海等在第二次鸦片战争后沦为条约口岸。1838年英国人内史密斯(James Nasmyth，1808~1890)建造的第一艘螺旋桨式蒸汽轮船和1869年苏伊士运河开通为世界航运业带来革命性变革：信风对航行的决定性作用完全被机器动力所取代；运河则使欧亚航线大大缩短，轮船可直接通过河泊进入更深的内陆腹地(图2-8)。为开辟新的市场，殖民主义者开始谋求口岸分布的新格局，口岸开辟开始向内河流域的纵深发展。岭南由于水网密布的地理特征和悠久的外贸传统成为轮船时代新的条约口岸的集中地，滨水及适宜的转运条件成为口岸开辟的重要依据。

在韩江流域已有汕头开埠的前提下，中英先后就西江流域和东江流域达成行船和通商条约。"惟西江通商一节，允至梧州而止，梧州之东，只开三水县城、江根墟两地，商船由磨刀门进口，其由香港至广州省城，本系旧约所许，仍限江门、甘竹、肇庆、德庆四处，遂定议立中缅条约附款(即中英《续议缅甸条约附款》，作者注)。时二十三年正月(1897年2月，作者注)也。"[②]由于中英《续议缅甸条约附款》的签订，西江流域之梧州、三水成为条约口岸，

①陈翰笙.华工出国史料汇编[C].北京：中华书局，1980，(3): 115.
② 柯劭忞，等.英吉利.清史稿.志一百二十九，邦交二.

表2-1 　　　　　　　　　　　岭南近代约开商埠及其他外人特权区域

地点	性质	依据条约	签订时间	实际开放时间
广州	条约口岸	中英《南京条约》	1842.8.29	1843
汕头	条约口岸	中英、法《天津条约》	1858.6.26(27)	1860.1
拱北				1871.6
琼州	条约口岸	中英、法《天津条约》	1858.6.26(27)	1876.4
北海	条约口岸	中英《烟台条约》	1876.9.13	1877.4
三水	条约口岸	中英《缅甸条约》、《续议缅甸条约附款》	1897.2.4	1897.2
梧州	条约口岸	中英《缅甸条约》、《续议缅甸条约附款》	1897.2.4	1897.6
南宁	条约口岸	中英	1897年	1907.3
龙州	条约口岸	中法《续议商务专条》	1887.6.26	1889.6
江门	条约口岸	中英《续议通商行船条约》	1902.9.5	1904.3
惠州	条约口岸	中英《续议通商行船条约》	1902.9.5	
广州沙面	租界	中英《南京条约》及《天津条约》		
广州湾	租借地	中法《广州湾租借条约》	1899.11.16	1898.4.10
香港	割让地	中英《南京条约》	1842.	
澳门	割让地	中葡	1887.	
九龙	割让地	中英《北京条约》	1860.9	1877.4

资料来源：①庄林德、张京祥. 中国城市发展与建设史[M]. 南京: 东南大学出版社, 2002.
②Tess Johnston and Deke Erh. *The Last Colonies——Western Architecture In China's Southern Treaty Ports*[M]. Hongkong:Old China Hand Press, 1997.

并设有多个分关。1902年9月5日中英《续议通商行船条约》的签订，又使西江流域之江门和东江流域之惠州成为条约口岸。此外，英国仍有溯西江而上继续拓展南宁、桂林等口岸的企图，被清政府以非西江流域为由而拒绝，但南宁仍于1907年被迫开放。以上口岸和广西龙州一道构成了岭南近代条约口岸的全貌(表2-1)，后者因边境贸易在1887年6月26日中法《续议商务专条》中成为条约口岸。

如果说条约制度和运输工具的改变是岭南近代城市网络形成的主要原因，条约口岸的开辟与发展则直接引发了岭南近代商埠城市在城市结构方面的突变。在约开商埠冲击下，封建皇权时代以土地和农业为中心的地方府治的布局体系呈渔溃之势，商埠城市成为近代城市的主要类型，并呈现沿江河、海洋所形成的水系网络布局发展的态势(图2-9)；其城市结构也改变了以城墙环绕、内向封闭的中世纪传统模式，而呈现向滨水地带扩散的趋势，这种趋势在传统结构高度成熟的广州和传统结构十分薄弱的汕头均有清晰表述。对广州

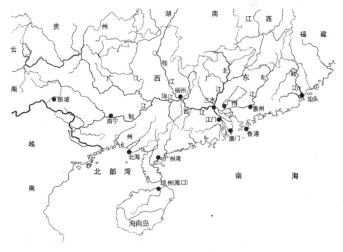

图2-9 岭南水系、条约口岸及其他外人特权区域分布简图(自绘)

63

和汕头进行城市结构和街道形态的分析可以基本把握晚清岭南条约口岸城市之近代嬗变。

自康熙开海至19世纪末，广州由于历经十三行外贸繁荣、条约口岸的开辟和沙面租界的形成等诸多因素影响，城市中心逐渐从官府衙署所在的新、老内城向珠江北岸的滨水地带转移，并辐射至河南地带，城市结构也因此发生变化。十三行时期，西濠以西所谓西关地区是行商的大宅所在地，四周旷野，风景秀丽，而贴近城墙区域的街道因早期民房无序发展呈现曲折和高密度的形态结构。随着贸易发展和条约口岸的开辟，西关地区成为买办商人的聚居地，西关大屋作为一种早期的中西混合的居住形态广泛存在。包括陈廉伯兄弟在内的许多买办商在这里拥有宽敞优美的宅邸，并使西关地区的街道形态和城市结构明显不同于内城，也迥异于华林寺以东、西城门以西杂乱无章的贫民区。而城南沿江地带由于长期调适对外贸易的需要而呈梳式布局：几乎所有街道都垂直于江岸并开口，沿岸则是轮船和中式帆船的泊地。1859年沙面成为租界后，其街道采用了完全异质

图2-10 《粤东省城图》(羊城澄天阁,点石书局，1900)，中国第一历史档案馆、广州市档案(局)馆、广州市越秀区人民政府.广州历史地图精粹[Z].北京:中国大百科全书出版，2003: 80-81.
图2-11 清末汕头地图，The Imperial Japanese Government Railways. An Official Guide to Eastern Asia: Manchuria and Chosen. Tokyo, Japan,1915(下)

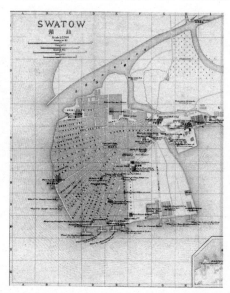

的方格网式布局 (图2-10)。1840年后60年中广州城市结构因条约而改变的事实显而易见。

相对于广州，没有传统城市结构束缚的汕头，对口岸贸易的适应直接而彻底。作为地处广东东部韩江、榕江和练江三江出海口的汕头，开埠前即因渔业及晒盐业自发形成"闹市"。至咸丰八年(1858)，市区街道以今升平路为界，分为南北两种不同格局：北部街道以适应居住形态的方格形为主，南部街道因商贸向西南呈扇形发展。海岸为船只停泊和货物装卸区，"老妈宫"前海滩是临时交易场所。[1]1860年汕头开埠后，南部扇形街道逐渐发展为面向整个半岛区域的放射形梳式布局，并直接对海岸开口，其区域面积逐渐蚕食东北部原有方格网式居住区，至19世纪末整个汕头埠已具备适应海岸贸易的城市结构和街道形态(图2-11)。

广州和汕头在城市早期近代化过程中的相似特征，反映了通商条约对近代商贸城市的影响。与上海、天津等租界城市不同，岭南条约口岸城市的近代嬗变多以自发方式实现。直到19世纪末、20世纪初，晚清地方官员才有意识地对城市结构和功能格局进行新的改造。

三、晚清地方官员革新城市的努力

在洋务运动推动和租界建设成就刺激下，晚清岭南地方官员从19世纪末开始渐有革新城市的设想和举措。从广州来看，地方官员改良城市的努力由点到面渐进发展，前期主要专注于洋务工业、学堂的建设；后期则有改良市政、发展近代交通网络、提升城市竞争力的种种设想。其中部分在地方政府努力下得以实现，更多的则在民初影响了城市建设的方向。

广东早期洋务运动以举办新式教育和洋务工业为主。1864年两广总督毛鸿宾在广州大北门内朝天街设同文馆，以教习英文和汉文为主，但招收学生数量有限，发展步履维艰。1880年代初粤督张树声利用前任刘坤一所捐资金在黄埔长洲再办"实学馆"，也因经费等原因，"规模未广"，发展缓慢。在举办新式教育的同时，洋务工业也有所发展：1873年，两广总督瑞麟和广东巡抚张兆栋在广州城南聚贤坊办机器局，委温子仪为总办仿洋法制造枪炮火药和修造小轮船；次年，张兆栋兼署藩篆任内，又在广州城西增埗筹建军火厂一所，用于制造洋式火药；1876年，粤督刘坤一以8万银元购买英商1840年创办之黄埔船坞作为机器局造船厂等。总体来看，岭南洋务事业虽起步较早，但早期发展却颇不理想，不仅官办广州机器制造局规模狭小，"迥非津沪各局规模宽阔之比"[2]，官督商办、官商合办的企业更付之阙如。[3]究其原因，与鸦片战争后广东失去唯一通商地位，上海、香港的强势竞争，以及当时普遍存在的仇洋保守心理有关。这种局面直到1884年张之洞就任两广总督后才大为改观。

较之前任，张之洞的洋务建设无论在规模还是质量等方面都有极大提高，对城市发展的影响也至为重大。实业方面，张氏着力兴办近代工业：首先整顿机器局，将该局并入增埗军火局，称为制造东局，原址改办广雅书局；又在石井购地31亩余，创办枪弹厂，称为制造西局。[4]1886年，张之洞有感于外国银元大量流入，"利归外洋，漏卮无底"等现象，于广州大东门外黄花乡(今黄花路)购地80余亩设广东钱局，用机器大量铸造铜钱和银币。此外，1888年张之洞还有倡办机器织布纺纱官局于广州南岸、1889年筹建枪炮厂于广州城西北四十余里之石门及炼铁厂于

①马秀之.汕头近代城市的发展与形成[A]//汪坦主编.第三次中国近代建筑史研究讨论会论文集[C].北京:中国建筑工业出版社,1991:92.
②中国史学会.洋务运动(四)[M].上海:上海人民出版社,

1961:380.
③赵春辰.岭南近代史事与文化[M].北京:中国社会科学出版社,2003:23-24.
④梁鼎芬等,修,丁仁长等纂纂番禺县续志卷四建置:六,1931刊本.

广州南岸凤凰岗的建厂计划，并已完成设备采购。因张调任湖北，上述设备随其迁往，成为湖北洋务工业的重要基石。①教育方面，张之洞主张"西文"与"西艺"并重，对西方先进技术的学习成为新学教育的主要内容。因而有改建"实学馆"为博学馆，教授"西艺"之举。1887年又于博学馆左侧购买田地47余亩，兴建新式学堂，堂外附建机器厂、铸铁厂、操场、演武厅、帅台等。②该堂额定招收水、陆师学生各70名，其中水师一律习英语，下分管轮、驾驶两专业；陆师一律习德语，下分马步、枪炮、营造专业。其营造专业虽为军事目的，仍为岭南土木教育之先声。1889年，张之洞又于该校增设"洋务五学"，即矿学、化学、电学、植物学、公法学五门。③使水陆师学堂建置愈加完善，并在规模和学制上超越了岭南前期所有洋务学堂。由于洋务建设的开展，许多西方建筑师和土木工程师参与其中，如广东钱局、广州枪炮厂、广州炼铁厂等，都由承办洋行派出或聘请建筑师或工程师进行设计工作，一些新的建筑技术如钢屋架等相信此时开始进入岭南。因此，张之洞洋务建设在完善城市功能的同时，也极大促进了广州建筑的近代化发展。

张之洞同时也是最早尝试改良城市、提升城市竞争力的岭南地方官员之一。在进行洋务建设的同时，张之洞十分关注沙面租界的建设，并对相邻华界的混乱状况颇为不满(图2-12)。"查省河北岸，自洋人建筑沙基，地势增高、堤基巩固、马路宽广，而我与毗连之处街市逼窄、屋宇参差、瓦砾杂投、污秽堆积，不特相形见绌，商务受亏。而沿河一带填占日多河面益窄，再逾数十年后为患将不胜言。"④张之洞据此提出"坚筑长堤"的主张，认为沿珠江筑长堤有"七利"："利一，宽修马路，康庄驰骋，货物盘运无纡回转折之劳；利二，广拓街市，阛阓大启，贸迁日臻繁盛；利三，增造码头，中国官轮、兵轮、商轮皆可停泊，各乡渡船皆有依止，舟车上下便易；利四，广修栈房，凡各路货物，俱可移至省门屯储；利五，旁开横涌多处，轻舠小艇避风有所；利六，深濬东西两濠，载出泥沙，填筑堤身，建桥其上，连接马路；利七，而堤岸高广，街衢清洁，设小车以便来往，募壮丁以资巡缉，置机器船以濬泥淤，种树木以资荫息，安电灯以照行旅，开华商美立之源，壮海表蕃昌之象，其为利尤不可殚述。"⑤

从张之洞的分析看，筑长堤表面上是"杜绝水患"，防止公私房屋侵占河道的改良之举，实际上是一项城市发展的综合计划。其改造对象包括道路、码头、交通、水利、店铺等，其要旨重在商务，所谓："一经修筑堤岸，街衢广洁，树木葱茂，形势远出其上，而市房整齐、码头便利、气象一新，商务自必日见兴盛。"⑥因此，长堤计划既是改良城市的物质建设，也是重整商业、发展经济的长远措施。张之洞对长堤的设计也基本具备近代西方城市滨水地带的形态特征，并使码头、堤岸、马路、铺廊等具有清晰的截面关系，当为岭南近代第一个区域性城市设计。⑦张之洞对广州长堤计划分10段修筑。"从南关适中之天字码头筑起，中为官轮大码头，东西各接筑一百二十丈以为首段"，⑧工程从1889年4月间动工，张离任时已筑成天字码头至官轮码头一段，堤长120丈，"堤上马路宽平，排立行栈，街衢清洁，气象恢宏"。⑨同期，张之洞还有安设电灯于督署，及批准侨商黄秉常在广州试办电灯公司的举措，长堤建成后更有东洋车行走其上。张之洞长堤计划的实施，使1880年代后期的广州呈一派新气象。

张之洞修筑长堤反映了其对条约口岸城市沿江海堤岸地区的建设思路。他在1887年12月巡视各海口途中，对洋人"建设码头几无余隙，货物起卸便捷异常，添造洋楼工作不停，日增月盛。而招商局轮船、中国官轮、兵轮反无停泊之处"的口岸现状深感忧虑。光绪十四年(1888)四月初六，张之洞向总署提出建设汕头招商局码头的建议，并有详细的选址设想。⑩而后更有主持长堤修筑的举动。此外，张之洞任内还有治理水患，整顿肇庆、梧州等沿江堤岸的计划，并有相当程度的实施。以上史实说明，张之洞的城市改良计划具有高度的系统性和目的性，虽然效果不一，对岭南城市近代化具有重要的开启作用，并和当时的洋务运动一道汇成了岭南近代城市发展的第一个高潮。

1889年11月张之洞离任后，新任两广总督李翰章对洋务建设意兴阑珊，少有建树，至1902年岑春煊督粤始有新的发展。其时，洋务督办温宗尧献议续修长堤，并提议"拆城筑路"，将城西长寿寺一段封闭拆平，改建自来水塔和一家乐善戏院，并开辟马路，路旁建商店。[11]从用意上看，温宗尧拆城是为了将内城与城外富裕的西关地区相连，以促进商业发展。虽然日渐严峻的革命形势和防卫考虑使拆城变得遥不可及，但岑春煊对城市近代化确有相当建树，包括1905年广州第一个自来水厂——增埠水厂的建成、1905-1906年筹建广东士敏土厂（水泥在近代岭南多直译为"士敏土"(cement)，民间也有"红毛泥"和"洋灰"之称，作者注），以及长堤建设等。

20世纪初广州因粤汉铁路和广九铁路的倡建迎来又一次发展契机。其中，黄沙因被规划为粤汉铁路车站所在地而被首先开发，这也是温宗尧建议续修长堤的主要原因。绅商卢少屏于1899年禀请官府希望在黄沙"填筑河坦，创开商埠"，得到政府支持后于1901年7月兴工。其后，地方政府于1903年初成立堤工局独揽长堤修筑，黄沙段长堤则转由粤汉路局负责。而堤工局的长堤方案基本延续了张之洞当年的规划，东起川龙口，西迄黄沙，其工程原定1903年内全部完成，因阻力重重及承商贪污等原因，迟至1910年才完成沙基段以外的长堤。自此，广州堤岸基本贯通，并因商贸繁荣成为最具活力的城市空间(图2-13)。[12]

图2-12 广州沙基两岸, Published by MSternberg Stationer & Bookseller, Hongkong.
图2-13 清末广州长堤, Published by the Turco-Egyptian Tobacco Store, Hongkong.

①参见蒋祖源、方志钦主编.简明广东史[M].广州：广东人民出版社，1993：518~521；赵春辰.岭南近代史事与文化[M].北京：中国社会科学出版社，2003：27~31.

②张之洞.办理水陆师学堂情形摺[Z].王树枏主编.张文献公(之洞)全集[C].卷二十八，奏议二十八.台北：文海出版社，1967.

③张之洞.增设洋务五学片[Z].王树枏主编.张文献公(之洞)全集[C].卷二十八，奏议二十八.台北：文海出版社，1967.

④、⑤张之洞.札东善后局筹议修筑省河堤岸[A].王树枏主编.张文献公(之洞)全集[C].卷九十四，公牍九.台北：文海出版社，1967.

⑥张之洞.修筑珠江堤岸摺[A]//王树枏主编.张文献公(之洞)全集[C].卷二十五，奏议二十五.台北：文海出版社，1967.

⑦彭长歆."铺廊"与骑楼：从张之洞广州长堤计划看岭南骑楼的官方原型[J].广州：华南理工大学学报(社会科学版)，2006.12，(6)：67.

⑧、⑨张之洞.珠江堤岸接续兴修片[A]//王树枏主编.张文襄公(之洞)全集[C].卷二十八，奏议二十八.台北：文海出版社，1967.

⑩张之洞.咨呈总署汕头招商局建设码头拟拆税关货厂填地交易[Z].王树枏主编.张文献公(之洞)全集[C].卷九十四，公牍九.台北：文海出版社，1967.

⑪邝需球、黄颂虞.旧广州拆城筑路风波[A].中国人民政治协商会议广州市委员会文史资料委员会.广州文史[C].广州：广东人民出版社，1994.2，(46)：165.

⑫杨颖宇.近代广州第一个城建方案：缘起、经过、历史意义[J].学术研究，2003，(3)：77.

由于铁路的兴建,晚清地方官员开始谋求广州城市结构和功能格局新的突破。1903年10月粤汉铁路广三段由美国华美合兴公司(The American-China Development Company)修筑完成后,商办广东粤汉铁路总公司于1906年成立,筹资兴筑粤汉铁路广韶段;1907年8月,广九铁路动工兴建,广州站选址东关川龙口(今白云路、东川路口)。为适应新的交通运输体系对城市经济的推动,晚清地方官员以新任两广总督周馥为代表于1906～1907年间对广州城市建设拟定了十分宏伟的发展计划。该计划建构了一个完整的市区拓展方案,河南、川龙口、黄埔将会开辟成商埠,成为省城新的商业中心;一个三角交通网络使河北长堤接通黄埔至增埠,河南堤岸延伸至黄埔,省河两岸通过铁桥连接。[①]除拓展市区外,周馥亦看到刺激城墙内旧区发展的重要性,其计划以拓宽及延伸马路为首要。[②]从全国看,广东的情况并非偶然。在晚清实业政策激励下,地方官员配合铁路建设革新城市、发展经济已为大势所趋,沿线开拓新埠及发展旧市成为普遍现象。

虽为辛亥革命所阻断,周馥计划对后世产生了重要影响。1914年大沙头计划[②]、1920年孙中山《建国方略》对黄埔港的论述、1929年珠江铁桥及洲头嘴堤岸码头的建设等,很难说未受上述计划影响,许多技术细节甚至惊人相似。1922年广东省治河处制订的海珠铁桥计划,以及1929年马克敦公司的实施计划,都能发现1907年省河铁桥计划的痕迹。而1921年底提出海珠铁桥计划的陈炯明于周馥任内为广东省咨议局议员。前后关联的人物和事件,足以推论晚清地方官员有关广州发展的种种设想有延续至民国初并不断发展的可能。

第二节 "拆城筑路"与"市政改良"运动

1911年辛亥革命的成功使岭南城市真正进入打破旧秩序、重建新格局的现代转型时期。在改善民生、促进文明的口号下,中世纪遗留下来的城墙防御体系和封闭曲折的街巷空间成为城市近代化发展的最大障碍,"拆城筑路"与"市政改良"成为民初岭南城市发展的主要策略。

一、军政府工务部时期

岭南城市自民国成立始有工务机构设立。1911年11月9日,在辛亥革命推动下,广东各界宣布共和独立,12日成立军政府,由胡汉民、陈炯明任正副都督。军政府成立后即设工务部专管公共建设事务,程天斗任部长(1912～1915)。另外,还将清末巡警道改为警察厅,管理建筑取缔等相关事务,同盟会会员陈景华兼民政部部长与警察厅厅长。工务部、警察厅等近代公共机构的设立,使城市公共事业开始向法治管理和专业化方向发展。

岭南拆城始于程天斗工务部。程天斗(1879～1936),广东香山县(今中山)人。幼时赴夏威夷,先后于米尔斯学会(Mills Institute)及欧胡学院(Oahu College)接受基础教育。1906年赴美,先入斯坦福大学(Stanford University),后毕业于芝加哥大学(University of Chicago),获学士学位。[③]1912年初,程天斗受广东大都督胡汉民邀请担任军政府工务部长后,即主张学习西方市政改造经验,以拆城筑路、改良市政作为促进文明的象征。在工务部1912年1月2日的布告中(图2-14),程天斗明确指出了旧城市的弊端和工务部的首要责任:"……查省城街道至为狭窄,城根屋宇亦复参差,鳞次栉比、昆连杂沓以致行人则来往不便,市场则拥挤不堪,若遇回禄蔓延损失尤巨,兼之稠密太甚,空气

图2-14 1912年广东都督府工务部通告,广东省立中山图书馆.辛亥革命在广东[C].广州:广东教育出版社,2001:336.
图2-15 清末广州街景,中国国家图书馆、大英图书馆.1860~1930英国藏中国历史照片(上)[Z].北京:国家图书馆出版社,2008:333.(右)

缺乏,殊碍卫生;既妨社会之公安,实违建筑之定式,亟应整齐划一使之疏通以袪障碍而宏乐利……"针对上述弊端,程天斗向胡汉民、陈炯明提出了拆城筑路的主张,获接受,并将裁撤民军的一部分改为工兵,负责拆卸正东门城,为拆城筑路之先声。[④]从文献记载看,首次拆城为1912年2月1日[⑤],距军政府成立不足三月。

如此仓促决定拆除旧式城垣,既有城市改良在技术上的考虑,也有心态使然。在革命党人心目中,城墙是封建体制的象征,而革命的胜利也早已使人心沸腾。推倒城墙、改造旧城既意味着颠覆封建秩序,也体现了建立文明新社会的决心。《远东观察》杂志则从另一个角度描述了这种心态转变:"中国人自己对旧的、东方古老的东西已经感到厌倦了。从外国人的眼中看,作为一个有着2 000 000人口的城市,广州因为四分之一的人口居住在狭窄的空间、大街小巷挤满人和马匹、难以形容的气味和嘈杂拥挤的人群而早已臭名昭著。"[⑥]狭窄的街道、迂回曲折的城市空间(图2-15)、恶劣的卫生条件显然与试图建立欧美文明社会的资产阶级理想相去甚远。革命党人毫不犹豫将关注民生、建设新国家的理念集中在对城市基础设施和公共设施的改造方面,城墙作为制约城市改造的障碍被首先拆除。

在留学回国的中国工程技术专家和外国工程师指导下,岭南民初的城市改良运动更多地按西方模式进行。于美国俄亥俄州北方大学和伊利诺大学接受土木工程教育的伍希侣在1911年回国后加入工务部[⑦]。在程天斗领导下,伍希侣和外国工程师庄臣(R.C.Johnson)一道制定了城市改造的宏伟计划,提出了包括建设永安大道(Wing On Avenue)在内现代马路的计划。[⑧]香港《士蔑西报》描述了计划细节:"工务局拟有改良广州的庞大计划。西关的住宅将被搬走,而重建为商业中心,旗街也将重建,双门底与惠爱路将改为二百英尺阔的大马路直通内城中心。观音山将改为公园。工务局正在进行测量工作,全部计划不日即可呈上

①、②杨颖宇.近代广州第一个城建方案:缘起、经过、历史意义[J].学术研究,2003,(3):78.
③M.C.Powell(Editor).Who's Who in China(中国名人录)[Z].Third Edition. Shanghai:The China Weekly Review,1925:155.
④广州年鉴大事记.广州市政府.民国十八年广州市市政府统计年鉴[Z],1929.
⑤[香港]华字日报[N].1912年1月24日载:"刻下工务部对于拆城一事,拟于二月一日兴工,昨并着令城基一带,居民赶速到部报明,私地则由业主报,公地则由住户报。"
⑥Canton in the Changing[J]. The Far Eastern Review,1921,(10):705.
⑦、⑧Canton's New Maloos[J]. The Far Eastern Review,1922(1):22.

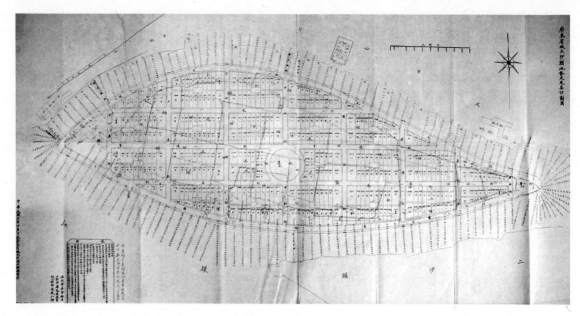

图2-16 《广东省城大沙头地势及建筑计划图》(萧冠英, 1914); 广东省立中山图书馆.

① [香港]士蔑西报[N], 1921-2-24.
② 杨颖宇. 近代广州第一个城建方案缘起、经过、历史意义[J]. 广州: 学术研究, 2003, (3): 76~79.
③ 董嘉会(1879~1949), 字享衢, 安徽安庆人。清宣统元年(1909)毕业于北京京师大学堂, 以候补知县分发江西。1914-1915年任广东省城大沙头工程局局长, 1916年回安庆, 先后任安徽省政务厅科长、安徽省教育厅第一科长、代理厅长、厅长、省立图书馆馆长。1921年任北京政府交通部总秘书长, 次年任国务院秘书长。

陈都督批准。"①当然, 除开辟观音山为公园外, 其他计划因过于空想而从未实现。

为振兴商业、改良市政, 广州大沙头被整体纳入军政当局发展计划。大沙头为省河北岸沙洲, 系珠江长期冲刷淤积而成, 与东山陆地部分隔涌向望。清末由于广九铁路建设, 时任两广总督周馥制订了庞大的城市发展计划以振兴广州商业, 大沙头开发也随后开始筹划实施。②1914年前后, 广东巡抚使公署批准成立广东省城大沙头工程局, 董嘉会③任局长, 萧冠英④任工程师、陈盛仁任副工程师, 伍希侣据称也参与其间⑤。其时正值一战时期, 华侨失业归来者数以万计, 大沙头名义上为振兴商务、安置失业华侨, 实有利用侨资谋筹经费之嫌。

经董嘉会核准, 萧冠英等人制订的《广东省城大沙头地势及建筑计划图》于1914年10月下旬公布, 这是一份具有现代意义的城市区域规划(图2-16)。"填一切建设, 均从新法规画, 冀成模范市镇。"⑥全部用地总计约814亩, 其中, 堤岸、马路、公园草地、里巷等公用设施用地340亩, 其余均为承领开发用地; 道路系统采用方格网式, 通过铁桥两座与陆地联系。其中, 堤岸马路宽90英尺, 中间纵横马路宽64英尺总计11条, 其余里巷纵横马路44条宽10英尺; 用地中心设圆形绿地广场; 全部公共设施包括公园一处、草地两片、菜市场两处、学校两所、医院一所、公厕二十处及码头、埠头; 公园设在大沙头东端突出部, 与广九火车站隔涌相对, 用地中央设圆形绿地广场。规划注重卫生及采光通风, 沿街设暗渠, 地块前后毗连处设巷道保证通风及预防火灾; 等等。⑦大沙头规划虽未实施, 其开发模式和规划理念却对后续规划产生重要影响, 当为近代中国第一个由国人主导的城市规划。

作为配合, 负责公共安全的警察厅也进行了一系列改革。陈景华在出任军政府民政部部长和警察厅厅长后，整顿警政、查禁烟赌、废除娼妓、清除盗匪、革新旧俗、推行新政。他下令拆除街闸，废除旧有街闸管理制度，并促电灯公司在全城内外各街交接处设立路灯。⑧1912年，警察厅颁布实施《广东省城警察厅现行取缔建筑章程施行细则》。细则共计37条，内容与1856年香港公布实施的建筑规则(An Ordinance of Buildings and Nuisances)相似。⑨内容涉及宗旨、适用范围、对象(第1-2条)；申告制度、申告内容(第3-4条)；建筑物退缩(第5-13条)；骑楼(第14-15条)；防火构造(第16条)、界址(第17条)；堤岸、道路上部突出物(第19条)；构造体尺寸(第20-25条)；承尘板、基础(第26-27条)；公共建筑(第28条)；建筑执照、罚则(第29-37条)等条文，虽然行文粗浅、内容繁杂，仍不失为一部具有近代意义的建筑法规，说明管理者已初具近代城市与建筑的管理知识。但将建筑事务纳入公共安全而非技术管理范畴，也在一定程度上反映了该时期城市管理的局限性。

城市改良的新气象因龙济光踞粤遭到严重破坏。1913年8月，龙济光桂系军阀入踞广州，市政建设随之凋敝。为防御需要，一些城墙被龙济光以旧料重新恢复。⑩拆城后所筑马路也仅有东沙马路、南关二马路、联兴路、靖远街、厂东街等。为筹集经费，龙济光重开赌禁，社会风气一反民国初的文明气象，为粤人所耻。程天斗与同事庄臣离开工务部，后者成为广三铁路总工程师，伍希侣也于1915年辞职，成为川汉铁路工程师。⑪

在工务部工作几乎停顿的同时，条约制度的产物——外国商行、码头、海关、邮局及教会产业在当时仍独立建设。在广州长堤，新的古典风格的海关大楼、邮局陆续建成，先施公司也开办营业，造就长堤繁荣的商业景象。教会学校如培正、培道、真光、培英等相继落成，形成东山、白鹤洞两个以教会为中心的新区域，包括教会学校、教堂、西方人住区等。城内公共建筑有永汉路(今北京路)北兴建于1915的省财政厅大楼等。不断涌现的新建筑与停顿的市政建设形成鲜明对比，城市发展呈畸形格局。

虽然并不彻底，民国成立后的革新之举为岭南城市的现代转型打开了想象空间。程天斗的拆城主张，以及打破传统防御性城市模式，改变中世纪城市形态的构想，在1918年广州市政公所成立后被确认，成为岭南城市改良的主要策略，并在一定程度上影响了内陆城市的改良。另外，伍希侣等制定的二百英尺宽大马路和过于理想的城市计划虽大部分未实现，但其改造旧城的勇气和设想为岭南早期城市规划的发展奠定了基础。

二、市政公所时期

1918年10月22日，广州市政公所在育贤坊之禺山关帝庙成立。作为中国近代第一个由中国人举办的具有近代市政管理性质的机构，广州市政公所下设总务、工程、经界、登录四科，由督军莫荣新、省长朱庆澜任命财政厅长杨永泰为总办、警察厅长魏邦平为帮办，后期加入孙科为会办。⑫广州市政公所的成立标志着岭南近代城市管理正式脱离民初以警察厅为核心的公共安全体系，进入市政技术的阶段。

④萧冠英(1892~1945)，字菊魂，广东大埔县百侯帽山村人。出身贫寒，八岁随表叔往新加坡学做生意。后由表叔资助，回国考入黄埔水陆师学堂。其间，受孙中山革命思想影响，加入同盟会。从1921年起，历任水东盐场知事、广东工业专科学校校长。1927年，任汕头市政厅厅长。

⑤Canton's New Maloos[J]. *The Far Eastern Review*, 1922(1): 22.

⑥"大沙头"条. 广州指南[Z]. 上海新华书局, 1919: 2.

⑦大沙头规划细节详见，董嘉会. 广东省城大沙头工程局启事(第二号). 1914年10月.

⑧陈予欢. 民初之广州市政建设[A]. 中国人民政治协商会议广州市委员会文史资料委员会. 广州文史[C]. 广州: 广东人民出版社, 1994.2, (46): 157.

⑨黄俊铭. 清末留学生与广州市政建设[A].汪坦、张复合. 第四次中国近代建筑史研究讨论会论文集[C].北京: 中国建筑工业出版社, 1993: 184.

⑩、⑪Canton's New Maloos[J]. The Far Eastern Review, 1922(1): 22.

⑫韩锋等.旧广州拆城筑路风波[A].中国人民政治协商会议广州市委员会文史资料委员会.广州文史[C].广州: 广东人民出版社, 1994.2, (46): 164.

市政公所成立之初，即以拆城筑路为首要计划。与军政府工务部不同，当时对拆城后的道路体系和财务安排已有较清晰认识。孙科1919年在《建设》杂志一卷五号有关欧洲"毁城建道"的论述为这种拆城筑路的方针提供了恰当解释："……欧洲文艺复兴之后，始渐见改良之象，尤以德国及义大利之自由市府为较有进步。时则城垣已失其用，无复保存之必要，遂多有毁城建道之举。城既是圆形，新道之建于城址者，亦为圆。"[1]拆城墙同时成为营城的捷径："1858年奥政府以城垣城池均已失军事上之功用，乃决议拆城填池，改筑新街道。其结果则有今日之环街Ringstrasse，为世界壮丽无匹之街道。……建筑费全部皆取偿于拆城填池后所卖出之公地，故得以不耗公家一文，而成改建之伟业。苟吾国各省都会，亦能仿行是法，则新都市之实现，似非难事也。"[2]即便没有看到孙科的论述，1918年重回市政改良行列的伍希侣对欧洲的经验也应非常熟悉。

市政公所时期基本执行了以城基开辟道路的作法。广州城垣原有新、旧两道(图2-17)，旧城建于11世纪，约6英里长。城墙平均高度为24英尺，底宽43英尺，顶宽35英尺；新城，又称外城，创建于明嘉靖四十二年(1563)，高约15英尺，底宽17英尺，顶宽13英尺。[3]在伍希侣主持下，拆城工作于1918年12月开始，由九个承包商近6000劳力进行，共拆除近800000立方码(1立方码=27立方英尺，作者注)的砖石和泥土，所有泥土通过小船从城市周边水网运出，而砖石随即被用于市政建设。[4]拆城筑路过程中，由于拓宽路面波及道路两侧建筑，沿线居民极力反对，但在警察厅厅长魏邦平督办下，拆城筑路得以顺利进行(图2-18)。至1920年秋，旧城墙基本拆除完毕，形成以城基、原衙署官道和江边堤岸所组成的城市道路骨架，包括沿城基建造的丰宁路(1919)、万福路(1919)、盘福路(1918)、越秀北路(1919)、越秀路(1918)、大南路(1920)、大德路(1921)、一德路(1920)、泰康路(1919)等，基本形成环状；以及拓宽衙署官道形成的永汉路(今北京路，1919)、文德路(1918)、德宣路(1920)、太平南路(今人民南路，1919)、惠爱西路(今中山六路，1919)、惠爱中路(今中山五路，1919)、越华路(1920)等。另外，因珠江大堤建长堤大马路(1920)、南堤大马路(1920)，商号云集，成为当时广州主要商业中心。[5]道路取名成为宣示理想的手段。为表达推翻清朝及推行维新之意，1919年辟建维新路，1920年扩建原官道承宣直街、双门底、雄镇直街和永清街，并改名永汉街。上述马路的建成在扩展城市空间的同时，建构了一个新的、近代化的城市道路体系。

延续了军政府工务部时期学习西方的传统，欧美国家城市改良的方法被广泛运用。伍希侣等人的道路设计不仅在技术上解决了拆城后城内外地面不同高差的问题，同时为未来轨道交通的设置提供了条件：包括街道拐角处50英尺的转弯半径，并对已有桥梁和T型涵洞在结构上进行重新设计以确保可承受较重型交通。为适应市政公所制定的80~100英尺宽道路设计，共有超过3500间民房被拆除。[6]同时，公园作为改善城市卫生条件的公共设施首次出现在岭南近代城市中。美国康乃尔大学建筑系1918年毕业生杨锡宗在加入市政公所后负责指导园林工作。在其计划中，将在广州建设五个公园[7]，第一公园在原巡抚旧署被首先建立起来(图2-19)。

①孙科.都市规划论[J].上海建设社.建设.1919，1卷，(5): 3.
②孙科.都市规划论[J].上海建设社.建设.1919，1卷，(5): 7.
③Canton's New Maloos[J].*The Far Eastern Review*，1922，(1): 23; 又，番禺市地方志编纂委员会办公室.(清)同治十年番禺县志点注本[Z].卷十四，建置略一.广州：广东人民出版社，1998: 208-209.
④Canton in the Changing[J].*The Far Eastern Review*，1921(1): 706.
⑤参见，程天固.广州市马路小史[J].广州：广州市政公报，1930.6，(356): 95~100; (357): 92~102.
⑥Canton City Wall Replace by Road[J].*The Far Eastern Review*，1920(2): 109.
⑦Canton's New Maloos[J].*The Far Eastern Review*，1922(1): 22.
⑧The New Canton[J].T *The Far Eastern Review*，1922(3): 146.
⑨程天固.程天固回忆录[M].香港：龙门书店有限公司.1978: 110、112.

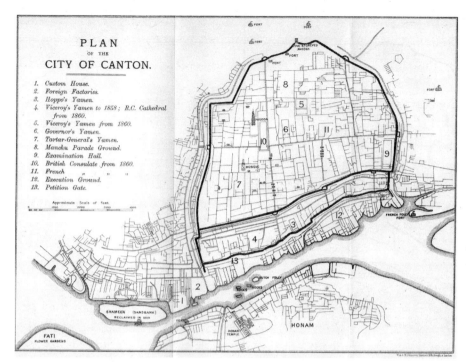

图 2-17 广州城垣, Printed by W. & A.K.Johnston Limited, Edinburgh & London, 1900.

或许受到孙科有关城市经营理念的影响，拆城筑路通过一个专门机构对道路两侧地产物业进行重新评估来获得运作资金。该策略被桂系莫荣新巧妙利用以巧取豪夺，他和其代理机构以每井5美元的低价强行收购规划道路两侧地产物业，而其实际价值为每井200美元。当广西军阀在1920年被驱逐时，他们声称在这些地产上所拥有的债权达到1500000美元。同样的欺骗行为也发生在城市西北部原旗人聚居地，只是手法不同而已。[8]腐败行为还涉及工程等方面，这也是沿线商民极力反对的另一个主要原因。另外，由于拖欠拆城承包商的工程费用，城基泥砂未能及时清运以致全城交通阻塞，民怨沸腾。[9]军阀政府的腐败使拆城筑路这一文明新举大打折扣，同时说明良好、廉洁的市政管理是城市改良顺利进行的制度保障。但腐败并不能掩盖拆城筑路这一城市策略的前瞻性。由于推倒了城墙，拓宽了道路，广州旧城城市空间被打开，为市政厅进一步的改良运动奠定了基础。

图2-18 正在拆除的广州城墙，Edward Bing-shuey Lee. *Modern Canton*[M]. Shanghai: The Mercury Press, 1936. 图2-19 1930年代广州中央公园(即第一公园)(杨锡宗, 1918), Edward Bing-shuey Lee.*Modern Canton*[M].Shanghai: The Mercury Press, 1936.(右)

73

①黄炎培.一岁之广州市[M].上海:商务印书馆, 1922: 3, 141.
②M.C.Powell(Editor). *Who's Who in China*(中国名人录)[Z].Third Edition. Shanghai: The China Weekly Review, 1925: 682.
③厦门美领事1919年庚报告[Z].陈定炎.陈竞存(炯明)先生年谱(上)[M].台北:李敖出版社, 1995: 211-212.

需要指出,相对于军政府工务部时期,市政公所另一重要改变是统一了市政规划和建筑取缔职能。以往由省警察厅制定的建筑法规被市政公所继承,并根据城市建设和技术发展需要更新或拟定新的建筑取缔制度和其他技术规定,这同样为1921年广州市政厅工务局制定新的市政改良措施提供了技术保障。

三、"市政改良"运动

"市政改良"是继"拆城筑路"后岭南城市近代化的又一重要发展阶段,其目的在于完善城市基础设施和城市公共设施,并进一步拓展新的道路系统,使城市表层基本完成近代化改造。由于计划性、系统性强及官方推动等特点,"市政改良"在1920~1930年代迅速发展成为岭南最具规模的城市运动。

岭南"市政改良"运动的兴起与广州市政厅的成立有着必然联系,通过市制建设推动城市近代化是"市政改良"的根本所在。1920年,陈炯明率粤军自闽回粤,声讨长期踞粤的桂系军阀,成功后由孙中山重开政务会议。陈炯明以总司令兼省长身份首倡地方自治,认为原"市政公所管辖范围太狭,除拆卸城垣,辟宽街道外,一切未遑计及,未足以言市政"。①遂由法制委员会议定市制,公推孙中山之子孙科拟定《广州市组织条例》,并据此于1921年2月15日在广州南堤成立广州市政厅,孙科为首任市长。

孙科(1891~1973) (图2-20),字哲生,广东香山(今中山)人,1916年毕业于美国加州大学(University of California),1917年在哥伦比亚大学(Columbia University)获得硕士学位。②孙科曾修政治学,对市政管理和城市建设颇有研究。1919年,孙科在《建设》杂志上发表《都市规划论》,对都市规划的定义、欧美各国城市规划发展史,以及欧美近代城市规划理论和实践,如德国城市"分区制"和英国"花园都市运动"等作了较详尽的介绍,并以此为基础形成了他对"都市规划之模型"和"都市规划之进行程序"的科学认识。也许考虑到中国传统城市的客观现实,孙科该时期对城市规划的理解主要集中在交通体系、卫生及娱乐设施三方面。

在城市建设方面,时任广东省省长的陈炯明与孙科有着相似的理念。陈炯明曾于龙济光踞粤、粤军驻闽期间,在漳州推行新文化运动和市政改良并颇见成效。"在陈炯明的直接监督下,漳州积极的改良:如拆掉城墙,开阔马路,市中心建立一维护周全的公园,河边筑堤坝,又设立几个很可观而极卫生之公共市场等等。还有拟定了由漳州可向各方面通车的公路计划,其中之漳厦公路业已动工。"③在陈炯明支持下,孙科的规划思想得以顺利实施。由于具有鲜明的改造城市基础设施和城市公共设施的特点,近代官方文献通常以"市政改良"来描述市政厅初期的城市运动。

工务局及其相关机构的建设是孙科市制建设的重要内容。为效仿美国"设一专司以主理改建计划"的作法,在孙科的市政厅架构中,工务局成为取代市政公所而专管城市建设

图2-20孙科像, Edward Bing-shuey Lee.*Modern Canton*[M].Shanghai: The Mercury Press, 1936.

的机构，下辖设计、建筑和取缔三课，其职能涵盖了公有建筑物和城市街道、公园、市场、沟渠、桥梁、水道等工程的设计和建造、建筑工程事项的管理、建筑法规的制定等各项事宜，程天固任首届广州市政厅工务局局长。另外，广州市工务局于1921年成立广州市工务局工程设计委员会，"专以规划广州市关于各种工程设计及建筑预算事宜"。①1922年，由广州市市长担任会长、由市长聘请建筑美术专家担任会员的"建筑审美会"成立，其职责在于"审查市内公私各项建筑之美术上价值，以增进市内美术的设备为任务，凡社会团体或个人均得将其建筑图案送至市政厅交本会审定之"。②工程设计委员会、审美委员会和工务局一道建构了岭南第一个近代城市的设计和管理体系。自此，岭南城市进入自主规划和建设的有序发展阶段。

由于市政公所时期奠定的良好基础，工务局初期的整理和改善工作很快取得成效。拆城余泥被及时清运，城基马路基本完成，太平路、沙基路等通过拆迁得以拓展，六脉渠等城市下水道完成清淤整理等。③新式马路的开通，不但使城市空间得以扩展，也促使城市房屋更多地采用新法建筑。新型商业建筑不断涌现，堤岸马路甚至出现了类似大新公司这样的高层建筑。同时，由于宽阔、顺畅的道路交通，机动车第一次取代人力车出现在广州街头。至1921年7月城市道路开放12个月后，共有125辆机动车辆在广州市政府登记注册，并有一条公共汽车路线开始运营，更多的线路也在计划中。④

同样，公正、清廉的政府形象和从未有过的、良好的城市状况得到了世人关注。对此，《远东观察》杂志对广州城市的巨大变化极尽溢美之词：

"广州人开始着手令广州成为一个现代城市。今天，有许多80～120英尺宽的新马路，直贯旧的、蜂窝般的小街和鼹鼠洞般的小巷。沿江一带建起了许多大型现代建筑物，旁边还有3英里长的公园道路，成为世界上最美丽的滨水区域之一。几千间破旧邋遢的小商店被扫除掉了，取而代之的是可以与欧洲媲美的大型百货公司。穿过城市的开放的下水道被石板覆盖，并铺成了车道。……城墙已被推倒，围绕着迷宫般狭窄的小巷是新建的宽阔道路。现在开着汽车在路上奔驰已成为可能。在城市里面，房屋与街道相隔8～12英尺宽，老的寺庙已改成学校和慈善机构。有关河道的保护和管理，土地改造和回收，以及新海港的建设规划已经草拟。中国以前曾制定许多雄心勃勃计划，但大部分中国人不想改变。但至少在广州，人们真诚地制定规划，并开始按计划实施。"⑤"这些年轻人与孙科市长一起紧密合作在一起。使广州从以前的'可怕的臭城市'迅速改观为适合人类居住的理想城市。"⑥

在延续市政公所筑路计划的同时，工务局对城市基础设施和公共设施拟定了新的发展目标。市政改良运动开始脱离早期以拆城筑路为特征的城市表层改造。对城市交通体系的全面建构、对城市公共卫生设施如公共屠场、公共市场等的建立及公共娱乐设施如公园的整理与发展等开始成为城市管理者注意并思考的问题，这和孙科《城市规划论》中新旧都市建设的三个重要目标高度吻合，并很快付诸计划：

1921年6月，工务局提出筹建六座屠场计划，⑦以避免私自宰杀牲畜，同时筹设两座公共市场，防止当街叫卖，影响卫生。

①广州市工程设计委员会简章.谭延闿署.广州市市政例规章程汇编.1924: 86.
②广州市建筑审美会简章.谭延闿署.广州市市政例规章程汇编.1924: 38.
③程天固.程天固回忆录.第1版.香港: 龙门书店有限公司,1978: 113～121.
④Canton's New Maloos[J].The Far Eastern Review, 1922(1): 23.
⑤Canton in the Changing[J].The Far Eastern Review, 1921(1): 705-706.
⑥Canton's New Maloos[J].The Far Eastern Review, 1922(1): 23.
⑦[香港]士蔑西报, 1921-6-2.

表2-2　　　　　　　　　　　　民国十年、十一年广州市政厅预算收支表

年度	民十年度(1921)	民十一年(1922)
估计收入	1969997元	6312603元
估计支出	2884249元	6837331元

资料来源：①美国领事馆893. 101/Canton, 1921.9.2；②《南华日报》1922.5.12

1921年12月，陈炯明及省议会第一次向广州市政府提交建筑海珠铁桥计划，以联系珠江两岸。[①]该项计划在1922年陈炯明"叛乱"据粤后，仍由广东治河处总工程师柯维廉(G. W. Olivecrona)完成设计[②]，其选址大约在西堤靠近沙面处，并对长堤大马路进行了扩宽。

1921年12月市公用局拟定于各十字路口装设电灯。[③]

工务局拟建市政厅、筹办市政纪念图书馆，设立公共儿童游戏场、公共体育场、美术学校等；[④]美国茂旦洋行(Murphy & Dana，Architects)被委托进行市政厅设计。[⑤]

……

由于广州市政厅宏伟的发展计划，民国十一年度预算收支较民国十年度(1921年7月1日至1922年6月30日)增加二三倍之多(表2-2)。广州锐意进取的城市改良成为1920年代初中国文明新城市的象征，并与南方革命政府的政治新象互为表里。

其后十年间，虽饱受政治及军事困扰，广州"市政改良"仍持续进行。1922年6月，孙中山和陈炯明的政治歧见终于爆发，陈及其部属在穗叛乱，市政工务由于孙科和程天固的辞职及战事频繁几乎停顿。两年后，叛乱平息，陈炯明部被逐出广州，市政改良运动才得以继续进行。其后数年虽因北伐、东征、国民政府北迁及广州起义等诸多事件影响，但总体来看，工务局对城市基础设施和公共设施的发展计划仍得以较好执行，对城市街道的改造从最初的城基、官道、堤岸等逐渐向更为毛细的街巷发展，并通过扩宽路面、改造城市上、下水道等基本方法使传统城市向具有良好通风、采光，符合卫生健康要求的近代城市过渡(图2-21)。至1920年代末，广州以改造城市基础设施和城市公共设施为特征的"市政改良"运动基本完成。

李宗黄对1921～1929年的改良成果作了详细介绍。马路工程方面，"除修好桥梁三座，预拟于沿江路线约长二千英尺内筑四公共码头外，并已筑成马路约长29650英尺，已兴筑而未成之路约15000尺"。这还不包括岑春煊督粤所筑11500英尺、东门至沙河一带泥路35800英尺，以及市政公所时期拆城所筑49100英尺；公园及其他公共场所方面，完善中央公园；

①[香港]士蔑西报，1921-12-14；另见Canton's New Maloos[J].The Far Eastern Review，1922, (1): 24.

②Proposed Bridge Across the Pearl River[J].The Far Eastern Review, 1922, (9): 562.

③[香港]华字日报，1921-12-30.

④[香港]士蔑西报，1921-10-7, 1922-3-27; [香港]华字日报，1921-11-24.

⑤Canton's New Maloos[J].The Far Eastern Review, 1922, (1): 23.

⑥李宗黄.模范之广州市[M].上海: 商务印书馆，1929: 65～85.

⑦广东省政府.广东建设实况——民国十八年度之广东建设[Z].1929: 41.

⑧广东省政府.广东建设实况——民国十八年度之广东建设[Z].1929: 42-43.

陆续建成海珠公园(1925年10月)、东山公园
(1924年4月)、越秀公园(1926年2月);兴建粤
秀山公共运动场,并与越秀公园同时开幕;
于东沙马路瘦狗岭一带兴建公共坟场;修建
新式市场等;桥梁渠道方面,于人行道外设
明渠,并对旧市六脉渠进行修理清淤,完成
海珠铁桥的设计并计划修筑等。⑥

　　广州市政改良的成功为岭南各市县的发
展提供了可资借鉴的经验和方法。在各县陆
续完成拆城后,广东省建设厅于1929年制定
了各县市政改造的六个办法,并通令各县执
行:"(一)分期兴筑支干马路线;(二)改造路
旁房屋,务求美观适合卫生;(三)规划公园
式演讲堂、运动场,及市场;(四)筹设电话
电灯和各种公用事业;(五)检定权度;(六)公
共卫生之设备。"⑦为保证广州经验的顺利推
广,建设厅"并设市政工程技正、技士,专
司市政设计的事务。……自去年八月起,至
本年四月止,各县市开辟马路的,有大埔、
罗定、东莞、新会、蕉岭、高要、台山、
开平、潮安、中山、南海、茂名、鹤山、
恩平、定安、汕头市、江门市、梅菉市、
高明、从化等二十市县。其对于市政而有建

设者,则鹤山、南澳、从化等县建筑中山公

图2-21 广州杨巷从曲
折陋巷改造为通衢大
街,广州市工务局.工
务季刊(创刊号), 1929.

园;乐昌建筑昌山公园;连县建筑中山纪念堂;万宁县建筑中山纪念亭;信宜县改筑监狱、
开平县增筑下埠长堤;定安、东莞建筑第一第二两市场;鹤山建筑第二市场;江门市建筑公
共屠场、中兴市场,增筑茶园基涌和常安涌;东莞又建公共运动场;防城建鱼业市场;新兴
把全城街道一律拓宽;恩平改造附近城市场内街道,和平拓其他街道;从化县建筑东南西北
四市场"。⑧开辟马路、举办公共事业成为岭南各县市"市政改良"的主要策略。

　　由于市政改良运动的全面推广,带动建筑及相关行业快速发展。岭南城市近代化水平
日趋提高,极大刺激了侨资和其他民族资本向广州、汕头、江门、中山、台山、海口等中
心城市流动,房地产业迅速兴旺,市民房屋报建量急速增长,市政建设和房屋建筑所必需的
水泥等建筑材料输入大幅增加。由于广州西村士敏土厂在1932年投产前,广东水泥市场除广
东士敏土厂部分供应外,绝大部分依赖进口,水泥输入数量的变化因而直接反映了市政进

行和城市建筑业的发状况(表2-3)。自1918年举办市政以来，岭南水泥输入量几乎年年递增，其输入量占全国总量的百分比从1918年的不到两成，到拆城筑路基本完成后的1923年陡升至四成有余，其后除个别年份外，广东输入水泥数量超过全国总量的一半并不断增加，至1931年，更高达80.93%。这一方面反映了岭南"市政改良"运动与建筑业发展之间必然的因果关系；另一方面也说明当时岭南"市政改良"运动和城市近代化的力度远远强于国内其他省份。广州乃至岭南为近代中国树立了国人自主管理城市、自主发展城市的典范。

然而，与水泥有关的另一项数据却显示了繁荣后的隐忧。在岭南各市县蓬勃开展市政改良运动的同时，广州市利用和输入水泥数量在1926年达到峰值后连续数年回落，并在1928年出现自1921年以来的最低值(表2-4)。其数据规律明显背离全省水泥输入增长趋势。

表2-3 广东输入士敏土数量统计表

年份	广东(担)	本国(担)	占全国之百分比
1906	116201		
1907	141399		
1908	242818	1411194	17. 20
1909	401029	1655999	24. 21
1910	302526	1973548	15. 32
1911	188736	779531	24. 21
1912	95430	489156	19. 50
1913	108630	618019	17. 572
1914	114264	901263	12. 678
1915	224254	701119	31. 985
1916	241793	826878	29. 24
1917	138858	705734	19. 675
1918	144873	862320	16. 789
1919	233761	1515189	15. 427
1920	339396	1751854	19. 37
1921	476550	2533918	18. 806
1922	618592	3178796	19. 794
1923	1065389	2655468	40. 129
1924	1061371	1787484	59. 377
1925	1032279	1761099	58. 61
1926	979623	2426948	40. 53
1927	1215628	1917063	63. 41
1928	1463615	2280509	64. 178
1929	1720187	2832857	60. 72
1930	2209522	3044839	72. 566
1931	2661618	3288773	80. 93

资料来源:广东建设厅.广东建设厅士敏土营业处年刊[Z], 1933.

表2-4

广州(1906~1931)输入士敏土数目表(单位：担)

年份	数量	年份	数量	年份	数量	年份	数量
1906	85606	1913	76831	1920	240731	1927	480635
1907	108423	1914	69944	1921	330561	1928	275130
1908	211611	1915	68526	1922	350953	1929	300776
1909	333822	1916	158832	1923	517596	1930	442815
1910	254480	1917	47167	1924	370615	1931	722014
1911	135176	1918	87936	1925	382326		
1912	71271	1919	137719	1926	687294		

资料来源：广东建设厅. 广东建设厅士敏土营业处年刊[Z], 1933年, 本表略去"伸合桶数"一列合计数据。

其中固然与1926年国民政府中央北迁造成的财政投放减少及1927年广州起义等诸多因素有关，但更主要的原因却是：以传统旧城为主要对象、以筑路为主要特征的市政改良运动开始迷失方向。从本质上看，市政改良运动是对传统旧城基础设施和公共设施的近代化改造，在表征上却和旧城固有的商业形态结合在一起，政府也从商业地段的市政改良中获得高额回报，其直接结果导致旧城高度密集的道路体系和商业布局的形成。另外，在经历了市政公所以来最迅猛的市政改良后，广州旧城的基础设施基本完善，对城市交通体系的进一步拓展缺乏直接的商业利益驱动，城市建设出现短暂停顿和回落成为必然。

显然，市政改良运动在本质上的低层次与城市发展的更高目标有着难以调和的矛盾，并为有识之士所认识。1929年程天固再度出任广州市工务局局长后，对前期改良弊端进行了检讨，廓清了城市未来发展的方向。他指出："大都市设计乃整个的社会建设问题，而非单纯技术上之问题也。苟市民生活，不能因都市建设而改善，社会经济，不能因都市改造而发展，则都市设计之目的，尚安在哉？乃本市往昔之工程规划，竟多中斯弊。例如：交通建设之实施也，则萃全力于市内马路之建筑，而内港与四郊公路之开辟，事同重要，又付诸缺如；……平民未蒙交通之利，已先尝税居之苦。……长此以往，而欲广州之进跻于现代伟大之都市之列，不其难耶？"[1]形成于民国初的市政改良运动在广州基本完成其历史使命后，作为岭南政治中心和城市建设的表率，广州需要一场更科学、理性的城市运动来推动城市现代化历程，进而带动岭南城乡的全面发展。

第三节　骑楼制度与骑楼城市

通过拆城筑路和市政改良，岭南城市完成了适于现代交通及功能的道路体系和市政基础设施建设，与此同时，一种被称作"骑楼"的空间模式成为街道空间的重要组成。骑楼(Qilou，又译Arcade或Verandah)，作为近代中国南方尤其岭南城镇普遍存在的街道模式及建筑现象，其空间形态表现为一系列连续的有顶道空间，并在建筑形态上表现为街道两侧建筑底层的连续柱廊。有理由相信，在岭南近代城市规划体系尚未形成并独立运行前，城市管理者借鉴了亚洲其他殖民地城市的改良经验，通过建立完善的城市骑楼制度谋求对传统城市进行近代改造。从时间

---

①程天固.广州工务之实施计划[M].1930: 1-2.

上看，骑楼制度的形成与发展略早于拆城筑路和"市政改良"，并在随后近二十年成为岭南近代城市发展的主要手段，并因此形成了岭南城市独特的骑楼风貌。在骑楼的推广过程中，城市建筑开始出现泛骑楼化现象并向下普及。当系统完善的西方近代城市规划理论渐次传入后，骑楼之于街道的功能开始减弱，骑楼作为城市结构基本单元的早期设想被新的规划条例所制约，并最终蜕变为岭南近代建筑的一种特殊类型。

一、骑楼制度的制定与推广

作为一种外来的城市街屋模式，骑楼首先在新加坡、香港等英属殖民地出现。早在1822年新加坡建城之初，莱佛士爵士(Thomas Stamford Bingley Raffles，1781~1826)领导的市政委员会为方便行人徒步和统一沿街立面的需要，在"市区发展计划"中规定："每一座房子都应该有一个具有一定深度，并在任何时候都开放使用的前廊(Verandah)，以使街道两侧形成连续的、有顶盖的走廊。"[1]该"前廊"被规定为5英尺宽，即所谓"五脚基"街道退缩和步行模式，并在华人商业区中得到推广，成为新加坡骑楼街道的最早原型；1878年，香港政府为改善拥挤的居住状况颁布了《骑楼规则》，并很快成为城市商业铺屋的主要形式(图2-22)。[2]发展至20世纪初，在香港及东南亚殖民地华人街区，骑楼已成为限定街道、组织步行的主要建筑与空间形式，并由于适应热带和亚热带气候特征及便利的商业用途而得到华人社会的广泛认同。

骑楼在岭南的出现溯源颇早，但作为官方策略相信最早出现在1889年张之洞督粤时期。[3]张在修筑广州长堤时提出了"沿堤多种树木以荫行人，马路以内通修铺廊以便商民交易，铺廊以内广修行栈鳞列栉比。堤高一丈，上共宽五丈二尺，石礴厚三尺，堤帮一丈三尺，马路三丈，铺廊六尺"的长堤断面计划(图2-23)。[4]在张的设想中，通修"铺廊"是为了方便商业活动的开展，真正的营业空间却在"铺廊"内的"行栈"中。从空间形态及使用功能看，"铺廊"之于"行栈"与后来的骑楼显然没什么分别，"铺廊"当为骑楼无疑，惟尺度略狭而已。

张之洞之后，清末历任地方官员并未对"铺廊"制度作有效推广，但民间投资者处于造市目的在广州长堤一带有自发的骑楼建设。至民国初，因大新公司、东亚酒店、光楼(Missions Building)等重要骑楼式建筑在广州西堤一道建成，而成为一种新的建筑时尚并广泛传播。

骑楼制度作为一种正式的城市管理条例在岭南的出现始于1912年《广东省警察厅现行取缔建筑章程及施行细则》。这和程天斗工务部拆城筑路几乎同时，其中规定：

"第十四条：凡堤岸及各马路建造铺屋，均应在自置私地内，留宽八尺建造有脚骑楼，以利交通。至檐前滴水，须接以水槽、水筒，引入透水明渠，不得另设檐篷，致碍行人，而伤堤路。

第十五条：凡在马路建造铺屋者，由门前留宽八尺，建造有脚骑楼。骑楼两旁不得用板壁、竹等遮断及摆卖什物，阻碍行人。"

街道铺屋"有脚骑楼"的硬性规定是城市管理者对城市道路两侧建筑的最初构想，在一定程度上是新式马路对传统道路格局的"权宜"迁就。一方面，它需满足程天斗及军政府工务部工程师伍希侣等人对近代新式马路的断面设计要求，即以中间车行、两侧步行的街道模式改良城市；另一方面，在便利交通和商业前提下通过步行道上盖

①Raffles to Town Committee, 4 November 1822.转引自Brenda S.A.Yeou.*Contesting Space in Colonial Singapore: Power Relations and the Urban Built Environment*[M]. Singapore University Press,2003：245.

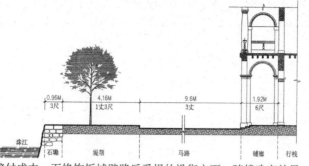

图2-22 1870年代香港皇后大道东骑楼街道，香港历史博物馆.四环九约：博物馆藏历史图片精选[Z].香港市政局，1994：76.
图2-23 张之洞广州长堤计划之道路断面示意图，作者绘制(右)

骑楼的方式可以减少拆屋的赔付成本。而修饰拆城辟路后受损的沿街立面，骑楼确实效果良好并经过东南亚华侨社会的检验，因而被首先采用。

1918～1920年市政公所期间，拆城筑路的城市策略与骑楼制度高度统一，成为城市改良的既定方针，一系列与骑楼直接或间接相关的法令得到制定和实施，其中：

《广州市市政公所规定马路两旁铺物请领骑楼地缴价暂行简章》主要就骑楼地价和度量方法作出规定。并将骑楼地分成甲、乙、丙、丁、戊、己、庚七等，基本概括了市政公所对广州骑楼街道的布局设想(表2-5)。

《广州市市政公所临时取缔建筑章程》第36、37条对二十尺和十五尺骑楼的适用范围和空间高度作出量性规定。八十尺马路准建十五尺骑楼，底层高度不得低于十五尺；一百尺马路准建二十尺骑楼，底层高度不得低于十八尺。由于各种因素所限，十五尺骑楼为广州骑楼的主要形式。

《广州市市政公所取拘建筑十五尺骑楼章程》对十五尺骑楼的结构形式、构造要求有非常详细的技术规定。这是岭南近代第一部对单个建筑类型作出的建筑规范，一方面说明市政公所劝建骑楼的良苦用心，另一方面说明骑楼已成为当时主要的、需作出技术指导的建筑形式。另外由于钢筋混凝土技术的逐渐普及，章程规定"其柱如用士敏土铁条结柱"，骑楼可增至五层楼高度。实际上，同时期广州长堤骑楼商业建筑如大新公司等已开始尝试向高层发展。

为在新辟马路两旁人行道强制推行骑楼制度和协调业主铺客的利益冲突，1920年8月28日，《广州市市政公所布告订定建筑骑楼简章》(市政厅时期简称《广州市建筑骑楼简章》)颁布。通过骑楼执照与原业主分离的方法，寻求骑楼建设的资金方案，并力促主客双方推

②林冲.骑楼型街屋的发展与形态的研究[D].华南理工大学博士学位论文，2000：89.
③彭长歆."铺廊"与骑楼：从张之洞广州长堤计划看岭南骑楼的官方原型[J].广州：华南理工大学学报(社会科学版)，2006年12月，(6)：66～69.
④张之洞.修筑珠江堤岸摺[A].王树枬主编.张文献公(之洞)全集[C].卷二十五、奏议二十五.台北：文海出版社，1967.
⑤《广州市市政公所规定马路两旁铺物请领骑楼地缴价暂行简章》第十三条，《广东省现行单行法令汇纂》市政篇，29-30页.

表2-5　　　　　　　　广州市市政公所对广州骑楼街道的布局设想⑤

甲等	一德路、太平路、永汉南路、永汉北路、惠爱中路
乙等	惠爱西路、惠爱南路、桂香南路、丰宁路
丙等	大南路、归德路、公园路、万福路、财政北路、越秀南路
丁等	长庚路、文德路、吉祥路
戊等	越秀中路、文明路
已等	盘福路、大东路
庚路	盘福北路、越秀北路

图2-24 广州太平路骑楼街道，Edward Bing-shuey Lee. *Modern Canton*[M]. Shanghai: The Mercury Press, 1936.

进骑楼建设。

市政公所时期的骑楼街道政策通过行政规定和劝建等手段被强制推行。随着城墙拆除和道路开辟，骑楼街道开始沿着城基和原衙署官道拓展。1921年广州市政厅成立后，工务局继续执行市政公所时期既定的骑楼政策，为强化已有《广州市建筑骑楼简章》，同时保障骑楼建设顺利进行，1923年7月，广州市政厅工务局颁布《广州市催迫业户建筑骑楼办法》，其具体精神包括：①对已领骑楼执照的铺屋限期建设；②对未申领执照者限期申领并限期兴工建设；③骑楼建设的资金解决方案等。

在上述政策推动下，以骑楼模式改造传统街巷成为市政改良的突出外显。广州骑楼街道建设在市政厅时期发展至高潮，除长堤、城基及旧城内原永汉路(今北京路)、惠爱中路(今中山四路)、万福路、百子路(今中山二路)、德宣路(今东风路)、文德路、吉祥路、大东路(今中山四路)、泰康路、广卫路(今吉祥路)、靖海路、广大路、广仁路及惠福路等道路采用骑楼型街道外，河南等原城外区也开始采用骑楼型街道，形成以旧城为主，城西、河南为辅的骑楼街道布局。骑楼街道遂成为近代广州最具特色之城市风貌(图2-24)。

二、岭南城市与建筑的泛骑楼化

广州以骑楼型街道改造旧城区的策略因成效显著得到岭南其他中小城市积极响应。随着岭南各地陆续建立市政管理机构，各地工务部门均以拆城筑路作为城市改良和城市近代化的主要手段。1929年8月26日，广东省政府为统一全省各市县马路的技术设计，指令建设厅发布《广东省各县市开辟马路办法》，指出："改造各县墟市，当以开辟马路为要图。……现据各县市呈报进行情形，殊多歧异，兹为划一章制，俾便遵守起见，经由厅务会议议决其拟定办法。……指令通饬各县市遵照办理。"[①]广东省建设厅还于同年制定了各县市政改造的六个办法，其中包括"改造路旁房屋，务求美观适合卫生"等。[②]统一马路截面设计和"改造路旁房屋"的规定，在省厅技士的统一设计下实施，这使得在省城广州已取得巨大成功的骑楼型街道模式得到进一步推广，并向下普及。但在推广过程中，骑楼下步行道宽度根据各地财力情况有所调整，总体看来，均少于广州十五尺骑楼的规定。汕头、潮州、佛山、中山、江门、开平、台山、新会、恩平、琼州(今海口)、惠州、北海等地旧城在改造后均形成规模不等的骑楼街区，这是岭南城市近代化的一个重要表征，骑楼型街道构成岭南近代城市的主要街区架构，骑楼建筑成为该架构组织中的基本单元。在骑楼制度普遍应用于旧城改良的同时，开始出现新的发展特点。

①广东省建设厅.令发本省各县市开辟马路办法案[J].广东省政府公报，1929.9,(19):14~16.
②广东省建设厅.广东建设实况——民国十八年度之广东建设[Z].1929: 41.
③谭铁肩.台山物质建设计划书[M].台山县工务局，1929: 19.
④据广西南宁市文化局李文主任介绍。
⑤广东商业年鉴.商业调查类，1930: 10.
⑥谭铁肩.台山物质建设计划书[M].台山县工务局，1929: 19-20.

①骑楼制度向下普及并逐渐脱离早期骑楼制度的"权宜"色彩。即无论新区或旧区，无论商业是否兴盛，马路设计均以骑楼为道路断面设计的必然组成，在形态上则模仿骑楼平行街道并列设置的单元模式，追求沿街立面的整齐划一。在侨乡台山，对台城、西宁(图2-25)、西门墟、新昌、荻海、斗山、大江、白沙、都斛、公益、海口、端芬、三合等十三大市镇均以骑楼结合新式马路加以改造，"务求合作于商业之发展，成为最新式市场"。③骑楼适合商业的种种便利被各地市政工务机关充分利用，成为骑楼向下普及的重要因素。

西市宁南昌马路　　　　　西市宁北巷马路
西市宁北昌马路改造临时情形　　　西市宁中山和马路

图2-25 台山西宁市改造中和改造后的骑楼街道，台山县建设图影(第一期)，台山市档案馆藏.

②骑楼所表现出来的商业空间模式，被房地产商充分利用。下铺上居或前铺后居，以及集合式住宅与骑楼相结合的方法成为20世纪二三十年代商业街区房地产运作的基本模式，向欠发达地区和没有骑楼传统的地区输出骑楼的现象也广泛存在。在南宁，就有广东房地产商曾试建骑楼建筑以试探地方反映的现象存在。④

③岭南城乡建筑出现"泛骑楼化"现象，即将骑楼作为一种新型建筑样式加以运用。1930年《广东商业年鉴》记载："各县开辟马路后，除了狭隘的街道改良拓宽外，两旁旧有的商店建筑也势必拆让后退，趁此机会重新建造西式门面，但一般乡村泥水匠不能胜任，多来省招人往建。"⑤当然，这和省建设厅的技术主导也有必然联系。骑楼的西洋式门面也是建筑"泛骑楼化"的重要原因。在台山端芬梅家大院，聚族而居的传统院落以骑楼形式作门面处理(图2-26)，这种文化与审美的反差可以从谭铁肩"改良乡村"计划中得到解读："查邑人多侨居外国，目睹欧美物质文明，感触甚深，今提倡改良，力加保护，人民欣然乐从。"⑥

图2-26 台山端芬梅家大院(蔡凌摄，2002.10)(上左)
图2-27 海口具有南洋风格的骑楼建筑，摄于2002年10月.
图2-28 广州禺东二路具有艺术装饰风格的骑楼建筑，摄于2002年12月(下)

④在骑楼向下普及的过程中，建筑形态和建筑技术等方面出现地方差异性。发达地区采用了钢筋混凝土结构技术建造骑楼，如五邑等华侨地区，而偏远地区则较多采用砖木或砖混结构。建筑形式也由于母源不同，呈现多样化。以海口和广州为例，作为南洋华侨的主要输出地之一，海口骑楼更多接受了来自东南亚的殖民地风格的影响(图2-27)，而广州则交叉出现了新古典

主义、艺术装饰风格(Art Deco) (图2-28)及"摩登式"等多元形态，使两者在骑楼风貌方面明显不同，说明岭南骑楼的广泛普及由于立面拼贴方式的多样性并未导致千篇一律的现象发生。

三、骑楼制度的反思与检讨

对于城市管理者而言，骑楼建设是把双刃剑。一方面，骑楼因便利商业成为骑楼广泛普及的重要原因；另一方面，骑楼因造市需要而连续并列的建筑形态导致旧城内建筑和人口高度密集，它所引发的诸多弊端成为反思骑楼政策的缘起。在民国初的城市改良运动中，骑楼是和拆城筑路相辅相成的城市规划策略。骑楼制度的出发点在于控制建筑退缩和步行系统的通畅，并满足商业店面连续成市的目的，因而对城市的改良也限于街道两侧最表层，在改善城市密度等方面帮助并不大。由于骑楼街道分布广、密度大，1933年，广州各行商店总数达22178间，按当时人口计，平均约50人就有一间。在永汉路、惠爱路、上、下九路，一德路等主要骑楼街区，商户人数已占该区域人口总数的30%。以至陈济棠笑言广州是一个"大商场"。①这种商业街区过分密集的状况在1920年代末引起有识之士关注，程天固在1930年《广州市工务之实施计划》"导言"中有关早期城市建设是"畸形的设计"和"无一不以资产阶级之利益为前提，而以平民生活之恶化供牺牲"等言论也缘出于此。

对骑楼制度的反思源于几方面：

①骑楼制度的产生与市政改良运动密不可分，是针对人口密集的旧城区所采取的相应对策。由于它既能满足近代新型道路的设计要求，又保留和激发了旧城的商业活力，因而对广州及其他城市的市政改良具有很强的适应性。然而，旧城道路的改造毕竟有限，当拓展新的城区，尤其是人口较少的城外或郊区时，骑楼制度显然并不适用。

②西方近代城市规划理论在20年代初传入岭南，成为指导城市建设的思想武器。花园住宅区和田园城市的理论从市政厅"专家政府"开始逐渐被城市管理者所接受，第一届广州市长孙科在划定权宜区域时就有以东山为住宅区之议。1927年7月林云陔倡建模范住宅区，同年8月，市行政会议批准模范住宅区计划，并拟在东郊开辟，"以为全市住宅之模范"②。之后，多个花园住宅区计划提交并实施。花园住宅以环境优美、居住舒适、密度低等诸多特点对民国初着眼于"市政改良"的骑楼政策造成极大冲击，骑楼建设遂成衰败之势。

实际上，从市政公所开始，骑楼政策便出现摇摆。在一些繁华路段如长堤二马路或横马路"凡有建筑，至少须留出八英尺作人行路，仍不准建筑骑楼"③；对一些"新辟马路不及八十英尺者，不准建筑骑楼"④；市政厅时期也对某些道路作出限建骑楼规定，如维新路等。1925年9月10日《广州市市政公报》刊载了《工务局限制建筑骑楼之意见》，这是现存资料中工务局限制骑楼建设的最早记录。1927年5月27日《广州民国日报》刊载《不准承领骑楼之马路》；1929年，程天固复任广州市工务局长后对前期市政建设颇有不满，次年向市政府提交《广州工务之实施计划》，着实强调道路系统的规划和整理。在该计划推动下，1931年4月，广州市工务局正式公告白云路等30余条道路被列为不准建筑骑楼道路。⑤1932年，《广州市修订取缔建筑章程》将上述道路以章程形式详细列表说明(表2-6)。从该表"不准建骑

①肖自力.陈济棠[M].广州: 广东人民出版社, 2002: 341-342.
②广州市工务局.修正筹建广州市模范住宅区章程第一章第一条.广州市政府.广州市市政报告汇刊[Z].1928: 97.
③广州市市政公所.广州市市政公所取拘建筑十五尺宽度章程. 第72条(丙). 广东省现行单行法令汇纂, 1921年, "市政"篇: 74.
④广州市市政公所规定马路两旁铺屋请领骑楼地缴价暂行章程, 第二条.广东省现行单行法令汇纂.1921年, "市政"篇: 26.
⑤工务局布告白云等路不准建筑骑楼[J].广州: 广州市市政公报, 1931.4, (385): 100-101.

表2-6　　　　　　　　市内不准建骑楼之马路表(长度单位：英尺)

路名	由何处起	至何处止	有树否	路面宽度	人行路宽度	地段长度	不准建筑骑楼之理由
白云路	广九站前	东川路	有	150	15	1857	因全段已植树
盘福路 长庚路	西门	观音山脚	有	100	15	5119	地近市郊而非繁盛之区铺户甚少故宜多植树木
文德路	惠爱东路	万福路	有	80	15	2150	甚少商店多为机关及住户所在地宜植树以增美观
广卫路 广仁路	吉祥路 越华路	财厅前 广卫路	有	80	15	1607	因对正中央公园横门且多为机关及住户所在地宜植树以增美观
吉祥路	惠爱中路	越秀山脚	有	80	15	3000	因在中央公园旁及全段已植树
德宣西路	吉祥路	盘福路	有	80	15		邻近越秀公园及中山纪念堂宜植树以增美观
大东路	越秀路	东沙路口	有	80	15	1801	既非繁盛地方且在省党部之前宜植树以增美观
维新南路	大德路	长堤	有	80	15	2241	珠江新铁桥直达之路宜植树以增美观
维新北路	大德路	中央公园前	有	100	15	2540	因在中央公园前及全段已植树
越秀南路	广九站前	文明路	有	80	15	2206	因对正广九车站宜植树以增美观
越秀中路	文明路	大东路	有	80	15	2428	因在中山大学之旁宜植树以增美观
越秀北路	大东路	观音山脚	有	80	15	1900	因属近郊马路且直达越秀公园故宜植树以增美观
公园路	吉祥路	连新路	有	80	15	618	因邻近公园故宜植树以增美观
禺山路	永汉路	禺山市	有	70	15	300	因全段已植树
惠福东中西路	永汉路	丰宁路	有	70	15	5282	因全段多已植树
东川路	大东路	百子路	有	80	15	3429	因地近市郊不甚繁盛且以植树
教育路	惠福东路	教育会前	无	70	15	478	因在教育会前宜植树以增美观
多宝路	十五甫	荔枝湾	有	60	12	2450	因两旁多属住户且已有树
东濠路	东堤	越秀南路	有	70	10	940	因全段已植树
广大路	广卫路	惠爱路	有	60	10	590	因全段尚未建有骑楼且近公共机关故宜植树以增美观
广大路一、二巷	广大路	惠爱路	有	60	10	470	同上
应元路	吉祥路	观音山脚	有	60	10	900	因越秀公园前及全段已植树
广九站前二马路	广九站	东濠路	有	45	10	1312	因已植有树
百子路	大东路	署前路	有	42	10	2306	同上
维新东横街	维新路	素波巷	有	60	10	210	因非繁盛之区且尚未有骑楼
永汉南路	万福路	长堤		70	10	1360	市行政会议决定为美化马路
教育路北段	惠爱中路	九曜坊	有	70	12	1100	因全段植树
逢源东马路	多宝路	恩洲直街		60	12	2200	市行政会议通过规定植树

资料来源: 广州市市政公报, 1931.4, (588)

楼之理由"看，绝大部分和植树及美化环境有关。

另外，由于当时陈济棠经济政策的强力推动，岭南工商业发展十分迅猛，城市建设开始向科学理性的现代化方向发展，城市结构和城市空间形态酝酿新的变化。形成于晚清民国初的骑楼模式显然已不能适应城市发展的更高要求。1930年程天固《广州工务之实施计划》和1932年《广州市城市设计概要草案》公布后，骑楼制度作为一种城市改良策略在广州基本终止。

骑楼首先是一种城市制度，然后才是一种建筑现象。作为一种城市制度，骑楼建构了岭南近代城市以旧城为中心的基本骨架，并衍生了岭南最具特色的"骑楼街"和"骑楼城市"；作为一种建筑现象，骑楼是岭南最具平民意识的建筑形态，广泛存在于岭南城乡。当人们津津乐道于其建筑的地域性和空间的趣味性时，却时常忘记了骑楼作为城市制度的本源；当我们剥离了骑楼作为建筑现象的一切外在因素后，如柱式、巴洛克装饰等，骑楼的城市性才能完全呈现出来。

第四节 "田园城市"

在对旧城进行市政改良的同时，广州、汕头等市政当局也在思考对城市进行新的拓展。在纷至沓来的各种城市规划理论中，"田园城市"因其表意及内涵的理想化色彩成为指导岭南早期城市试验的核心理论，而改善人民居住环境、促进现代文明的现实需要使岭南"田园城市"的实践更多着眼于环境优美的居住区建设方面。

一、"田园城市"的引入

"田园城市"理论以中译名"花园都市"在孙科《都市规划论》中被首先提及。1919年，孙科在上海《建设》杂志上发表《都市规划论》，对欧美城市发展的主要特点及欧美近代城市规划理论的最新成果进行了论述，其中包括英国"田园城市"的研究与实践。"自1895年由私人发起建立新式都市之议倡始以来，英国之都市改良事业日见兴盛，遂有所谓'花园都市运动'之事。"[①]但当时孙氏对"田园城市"的认识尚停留在启蒙阶段："新式都市之建设多由大公司或慈善家为之。其目的在于大都会之外，建立新式村市，以为大工厂之附属，使工人得享康健的、美术的环境。"[②]同时他将Garden City 表意理解为如公园般的居住区："此种新村市，地一英亩，例只建住宅六至十家。余地悉属公有，为植树花草果木之用。村既建成，望之俨如一大公园，此'花园都市'名义之所由来也。"[③]该认识直接影响了孙科早期以环境优美、低密度住宅区建设为特征的"田园城市"构想。

孙科的观点或许影响了孙中山。在《建国方略》这一重要著作中，孙中山提出在广州建立"现代居住城市"(modern residential city)，并坚信广州可以规划成一个拥有美妙公园的"花园都市"："广州附近景物，特为美丽动人，若以建一花园都市，加以悦目之林囿。真可谓理想之位置也。"[④]

显然，花园环境的营造并非孙氏父子城市理想的全部。作为中国早期城市近代化的主要策略之一，"田园城市"的建设集中反映了中国资产阶级在革命成功后改造中国的使命。广州，作为中国近代资产阶级革命的策源地及最早由中国人开始市政自治的城市，被选择作为模范和样板，以实现孙文国民党人治理城市和国家的理想。作为广州市政厅的组织与创办者及第一届广州市长的孙科显然看到了广州城内拥挤、混乱、肮脏的居住状况，而这一切一直为西人所诟病。对于一个尝试建立统一民族国家的政党而言，孙中山及其追随者需要一个卫生的、符合礼仪的新城市来表明对于一个新中国的期待。为改善旧城恶劣的居住环境、营造南方革命政权关注民生、模范管理城市与国家的事实话语，广州市政厅、工务局在"市政改良"同时，试图通过新式住宅区的示范性建设引导广州早期"花园都市"的发展。1921年孙科致函广东省长陈炯明，建议在东郊沿白云山一带，包括马棚岗、禽蜍岗、竹丝岗等山丘地带拓展土地进行模范住宅建设："……广州住宅建筑窳陋，于观瞻上、卫生上，均不讲求。若开辟新地，建筑适宜的房宅，以为住居之模范，则市民大受其益。"⑤该计划因陈炯明"叛乱"而停滞。叛乱初定，重新出任广州市长的孙科及工务局技术集体首先选择观音山实施相关设想。

1923年11月广州市行政会议议决通过《开辟观音山公园及住宅区办法》，这是岭南近代第一个关于花园住宅区的实施方案，选址观音山(即今越秀山)。《办法》在岭南近代建筑法规中第一次对建筑密度、容积率、建筑成本作出规定。为倡导新式住宅的设计和建造，工务局还制定住宅图式供承领人选用。为配合观音山公园及住宅计划，1924年1月1日《广州市市政公报》第109号"市政"栏目登载了通俗而浅显的问答式短文《何为花园都市计画?》、《何为住宅计画?》。其后，《美国巴尔梯姆采用之都市计划》、《万国园林都市设计会简章》、《欧美都市设计之新倾向》、《住宅模范区》等论述、译著陆续刊发，使广州田园城市研究蔚然成风。

二、"模范住宅区"运动

孙科任内提出了拓展广州东郊为新式住宅区的设想，同时完成了观音山公园及模范住宅试验，但囿于经费筹措和南方阵营的常年征战，大规模新式住宅区的建设直到林云陔时期才有系统实施。林云陔(1881～1948)(图2-29)，广东信宜人。早年加入同盟会，后由孙中山选派赴美，先入纽约州阿尔便法学院(Albany Law School)学习，后入圣理乔斯大学学习法律、政治，获硕士学位。1927年5月，林云陔接替孙科出任广州市市政委员会委员长。⑥

上任之初，因市区人口激增和居住环境恶劣而引发的相关问题被首先关注，广州市政当局开始有意识检讨前期市政策略的不足。由于民国初"拆城筑路"和"市政改良"运动的发展，广州在低级层面迅速完成了城市表层的近代化，包括城市基础设施和公共设施改造，并按照东南亚华人商业社会模式通过骑楼制度建构了岭南城市街道的基本骨架，同时在传统旧城区中取得了十分瞩目的成就。但从城市形态看，传统旧城密集的单元结构并未完全破坏，在新式马路分割下，在整齐划一的街道表层背后，这种结构单元仍保留下来并继续承载市区内绝大多数人口，并导致旧城内以商业为主过于单一的经济形态。⑦城市商业的繁荣加剧了地产投机和城市人口激增，普通市民生活成本急剧增高，"往往中等住户于

①、②、③孙科.都市规划论[J].上海：建设社.建设，1919，1卷，(5)：9.
④孙中山.建国方略[A]//孙中山.孙中山文粹(上卷)[M].广州：广东人民出版社，1996：367.
⑤[香港]华宇日报，1921-9-23.
⑥广州市政厅于1925年7月-1928年5月改组市政府，实行委员会制。1929年广州改特别市(不久又改为省辖市)，设市长职。林云陔曾先后于1927年5月至1927年11月、1928年5月至1931年6月出任广州市政委员会委员长或广州市市长。
⑦彭长歆、杨晓川.骑楼制度与城市骑楼建筑[J].广州：华南理工大学学报(社会科学版)，2004年8月，第6卷第4期：29-30.
⑧、⑨广州市政府.模范住宅区之筹备[Z].广州市市政报告汇刊，1928：94.

图2-29 林云陔像，Edward Bing-shuey Lee. *Modern Canton*[M]. Shanghai：The Mercury Press，1936.

①、②、④、⑥广州市政府.模范住宅区之筹备[Z]//广州市政府.广州市市政报告汇刊.1928: 94.
③同上, 93.
⑤彭长歆、杨晓川.骑楼制度与城市骑楼建筑[J].华南理工大学学报(社会科学版), 2004.8, (4): 31~33.

图2-30《广州市模范住宅区图》(工务局设计课, 1928),《广州市市政报告汇刊》, 1928年.

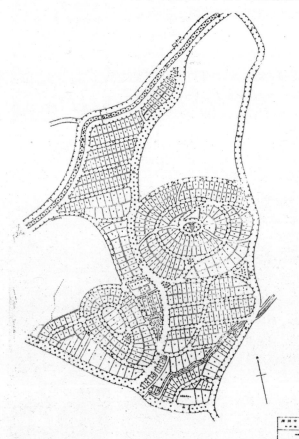

'住'的问题尚难解决,其他可知"。①此外,房屋旧式设计不合理、密度高、卫生条件差等也成为亟待改进的问题。②

为完成新式住宅区的拓展,林云陔一方面联系广州市第一任工务局长程天固,希望其再掌广州工务;另一方面,则尝试运用他所掌握的城市理论进行新的城市试验。作为1919年《建设》杂志的主编和孙中山《实业计划》的编译者之一,林云陔一定读过孙科的《都市规划论》,也一定十分了解孙中山关于建设广州为"现代居住城市"和"花园都市"的理想。在出任广州市最高行政长官后,他延续了市政厅关于建设新式住宅区的设想和方法,同时自觉地在"田园城市"的框架下寻求理论支持。

"田园城市"成为可以参照的原型。"查改良都市住宅一事,自欧战结束后,各国城市政府多注意于此,其时英国有所谓田园者,可为新式住宅之模范";其方法"系择一有园林风景之空旷地区,建筑马路住宅,多留空地,以作园圃,盖混山林城市而为一,使市民于都市便利之中,得享田野清逸之乐,此外更有所谓田园市郊者,则非自成一市于大都市近郊兼有乡野风趣者……"③1927年7月14日,"模范住宅区"在第108次广州市行政会议上被林云陔正式提出。④此前,5月27日广州市工务局公布了"不准承领骑楼之马路"清单。将两件事情联系在一起,可以发现市政当局开始修正早期以骑楼建设推进旧城改良的政策,⑤谋求新的"增进文明、裨益卫生"的方法,⑥同时解决"市区人口过多,急应将住宅区设法扩充"的压力。⑦

1927年8月10日,广州市第112次行政会议完成模范住宅区的选址。拟在广州市东郊六冈马路红线界内的马棚岗、竹丝岗及毗连的东沙马路、百子路一带兴建模范住宅区,用地面积总计471亩。⑧1928年3月22日,《筹建广州市模范住宅区章程》和规划设计(图2-30)由"筹建广州市模范住宅区委员会"公布实施。章程从土地业权、道路及住宅三方面对模范住宅区进行了规定,同时制定详细的建筑计划,统一实施。具体内容包括中心公园设置、按等级区分的道路设计、建筑密度和容积率控制、建筑的示范性设计等。

模范住宅区计划得到了社会精英尤其

是归侨的支持。杨廷霭，这位最早投资广州东郊并曾掘平东郊龟岗一带江岭小丘，修筑江岭东、西街[⑦]，营建房屋的美洲华侨向市厅呈文，在表达闻报即"跃距三百，额手顶祝"的同时，恳请迅速派出工程人员"按图测勘"、"早日兴工建筑"。[⑧]以杨廷霭为代表，许多受益于市政改良、并积累了丰富地产开发经验的华侨、富商成为模范住宅区的主要投资者，并直接推动了模范住宅区建设的快速发展，至1930年代初，模范住宅区已初具规模。

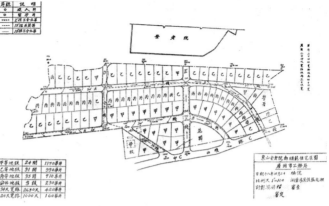

图2-31《广州东山安老院南(松岗)模范住宅区图》(梁仍楷, 1929)，程天固.《广州工务之实施计划》, 1930年.

1929年，程天固重掌广州市工务局，在模范住宅区基础上提出建设松岗住宅区。地界范围在"东山安老院(即今梅花村省委幼儿园，作者注)之南、广九铁路之北、东至自来水塔、西至仲恺公园(今东山公园，笔者注)"。[⑨]松岗住宅区规模较林云陔模范住宅区小了很多，程天固试图通过渐进式开发，不断收回地价用于上下坟头岗、青菜岗及大咀岗等新的住宅区开发。其规划以住宅用地为主，同时规划了花园绿地、学校、警署等公共设施(图2-31)。为保证新式住宅建设，程天固同样要求工务局制订标准图则供市民选用，工务局建筑师林克明完成了全部四种独立式住宅的设计。

与竹丝岗模范住宅区及龟岗、新河浦一带的华侨住宅不同，松岗住宅区主要为本地官僚所居住。在市政当局及工务部门大力推动下，松岗住宅区至1932年已大部建成。广东军政要员包括陈济棠、陈维周兄弟及孙科、林直勉、徐景堂、李扬敬、刘纪文等均在此建筑官邸私宅，其建筑多由工务局建筑师和土木工程师设计，因而保持了较高的艺术与技术水准。其中，陈济棠公馆由工务局技正罗明燏设计，罗在该区内设计花园别墅超过十幢。[⑫]1932年5月9日，松岗住宅区更名为梅花村。[⑬]

比较研究霍华德"田园城市"思想及孙科、林云陔等人的策略，可以用"初级阶段"或"萌芽"状态来描述和评价广州近代"田园城市"实践的整体水平及思想源流。[⑭]但由于模范住宅区改变了传统聚市而居的生活模式，并由于环境优美、卫生清洁，以及倡导的

⑦、⑧广州市政府.模范住宅区之筹备[Z]//广州市政府.广州市市政报告汇刊.1928: 94, 96, 96.
⑨雷秀民等.广州六十年来发展概况[A].中国人民政治协商会议广东省广州市委员会文史资料研究委员会.广州文史资料[J], 1961, (5): 100.
⑩"美洲华侨杨廷霭等呈市厅文"[Z]//广州市政府.广州市市政报告汇刊, 192: 119-120.
⑪程天固.广州工务之实施计划(1929~1931)[Z].广州市政府工务局, 1930: 38-39.
⑫罗明燏.我所认识的陈济棠将军[A]//广州市政协文史资料委员会编.广州文史[C].广州: 广东人民出版社, 1987, (37):
⑬广州市沿革表//伍千里.广州市第一次展览会[Z].广州市展览馆, 1933.
⑭彭长歆、蔡凌.广州近代"田园城市"思想源流[J].城市发展研究, 2008, (1): 中18.

①汕头市政府.汕头市市政公报.1933,1,(86):16.

②谢雪影.汕头指南[M].汕头时事通讯社,1933:203.

③谭铁肩.台山物质建设计划书[M].1929:17-18.

④广州市民国日报.1928-12-13.

⑤林云陔.广州市政府施政计划书[M].1928.

⑥"市政革新运动高潮中之两种计划"编者按.广州市市政公报,1930年6月,特载,第2页.

⑦广州市民国日报,1929-6-11。另,程天固于1929年4月22日就任广州市工务局局长,详见广州民国日报,1929-04-22.

⑧广州民国日报,1928-12-18.

⑨张肇良.广州市两个重要的城市设计问题[J].广州市工务局季刊,1929.4.20,(创刊号):26~28.

⑩陈殿杰.广州市分区制之研究[A].新广州,1931.11,第1卷,(3):28.

"田园城市"思想,使"田园城市"理想已深入民心。模范住宅区对环境卫生的追求直接和间接促成了建筑规范的适应性修改和建筑设备的发展,在新的《取缔建筑章程》中,开始出现对开窗、厨房、厕所、防火等条例的明确规定或调整。同时,1932年广州市工务局制订《取缔新式住宅区域及其住宅章程》,更对"自行辟街或建立新村"、"新式住宅之建筑"等方面作出了明确指引。

在广州的示范下,汕头、台山等主要侨乡开始效仿建立模范住宅区。

1930年10月1日《汕头市政公报》"市政概况"就提到在澄海中山路建立模范住宅区的计划。1933年《汕头施政计划大纲》明确提出"开辟模范住宅区":"汕头市人口日见增长,市民住宅地域自当扩充,并须使居得到良好之地域。现择定市区内风景与空气最优良之处,兴办模范住宅区,仿造田园新市之马路图建筑,须中间为公园,公园两旁为学校商店,住宅区之四周设警察派出所,马路图为椭圆新式之交叉马路……"①至1933年,汕头市工务局已开始对中山公园边华坞路一带原行政区用地进行测量并拟定建筑章程,计划开辟模范住宅区,其范围北至韩江边、南至黄岗路、西至中山公园外海滩、东至百尺宽汕樟路。②

1929年,《台山物质建设计划书》就"改造城市"计划在公益埠"展拓市区,开辟郊外宽阔之马路,创设园林式住宅,凡公园、医院、学校、工厂,均拟设置完备,使享受安居之幸福,为全邑模范住宅区域"。③另就"改良乡村"提出建设新式模范村的设想,试图将"模范住宅区"运动向乡村普及。

三、新市区拓展与分区规划中的"田园市"

凭借模范住宅区在个体层面的探索和实践,林云陔和广州市政厅开始谋求城市在更高层面的建构。早期"市政改良"单纯从技术层面解决道路和城市基础设施改造的方法被摈弃,"城市设计"开始频繁出现在当时的官方文献中。作为城市设计的专门机构,广州城市设计委员会于1928年10月19日成立,同时确立三项计划加以实施推进,包括"调查全市民业状况"、"筹划新市区之建设"、"促成模范住宅区之建筑"。④新市区的筹划和建设成为林云陔施政计划的重要组成。

在方法上,林云陔以"田园城市"为最高理想,至少在1929年前,这仍是广州市政府和城市设计委员会的主要方向。在1928年《广州市施政计划书》中,他指出:"最新之都市设计,以'田园都市'为最优良。"⑤主要策略是"以努力造成'城市山林'式的新广州为目的,如近来扩大市区、开发郊外、经营模范住宅村种种,'寓市于乡',皆其理想之实现"。⑥由于市政府的主导和推动,"田园城市"被扩展为新文明的象征。干净、整洁、环境优美成为新时期城市发展的目标。广州郊外大片的农田、山林、水域被融入"田园城市"框架中,广州市政府希望通过新市区的拓展实现"田园城市"的理想。

在研究"田园城市"的同时，城市设计委员也在探讨分区规划的可能。由于面对的问题和城市发展目标不同，分区规划这一与"花园都市"一起被孙科《都市规划论》引入的西方城市规划理论开始发挥它应有的作用。南京正在进行的综合分区规划或许是这一转变的直接诱因。作为国都，南京为城市未来发展所展开的规划活动和研究，始终受到包括广州在内诸多城市的关注和效法。1928年秋，林云陔前往南京出席城市建设会议，并考察京沪市政。返粤后，广州城市设计委员会成立；1929年5、6月间，因孙中山先生奉安大典，林云陔和新任广州市工务局长、广州城市设计委员会委员长程天固再次赴宁。①此时正值南京《首都计划》制订之时，毫无疑问，以林、程二人在南京首都建设委员会"国都设计技术专员办事处"的良好人脉，应该对南京正在进行的中国首个"按照国际标准、采用综合分区的规划"（柯维廉语）有相当了解。而孙科也对广州城市建设持续关注，并计划安排茂飞、古力治二人在1929年2月、完成南京规划后前往广州，商讨黄埔开埠及其他规划事宜。②

"田园城市"与分区理论的结合成为当时市政研究的重要特点。张肇良在《广州市两个重要的城市设计问题》中认为，广州应在石牌一带村落设"农业区"，以使"城市居民，可享田园之天趣，而田园居民，亦得城市之便利也"。同时应在石牌、白云山村、越秀山一带遍植树木、分时花卉，"则田园市不难期其实现也"。③

陈殿杰在《广州市分区制之研究》中则认为："中国以农业立国，现代城市，仅属新兴之现象，则防患于未然计，莫若寓乡于市，使田野之自然环境，得与城市之醒醒社会相调和。以广州市之现状而论，经过年来之积极经营，已渐染现代都市之恶化，故为矫弊补弊，尤觉此种调和之重要。查广州之拟定区域，面积辽阔，如东面之石牌、棠下、车陂、东圃等村落，田畴弥望，阡陌纵横；南面之上涌圃、林沙圃、新沙圃，与夫西南方面之蕉圃、螺涌埠；西北方面之泮塘埠、沙涌村等原野，川流交错，灌溉便利。凡此适合于农作者，可划为农业区。于市郊之外，绕以农林地带，构成一种优美娱快之田园区域，实与最近之田园新市之设计相适也。"④

从理论上看，分区制研究为广州田园城市的实践扫清了障碍。长期以来，广州在旧城区的改造与规划上缺乏明确方向，旧城复杂的交通体系、高密度的建筑、街道背后的卫生状况等制约着广州"田园城市"的理想。分区制对城市不同区域的划分，使城市建设有可能避开旧城，在郊外新区实现"田园新市"的设计。

第五节　现代城市的设计

在改良街道及空间结构的同时，二三十年代广州城市设计的另一重要内容是调整城市功能以实现城市复兴。自唐宋以来，广州城市功能以商贸和货运为主。两次鸦片战争后，由于新的条约口岸不断开辟，广州丧失其贸易垄断地位，贸易优势被逐渐蚕食。香港的开埠和发展则从根本上改变了华南的口岸和贸易格局，广州逐渐从中国唯一对外通商口岸沦为依附于香港的内陆、内河口岸。改善城市功能、调整经济结构、应对城市竞争也因此成为晚清以来岭南卓见人士长期思考的问题，并成为推动城市发展的主要动力。

一、汕头经验

在广州仍挣扎于历史重荷并不断进行市政改良的同时，粤东海港城市汕头却开始以现代城市设计方法对未来

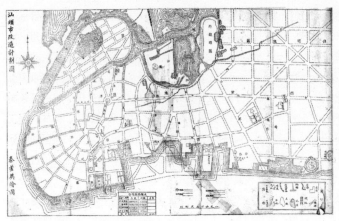

图2-32 《汕头市改造计划图》(秦蓋英,1922),汕头市政厅编辑股.新汕头,1928.

城市发展进行规划,城市分区理论被具体实施和运用。

汕头,一个以捕鱼、晒盐为主业的粤东小镇,自1858年《天津条约》成为条约口岸后,开始近代化历程。英国、德国、日本、法国、美国、挪威等国相继在汕头设立领事馆,并通过设立洋行、货栈、码头与华南地区及部分华北地区进行活跃的海上贸易。国内招商局也在汕头设立分局从事海运,本地商人和侨商则在交通运输、商业和日用工业等领域进行广泛投资,进而推动城市快速发展。由于缺乏规划,开埠后城市自发向西南环海滨方向放射性发展,呈现道路密度大,系统紊乱等特征。

1921年4月,广东省政府参照广州市制设立汕头市政厅,下辖财政、工务、教育、公益、公安六局,其中工务局根据海港情况设建筑、取缔、堤工三课,并着手对汕头进行近代化改造。

1922年,汕头市政厅拟定《汕头市政厅改造市区计划书》及汕头市改造计划图(图2-32)。由于没有城墙等传统防御体系的羁绊,该计划摆脱了岭南早期以拆城筑路为主要特征的城市"改良"色彩,更多表现出近代城市规划的科学理性,并成为最早由国人自己制定的城市规划文本。[①]计划共分六节:一、绪论;二、市域分区之计划;三、路线之系统与联络水陆;四、街路之建筑与下水道之敷设;五、取缔建筑缩宽街道;六、筑堤与浚海。市域分区与港口建设成为改造计划的核心。

作为国内首个分区计划,《汕头市政厅改造市区计划书》将"城市分区"与城市工商业发展联系起来。其中:工业区在韩江下游西北郊之将军滘、火车站、廻澜桥等地,取其风向适宜及水陆运输之方便;商业区在《天津条约》时开辟的旧埠及沿海向东的新市镇,取其交通转运之便利;住宅区在旧市区东北部与商业区毗连;行政区则在月眉坞之东。另在月眉坞设公园和学校运动场地等。道路系统则根据自然地形和旧市特征采用圆圈式、放射式和方格式相结合的布局方式。[②]另外,该计划尝试建立"花园城",并将澄海、潮阳、潮安的一部分划入市区作为准备。并计划于海岸线兴筑长堤、填平海滩以开辟新区域,作为模范区,以改善旧埠人口的高密度。[③]工业区、商业区、住宅区、行政区等功能区域的划分与规划,其目的在于摆脱《天津条约》对汕头商贸条约口岸的原始定位,使城市具备自我完善、有序发展的功能。

由于陈炯明"叛乱",该计划在提交省政府后迟至1926年方由广东省民政厅长古应芬、建设厅长孙科作出审核批复。[④]很显然,该计划并未得到孙科完全认同,在其批复中,根据

①庄林德、张京祥.中国城市发展与建设史[M].南京:东南大学出版社,2002:210.
②、③汕头市政厅.汕头市政厅改造市区计划书[Z].汕头市档案馆藏.
④《汕头市政厅改造市区计划书》及古应芬、孙科的批复原件现藏汕头市档案馆.
⑤、⑥广州市民国日报.1928-10-19.
⑦城市设计委员会组织章程[N].广州市民国日报.1928-10-19.

公路局长陈耀祖考察欧美城市的经验提出了修改意见，主要集中在几方面：① 审定市内马路路线必须首先考察城市对外交通，包括铁路、公路等；② 市内学校、医院、市场等布设应根据市内人口统计及住宅区方位而定；③ 开辟马路须量力而行；④ 公园面积须统计市内人口而定；⑤ 市行政机关须设立于商业区或交通繁忙区域内，以利市政监行；⑥ 住宅区应根据贫富状况相应设置；⑦ 须设公共坟场；等等。另外，孙科还对道路路线安排的细节问题提出了意见。1926年，《汕头市政厅改造市区计划书》正式颁布实施，从实施情况看，行政区确实根据孙科的意见进行了调整，市区其余部分则基本按规划实施。

从《汕头市政厅改造市区计划书》和孙科的批复看，调查统计方法已被城市管理者所认识，并将其与近代城市规划理论结合在一起，用于指导城市规划，这在一定程度上说明岭南城市规划体系在1920年代中期已初具雏形，并为包括广州在内的岭南其他城市积累了丰富经验。

二、广州城市设计委员会的成立与推动

城市发展的复杂性和综合性，使系统的城市规划及相应的组织机构的建立成为必然。1928年10月19日，广州城市设计委员会成立，成立宗旨称："窃惟城市设计，实为市政之要图，故历观欧美各国，凡一都市，其运输之灵敏、交通之便利、人民起居之安适、建筑表里之华丽，皆非偶然之事，必有良好之科学的规程，及专门之人才，从中策划，方各有济……故欲改良旧城市，则组织城市设计委员会，其要焉矣。"⑤广州市政厅认为，广州急应组织成立城市设计委员会，其理由有三：① 广州市为古城之一，旧城改造远较新城建设不同，其难度更大。所以必须集合较多人才设会研究；② 广州为南部最大城市，孙中山先生曾有建设广州为商港的设想，所以广州的建设计划必须及早确定；③以前的市政设计多由工务局设计课担任，其职责主要以工程建设和取缔为主，对于全市总体规划难免挂一漏万，所以有必要成立专门的设计委员会专司其职。⑥城市设计委员会的成立开始了广州以中国人主导的科学、系统的城市规划活动。

作为独立于工务局设计课、由市政厅直接管辖的城市设计机构，城市设计委员会承担了包括土地利用、道路交通、公用事业在内的众多事务。其职责包括：

① 改良市内河道，开拓市内马路。

② 建筑市内园囿，及其他公共娱乐场所。

③ 电气、煤气及其他公用事业之设置计划。

④ 交通事业之设置计划。

⑤ 订定市内新建筑之高度及计画伟大建筑物之各种图式。

⑥ 规划市内学校区、商业区、工业区、住宅区之位置及其面积，并其中应有之设备。

⑦ 订定市内应有之美术的设备及林树之栽植。

⑧ 订定市内外重要之交通路线。

⑨ 规画市内码头之位置及其建筑之各种图式。

⑩ 关于全市之公安、交通、卫生、教育、土地、财政等事项。

⑪ 本会已定之设计事项，应制作分期举办之详细图表及说明书，呈请市政厅核准备案。⑦

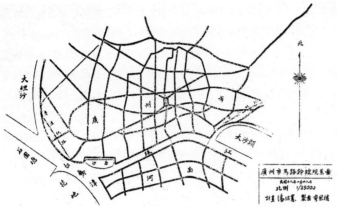

图2-33《广州市马路干线统系图》(潘绍宪, 1929), 广州市工务局.工务季刊(创刊号), 1929: 4.

就岭南城市规划实践而言, 城市设计委员会的成立是个转折点, 标志着前期花园城市的理想主义开始转为理性务实的科学规划。1929年1月, 程天固担任城市设计委员会主席, 该倾向尤为明显。岭南城市设计以广州为代表, 向现代城市科学理性的方向发展。有关城市问题的研究从1929年开始明显增多, 主要研究者包括城市设计委员会委员潘绍宪、雷翰及"勇于任事而研究市政设计有素之青年徐某"(程天固语, 徐即徐天锡)等。

潘绍宪在《广州城市计划之要点》中就"市心"、"市内交通"、"市外交通"、"屋宇限制"、"公园用地"、"公用设施"等问题进行研究, 并拟就了以行政中心为"市心"的放射形与棋盘式相结合的城市道路格局(图3-33)。[①]该设计被认为反映了茂飞1926年广州规划的种种设想。[②]张肇良在《广州市两个重要的城市设计问题》中着重探讨和研究了城市分区和绿化用地的扩展。[③]雷翰呼吁城市规划要注意"工人的居住问题"。[④]徐家锡和陈殿杰则对广州城市规划作了更全面和更细致的论述。徐在"都市设计与新广州城市之建设"中指出:"都市为文化之源泉, 文化愈增进, 则都市愈发达。"而"都市之建设, 必须有循序渐进之步骤, 更须有一具体之计划。所谓具体计划者, 即吾人所谓都市设计也"。

关于"都市设计", 徐家锡回答了三个问题:

① 都市设计的定义。徐引用了Nelson P. Lewis、William Bennett Munro、美国纽约曼哈顿区主席George McAneny、前广州市市长孙科及武汉市长董修甲的有关定义, 并加以概括总结。

② 都市设计的依据或方法。徐认为各种资料的调查和收集至为重要, 包括地志详图、地质与气候调查、社会调查及其他都市财政、生产能力、工业性质与发展状况、市政组织、现行法律等的调查等。

③ 都市设计的范围或内容。徐家锡根据国外建筑师和学者的有关论述将都市设计分为"道路系统"、"交通系统"、"公共建筑物与行政中枢"、"公园及公共娱乐设备"四部分。[⑤]

以现代城市规划学对上述问题的回答来看, 徐的论述虽有缺失, 仍不失正确, 并在当时的历史条件下, 条理清晰地廓清了城市规划的研究方向。

陈殿杰在城市分区制方面的研究颇具深度。在《广州市分区制研究》中, 他指出:"分区制之功用: 在管理土地及建筑物, 以谋求城市合理之发展。城市设计以土地及建筑物为基本条件。"[⑥]陈认为在分区方法上有"依土地用途分区及依房屋容量分区两种", 并同时在这两方面对广州进行城市分区, 包括"广州市土地用途分区之研究"和"广州市房屋容量分区之研究", 尤其后者, 其论点清晰、论据充分, 堪称佳作。

①潘绍宪.广州城市计划之要点[J].广州市工务局季刊, 1929.4.20, (创刊号): 3~11.
②赖德霖.城市的设施改造、布局改造和空间意义改造及"城市意志"的表现——二十世纪初广州的城市和建筑的发展[A]//赖德霖.中国近代建筑史研究[M]北京: 清华大学出版社.
③张肇良.广州市两个重要的城市设计问题[J].广州市工务局季刊[J], 1929.4.20, (创刊号): 24~28.
④雷翰.工人的居住问题[J].广州市工务局季刊, 1929.4.20, (创刊号): 12~14.

作为城市设计委员会的领导者，程天固组织了有关广州城市设计的研究和讨论；同时因为担任广州市工务局长和广州市长(1931.6～1932.3)，程天固得以系统制订和实施广州规划发展的种种设想。

图2-34 程天固像，Canton——A World Port[J].*The Far Eastern Review*, 1931, (6): 352.

三、程天固的反思与检讨

显然，在城市未来发展问题上，程天固与上司林云陔明显不同，甚至与其在美国加州大学政治经济学院的同窗孙科也有较大差异。程天固(1889～1974)(图2-34)，广东香山人，早年辗转爪哇、新加坡等地，并曾在机械厂学徒。1906年加入同盟会，次年赴美，1911年回国参加黄花岗之役，失败后再度赴美，就读于加州大学政治经济学院，与孙科同学。1915年通过博士资格考试后辍学返国投身实业界，1921年受孙科邀请出任广州市政厅第一届工务局长。[①]早年投身实业的经历使天固对城市有着独特理解，某种程度上，其经营城市的理念来自经营实业的经验。相对孙科和林云陔，程天固更愿意用理性务实的工作方式来解决城市问题。

以市政改良为主要特征的低层次发展策略和土地政策是程天固检讨的主要对象。从本质上看，1920年代中后期广州市政府推动新市区拓展和模范住宅区的建设，一方面是为了营建环境优美，健康卫生的理想之所，为传统住居改良作出表率；另一方面则希望通过土地经营获取资本，以支持地方财政和南方政权建设，这在广州国民政府急需经费平叛及北伐的1920年代前、中期表现尤为突出，这使得广州田园城市运动从一开始就与土地经营挂钩。由于模范住宅的实际购买及使用者为华侨、官僚及富商等社会上层人士，普通民众尤其是贫民的居住状况并未得到改善并有恶化趋势。而"市政改良"在土地经营方面也存在同样问题。1929年程天固二度出任工务局长后，即猛烈抨击既有市政措施"无一不以资产阶级之利益为前提，而以平民生活之恶化供牺牲"。[⑧]

理想主义的"田园城市"与经济发展的现实需要背离，是程天固调整城市策略的另一重要原因。程天固出任工务局长的1929年，宁粤对立渐趋成形，至1931年更有"西南事变"爆发，为对抗蒋介石南京政府，割据广东的陈济棠西南政务委员会试图全面振兴广东经济以增强经济及军事实力。在《广东省三年施政计划》、《广州市三年施政计划》等发展纲要指引下，以发展工商实业为前提，重新调整城市结构成为必然。自南京奉安大典回粤后，程天固即开始着手广州未来发展纲要。1930年前后，《广州工务之实施计划(1929.6～1932.6)》颁布，分区制成为"新市区设计"的理论原型。在其主导下，分区规划中有关"田园市"的设想被修正。东山模范住宅区也在1932年5月9日更名为梅花村[⑨]。1932年10月6日，在程天固主持下、以分区制为理论基础的《广州城市设计概要草案》颁布实施，"田园城市"对广州近代城市发展的影响在城市决策者层面已基本终止。

在程天固领导下，城市设计委员会运作良好，并直接促成了1930年《广州市工务之实

⑤徐家锡.都市设计与新广州城市之建设[A]//程天固.广州工务之实施计划[Z].广州市政府工务局, 1930: 173～187.
⑥陈殿杰.广州分区制研究[J].新广州.1931.11, 第1卷, (3): 22～33.
⑦程天固.程天固回忆录[M].香港: 龙门书店有限公司, 1978: 1.
⑧程天固.广州工务之实施计划[Z].广州市政府工务局, 1930: 1.
⑨广州市沿革表//伍千里.广州市第一次展览会[Z].广州市展览馆, 1933.

表2-8　　　　　　　　　　《广州工务之实施计划》之"建设计划"

编目	计划大纲	分项计划
甲	道路建设与分区计划	A.原有道路系统之整理(确定旧市区马路之路线及辟路之程序/放宽内街道办法之妥定/改良养路办法) B.新市区设计(分区计划/发展河南大计划/建设住宅计划/开辟郊外马路计划) C.整理全市渠道及濠涌计划
乙	内港建设	A.内港建设计划；B.填筑省河南北堤岸计划；C.珠江大铁桥之建筑；D.码头之建筑与整理
丙	公共建筑物之建筑	A.市府合署；B.市场；C.学校与图书馆；D.平民宫；E.市立银行；F.市立戏院；G.公共坟场
丁	园林与公共娱乐设备	A.公园；B.林场；C.赛马场；D.游戏场及游泳场

①程天固.广州工务之实施计划[Z].广州市政府工务局,1930:3.

施计划》的诞生。从严格意义上讲,《广州工务之实施计划》是一份技术细节详尽的有关市政工务的计划安排。程天固将1929年6月至1932年6月广州市工务局所要进行的工作逐一排列,分步实施。但方法上,程天固以近代新兴城市规划理论,从总体上系统把握城市未来三年的发展方向:"盖年来市政建设之失败,其弊多非尽在技术上之问题,而在建设系统之缺乏。……特根据本市发展趋势之考察,市民日常生活之需要,市库与市民负担之能力,及都市设计之原理,详加研究,拟具本计划书……"①据此判断,《广州工务之实施计划》是在"都市设计"原理指导下经过调查和分析后制定的,因而不失为广州近代第一个城市规划文本。其科学性和前瞻性表现为:

图2-35《广州全市马路计划图》(广州市工务局,1931),Canton——A World Port[J].*The Far Eastern Review*,1931,(6):355.

①"建设计划"的制定建立在合理可信的基础上,既有对旧系统的整理,又有对新计划的展望(表2-8),因而具有较强的操作性。三年后,该项计划基本完成或接近完成。

②对"市政改良"以来所形成的道路布局进行规划整理,使之系统化(图2-35)。并将"城市分区"和道路系统、市政设施及城市拓展结合起来。其"分区设计"虽粗浅,但基本勾勒出对未来广州城市功能的布局设想,包括"混合区"(旧市区);"林场、游乐及消暑寓所"区(广州市东北);"公共实业及平民住宅"区(正西之羊牯沙及增埗一带);住宅区(东郊一带)、工业区(西南方之石围塘、花地、大尾等岛);"商港、商业、政治、住宅"区(河南)。

③将城市规划和城市工商业发展及对外贸易结合起来,试图通过"内港建设",包括内港堤岸、码头及珠江铁桥(即今海珠桥)的建设,提升航运能力,带动全市经贸发展。

④提出公共建筑物建设的宏伟计划,包

括市府合署、市场、学校、图书馆、平民宫、市立银行、市立戏院、公共坟场等。上述建筑除市立戏院外，其余皆先后落成，成为岭南近代建筑的典型范例。

⑤ 在整理原有公园基础上，提出"增辟公园计划"，包括白云山公园、河南公园(海幢寺)、西关公园(荔湾湖)、动物公园、东湖公园等，并提出石牌林场、赛马场和游戏场及游泳场等计划，使广州全市绿化及游乐场分布更为均匀合理。

程天固是一个兼具城市理想和人文精神的市政官员和学者，他对新城市的理解和对人文的关注着重反映在"新市区设计"中。一方面，他要建设宏伟、科学的现代城市。在《广州工务之实施计划》"甲·B·2发展河南大计划"中，他拟定了详细的分区计划，包括商港区、商业区、居住区、市政中心区等；道路系统是符合商业发展的"棋盘式"而非"放射式"；区内河涌则仿照《首都计划》中秦淮河两岸林荫大道的布局模式进行规划。[①]另一方面，程天固高度关注平民和未来工业发展所带来的工人居住问题，并受到战前德国政府关于失业者救济方案的启示，[②]并在陈济棠关注民生的政策下，程天固摆脱了模范住宅区的理想主义色彩。在提到东山松岗住宅区(模范住宅区之一部)时，程天固回避了建设宗旨中的"模范"性，并更多关注"平民"的居住状况。他拟定了第一平民住宅区(西村)和第二平民住宅区(河南芳草街外田地)的建设计划以"救济市内平民住宅之缺乏。"而"丙·D平民宫"计划，"其目的在救济市内平民之居住，使入宫居住者，可以廉费而安居于适合卫生的寓所，同时宫内更附设公共食堂、阅书室、游戏场等，以利居住者"，俨然一福利社会。

作为后林云陔时代的产物，《广州工务之实施计划》充满了过渡时期的特征。其理论背景繁杂多元，有"田园城市"的影响，如在市心集中设置公共建筑物的设想；有美国"棋盘城市"的痕迹，如对河南新区的规划；有关于1884年法兰克福"分区制度"的论述等。其文体风格影响了《台山物质建设计划书》(1929)、《展托江门市区及促进物质建设计划书》(1932)等工务计划和城市规划文本的制定。由于程天固及其城市设计委员会的努力，广州城市结构的调整和完善逐渐清晰和明朗。

四、黄埔开埠与广州内港建设

作为口岸贸易的根本，港口重建被视为城市复兴的基本条件。由于航运衰落，广州近郊黄埔码头逐渐淤积，不敷使用，开辟新港口成为必然。1921年，孙中山在《建国方略·实业计划》中提出"南方大港"计划，指出："广州不仅是中国南部之商业中心亦为通中国最大之都市。迄于今世，广州实为太平洋岸最大都市也，亚洲之商业中心也。中国而得开发者，广州将必恢复其古时之重要矣。"[③]孙中山把建设"南方大港"的位置选在黄埔深水湾一带，并规划建设一个由黄埔到佛山，包括沙面水路在内的新广州："新建之广州，应跨有黄埔与佛山，而界之以车卖炮台及沙面水路，此水以东一段地方，应发展之以为商业地段，其西一段，则以为工厂地段。此工厂一区，又应开小运河以与花地及佛山水道互连，

① 程天固.广州工务之实施计划[Z].广州市政府工务局,1930: 30~33.
② 程天固.广州工务之实施计划[Z].广州市政府工务局,1930: 34~37.
③ 孙中山.建国方略·实业计划//孙中山.孙中山文粹(上卷).广州:广东人民出版社,1996:358.

① 孙中山.建国方略·实业计划//孙中山.孙中山文粹(上卷).广州:广东人民出版社,1996:367.
② 政府开辟黄埔商港计划[N].广州民国日报,1926-2-6(3).
③ 黄埔开辟计画[N].广州民国日报,1926-2-11(1).

则每一工厂均可得到有廉价运送之便利也。在商业地段,应副之以应潮高下之码头,与现代设备及仓库……"①孙中山确立了未来广州发展的大格局,并有港口、商业、工业等功能区域的初步划分,但《建国方略》的文体风格决定了该计划的战略性而非实施性。而当时广州市政厅正着眼于对传统旧市进行"市政改良",更确切地说,还处于开辟马路的低级阶段,对城市进行系统规划的设想因种种原因被暂时搁置。

南方大港计划1925年正式启动,因广州"沙基惨案"引发的省港大罢工为港口开辟提供了宏大的历史与政治背景。大罢工对香港口岸贸易的瘫痪,一方面鼓舞了与英帝国主义斗争的士气,另一方面也激发了广州方面摆脱经济控制、复兴城市的决心。1925年11月间,各人民团体在广州一德路广仁善堂成立中华各界开辟黄埔商埠促进会。1926年前后,黄埔开埠被各界广泛讨论。《广州民国日报》1926年2月6日称:"省港大罢工以后,各界永远抵制香港帝国主义及力谋广东经济独立起见,故一致主张开辟黄埔港,以制香港政府死命。"②

广州国民政府也迅速启动开港工作。1926年2月,包括孙科、宋子文、伍朝枢等成员在内的黄埔开港计划委员会成立。广东省治河处瑞典籍总工程师柯维廉提交了《黄埔港开港计划》,拟在黄埔、鱼珠之间,狗仔沙、北帝沙上兴筑码头,供深水船舶停靠。③是年6月,黄埔商埠股份有限公司执行委员会亦告成立。为改善广州与黄埔之间交通联系,省港大罢工返穗工人被组织起来进行义务劳动,至1927年初完成中山公路的简易通车。其间因北伐

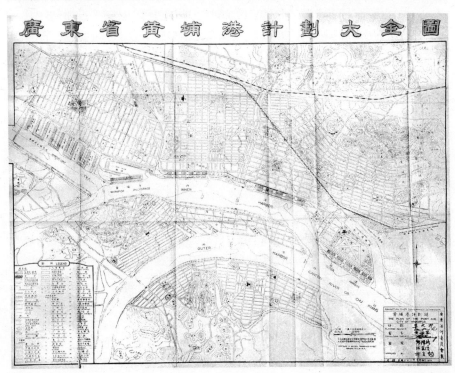

图2-36《广东省黄埔港计划大全图》(李文邦、黄谦益,1933),广东土木工程师会.工程季刊,1934.3,第二期第三卷.

军兴，为筹集军费，建港工作暂告停止。

1929年9月，广东治河委员会成立，黄埔筑港事宜转该会办理。1930年6月，"广州黄埔外港计划"由柯维廉等人制订完成。作为港口计划的重要组成，9座码头和与之毗连的10座仓库将由一条铁路支线与广九铁路相连。该地区同时规划有工业区沿珠江两岸布设；为向港口和工业区提供电力，在鱼珠对面小岛(北帝沙东端，引者注)设有电厂；一座钢铁桥梁也被规划用于连接工业区与港口。筑港工程分四期预计三年完成，预计花费总额11242468元。[①]

以柯维廉黄埔外港计划为基础，李文邦、黄谦益于1933年制订了更为庞大"黄埔港计划"(图2-36)。与柯氏单纯从技术上解决港口配置相比，李、黄规划为兼顾居住、教育、铁路、机场及港口等多项功能的市区综合发展计划。在规划中，李、黄以江心长洲岛及相连鳌鱼洲、大古沙、龙船沙与洪圣沙为界，北为内港，南为外港；内港设铁路与广九铁路相通，东端与水上飞机场相连；珠江南、北两岸以住宅区为主，设有市场、公园等；拟建黄埔大学则位于北岸东侧……种种计划展现了陈济棠西南政府应对香港竞争，加强地方实力的决心和意志。其时，来自南京政府的压力愈趋增大，黄埔港与工业建设一道成为陈济棠实业计划的重要组成。

1936年，因粤汉铁路贯通在际，筑港计划陡然加快。当时正值陈济棠治粤后期，因广东全省公路运输网基本形成，尤其1936年粤汉铁路全线通车前夕，黄埔开港再被热烈讨论。"粤汉铁路，于本年(1936年，引者注)建筑完成，全线于九月一日开始通车……各航商以长江流域所产土货，原由轮船转载者，兹则可改由铁路运输抵粤，咸怀忧惧。黄埔开港计划建议以来，已历数年之久，于粤汉铁路将近完成之际，又复旧事重提。目下计划，系将水道予以浚深，以便载重七千至八千吨之船只，可以驶抵该埠，不受阻扰。"[②]1936年9月，李文邦"黄埔港计划"核准通过。1937年4月，筑港工程全面开启，至1938年广州陷落，部分工程已经完成。

在广东省政府建设黄埔外港的同时，广州市政府也制订了宏伟的内港建设计划。1929年，计划倡导者、广州市长林云陔指出："内港计划的实现将有助于改善广州的交通运输条件并加强商业。……为在广州界域内发展商业和工业，内港计划是必要的。河南洲头咀已被选择作为内港所在地；不同种类轮船泊位和码头仓库的建造将极大的促进商业的发展。"[③]工务局局长程天固也认为："若有内港建设，则本市每年出入口轮船七百五十万吨之中，内除去省港轮船二百五十万吨及其他小轮船一百万吨外，尚有四百万吨，均将永蒙其利；平均计算，每顿省费一元，每年全市可挽回四百万元之权利。"[④]广州内港建设计划主要分为三部分：海珠新堤、河南新堤及内港码头。其中：

海珠新堤计划东起东起长堤五仙门电厂、西至仁济街口，全长约3800英尺。其目的在于整饬拉平珠江北岸原反弓凹入部分，以克服滩石兀立、水流湍急、不利航行的自然条件。该计划始于1928年，因无人承投而搁置。随后两年里，荷兰河海工程建筑公司与广州市政府就该计划进行了广泛讨论，由于该公司在厦门、汕头、葫芦岛等地的筑堤经验，被最后确定为最为艰难的新堤中段承建商。[⑤]1930年9月至11月，中段、东段先后开工，海珠石(即荷兰炮台)被爆破清除。按照规划，一系列高层建筑将在位于旧堤南侧的新堤上兴建，包括广州市银行大厦、上海银行大厦和国货商场等[⑥]，海珠新堤将成为广州新的金融与商业中心。

①Canton—A World Port[J]. *The Far Eastern Review*, 1931, (6): 356~358.
②民国二十五年海关中外贸易统计季刊(上册)，卷一，"贸易报告"，"广州"条，1937: 87. 转引自程浩. 广州港史(近代部分)[M]. 北京：海洋出版社，1985: 234.
③转译自 Edward Bing-Shuey Lee(李炳瑞). *Modern Canton*[M]. Shanghai: The Mercury Press, 1936: 40.
④、⑤程天固. 广州工务之实施计划[Z]. 广州市政府工务局，1930: 64.
⑥Edward Bing-Shuey Lee(李炳瑞). *Modern Canton* [M]. Shanghai: The Mercury Press, 1936: 41.

①Edward Bing-Shuey Lee(李炳瑞).*Modern Canton*[M].Shanghai:The Mercury Press,1936: 43.

②陈荣枝绘制的设计图刊载于程天固.广州工务之实施计划[Z].广州市政府工务局,1930.

③详见Edward Bing-Shuey Lee(李炳瑞).*Modern Canton*[M].Shanghai:The Mercury Press,1936: 43-44.

④广州市地方志编纂委员会.广州市志(卷三)[Z].广州:广州出版社,1995: 35.

⑤广州市地方志编纂委员会.广州市志(卷三)[Z].广州:广州出版社,1995: 37.

⑥广州市地方志编纂委员会.广州市志(卷三)[Z].广州:广州出版社,1995: 176.

⑦周霞.广州城市形态演进研究[D].华南理工大学博士学位论文,1999: 75.

图2-37《广州市道路系统图》(黄谦益、袁梦鸿、关念成、陈康、余觉芸、金肇组、黄森光、利铭泽、麦蕴瑜、谭护,1932),中国第一历史档案馆、广州市档案(局)馆、广州市越秀区人民政府.广州历史地图精粹,2003: 80-81.

建造河南新堤的目的主要有三方面:其一,将珠江北岸码头迁至河南;其二,通过珠江铁桥(即海珠桥)连接河北与内港码头;其三,为河南提供便利的道路交通设施。河南新堤从内港码头至海珠桥脚总计7300英尺,其工程包括大约100英尺宽的道路,预计花费250万元。根据该计划,将为河南提供新的码头和仓库,并将使河北旧堤岸从装卸货物的混乱和肮脏中解放出来。①

作为内港建设计划的核心,洲头咀内港码头旨在提供足够的泊位空间以容纳4000吨远洋轮船的停靠和装卸。筑港工程包括70000华井以上土地的填造、3000吨或4000吨船舶停靠所需2500英尺长码头及堤岸、环港道路和仓库的建造。实际建造工程于1930年11月开始,分多期进行。根据该计划,土地填造和堤岸完全由政府承担,码头与仓库建造将由政府和私人联合投资。仓库建筑原拟建四座,后由工务局增加至八座,工务局建筑师陈荣枝完成了设计②。从内港至海珠桥,共设六个等级的码头和75座不同类型的仓库。其中,一等码头位于河南岛的西北角、面向沙面,供3000至4000吨远洋航线使用。③

五、城市发展新方向

1930年代是广州乃至岭南城市发展的高峰期。陈济棠的经济政策在该时期已初见成效,许多重大施政建设先期进行,西村士敏土厂等省营工业陆续建成,为新的总体规划的制订和实施提供了前提条件。交通、工业、教育等建设的先期布局为新的城市结构的形成打下了坚实的物质基础。

1932年10月6日广州市第二十七次行政会议议决通过《广州城市设计概要草案》,这是

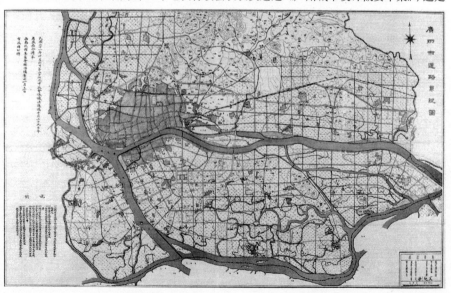

广州建市以来第一部正规的城市规划文本。⑧在城市设计委员会主导下，该草案在文体上改变了以往市政计划中第一人称的训令色彩，并在大量调查统计数据支持下，表现出全面客观的科学理性。其主要内容包括：

① 对广州市域作出明确界定，确定仍以1923年工务局划定的权宜区域和拟定区域为城市设计的地界范围。

② 将全市地域划分为工业、住宅、商业、混合等四个功能区。其中工业区分布在临江一带，如西村、石围塘东南部、牛角围、牛牯沙、罗冲围等处；原有商业区在旧城内，新辟商业区设在黄沙铁路以东，河南西北部，东山以东，省府合署地点(今天河公园附近)以西一带；住宅区分"风景优美住宅之区域"和"工人住宅区域"两种，前者包括河南中、北部，东山及以东至车陂东部，白云山以东、三元里附近，白云山至飞鹅岭东南麓等处。后者则邻近工业区设置，如市区西部泮塘及芳村茶滘等地；旧城区根据原有居住、商业及一部分手工业的混合状态保留为混合区。

③ 道路系统考虑与旧城区内原有道路的衔接；道路规划依据自然地形地貌，并与市政排水相结合；主要环形干线采用林荫道设计，沿线合理规划公园；道路设计采用分级制，分别对商业区、工业区、园林住宅、普通住宅区、行政区等不同功能区街道马路进行相应分级设计(图3-37)。

④ 对铁路及航空设施的规划。于西村省立一中东南处设客运总站，黄沙原有车站改为货站；规划接通粤汉、广三铁路，建设两座跨江桥梁。另由石围塘经上芳村至白鹤洞设单轨铁路；沿黄沙堤岸兴建码头，以利水陆联运；民用飞机场拟建于河南琶洲塔以东或市区西北部牛角围以北地带。

⑤ 规划新建水厂和电厂。新水厂拟定在市西北松溪一带；新电厂择址西村士敏土厂之北或牛角沙以南。

⑥ 规划港口。辟黄埔港为未来新港；辟白鹅潭一带为内港，石围塘至下芳村一带堤岸规划建设码头、仓库，停泊来自上海、厦门等埠轮船；黄沙一带堤岸拟建仓库码头，停泊港澳轮船及四乡轮渡；大涌口一带停泊其他各项运输小汽船；沙面至大沙头一带因江面较狭，不宜多泊船只，以免阻碍河道交通及附近一带的风光。⑤

相对程天固《广州市工务之实施计划》静态把握广州市未来三年的工务安排，《广州城市设计概要草案》则全方位推进广州城市现代化。尤其在道路分级制、交通及能源方面的规划已远远超出了前者所能达到的层面，因而建构了广州城市现代化的基本骨架。

在《广州城市设计概要草案》指导下，城市建设有序进行。西村士敏土厂(1932)、广东省硫酸厂(1933)、广州市河南电力分厂(1933年动工)、广州木炭汽车炉制造厂(1934)、广东纺织厂(1934)、广东苛性钠厂(1935)等工厂相继建成，西村工业区与河南纺织工业区成为岭南近代城市发展中最具规模的现代工业区。道路建设在前期《广州市工务之实施计划》督导下于1929~1933年陆续进行，但在新的规划方针下，广东省政府于1933年10月下令暂缓开辟，1934年成立"辟路审查委员会"，重新审定核准，以后继续开辟，并采用新式设计。⑥1930~1936年，全市共修建新式马路134公里，⑦并形成网络布局。海珠铁桥、西南铁桥、内港建设、长堤码头、内港货仓、住宅区和平民住宅区建设也取得相当成绩。……至三十年代中期，广州已基本完成城市近代化并具备现代城市的雏形。

第六节　华侨造市

得益于观念与资金优势，华侨是岭南近代城市运动的重要参与者和推动者，在局部区域甚至是造城运动的主要发起者。由于早开风气及海外劳工市场的需求，近代粤人远渡重洋谋生者为全国最多，并广泛分布在美洲、澳

表2-9　　　　　　　　1862~1949广东华侨投资行业结构情况统计表

行业类别	投资户数	投资数额(元)	每户平均投资额(元)	各行业投资数量
	每户平均投资数	各行业占投资数量		
工业	332	25063170	75491	6.49%
农矿业	121	7511172	62076	1.90%
交通业	242	43469944	179668	11.26%
商业	1473	47551840	32282	12.31%
金融业	1005	40299969	40049	10.43%
服务业	302	19099394	62293	5.01%
房地产业	17790	203184086	11426	52.60%
合计	21268	386179575	18158	100%

资料来源:林金枝.旧中国的广东华侨投资及其作用.广东省华侨历史学会华侨史学术讨论会(未刊本),1986年.广东省立中山图书馆

①、②林金枝.旧中国的广东华侨投资及其作用[A]//广东省华侨历史学会华侨史学术讨论会论文集(未刊本),1986年.广东省立中山图书馆藏.
③大清光绪新法令:[实业].第16册第10类:50.
④参见林金枝.旧中国的广东华侨投资及其作用[A]//广东省华侨历史学会华侨史学术研讨会论文集(未刊本),1986年.广东省立中山图书馆藏.

洲及东南亚一带,通过艰辛劳动渐有积蓄。在固有的家国观念等因素影响下,华侨或侨属以侨汇参与投资和建设是岭南近代十分普遍的社会现象,其中尤以侨乡地区最为显著,对城市和社会的影响也最为深刻。岭南近代华侨投资国内大致可分为三个时期。其中,1860~1918年为初兴期。清政府的工商激励政策是华侨投资渐兴的根本原因,并主要表现为投资实业,如工业、农矿、交通运输、商业、金融及服务业等;1918~1937年为繁荣期。一战自1918年结束后,华侨回国探亲者渐多,并带来较多侨汇。而岭南自广州市政公所以来执行了拆城筑路、市政改良等一系列城市发展策略,城市化运动遍及主要侨乡城镇。房地产成为当时华侨投资的主要方向,并在1932年世界性经济危机到来之际发展至高潮;1937~1949年,战争的破坏使华侨投资几近凋零,而战后重建因政局不明同样导致侨乡建设举步维艰。[①]从总体看,华侨投资与国内政治、经济发展的脉搏高度吻合,其资金流向与力度很大程度上也反映了岭南近代城市发展的总体规律。

广东华侨投资行业结构集中在房地产、工商业等多个领域(表2-9),为城市发展带来积极影响。其中,房地产业无论投资户数、投资数额及行业份额均为最多,因其主要集中在城镇区域,可视为直接的造市行为。而实业投资如工业、交通运输、商业等则对城市发展有间接推动作用,可视为间接的造市行为。

一、实业兴市

晚清岭南华侨对实业的投资虽然发轫较早,但早期发展仍属艰难。其中,华人出洋谋利后再投资国内具有资本主义性质者,应以1862年秘鲁华侨梨某在广州创办万兴隆出口行和1872年南洋华侨陈启沅在南海创办机器缫丝厂为最早。[②]但就整体而言,华侨投资在1900年代以前仍属萌发阶段。

1901~1905年晚清政府为挽救没落的帝国而推行的新政涉及政治、经济、军事、文教四方面,是晚清政治体制的全方位改革,其经济方面的一系列举措对改变以往重农轻商的

传统思想，鼓励工商实业兴办，对华侨投资有直接促进作用。具体措施有：设商部颁《奖励公司章程》，于各省设立劝业道和商务局；1906年商部改农工商部，次年颁布《华商办理实业奖给章程》，规定"资本百万余元，拟请特赏二品卿衔，逾二百万者并加二品顶戴"。③这种激励制度将以往地位低下的工商阶层和中国传统文化固有的官本位最大程度结合起来，为民族资本的兴起提供了法令保障。一时间，官办、商办、官商合办实业层出不穷，官办者如河南士敏土厂(1909)、五仙门电厂等；商办者则更多地以华侨资本出现，如华侨资本家张榕轩办潮汕铁路赏四品卿衔，张振勋1905年获头品顶戴、补授太仆寺正卿，等等。由于新政推行，华侨从1900年代开始逐渐成为投资主体，其中尤以对交通运输体系的投资对岭南城市近代化的推动作用至为明显。

近代早期华侨对交通运输业的投资以轮船、铁路、公路、市内交通及附属车站、码头等为主。在甲午战争前，已有华商集资创办轮船公司，但规模小，偏于广州、汕头、上海等地区。此后17年间，面对外资在华航运势力的急剧增长，清政府对华商解除投资轮船公司的禁令，商办轮船公司取得较快发展。岭南由于水系发达，有广州、汕头等航运码头，沿内河水系则有江门、梧州等口，并可循航线向内陆辐射，因而具有优越的投资前景。华侨投资于轮船运输以1902年四邑轮船公司为最早。⑨总体来看，岭南华资轮船航运业基本按照岭南条约口岸的分布与强大的外资轮船公司竞争，势力较为单薄。

华侨对岭南铁路运输业的参与始于甲午战争后。由于官方和民间对列强攫取中国筑路特权、并对"铁路所至之地，即势力所及之地"的种种弊端已有清醒认识，因而在铁路修筑方面有较强的民族意识。潮汕铁路和新宁铁路是华侨投资交通运输业的典型实例，建成后对墟镇或集市的开辟及建设，作用尤其明显，对岭南侨乡地区非条约口岸城市的近代化发展有相当促进作用。

潮汕铁路始建于光绪二十八年(1902)。南洋华侨张煜南以"开风气"、"益民生"之心，要求在"物产丰富，地界海疆，近通省会，远达南洋"的汕头至潮州间，投资修建一条铁路，并经商部批准立案。光绪三十年(1904)，张煜南、张鸿南兄弟集资修筑潮汕铁路，光绪三十二年(1906)完成干线，由汕头至潮安，全长39公里。光绪三十四年(1908)又建成3公里长的意溪支线。沿途有庵埠、华美、彩塘、鹊巢、浮洋、枫溪等车站。该铁路是全国第一条由华侨集资兴办的铁路，通车后至1939年6月潮汕沦陷为止，运行30多年，对沟通潮汕一带的交通及客货运都起着重大作用，沿线市镇也因此繁荣。

光绪三十年(1904)，广东新宁籍(今台山)华侨陈宜禧开始修建新宁铁路。陈早年曾赴美任铁路工人、管工，而后开设商号致富。因熟谙铁路工程，"心怀桑梓"，并激愤于"吾国路政，多握于外人之手"，决定在故乡广东新宁起经冲篓、斗山至三夹海口修建铁路一条。在向商部请准后，陈先后前往美国、香港、南洋的华侨中招股银275.8万元，并在回国后亲自勘测设计。1908年，公益至斗山全线通车，长61.25公里；1913年延伸46公里至新会；1920年，从宁城至白沙支路26公里建成通车。15年时间，总长133.25公里的新宁铁路全线建成。新宁铁路的通车全面带动了沿线白沙、水埗、冲篓、大江、四九、五十、三合、大塘、沙坦等墟镇的商业繁荣，饭店、旅馆、布匹百货商店、杂货店、金铺、钱庄乃至烟馆、妓寨等消费建筑改变了传统城市结构。同时由于交通体系的完善，侨资不断涌入，从香港进口的钢筋、水泥等新型建筑材料通过铁路源源输入，使有"买田起屋"传统的侨乡地区建筑业蓬勃发展，外来新式设计完全改变了传统市镇面貌。

另外，由于新宁铁路的建成，带动华侨对公益、斗山等新市镇的建设。据1893年所修《新宁县志·建置略》所列新宁村庄、墟镇尚无公益、斗山之名。在1905年新宁铁路兴建之前，公益尚为稻田，只有两户农民居住。在华侨伍于政的建设和新宁铁路开通后，1908年《旧金山稽查者报》报道，公益已有人口25000人，数字虽有夸张，但公益确实已成为拥有数千居民的全县第二大城镇。[①]斗山的情况与公益也极为相似。新宁铁路及其交通运输网络的建成，奠定了台山城市近代化的坚实基础，为民国时期的进一步发展准备了物质条件。

二、开埠设市

在晚清新政激励下，华侨实业投资从商业、交通、矿业、工厂等向更广泛的层面扩张，其中，开埠设市成为最宏大的投资计划之一。一时间，公益、新昌、冲蒌、赤磡、香洲等埠相继建成，成为新兴商业市镇。华侨投资者在上述各埠建设中不但引入了欧美商业城市的开发模式，同时引入了西方近代城市规划的最新理论，是岭南近代除租界外最早采用西方模式进行规划的市镇之一，对西方城市规划理论的引入意义深远，并对岭南近代城市规划实践尤其华侨地区的市镇规划具有明显指导作用。岭南近代由华侨开埠设市者颇多，其中尤以公益、香洲两埠在规模、组织及规划等方面最为突出。

(1) 公益开埠

公益开埠的设想或受到了美国早期市镇开拓的启发。公益，清时属新宁县文章都，原为水泊荒地，交通十分不便。清光绪年间，文章都斗洞沙归侨伍于政有设圩公益发展商业的想法。在其倡议下，公益各乡族头人成立"埠董局"、招募股金开始建埠工作。而新宁旅美华侨获悉家乡建埠，也踊跃参加，并参照美国纽约的道路布局完成规划设计，把公益街道及建筑布局，定为正方笔直的"井"字形。[②]清光绪三十一年(1905)，公益开始围河铺沙，由广州何阿胜承包填沙工作，并于次年完成。埠董局也改名为具有市政管理性质的"埠务公所"，并签发地段契据，开始建筑活动。1908年，公益埠正式建成，占地面积为0.33平方公里。[③]

公益埠规划是典型的美国棋盘式规划。直街由北向南依此为海旁街、长乐街、苏杭街、中兴街、维新街、南华街。横街由西向东依次为上海街、上环街、中环街、下环街、东华街，街道纵横交错，呈井字形。埠东小河分别与苏杭、中兴、维新、南华四街相交，过河处各架设石桥。全埠最早建筑为中华酒店(今胥山中学女生宿舍)，全埠最早街道为长乐街，有埠务公所、仁泰酒庄等大型建筑。

在用西方模式进行规划的同时，铁路作为促进市镇发展的重要手段被有意识引进。建埠之初，新宁华侨陈宜禧已计划兴建新宁铁路，站点规划自斗山北行，取道台城，通麦巷圩，去新会牛湾，往江门北街。伍于政等人为使公益兴旺，经与陈宜禧多次商议，达成协议，新宁铁路在公益埠东设站，并将新宁铁路总机器厂设在公益，大大加速公益埠的发展。

(2) 香洲开埠[④]

与公益不同，香洲开埠在某种程度上是为了抑制葡澳、应对竞争。香洲，原称"九洲环"，位于香山县属珠海最南端，从1840年代开始才脱海成陆，清光绪年间所修《香山县志续编》中，该处尚为海滩，面积约700亩，又称"沙滩环"。由于临近澳门，香洲是香山华界与葡澳贸易的重要口岸。1908年，澳门葡萄牙政府以重勘界址为名，在珠海地区扩展疆界，同时排斥澳门华商，与华界发生严重冲突。在两广总督张人骏和广东省商务总会协理郑观应的支持和协助下，新宁华侨伍于政、秀才王诜和澳门华商商议在澳门附近的沙滩环地方建商埠，以六十年无税口岸为号召，应对葡人入侵及对澳竞争。经多次履勘，1908年春，王诜、伍于政、戴国安、冯宪章等四人与吉大、山场两地乡绅订立租地合约，同时禀请所辖前山同知和香山县知县立案，并将香洲开埠之绘具图说、章程、合约诸事项呈广东省劝业道核办，继而转交督署和北京工商部、外务部和税务处各机关注册存案。广东劝业道在通过香山知县和前山同知调查后，转报两广总督，得到批准，并下令按建埠计划付之实施。前山同知庄允懿以该地介乎香山场和九洲之间，各取一字，定名"香洲"，劝业道便将初定的"广东实业商埠"易名为"广东香洲商埠"。发起者王、伍、戴、冯等四人同时联合归国侨商，组成开埠公司，并随即从香港和四邑招募大批工人，开拓荒土。

发展商业、输入文明、示范全省是香洲开埠的另一重要目的。《开辟香洲埠章程》就开埠宗旨指出："欧美以商务立国，以卫生殖民，此文化所以日进也，我国欲救贫弱，输入文明，当从商场起点，况当此外界之风潮激，刺内地之水旱颠连。因此垦荒殖民，振兴商务，讲求土货，挽回利权，使我伟大帝国四百兆同胞绰然雄立于地球，以共享文明之幸福；此垦辟商埠之宗旨也。"[5]又"该埠之立"是"输入文明为全省之先导"。"今日之草莱沙漠，即他年锦绣山河也"。[6]

宣统元年(1909)三月初三，香洲行动工礼，宣告正式建埠。经过三年多时间，在香洲筑成五条80尺宽的横路和20条7丈2尺宽的直路，俱仿棋盘格式，使电车路、马车路、东洋车路、货车路、人行路秩序井然，街两旁种植树株和安置街灯。仿外洋街市之法，在南北环和中区处建街市及建两个墟场，每月逢三、六、九日为墟期。为招引外地人口迁入和提供就业，商埠公所以每间小屋(两户人住)每月1元的廉价出租，并有工艺以谋生活。一时间，

① 刘玉遵等. 新宁铁路对台山社会经济的影响[A]//广东省华侨历史学会华侨史学术研讨会论文集(未刊本)，1986年. 中山图书馆藏。

②、③ 雷耀祥、刘少谋. 公益镇史[A]//广东省台山县政协文史委员会. 台山文史[C].1985.8,(4): 28.

④ 本节内容改写自何志毅. 香山地区两次开埠沧桑录[A]//"纪念香山设县850周年"学术研讨会论文集(未刊本)，2002年，广东省立中山图书馆藏.

⑤ 广东香洲埠票奉批准奏咨存案章程，第一章.

⑥ 郑彼岸. 开辟香洲埠章程.

图2-38 香洲埠开埠初期状况，(吴志豪提供)

105

从四邑、惠州、东莞、顺德、南海等地进入大量移民，人口陡增。海外侨商、港澳华商和地方殷富也纷纷前来投资，形成繁荣局面。一个新兴的近代化市镇就此诞生。

城市的发展同时带动建筑业的繁荣。香洲开埠初期，即建成"双飞蝴蝶"式教堂一座、大小铺户一千几百间，其中完成了二三层楼房125座，大街之内又建筑了住家小屋几百间，这些楼房均参照上海中等店铺格式建造，望衡对宇，颇为整齐美观(图3-38)。另外，还将竹码头改建成栈桥式木码头两座，开辟通往穗港澳的新航线，其中东昌、恒昌、泉州号等五条载运客货的轮船，常来往香洲，拟在野狸岛筑一条防浪长堤作为避风港。同时计划筑就一条广前(广州至前山)铁路和建造通往前山、翠微、下栅、石岐的公路。筹建警察局、机械织布局、邮政局、学堂、善堂、药堂、银行、书报所、博物院、戏院、医院、娼院、公家花园、议事所、人寿保险、工艺场、农学会等，均以西方模式进行建设。

公益、香洲等侨乡市镇的开拓与建设对该地区近代化发展起到了极大推动作用。由于大量侨资涌入，这些新开市镇在短时期内迅速完成近代市政设施建设，在引入新材料、新技术的同时，为岭南树立了近代新型城市的榜样；在建设过程中，华侨与本土乡民观念互动，所谓"输入文明"，使侨乡地区成为岭南新观念、新思想的重要源发地。

三、华侨对房地产的投资

房地产是华侨投资最普遍的形态，民国成立后更为明显。这是因为，在孙中山领导的旨在推翻清朝的革命中，华侨是积极的支持者和参与者，为辛亥革命的成功作出了巨大贡献。民国成立后，南京临时政府对华侨的贡献予以高度评价，并通过立法批准海外华侨拥有参政权，华侨之法律地位得到确认，从而极大加强了海外侨民对家国的认同。他们或追随孙中山参与新中国建设，或返乡建屋定居，使华侨回国的主体从晚清的实业精英向更广泛的普通侨民过渡，而侨资流向由过去大宗实业投资向风险较小、成长稳定的房地产过渡。

华侨投资房地产的现象在岭南城镇和乡村地区均十分普遍。其中，开平、恩平等地华侨主要表现为对乡村地区的投资，即"买田起屋"。其建筑形式也因应乡村地区紊乱的治安状况，多以极具防卫功能的碉楼形式出现。直到现在，开平一地仍有1800余座碉楼遗存。[①]但也正因为乡间治安状况混乱，华侨置业更多地选择水陆交通便利，治安较好的城镇地区。二三十年代岭南城镇地区普遍开展的拆城筑路及市政改良运动，极大改善了城市街道、市政管网等城市基础设施和公园等城市公共设施，为华侨房地产业的发展营造了背景环境。1927~1932年广东市政改良最具成效的五年间，全省房地产业的投资数约占全省投资总数的50%，有的投资比例更大，如汕头、江门、海口、梅县等地，约有60%~70%的投资集中在这一时期。[②]

华侨的积极参与极大带动了岭南城市与建筑的近代化发展。

首先，广东华侨因分布广、数量多，华侨投资遍及各市县，尤其集中在广州、汕头、江门、台山、海口和梅县等主要侨乡市镇。民初市政改良以后，其半数以上资金用于房地产投资，使城市建房总量大幅增加，城市规模也因而大幅扩张，带动城市相关行业发展。资料显示，1923~1937年，华侨投资广州的房产约有7000座，投资总额在9000万元以上。③汕头市房地产管理局1960年统计显示，汕头市房屋有4000多幢，其中华侨产权约2000多幢，占50%以上，房地产总投资当在二千万元以上。④其中，泰国华侨陈寅利，在1927~1937年，建置房屋就达四百多座，是为典型案例。⑤

由于侨资庞大，侨房报建数量的多寡成为侨乡市镇房地产业及建筑业发展的风向标。在经历了1932年发展的高峰后，华侨房地产业因受各方因素制约渐趋下滑。1934年5月广州市工务局总结房地产及建筑业衰败原因时称："(一)华侨汇款大减，商业不景，买卖屋业减少；(2)停筑马路，市民建屋日少；(3)屋租大跌，建屋出赁，利率极微。……"⑥

其次，华侨由于久居国外，对国外新式住宅颇为向往，返乡投资建房时，多以此为效仿对象，成为建筑新观念的倡导者和引入者。其所建建筑在建筑技术、功能布局及建筑形式等方面为岭南近代建筑的发展都作出了极大贡献。1928年6月，广州东山模范住宅区兴建之际，美洲华侨杨廷霭、朱光成、李天保等向市政厅呈文称："……窃侨等前赴美洲营业，目睹该国各城市郊外，建立平面模范住宅，对于警察卫生之设施，厘然俱备，不觉心醉……正拟约同各归国华侨十余同志，建筑园林小舍，仿效美国家庭之小植牧。……想我市长为谋市民健康，促进地方文明，当许官民合作，以期实现。"⑦

另外，华侨资本还自发对新市区进行开发，虽以赢利为目的，但对区域发展甚至早于政府规划。如前述杨廷霭即最早在东山投资营建住宅之华侨，杨曾与杨远荣掘平龟岗附近江岭小丘，修筑江岭东西街；与杨廷霭同时期的还有美洲归侨黄葵石，黄最早于1915年向政府领得东山官荒十八亩多，先将地掘平，划分为四条马路，经营地皮买卖，分段出售。⑧至1928年模范住宅区建设前，东山已有相当规模。而台山等地，华侨则长于墟镇建设，住宅与商业相结合为其主要模式，但仍可将其视为早期开埠设市之延续。

华侨对房地产业的投资不仅限于住宅，因应国外生活及工作方式的需要和引入，华侨对写字楼、百货公司、旅业、酒楼等行业的投资也乐此不疲。此举使城市建筑类型增多，而且因建筑师和较强施工力量的参与使这些建筑质量精美，成为城市地标。

在条约制度影响下，岭南城市网络和城市结构渐趋嬗变。条约口岸或新兴商埠城市开始出现并发展，传统城市中心也逐渐脱离以官治府署为中心的内城，向适应航运贸易的江岸地区扩展。整个晚清时期，岭南城市的发展始终未能摆脱条约制度的影响。但晚清地方官员及绅商革新省城的努力极大影响了民国初以后广州城市的近代化发展。华侨对城市的投资行为则直接或间接发挥了造市功能，并成为西方近代城市规划理论输入的重要途径。

①张复合、钱毅、杜凡丁.开平碉楼：从迎龙楼到瑞石楼——中国广东开平碉楼再考[A]//张复合主编.中国近代建筑研究与保护(四).北京：清华大学出版社，2004：65.

②、③、④、⑤参见林金枝.旧中国的广东华侨投资及其作用[A]//广东省华侨历史学会华侨史学术讨论会论文集(未刊本)，1986年，广东省立中山图书馆藏.

⑥工务局核计近月本市建筑价值总额之比较[J].广州市市政公报，1934.5.20，(464)：104.

⑦广州市市政厅.广州市市政报告汇刊[Z].1928：119-120.

⑧雷秀民等.广州市东山六十年来发展概述[A]//中国人民政治协商会议广东省广州市委员会、文史资料研究委员会.广州文史资料[C]，1965，第1辑，总第十四辑：100.

辛亥革命的成功推翻了封建统治，革命党人建立资产阶级民主政体的理想同样辐射至传统城市的革新与改造。拆城筑路、市政改良等成为民国初岭南城市之新气象。作为中国近代第一个由中国人自办的市政管理机构，广州市政厅展现出积极进取的精神，带动岭南城镇较早完成了城市基础设施和城市公共设施的改造和建设。在系统有序的城市策略指导下，岭南城市形成和发展了近代中国城市最具地方特色的骑楼街道与建筑，并影响了相邻省份和地区。与此同时，在西方城市规划理论、孙中山民族主义政治纲领及意识形态的影响下，岭南城市理想与理想城市的建设形成三大主题：田园城市、科学城市、民族主义中国城市。在岭南城市之近代化历程中，这三大主题均有不同程度的演绎。本书将在第五章讨论民族主义对城市空间形态的影响。

值得注意的是，岭南城市的近代化历程，虽不乏民间先期发展、官方被动跟进的案例，但总体来看，官方是城市策略的制定者，是城市形态发展的主导者，而民间则从更广泛、更基本的层面主动或被动配合官方策略的进行。由于地域的特殊性，包括市民、工匠、华侨在内的民间力量是城市建设的重要参与者，华侨因其资金、文明意识、发展观念等，在某些城市和地区甚至是推动城市近代化发展的主流。

第三章　岭南近代建筑师与执业状况

从严格意义上讲，中国古代建筑史是一部没有"建筑师"的历史。在长达数千年的建筑文明史中，中国古代工匠承担了包括设计放样及建造在内的几乎所有职能。其间虽然出现过主持大兴都城(今西安)规划与设计的隋朝官员、建筑家宇文恺，以及世袭承担皇家建筑设计的清代"样式雷"家族等，但总体来看，在中国古代建筑营造中，设计与建造并无明确分工，这种状况一直持续至1840年鸦片战争后才有根本改变。由于鸦片战争的失利及战后条约的签署，条约口岸、租界及其他外人特权区域开始形成，为适应这些地区西洋建筑的建设需要，西方建筑师及土木工程师开始不断涌入。以此为契机，建筑师作为一种新型职业在中国近代出现，并因此成为中国建筑近代化发展的重要标志。

在中国建筑现代转型过程中，岭南因其特殊的地理位置，是中国近代中西建筑文化碰撞与交流发生最早及最激烈的地区之一，也是较早形成建筑师职业并不断发展的地区之一。从16世纪开始，欧洲人在广东澳门及稍后的广州十三行地区都有较大规模的西洋建筑活动。而鸦片战争后历次不平等条约的签订又使广州、汕头、三水、江门、梧州、惠州等岭南城镇被开辟为条约口岸，广州沙面被划为租界，香港、澳门被割让，广州湾(今湛江)被租借。西方殖民者在这些地区大兴土木，推动建筑业的发展和建筑市场的繁荣，并逐渐形成以西方建筑师为主体的商业设计市场。从岭南近代建筑设计业的发展状况看，西方建筑师无疑是早期设计活动的主导者，他们以专业的设计取得了商业社会的认同，也使设计与建造在职业上的分工成为一种观念深入岭南传统社会。对设计"技艺"的学习，也因此成为岭南中国建筑师的缘起。从19世纪末20世纪初开始，岭南本土建筑师开始出现，其主要来源包括出国留学、新式学堂培养、华侨建筑师和自学工程设计等。1911年辛亥革命成功后，随着广州、汕头等城市市政建设的开展，华侨建筑师和留学海外学习建筑工程的岭南子弟大批回国，他们按照西方模式组织事务所或自由地从事商业设计活动，并逐渐取代西方建筑师成为岭南建筑设计业的主体。为规范设计市场，岭南较早完成建筑师登记制度的制订和实施，从而标志着一种新的建筑生产关系的建立。因借着制度的近代化，岭南近代中国建筑师得以不断完善和发展其执业环境。

从1930年代开始，岭南建筑师执业群体的组成出现新的特点。由于岭南本土建筑教育体系的建立，尤其是1932年岭南第一个建筑系——广东省立勤勤大学建筑工程学系的建立，岭南建筑师来源从早期以留学为主转为自主培养。广东省立勤勤大学建筑工程学系及其后国立中山大学建筑工程学系培养的建筑师逐渐成为抗战胜利后及1949年后新政权建设的主体。

第一节 "建筑师"职业在岭南的形成与发展

"建筑师"作为一种职业形态，在岭南乃至中国，经历了从无到有的过程。在这个过程中，西方建筑师以其职业的设计行为强势楔入中国传统营造体系，引发了中西方有关建筑业分工及观念的矛盾冲突，也使中国近代建筑在建筑形式、建筑技术、建筑教育等诸方面产生联动效应，发生了迥异于传统的深刻变革。与此同时，"建筑师"在发展过程中，又经历了逐渐本土化及专业化等多个阶段。考察"建筑师"作为独立的职业形态在岭南的形成与发展将有助于全面把握岭南近代建筑师的事业轨迹。

一、观念差异：建筑师与工匠

纵览西方古典建筑史，几乎是一部神性与皇权的建筑史。早在古希腊、古罗马时代，伟大的建筑即以石头建造，被赋予神圣之名。宗教的永恒、皇权的永续通过永恒的建筑来表述，理所当然被纳入尊贵建筑或"主流建筑"(Architecture maggiore)之列，从而与民间大量存在的、世俗的无名氏建筑或"非主流建筑"(Architecture minore)区分开来，使两者长期处于强烈的对立状态，并对应发展为永恒与世俗两套体系。[①]很显然，西方古典建筑学是建立在追求永恒的主流建筑之上。

反观中国古代建筑，这是一个以木构为单一技术类型的建筑体系。在严格的工官营造制度控制下，千百年中国建筑无论皇宫、庙宇，还是祠堂、民宅，均在统一的木构模式下进行建设，建筑等级的区分通过用材的多寡和色彩而实现。"西方古代建筑文化中那种尊贵建筑与民间建筑，也即所谓的'主流建筑'与'非主流建筑'那种近乎对应的体系差异在中国建筑文化中并不存在。中国文化中的尊贵建筑与民间建筑的差异固然有，但依然是协调的而不是对应的，仍属同一体系。"[②]因此，尽管中国古典建筑有更为庞大、壮丽的宫室与寺庙，但其尊贵与否、等级高低，完全通过同一木构体系下，斗拱梁柱、色彩装饰等加以区分。即排除建筑的规模尺度、装饰色彩及其他等级符号后，皇宫寺庙与民居在技术类型、构成方式、院落单元等方面均表现为原型同构。所谓"埏植以为器，当其无，有器之用也。凿户牖以为室，当其无，有室之用"。[③]中国人更看重建筑的使用空间而非建筑外壳，西方被赋予神性的"建筑"在中国被作为器物而使用。

观念不同导致东西方建筑业分工方式的不同。西方早从古希腊古罗马时代开始就有工匠与建筑师之分，作为工匠们的领袖和神性建筑的创造者，这部分从工匠群体中分离出来的"工匠建筑师"得到了众人尊敬，其中的代表人物维特鲁威(Marcus Vitruvius Pollio，公元1世纪)更以《建筑十书》奠定欧洲古典建筑学的基础。在其描述下，建筑师成为无所不知的全才。及至文艺复兴时期，建筑师与工匠的职业分工更为清晰，米开朗基罗(Michelangelo di Lodovico Buonarroti Simoni，1475~1564)、伯鲁乃列斯基(Filippo Brunelleschi，1377~1446)、阿尔伯蒂(Leon Battista Alberti，1404~1472)、帕拉第奥(Andrea Palladio，1508~1580)等将建筑之尊贵与建筑师之地位带入一个更高境界。至19世纪巴黎美术学院时期，则完全将建筑师教育纳入上层社会精英阶层的培养范畴。

在欧洲建筑师不断取得更高荣誉和地位的同时，中国工匠始终未能摆脱传统道器观念对他们的原始定位。所谓"形而上者谓之道，形而下者谓之器"，"坐而论道，谓之王公，作而行之谓之士大夫，审曲面势，以饬五材，以辨民器，谓之百工"。[④]作为"百工"中的一部分，建筑工匠社会地位低下，与知识阶层保持相当大的距离，文艺复兴时期西方建造领域明晰职业分工的做法在中国传统建筑业中几乎从未发生过。中国传统工匠既是建造者，

①赵辰．关于"中国建筑为何用木构"——一个建筑文化的观念与诠释的问题[A]//赵辰．"立面"的误会：建筑·理论·历史[M].北京:(生活·读书·新知)三联书店，2007: 88-89.
②赵辰.从开平碉楼反思中国建筑研究[A]//张复合主编.中国近代建筑研究与保护(四)[C].北京:清华大学出版社，2004: 87.
③老子·道德经，第十一章.
④周礼·考工记.

同时也是"样式"的制定者，这种职业与职责的认定在中国近代建筑师或土木工程师出现前具有普遍性。即使在中国建筑师登记执业制度在中心城市建立后，建筑匠师独立的设计与建造行为仍在非中心城市与乡村地区广泛存在，成为这些地区建造活动的主要参与者。

由于东西方观念的不同，建筑师或建筑工程师作为一个独立体系出现在近代建筑业中，是中国近代建筑发展历程中一个质的飞跃。作为物质层面的替换和演进，古代营造业可被近代具有资本主义生产关系的建筑施工业所取代；古代建筑材料体系可以被近代建筑材料工业所取代；作为建筑实施者，古代工匠可以向近代建筑工人过渡；此外，建筑形式、建筑技术等多方面的近代演变都可与古代相应对等的角色或体系进行比较分析。但近代建筑师，作为个人对建筑业的参与，贡献的是作为精神层面的艺术思维、主观判断、价值取向等，反映在具象的建筑物上，则是形式、风格等高于物质层面的精神价值。由于建筑师个人或群体的作用，会带来建筑形式和建筑艺术的更替变化，从而引发建筑艺术史的演进和发展。

近代建筑师的出现，从根本上突破了古代建筑营造的"经验"创作。人的主观能动作用逐渐由工匠的经验理性转向建筑师的技术理性和美学感性共同发挥作用，这种转变的直接结果则是使近代建筑呈现艺术风格的多元化发展，这是以往任何时候都不曾出现过的。由于建筑师的出现，中国近代西方建筑文化的传播从早期形式与技术的简单移植转向建筑思想的有序导入。作为"思想"的持有者，建筑师以其个人对建筑活动的参与，以及通过专业教育和长期设计实践所养成的思想不断影响岭南乃至中国近代建筑的发展方向，成为中国建筑现代转型最重要的参与者。

二、西方建筑师和土木工程师对设计职业的导入

岭南是中国最早出现西洋建筑的地区之一。早在16-17世纪，由于贸易和宗教原因，广东澳门就已有大规模的西洋建筑活动，其中相当多的教堂和公共建筑按照同时期欧洲建筑样式建造。而因中西贸易的开展，18-19世纪的广州十三行地区，同样有西式商馆的建造。从表面看，传教士和西方商人在西洋建筑的早期移入过程中，均扮演了"建筑师"或"土木工程师"的角色，但本质上，两者却大不相同。首先，从建筑目的看，传教士以宗教为事业依归，建筑教堂追求形式的永恒，建筑活动力求尽善尽美，往往长达十数年甚至更久。而商人则以商业营利为目的，其经商或居住通常为短期行为，再加之地方官府的严格控制，建筑以功能适用为主要目的；其次，从建筑形式看，教会吸引并派出了许多富有才华的专业人士，他们以正规的西洋建筑形式营造教堂。其中如广州石室天主教圣心教堂，由法国建筑师Nancéen Léon Vautrin(1820~1884)等人完成设计。[①]他们以木制模型方式表达教堂前壁的形式和细节(图3-1)。而十三行西洋商馆，虽由各国商人主导，但在地方工匠帮助下为适应就地取材和中国技术而进行了

①广州市天主教爱国会、天主教广州教区石室天主堂工作人员经查阅档案确认Nancéen Léon Vautrin 为该教堂的建筑师之一。《羊城后视镜》一书提到了另一位名叫Humbert的外籍建筑师，详见，吴绿星、杨柳. 羊城后视镜(一)[C].广州：广东人民出版社，2004: 30.
②J. E. Hoare. Embassies in the East: The Story of the British Embassies in Japan, China and Korea from 1859 to the Present[M]. London: Curzon Press, 1999: 9.
③雇佣机构外的建筑师或土木工程师也是工务部的通常做法。被称为日本建筑之父的康德(Josiah Conder, 1852~1920)就曾被工务部雇佣以照看该部在日本的建筑项目。参见Satow to [F. J.] Marshall private,Tokio,December 11, 1895,Satow Papers: PRO 30/33 5/3.

相当程度的修改，"中构番楼"是对这些由西方商人和地方工匠共同参与设计的建筑的恰当描述。传教士和西方商人在导入非本土技术与形式的过程中，设计行为自然地产生，这在一定程度上脱离了传统营造业对建造与"放样"的包揽，使工匠建造职能与业主设计有所区分。由此推导，陌生的技术与形式是中国近代建筑师或土木工程师产生的原初动力。

图3-1 广州石室天主教圣心教堂前壁模型，广州市博物馆(镇海楼).

为适应鸦片战争后条约口岸和西人特权区域的开辟，以英国为代表的西方国家依赖其高度成熟的殖民体系，在提供资金的同时，也派出了正规土木工程师和建筑师。作为英国最古老的政府部门，工务署(Office of Works)及后来的工务部(Ministry of Public Building and Works)承担了海外殖民地建设初期的几乎全部职能。但所有由殖民政府主导的公有建筑活动仍首先需要位于伦敦的外国事务司(Foreign Office)决定建造内容和规模，由财政部审核授权，然后由工务署授权殖民地的代表具体实施，工务署后来演变为工务部。② 于是，一批批正规的西洋土木工程师和建筑师开始参与包括洋行、货仓、码头及殖民权力象征的领事署、教堂等建筑的设计和建造。这其中有：1860~1864年，英国、美国、德国在汕头成立的领事署；1862年开始的沙面租界建设等，殖民国工程师参与了最早的设计和建造活动；以及1885年北海英国领事馆，该建筑由工务署派驻上海的建筑师马歇尔(F. J. Marshall)完成设计。类似于英国工务署这样的机构，通过派出或雇佣方式③，使西方土木工程师和建筑师进入中国变得顺理成章。

与英国殖民当局统一的营建系统相类似，近代中国海关也设立了相应机构。根据1858年与英、美、法三国签订的《通商章程善后条款》，清政府明确了1854年以来由外籍人士帮办大清海关税务的制度，1859年江海关英籍税务监督李泰国(Horatio Nelson Lay，1832~1898)被委派为总税务司；1861年起，广州粤海关副税务司英人赫德(Robert Hart，1835~1911)先代理、后担任总税务司达半个世纪(1861~1911)。为统一全国海关行政，两届总税务司通过引进西方模式的组织、人事、财务管理制度，使海关成为近代中国效率较高的行政机构。在统一的行政系统下，各口岸海关的设计与监造，绝大部分由来自总署的建筑师担任。从已知史料看，海关总工程师大卫·迪克(Davide C. Dick，地方志史一般译作戴卫德·迪克)从1870年代至1910年代曾主持或参与包括芜湖海关税务司署和广州粤海关等项目在内的设计工作。其继任者阿诺特(C. D. Arnott)也参与或主持了广州长堤粤海关和广东邮务

113

管理局的设计工作。

　　西人特权区域的开辟同时带动商业设计市场的繁荣，就岭南而言，香港是早期西方建筑师的主要输出地。香港岛在第一次鸦片战争后被割让，英国对香港的殖民地建设聚集了大量工程技术人员。和上海一样，香港较早建立了进行商业设计的市场条件和建筑师群体。从1860年代开始，商业设计开始盛行，罗凌(Samuel B. Rawling)、乜连(G. A. Medlen)、斯塔(John studd)、伯德(Shearman G. Bird)、伯德(S. Godfrey Bird)、怡马(Clement Palmer)、伯德(H. W. Bird)、丹拿(Arthur Turner)、丹备(William Danby)、理(R. K. Leigh)、柯伦治(James Oranges)等先后组建建筑师事务所，提供建筑设计、测绘等服务。①其中许多人具有皇家建筑师学会、建筑师学会、土木工程师学会会员或准会员资格，其事务所包括巴马及丹拿公司(Palm & Turner)、丹备及理机器司绘图行(Danby, Leigh & Orange)等对中国近代建筑的发展作出了卓越贡献。由于地缘关系，岭南早期西洋建筑相信多由在港执业或由香港派出的外国建筑师完成设计，从香港到广州是晚清岭南正规西方建筑师输入的主要途径。从1900年前后开始，由于沙面租界的建设和清末新政的开展，在港西方建筑师开始谋求在华南地区拓展新的设计市场。

　　值得注意的是，清末洋务建设是另一个输入西式设计活动的重要途径。地方官府在引入西方产业技术的同时也引入了西方建筑师和土木工程师的设计，沙面洋行在其中扮演了重要角色。最早见于文献者为张之洞1890年前后筹建的广州炼铁厂和广州枪炮厂等近代洋务工业，德国工程师显然参与了设计，并最终在张履新后建成于武汉。

三、中国土木工程师的出现与建筑业的初步分工

　　作为独立的职业形态，建筑师的产生与建筑业分工有着密切关系。从西方看，其古代建筑史很大程度上就是一部建筑师的历史，古罗马时代维特鲁威以《建筑十书》奠定欧洲建筑学理论基础的同时，也确立了建筑师作为建筑创造者的尊贵地位。这种局面直到文艺复兴后由于数学、力学的发展才渐有建筑技术独立发展的趋势，并在工业革命时期最终实现建筑结构的科学计算与设计。在近代高速发展的工程技术和材料技术支持下，土木工程学逐渐脱离建筑学成为技术专门学科，土木工程师成为建筑设计和建造活动中不可或缺的技术执行者。

　　与西方不同，近代中国土木工程师早于建筑师而出现。由于两次鸦片战争的重创，对西洋"坚船利炮"的恐惧引发了对西洋器物的崇拜，对"西技"的渴求与对西洋文化包括建筑文化的抵触与愤慨成为晚清社会的普遍心态。在此历史及文化背景下，中国土木工程师先于建筑师出现成为必然。

　　中国近代华人工程师的出现与容闳1870年代发起的幼童留学运动密不可分。容闳(1828~1912)，字达萌，号纯甫，出生于广东香山县南屏镇，7岁时由父亲送至澳门读书，后因父亲病逝而缀学。1839年11月，马礼逊教育会在澳门创立马礼逊学堂，容闳入校就读，并于1842年随校迁往香港。1847年该校校长、美国耶鲁大学毕业生布朗(Rev. Samuel Robbins Brown, 1810~1880)离职回国，挑选容闳、黄胜、黄宽赴美深造。容闳等先入马萨诸塞州孟森中学(Monson Academy)读书，1849年毕业。1850年容闳考入耶鲁大学(Yale University)，1854年大学毕业获文学学士学位，1876年耶鲁大学再授容闳法学博士学位。②容闳归国后致力于洋务建设和留学主张的实施。1871年，容闳拟定的留学教育计划经曾国藩、李鸿章上奏朝廷后获得批准，计划在1872~1875四年间每年派遣30名幼童，共120人出国，1872年8月11日，在容闳的组织招考下，第一批30名幼童赴美(图3-2)，揭开晚清官派留学的历史。在后来派出的四批共120名幼童中，广东籍84人，第一批就有24人，其中包括就读于耶鲁大学雪理菲学院(Sheffield Scientific

School)土木工程科铁路工程专业、并在归国后成为中国最早土木工程师之一的詹天佑。

自幼童留学后又有多次留学高潮。1894年中日甲午战争失败后，东邻日本成为学习样板，不少人选择前往日本留学，旋即形成留日高潮。在20世纪头十年中留日学生总数达数万人之多，其中1905～1906年间留日学生就达一万名以上。留日学生中学习工程技术者颇多，部分已开始学习建筑科。1907年，美国总统罗斯福提议将美国所得庚子赔款的超索部分用于中国办高等教育和招收中国学生留美。次年，美参众两院批准此项提议，总计约1078万美元用于庚款计划，并规定此款应由美国人掌握。此后，英、日、法等国都效法美国，退回部分庚款，用于兴办中国高等教育。1911年中国为选拔和培养留美学生，建立清华学校。1909~1929年，清华学校派送留美预备部毕业学生967人，其中包括中国第一代建筑师庄俊、关颂声、梁思成等；1929~1937年选送104人；1938~1945年选送39人。与此同时，还有大量自费留学，其数量远大于"庚款"资助的学生人数。

图3-2 第一批留美幼童合影，李明 主编，广州近代史博物馆编撰.近代广州[Z].北京：中华书局，2003：122-123.

图3-3 伍希侣像，广东土木工程师会.工程季刊，1934.3，第2期第3卷.(右)

除政府有组织的选派外，民间留学是岭南近代留学群体的重要组成。由于早开风气，岭南民间富商及开明人士大多重视教育，而广泛分布的教会学校从科学观念养成和语言学习等方面打下了良好基础，留学欧美成为上流社会风尚，其中如伍希侣最具代表性。伍希侣(? ～1934)(图3-3)出身广州河南安海乡伍氏家族，其先祖浩官曾任清末广州十三行行商。伍氏早年毕业于广州岭南学堂，后赴美俄亥俄州北方大学和伊利诺大学接受土木工程教育。1911年回国，加入程天斗领导的广东军政府工务部，为詹天佑创立的中国工程学会特许会员。伍希侣在工务部任职期间负责制订新的道路规划，并对大沙头进行设计规划。1915年辞职后加入川汉铁路项目组。1918年广州市政公所成立后，伍希侣再次成为广州市政规划和市政技术的主要制订者。

幼童留学、东渡日本、庚款留学、民间留学及后来的留法勤工俭学等多种形式的留学培养了大批科学技术人才，中国开始形成自有人才体系，并从中诞生了中国第一代土木工程师和建筑师。由于专业认知的不同和早期留学运动普遍重视技术的结果，近代中国留学生修习土木工程科者远较建筑科为多，土木工程专业也先于建筑专业得到国民认同。在1934年《广州技师技副清册名录》126位建筑技师中，大部分为海外(包括殖民地)土木工程专业背景，说明岭南早期海外留学生多以土木工程专业为首选。从已掌握的材料看，岭南近代执业建筑师中，广东番禺人胡栋朝是最早取得西方学位的土木工程师之一，他早年毕业于清末北洋大学，获工科学士，后转赴美国康乃尔大学，1905年获土木工程硕士学位。[3]

与留学教育相对应的是近代新学的开展，晚清政府为适应实业建设和教育新政需要逐步建立和完善土木工程教育。洋务运动在教育体制上的最大改革，是完成了从学习"西

① 黄遐.晚清寓华西洋建筑师述录[A]//汪坦、张复合主编.第五次中国近代建筑史研究讨论会论文集[C].北京：中国建筑工业出版社，1998：171-172.
② 颜泽贤、黄世瑞.岭南科学技术史[M].广州：广东人民出版社，2002：593-594.
③ 广州市技师技副姓名清册，1934.4.广州市档案馆藏.

图3-4 广东水陆师学堂部分教习(前排中立者为詹天佑),詹天佑系列明信片.

文"到"西艺"的转变。1864年设立广州同文馆;1878年,张之洞将前身为粤督刘坤一1876年倡办的广东西学馆及后来的博学馆改为广东水陆师学堂(图3-4)。其中,陆师堂设马步、枪炮、营造三专业,并骋外国教习,首开岭南近代营造科教育之先河。光绪二十八年(1902)《学堂章程》颁布后,土木工学成为新学堂重要学科,北洋大学(1896年创办)、南洋公学(1897年创办)、京师高等实业学堂(1904年创办)、唐山路矿学堂(1906年创办)等先后开展土木工程教育,为晚清岭南土木工程师的主要来源之一。在1934年广州市工务局技师技副姓名清册中,有数人为当时新式学堂工科背景出身,除胡栋朝外,有梁学海(1887~?),唐山交通大学土木工程专科毕业;郑裕尧(1876~?),北洋大学矿学毕业,后由美国函授学校工程科毕业。

华侨是岭南近代土木工程师的重要来源之一。1840年后,清政府迫于西方列强压力开放海禁,并同意各国可自由雇用中国人,从此,一种脱离本土的海外华人族群正式形成。华侨在东南亚和美洲等地广泛从事掘金、筑路、建筑等工作,熟悉和培养工程技能成为谋生的重要手段。其中,岭南粤籍人士因向来擅长土木建筑技能,在亚洲和太平洋地区欧美殖民地的营造业中占据重要地位。一部分华人开始接受正规的工程技术培训和教育,他们在归国后也多从事土木工程设计和营造业务。

值得注意的是,岭南近代华侨工程师归国服务的热潮与华侨投资的趋向相吻合。在新宁铁路和潮汕铁路设计和兴筑中,华侨工程师发挥了重要作用。新宁铁路是清光绪三十一年(1905)由旅美华侨陈宜禧集资兴建。陈宜禧本人不但是新宁铁路公司的主要组织和经营者,同时也是工人出身的铁路工程师。他在主持建造新宁铁路期间,"凡总协理、工程师、翻译、财政各职,均宜禧一身任之",且"不披洋服、不借洋款、不用洋工",表现了华侨工程师的技术自尊。华侨工程师在归国服务的同时,也为新技术的引进发挥了重要作用。

由于多种途径的土木工程教育,岭南近代具有一定规模的工程技术服务体系在1900~1910年代已经形成,土木工程师第一次从工匠主导的传统建筑业中独立出来,成为具有明确行业分工的技术主体。他们中或者从事建筑营造,较著名者如新会牛湾上升乡飞龙村人林护(1871~1933)。林护年仅14岁便远赴澳洲谋生,工余,入夜校学习建筑工程知识,经过十年奋斗,于光绪中叶归国,并在香港创办建筑业,在短时间里发展成为香港及南国著名的建筑施工企业——联益建筑工程有限公司,承建项目包括广州沙面万国银行、沙面瑞记洋行、汕头海关大楼、梧州中山纪念堂、柔济医院、上海永安百货公司和新新百货公司等。[①]从现有文献看,岭南近代由中国土木工程师进行的设计,较早有1906年杨宜昌参与设计的广州中法韬美医院医生住宅,在治平洋行有关该建筑的设计图上留有其签名;[②]或服

①彭长歆.20世纪初期澳大利亚建筑师帕内在广州[J].武汉:新建筑.2009,(6):71.
②同上:71-72.
③徐苏斌.中国建筑教育的原点:清末京师大学堂与明治期的日本——中日建筑文化关系史之研究[A]//张复合.中国近代建筑研究与保护(一)[C].北京:清华大学出版社,1999:211.
④[美]郭杰伟.建筑界的蝴蝶——William Chaund关于现代建筑之宣言[A]//赵辰、伍江主编.中国近代建筑学术思想研究[C].北京:中国建筑工业出版社,2003:9.

务于政府工务部门，其中如伍希侣、伦允襄等。总体来看，晚清民国初的岭南土木工程师扮演了"建筑师"的角色。

四、建筑师职业角色的认定与扩展

岭南中国建筑师的出现及对建筑师职业角色的认定与海外留学学习建筑专业的岭南子弟关系密切。岭南近代粤籍人士接受建筑专业教育者始于何人何时，长期以来未有定论。留日广东学生金殿勋(字丙珊)被认为是中国最早的建筑科留学生，他1909年毕业于东京高等工业学校建筑科。③若抛开华侨自定居国学习建筑再回国服务的可能性，金殿勋或应是粤籍人士学习建筑专业的第一人。

庚款留美学生是岭南中国建筑师出现的另一重要群体。粤籍人士从清华学校留美学习建筑者，较早者有关颂声、巫振英、朱彬、梁思成、罗邦杰等人(表3-1)。但关颂声等人的粤籍身份显然并不代表其真正归属，由于出身地和归国后服务所在地均为岭北地区，关等人与岭南的关系至多是有所渊源而已。新的研究认为来自广州的William H Chaund是首批得益于庚款资助、接受建筑学专业训练的中国留学生之一。他在1913~1919年是芝加哥菴麻科技学院(Armour Institude of Technology)的学生。⑤这虽然与上述已知史料相冲突，却客观反映了岭南近代留学教育的真实情况。实际上，近代岭南由于早开风气，自幼童留学后，留学的主要途径已从最初的官派逐渐转为自费，其出洋方式则包括直接前往、通过香港等殖民地间接前往或经海外华侨协助等，这在一定程度上造成了岭南近代隐性留学的特殊状况，官方公布的显性数据显然低估了岭南近代留学教育的真实存在。有鉴于此，考察岭南近代最早接受建筑专业教育的建筑师需从更广泛层面进行。

正如吕彦直因"富美术思想"而改学建筑，我们相信，源于对建筑艺术的关注，岭南子弟开始选择建筑专业作为留学和未来职业的取向。作为岭南近代最早接受建筑学专业教育和最早回国服务的中国建筑师之一，杨锡宗学习建筑得益于个人感悟，原拟学习经济的他，因赴美途中目睹日本城市面貌而有所悟，遂改学建筑。其感悟背后反映了20世纪初西学流向的多元化：近代中国长期压抑的文化艺术因经年的洋务和新政建设对物质财富的积累而萌动；1911年辛亥革命使国人重拾民族自尊；1919年"五四"文化运动更为中国近代建筑师的成长打开了思想之门；等等。

中国建筑师职业角色的认定与1920年代中期的两座孙中山纪念建筑有着必然联系。1925年南京中山陵和1926年广州中山纪念堂的设计竞赛为年轻的中国建筑师提供了宣示其才华和职责的机会。吕彦直、范文照、杨锡宗等

表3-1　　　　　　　　　　　　　　部分留美学习建筑之粤籍学生

姓名	籍贯	出身地	赴美时间	毕业学校	学位
关颂声	广东番禺	天津	1914~1918	麻省理工学院建筑工程系	建筑学学士
巫振英	广东		1915~1919	伊利诺大学建筑工程系	建筑学学士
朱彬	广东		1919	宾夕法尼亚大学建筑系	建筑学硕士
梁思成	广东新会	日本	1924	宾夕法尼亚大学建筑系	建筑学硕士
罗邦杰	广东		1911	哈佛大学初学采矿冶金 明尼苏达大学建筑系	工程学士 建筑学硕士

资料来源：赖德霖、王浩娱、袁雪平、司春娟. 近代哲匠录：中国近代重要建筑师、建筑事务所名录. 北京：中国水利水电出版社、知识产权出版社，2006.

以专业所学在设计竞赛中获得成功，同时向世人昭示建筑在具有艺术性和技术性的同时，也能反映时代精神。建筑师作为职业角色的特殊性第一次这样明确和清晰，愈趋频繁的设计竞赛和踊跃参与的中国建筑师不断强化了这种认识。事实上，岭南近代自1920年代后几乎绝大部分政府公共建筑和民间商业建筑的设计，均由像杨锡宗、林克明、陈荣枝、范文照、黄玉瑜、周君实这样的"真正的"建筑师所获得。

为了让自己区别于数量仍占多数的土木工程师，在建立建筑工程师执业登记制度前，岭南许多建筑师摹仿了香港的做法，将其事务所命名为"画则师事务所"。直到1930年代，杨锡宗仍以"杨锡宗画则工程师"(S.C.Yeung Architect)的名义设计了大量建筑。画则师或则师同时也成为建筑师的代名词，并一直延续至今，在老派广东人中仍时有所闻。

愈趋丰富的建筑形态和愈趋复杂的技术形态强化了职业分工，使建筑设计业从旧有的一职多责向多工种配合、互相协调方向发展。从1927年国民政府定都南京开始，中国进入战前最为稳定的发展时期。在这此期间，岭南一系列大型建筑开始酝酿和建设，在多工种设计体系中，建筑师担当了统筹全局的职能，使建筑设计业呈现近代化发展。在此期间，几乎所有重大建筑都以建筑师和土木工程师的配合来完成，如林克明与唐锡畴合作设计了广州市府合署、陈荣枝与李炳垣合作设计了广州爱群大酒店、杨锡宗与美国Aldrich工程师事务所(E. H. Aldrich Engineer)合作设计岭南大学中央水塔等。一些专业机电公司的设计人员也参与其间，使设计体系更为完善合理。随着建筑规模不断扩大，建筑师的职业角色也进一步扩展和深入。

第二节　西方建筑师在岭南

近代时期西方建筑师和事务所在岭南的设计活动主要有三种情况：其一，以英国为代表的西方国家为配合殖民活动和外派领事机构的建设，通常有工务署这样的官方机构以应所需；其二，在广州设有独立事务所或派出机构，有相对固定的工作场所和设计人员，以开业方式进行商业性设计；其三，在广州没有固定工作场所，多以接受业主委托方式就单个项目进行设计，该类型在岭南近代教会建筑的设计中表现尤为突出。晚清洋务运动时期，外国商行也多聘请建筑师参与建设。

一、在广州开业的西方建筑师及事务所

与上海等租界城市相比，商业设计市场在广州的建立十分缓慢。在中国近代史上，岭南既是早开风气、最早接受西方文化影响的地区，也是抵抗风潮最为猛烈的地区。围绕入城、租界等问题，地方士绅、乡民与殖民者展开了激烈抗争，加之口岸贸易衰落等原因，西人的建筑活动在19世纪大部分时间里局限在狭小的租界里，没有迹象显示当时有西方建筑师在广州执业。20世纪初晚清新政为城市发展带来机遇，围绕商业投资进行的大规模建筑活动吸引了正规的西方建筑师和土木工程师，他们为洋行和晚清政府提供设计服务。

得益于地缘关系，在广州执业的西方建筑师主要来自香港。丹备是其中的开拓者，包括后来曾活跃于广州的治平洋行(Purnell & Paget)、伯捷洋行(Purnell & Paget)及利安公司(Leigh & Orange)均与丹备有着直接或间接的关系。

(1) 丹备及丹备洋行广州分号

从现有史料看，西洋建筑师在广州开业，最早见于丹备洋行在广州设立的分号。

丹备(william Danby，1842~1907前)(图3-5)，英国土木工程师学会会员。早年就读于Leeds Grammar School和伦敦King's College，以学徒身份跟随利兹市一位市政工程师学习土木工程并成为助手。1866年成为利兹市议会副工程师，并在前土木工程师协会主席托马斯(Thomas Hawksley, F.R.S.)领导下担任驻外总工程师(Chief Resident Engineer)；1869~1873年负责利兹C.W.W.在沃什本(Washburn)的扩建项目；1873年12月受雇担任香港总测量师助手；1874-1875年负责大潭供水工程(Tytam Waterworks)的详勘和钻探工作；1874~1879年负责香港新的供水工程和测量工作。1879年2月辞去政府公职。[1]

丹备抵达香港后不久即开展建筑师及土木工程师业务。1874年与地产商人格兰维尔·夏普(Granville Sharp，1825~1899)达成协议，由夏普出地，丹备决定建造何种建筑，并因此组建夏普&丹备公司(Sharp & Danby)。合作开发的成功使企业迅速成长，并最终引来了新合伙人。夏普于1880年离开公司，罗伯茨·K·理(Roberts K. Leigh)和詹姆斯·柯伦治(James Orange)分别于1882年和1890年加盟。新组建的事务所改名为丹备及机器司绘图所(Danby, Leigh & Orange)，承接土木工程、建筑设计和测绘业务，1895年前拆伙。其中，丹备独立开业，称丹备洋行(Danby, Wm.)，1903年登记为香港注册建筑师。英国皇家建筑师学会准会员奥斯本(Edward Osborne)及何道谦(A. Abdoolrahim)曾在行内任职。理与柯伦治则另组理及柯伦治机器司绘图行。[2]20世纪初丹备洋行在广州沙面设分号。澳大利亚建筑师帕内和皇家建筑师学会准会员托马斯(C.C.Thomas)先后担任主持设计师。[3]

丹备洋行广州分号的设立与19世纪末20世纪初广州的建设密不可分，在广州西式建筑的设计中扮演了重要角色，包括沙面及长堤的许多建筑物均由丹备洋行广州分号设计。由于时事更替，许多旧建筑物被同样名称、同样功能的新建筑物所替代，使后来学者在界定这些建筑物的设计权属时产生误解，因而以讹传讹的事情时有发生。以大清邮局为例，现有研究多认为今广东邮务管理局大楼由英国工程师丹备设计[4]，即混淆了丹备洋行设计的前址及火毁重建的现址。[5]

另外，佘畯南先生曾转述林克明先生的回忆指出：沙面租界建筑全部由两间外国建筑设计公司设计，一间是"英国列&奥伦设计公司"，另一间是"法国东方设计公司"。[6]虽有些偏颇，但以林老亲历广州近代建筑的发展看，上述说法应基本正确。尤其前者，实为香港Leigh & Orange(即理及柯伦治机器司绘图行)之中译，其主要合伙人理(R. K. Leigh)及柯伦治在1895年结束与丹备的合作后另组该行。虽然理与柯伦治先后于1904年和1908年退休，但该行沿用西文原名一直经营至今，即现在的香港利安集团[7]。但理及柯伦治机器司绘图行是否在沙面设立分行及执业状况仍需考证。

(2) 帕内与治平洋行

帕内(Arthur William Purnell,1878~1964)(图3-6)，出生于澳大利亚维多利州杰隆

图3-5 丹备(William Danby)像, Tony Lam Chung Wai.From British Colonization to Japanese Invasion: The 100 Years Architects in Hongkong[J]. Hongkong: HKIA Journal, 2006, (1): 45.

①Who's Who in the Far East (1906-1907)[Z].Newchwang: Bush Brothers, 1907. 感谢赖德霖博士提供该史料。
②参见:利安.一百三十年的历史见证[J].世界建筑, 2004, (12): 92~95.该文同时称丹备独立开业时间为1894年.
③黄遐. 晚清寓华西洋建筑师述录[A]//汪坦、张复合主编.第五次中国近代建筑史研究讨论会论文集[C].北京: 中国建筑工业出版社,1998: 172.
④广州市文物局、广州市地方志办公室、广州市文物考古研究所.广州市文物志[Z].广州: 广州出版社, 2000: 137.
⑤现存广州长堤广东邮政管理局大楼由上海海关总工程师阿诺特(C.D.ARNOTT)设计.
⑥汤国华.广州沙面近代建筑群艺术·技术·保护[M].广州: 华南理工大学出版社,2004: 2.
⑦利安: 一百三十年的历史见证[J].世界建筑, 2004, (12): 92~95.

① Wright and Cartwright.*Twentieth Century Impressions of Hongkong,Shanghai,and Other Treaty Ports of China*[M]. London: Lloyd's Great Britain Publishing Company Ltd, 1908: 794-795; 黄遐. 晚清寓华西洋建筑师述录[A]. 汪坦、张复合主编.第五次中国近代建筑史研究讨论会论文集[C].北京: 中国建筑工业出版社, 1998: 178.
② 杨颖宇. 近代广州第一个城建方案: 缘起、经过、历史意义[J]. 广州: 学术研究, 2003, (3): 76~79.

图3-6 帕内(右二)与友人合影,澳大利亚维多利亚州立图书馆、广州孙中山大元帅府纪念馆.

(Geelong),先后在杰隆学院(Geelong College)、戈登学院和杰隆美术学校学习。1896年通过政府考试,获得证书。然后在政府建筑师海沃德(C.A.Heyward)门下学习,以优异成绩通过了杰隆和墨尔本的考试,获教育部文凭。他在父亲的建筑师事务行(Purnell & Sons)得到磨炼。1902年到香港,入丹备洋行,稍后到广州,主持丹备洋行沙面分行。1904年与美国土木工程师学会准会员伯捷(Charles Souders Paget)合伙,在广州沙面治平洋行(Purnell & Paget, Architects & Engineers)承接建筑设计、土木和测绘工程,兼营相关咨询业务。①

帕内在中国的设计生涯正值晚清最后的岁月。从1902年服务于丹备洋行开始,到1910年离开,当时帕内绝大多数设计均与广州联系在一起,其作品涵盖众多,是20世纪前十年广州城市与建筑近代化发展的重要缩影,并从另一个角度反映了当时广州政治、经济、文化及社会的历史风貌。

"新政"是当时中国最重要的政治事件。为挽救没落的帝国,清政府于1901~1905年推行了一系列改革措施,涉及政治、经济、军事、文教四方面,史称"新政",为晚清自洋务运动以后最彻底的改革。在新政推动下,1902年上任的两广总督岑春煊积极进取,鼓励兴办工商实业。而1907年接任的周馥则因应粤汉铁路和广九铁路建设,制订了宏伟的城市发展计划。②广州城市发展迎来了新契机。作为广州城内为数不多的西方建筑师事务所,新政推行为帕内平洋行带来数量可观的业务。

治平洋行与晚清地方政府进行了紧密合作。从设计大清邮政官局开始(图3-7),帕内不断获得来自官方的委托。其中,1905-1906年由岑春煊筹建的广东士敏土厂是近代中国最早建立的水泥工业之一。帕内设计的南、北楼等建筑,因曾作为孙中山大元帅大本营所在地而闻名于世。帕内的合伙人伯捷同样与广州官方有这样或那样的联系。伯捷在粤汉铁路的

图3-7 大清邮政官局,澳大利亚维多利亚州立图书馆、广州孙中山大元帅府纪念馆.
图3-8 广州河南海关关舍(俗称"波楼"),谭惠全 主编;广州年鉴社、广东省档案馆编.百年广州[Z].广州:广州年鉴社, 2001.(右)

工作经历可能直接帮助事务所取得了1909年广九铁路广州火车站等一系列建筑的设计。粤海关是治平洋行另一个非常重要的官方客户。1904年，帕内在沙面粤海关俱乐部的设计竞标中获胜，同时也获得了这项价值45000英镑的建筑施工合同，[①] 该项目成为治平洋行事业开端的重要基石。四年后，治平洋行在珠江南岸为粤海关设计了另一座大型

图3-9 沙面礼和洋行(帕内摄)，澳大利亚维多利亚州立图书馆、广州孙中山大元帅府纪念馆.(左)
图3-10 伯捷(Charles Souders Paget)像，Peter E. Paget提供.

关舍(图3-8)，该建筑旁因设置有预告天气的球形装置，而被广州市民形象地称为"波楼"，是珠江河道上一座非常重要的地标性建筑。

在新政实行和城市复兴推动下，晚清最后十年广州迎来自鸦片战争以来外商投资最兴盛的时期，治平洋行因而大受其惠。从1890年代开始，沙面租界的建筑活动渐趋高潮，许多外国公司开始翻修、改建或重建其行栈，以方便贸易活动开展。帕内及其事务所以其适应性设计和良好的服务周旋于沙面西方人社群中，先后完成了沙面瑞记洋行、礼和洋行(图3-9)、的近洋行、花旗银行等建筑的设计。与此同时，帕内还为东亚洋行、时昌洋行、N. Nukha先生住宅、沙面广州俱乐部等建筑的改建进行了设计。这些建筑分布在租界的不同地段，部分更成为沙面地标，如瑞记洋行、花旗银行和的近洋行等。

同一时期，治平洋行还不断涉足租界以外西人建筑活动，主要包括经营性投资和教会事业两大类。其中，经营性投资方面，有1905年旗昌洋行在广州长堤五仙门筹建的粤垣电灯公司(俗称五仙门电厂)，该电厂是华南地区最早的商办电厂，帕内治平洋行完成了电厂建筑的设计。同一时期，帕内还设计了美孚火油公司和美国亨宝轮船公司在芳村的货仓。教会是帕内设计业务的另一重要来源。帕内与教会的合作始于1905年前后、治平洋行对岭南学堂建设的参与。该学堂由多个美国差会倡建，后发展成为华南地区最大规模的教会大学——岭南大学。帕内和伯捷参与了东堂(后被命名为马丁堂，The Martin Hall)的改造设计。稍后，在其西南侧，帕内设计了岭南学堂第一栋学生宿舍。与教会的良好合作赢得了口碑，随着教会向广州东山、芳村的拓展，治平洋行先后完成了伦敦会、华南浸信传道会等教会学校和住宅的设计，其中包括现广州市第七中学的前身培道学堂。

从建筑区位看，帕内的建筑集中在广州沙面、长堤、东堤及珠江南岸一带，并以珠江为纽带联系在一起，形成东西走向的带状区域，这是20世纪初广州城外最具活力的空间，集中了晚清广州经济、文化几乎所有新生事物。帕内以其设计参与其中，是广州城市与建筑近代化的重要实践者与见证人。

(3) 伯捷与伯捷洋行

在肯定帕内所作贡献的同时，我们必须向帕内的合伙人伯捷表示同样的敬意。由于伯捷在土木工程技术方面的实验性设计及营造活动，为岭南近代建筑技术尤其是钢筋混

① Derham Groves. *From Canton Club to Melbourne Cricket Club:The Architecture of Arthur W.Purnell*[M]. Melbourne：The University of Melbourne.2006: 14.

图3-11 广州市中央消防总所(伯捷洋行, 1924), Edward Bing-shuey Lee. *Modern Canton*[M]. Shanghai: The Mercury Press, 1936.

① Wright and Cartwright.*Twentieth Century Impressions of Hongkong,Shanghai,and Other Treaty Ports of China*[M].London: Lloyd's Great Britain Publishing Company Ltd, 1908: 794-795; 黄遐.晚清寓华西洋建筑师述录[A]. 汪坦、张复合主编.第五次中国近代建筑史研究讨论会论文集[M].中国建筑工业出版社, 1998: 178. 伯捷洋行之中文名称在相关史料中已经得到证实。
② 感谢Peter E.Paget 先生提供的资料, 他保存了其祖父伯捷在中国生活、工作的部分史料, 其中包括伯捷设计建造的大部分建筑的清单。
③ 市政会议纪要 [N]. 广州民国日报, 1924-3-20.
④ 相关信息自伯捷洋行与广州协和神学院的来往信函, 广东省档案馆藏。
⑤ John William Leonard, Lewis

凝土结构技术的发展奠定了基础。伯捷(Charles Souders Paget,1874～1933)(图3-10), 生于美国新泽西州布里奇顿, 在伯利恒(Bethlehem, Pennsylvania)长大, 师从得哈伊大学(Lehigh University)著名顾问工程师梅里蒙(Mansfield Merrimon),曾参与亚特兰大博览会的设计建造。1902年来华, 从事粤汉铁路主干线及三水支线的初步勘测。1904年与帕内合伙开办治平洋行。1911年前后, 帕内退出, 洋行由伯捷主持并更华名为伯捷洋行,①但洋行西名依旧, 且有所扩展。1919年伯捷洋行英文全名为Purnell & Paget Architects, Civil & Mining Engineers, 显然在土木工程与矿业方面均有所涉及。

作为美国土木工程师学会的准会员, 伯捷对结构新技术给予了高度关注。在治平洋行设计的项目中, 既有像广东士敏土厂办公楼那样采用钢骨与砖木结构混合承重、以改善结构性能的建筑, 也有引入新型钢筋混凝土结构的瑞记洋行和岭南学堂东堂等建筑, 由于伯捷和帕内的合作, 治平洋行成为20世纪初岭南最重要的西方建筑师事务所。

帕内离开后, 伯捷在广州继续其建筑师与承建商生涯直至1920年代中期。其间, 伯捷洋行设计建造了广九铁路广东境内所有桥梁, 位于沙面的法国东方汇理银行、台湾银行、两广盐务署、邮政专员住宅、俄国领事馆和B. A. T.(即后来的M.B.K.)建筑; 与教会方面的合作则包括男青年会(YMCA)、女青年会(YWCA)、位于广州白鹤洞的神学院, 以及位于河南的岭南大学等许多建筑。②其中大部分相信是由其他西方建筑师或事务所完成建筑设计, 然后由伯捷洋行完成结构设计或建造。伯捷本人由于在建筑和工程结构技术方面的学识和经验, 在广州市政府成立后, 被聘为设计委员会成员, 并在1920年代前期为广州市政厅各局属设计了许多公有建筑, 包括1924年广州市中央消防总所等(图3-11)。③该时期也是伯捷事业最辉煌的时期, 其事务所在1919年前后在广州光楼(Missions Building,今孙逸仙纪念医院东侧)、广州白鹤洞、汕头及美国旧金山西尔斯大厦(Hearst Building)均设有办公室。④1924-1925年, 伯捷前往香港, 1933年在香港去世, 随后葬于广州河南西洋人坟场。

二、担任教会建筑设计的外国建筑师和事务所

与执业于广州的西方建筑师及事务所相比较, 教会建筑师在岭南的活动更为持久和延续。总体来看, 外国建筑师在岭南的商业设计活动在1920年代中期已基本停止。这主要是因为当时各地市政机关纷纷设立, 作为主管城市建设的职能管理部门, 工务局已担负起绝大多数公有建筑的设计, 而其他普通民用建筑则由第一代留学欧美的中国工程技术人员(包括建筑师)担任。但教会的情况却有些例外, 长期以来, 西方教会向中国的派出机构在组织

结构与资金筹措等方面自成体系、高度独立。其教会产业包括教堂、教会学校、教会医院等都以相对独立的方式运作，教会本身也常年聘请建筑师或自组设计机构为属下产业进行设计，因而形成相对独立的建筑师团队和个人。除个别建筑外(如广州培正中学)，岭南绝大部分教会建筑从一开始便由教会建筑师或事务所担任设计，从初期的传教士到后来的正规建筑师和建筑师事务所等，在充裕的资金保障下，教会建筑得以保持较高的艺术与技术水准。

岭南早期教会建筑设计多由传教士或教会建筑师完成，随着1880年代美国对外传教热潮的高涨，美国各教派在岭南的建筑活动日趋频繁，更多建筑师被招募、聘请，并被派往中国。与早期英、法教会专注于教堂建设不同，美国对华传教事业的开展表现出更多灵活性，开办学校、设立医院等成为主要手段。为配合教会传教需要，美国建筑师也更愿意尝试教会建筑形式在中国文化背景下的调适。由于其融合中西建筑风格的设计，斯道顿兄弟、埃德蒙兹等美国建筑师为岭南近代建筑的发展作出了十分重要的贡献。

(1) 美国纽约斯道顿建筑师事务所

斯道顿建筑师事务所(Stoughton & Stoughton Architects)于1894年由建筑师查尔斯·斯道顿(Charles W. Stoughton，1861~1945)和亚瑟·斯道顿(Arthur A. Stoughton, 1867~1955)两兄弟组建于美国纽约。查尔斯出身于纽约，毕业于哥伦比亚大学(Columbia University)建筑系，曾担任纽约市政艺术协会(The Municipal Art Society of Newyork)成员及该协会主席(1914~1916)。[5]亚瑟则出生于美国东部，在欧洲接受建筑教育，加拿大皇家建筑学会(RAIC)会员。1913~1929年担任曼尼托巴大学(University of Manitoba)建筑系第一位建筑学教授及该系主任。1931年返回纽约并再次加入事务所。[6]斯道顿兄弟是19世纪末、20世纪初纽约知名建筑师，其事务所因设计了战士及水手纪念亭(Soldiers and Sailors Monument, 1902)、曼哈顿公理会教堂(The Manhattan Congretional Church, 1901)等纽约地标性建筑而享有盛名。

斯道顿建筑师事务所是岭南大学早期建设的规划与设计者。因应教会的传教需要，该事务所在岭南最早尝试融合中西建筑风格的设计，完成了岭南大学早期校园规划和建筑设计，包括东堂(1904，后改名马丁堂)、第一、第三寄宿舍(1909)、女生临时第一宿舍(1910)、美国基金委员会(1910)、格兰堂(1915)、高礼士屋等建筑的方案设计。[7]

(2) 埃德蒙兹与上海传教团建筑师事务所

埃德蒙兹(James. R. Edmunds Jr, 1890~1953)，美国建筑师，大学毕业后加入对华传教机构，服务于上海传教团建筑师事务所(Mission Architects Bureau, Shanghai)。[8]二战后曾任美国建筑师协会(AIA)主席(1945~1947)及华盛顿特区防火协会的董事会成员。[9]

埃氏从1913年前后开始接替斯道顿建筑师事务所成为岭南大学的主要建筑师。1913~1915年，他完成了怀士堂的设计，该建筑是岭南校园中轴线上一幢非常重要的建筑。在此基础上，埃德蒙兹完成了岭南大学的规划调整(1918)，以及马应彪夫人护养院(1917)、马应彪接待室(1918)、陈嘉庚纪念堂(1918)、爪哇堂(1918)、八角亭(1919)、

Randolph Hamersly, Frank R. Holmes. *Who's who in New York City and State*, 第4卷[M]. L.R. Hamersly Co., 1909: 1244.
⑥曼尼托巴大学 (University of Manitoba) 图书馆保留了亚瑟·斯道顿的部分档案史料。网络资源: http://www.umanitoba.ca/libraries/archives/collections/complete_holdings/rad/mss_sc/stoughton.shtml, 2010-8-1.
⑦马秀之，张复合，村松伸，田代辉久.中国近代建筑总览

(广州篇)[C].北京: 中国建筑工业出版社, 1992. 另注，岭南大学的早期建筑大部分由斯道顿建筑师事务所完成建筑设计，然后由广州本地的治平行及后来的伯捷洋行完成修改或施工图设计。
⑧广东省档案馆一封由该事务所致广州协和神学院的信函中提到，他们将派出建筑师Jas. R. Edmunds Jr负责该学院住宅的设计。
⑨部分引自AIA官方网站:http://www.aia150.org.

第一任宣教師嚴崇先生紀念堂一九二一年十二月開幕
LIANG FA HALL

PUI YING MIDDLE SCHOOL · PAAK HOK TUNG · CANTON · CHINA ·
將來之白鶴洞培英中學全圖

图3-12 协和神学院
梁发堂(埃德蒙兹, 约
1920), 私立岭南大学
概览, 1934.6.

图3-13 "将来之白鹤
洞培英中学全图"(长
老会建筑事务所,
1934), 培英校刊, 第
一期, 广东省立中山图
书馆藏.(右)

图3-14 茂飞(Henry K.
Murphy)像, Jeffrey
W.Cody.*Building: Henry
K.Murphy's "Adaptive
Architecture"
1914~1935*[M].
Hongkong: The Chinese
University Press,
Seattle: University of
Washington Press,
2001: 3.

十友堂(1919), 张弼士堂(1920)、理学院(1926)等十余栋建筑的设计。另外, 埃德蒙兹还规划设计了位于广州白鹤洞的协和神学院, 包括梁发堂(图3-12)、安得烈宿舍、马礼逊宿舍、富利淳堂等。

在上海传教团建筑师事务所中, 相信与埃德蒙兹合作过的建筑师有尤茨(Philip Newel Youtz, 1895~？), 他们共同参与了岭南大学荣光堂的设计(1921)。而尤茨作为美国战后重要的建筑理论家和艺术评论家, 曾于1957~1964年担任美国密西根大学(University of Michigan)建筑与城市规划学院院长。[①]

(3) 长老会建筑事务所

长老会建筑事务所(Presbyterian Building Bureau)是另一个长期在岭南活动的教会设计机构, 隶属美国北长老会, 设于北京原鼓楼街50号(旧地名)。[②]北长老会是美国基督教新教主要差会之一, 1842年进入广州, 1860年代后正式与美国南长老会分裂, 并成为在华长老会各团体中机构最庞大的差会。该会重视借助文化、教育事业以传布宗教, 曾在岭南建立真光书院、岭南大学、夏葛医学院等。其在华机构组织架构严密, 举凡人员任命、经费筹措、物质设备、建筑规划等主要决定均统一由美国国内安排。[③]作为分支服务机构, 长老会建筑事务所负责对该会在华建筑活动进行规划、设计与管理。

长老会建筑事务所在岭南的活动与美国北长老会在岭南的传教事业密切相关。已证实的由该事务所规划设计的教会学校和医院包括夏葛女医学堂(E.A.K Hackett Medical College for Woman)、柔济医院(David Gregg Hospital)、端拿护士学校(Jula. M. Turner Training School for Woman)。这三个医疗及教学机构均设于广州西关红荔湾头(今多宝路西端)。长老会建筑事务所对上述教会建筑及增建项目的设计从20世纪初一直延续到30年代末。1934年, 长老会建筑事务所完成了该会在广州白鹤洞兴建培英中学的总体规划和建筑设计(图3-13)。培英中学在战前建成了第一期工程, 包括钟塔, 礼智楼等。另据文献显示, 长老会建筑事务所应直接参与了广州真光中学(1917)的规划与设计。

可以查寻到的、曾服务于长老会建筑事务所的建筑师有三位：克里顿(Roy L. Creighton, 1889~1974)、噶恩(Charles Alexander Gunn, 1870~1945)和刘朝安(Liu Chao An音

译)。④

　　在长老会建筑事务所中，克里顿长期担任工程主管，负责对该会工程进行监管。克氏1915年毕业于美国哈佛大学(Havard University)建筑系。毕业后到杭州担任美国男青年会(YMCA)在华机构的工程主管。1916年到汉口，负责监理武昌文华大学医院建筑工程。1919~1926年在上海北长老会属下的传教团建筑师事务所担任建筑师。其后回国，随后由教会派往贝鲁特、伊斯坦布尔等监管教会建筑。1933年再度来华，在北京一所工程技术学院担任教职，同时为北京长老会属下的建设项目担任工程主管。正是该时期，克里顿参与了广州教会医院和教会学校的建设。⑤

　　嘎恩，长老会建筑事务所主要建筑师。1870年出生于芝加哥，1892年毕业于美国伊利诺大学(University of Illinois)建筑系，1911年设计了该校的地标性建筑天文台。⑥作为教会建筑师，嘎恩于1916~1925年工作于菲律宾、华南及海南，随后前往上海并一直停留至1939年。⑦1925年曾与克里顿一道在上海编写了 *Mission and Architecture -Residence* 一书，并由美国长老会建筑师事务所出版。嘎恩与刘朝安(Liu Chao An)一道应是广州培英中学和夏葛医学院、柔济医院1930年代建设的项目建筑师。

三、其他西方建筑师

(1) 茂飞

　　茂飞(Henry Killam Murphy，1877~1954)(图3-14)，出生于美国纽黑文(New Haven，Cornectint)，1894年毕业于耶鲁大学建筑系。1906年前后在纽约独立展开建筑师业务，1908年与戴拿(Richard Henry Dana, Jr.)在纽约合组建筑师事务所，中文名茂旦洋行。1914年受教会委托来到中国，在考察了北京紫禁城等中国古典建筑后，茂飞在随后的二十年间(1914~1935)致力于教会大学的"中国古典复兴"设计，并在完成长沙雅礼大学、北京燕京大学、南京金陵女子大学等多个教会大学的规划与设计后，确立其"中国古典复兴"的旗手地位。⑧

　　茂飞是最早与广州市政厅和南方革命政权发生联系的西方建筑师之一。孙科与茂飞的友谊始于何时何地长期以来未有明确揭示，但其间的联系至少在1920年代就已形成。1921年广州市政厅成立后不久，茂飞受孙科邀请为广州市政中枢进行设计。茂飞以其本人在中国教会大学设计中积累的经验及对中国传统城市和建筑的关注提出了中国近代史上第一个"中国古典复兴"风格的政府公共建筑——广州市政中枢的设计，该计划最终得到广州市政厅批准，也使"固有形式"这一深刻影响中国近代建筑发展的建筑学概念第一次出现在政府官方文件中。广州市政中枢的计划虽因陈炯明"叛乱"而终止，却在1930年代因林克明的设计而实现。在1921年提出市政中枢设计案的同时，

①网络资源：http://www.caup.umich.edu/welcome/history.html.

②相关信息见长老会建筑事务所1936年与夏葛医学院的来往信函，广东省档案馆藏。

③汤开建、颜小华. 19世纪美北长老会在粤传教活动述论[J].世界宗教研究，2005, (3)：86~95.

④夏葛女医学堂、柔济医院等有关历史档案，广东省档案馆藏。

⑤克里顿(Roy L. Creighton)部分史料现藏于耶鲁大学档案馆。

⑥参见 University of Illinois Observatory, Astronomy and Astrophysics, National Park Service. Retrieved 19 February 2007; Alumni Record of the University of Illinois 1906; Alumni Record of the University of Illinois 1913.

⑦网络资源：http://www.smokershistory.com/NCCIA.htm.

⑧茂飞生平参见：茂飞建筑师小传. 建筑月刊，第二卷第一期，1934年1月；欢饯茂飞建筑师返美志盛. 建筑月刊，第三卷第五期，1935年5月； Jeffrey W. Cody. *Building in China:Henry K. Murphy's "Adaptive Architecture"* 1914~1935. Hongkong:The Chinese University Press; Seattle:University of Washington Press,2001.

图3-15沙面花旗银行新楼(茂飞, 1923-1924), 李明主编, 广州近代史博物馆编撰.近代广州[Z].北京: 中华书局, 2003: 51.

茂飞也提出了未来广州的城市规划设想, 并在1926-1927年其为广州所作的第二次规划中得以发展和深化。具有纪念性、富有中国传统城市表征的城市空间与美国"城市美化运动"的思想结合在一起, 形成茂飞对改造中国传统城市的种种设想, 其中的大部分虽被工务局长程天固以"不切实际"为由而拒绝, 但以市政中枢(即后来的广州市府合署)为中心引发城市中轴线, 以及在中轴线上建立中国式的政府公共建筑的设想仍为市政当局所接受。从其后来为南京所作的《首都计划》看, 在很多方面是广州规划思想的延续。

在城市规划和市政中枢外, 茂飞为岭南大学所作的设计得到了"真正"实现。惺亭(1928)、哲生堂(1930)和陆佑堂(1930)的建成使岭大校园风格得以延续和发展。在进行"中国古典复兴"设计的同时, 茂飞于1923-1924年在广州沙面还设计了花旗银行(又称万国宝通银行)沙面新楼(图3-15)。[①]这是一个新古典主义的设计, 与其设计的北京、汉口分行十分相似。

另外, 还有必要对广州执信中学进行存疑求证的分析。从形式表征及历史线索看, 执信中学南、北楼与茂飞有必然的联系, 原因有三:

其一, 执信中学1921年为纪念朱执信而筹建, 早期校址设于越秀山南麓清泉路应元书院旧址, 同时筹建东沙路竹丝岗新校舍, 在时间上与茂飞第一次来穗时间吻合。

其二, 执信建校筹备委员会由广州市市长孙科等人所组成, 并由孙本人与陈耀祖共同承担建筑事务的管理, 而历史上由孙科邀请茂飞参与设计的案例屡见不鲜。

其三, 在中国建筑师尚未系统尝试"中国固有式"手法之前, 茂飞以对中国传统建筑的深刻理解开创了"中国古典复兴"的新时代, 他在当时处理中国宫殿式建筑的成熟技法远远超出其所有的西方同行。最为关键的是, 1923年落成的执信新校与同时期茂飞设计的金陵女子大学在形式上惊人相似。通过对金陵女子大学与执信中学的比较可以发现, 两者在立面构成、体量组合、屋顶及边廊的处理, 甚至在兽吻选择等方面都高度同源。对执信中学南、北楼的进一步考证也许将揭开一段新的历史。

(2) 大卫·迪克

大卫·迪克(Davide C. Dick), 英国人, 学业背景不详。作为海关工程师, 大卫至少在

①张复合.北京近代建筑史[M].北京:清华大学出版社, 2004: 95.

②葛立三.芜湖近代的城市发展和建筑活动[J].华中建筑, 1988, (3): 72.

③Antonia Brodie, Alison Felstead, Jonathan Franklin, Leslie Pinfield.Directory of British Architects 1834~1914[Z].Longdon, Newyork: Continuum, 2001: 58.

④设计人信息由广东邮务管理局原设计图获得, 广东省档案馆藏。

⑤"获海余裹公祠堂记"文载"以五百金雇西人驾新绘式"。获海余裹公祠堂记.宏义祖家谱, 第七页。

⑥赖德霖.从上海公共租界看中国近代建筑制度的形成[A]//赖德霖.中国近代建筑史研究[M].北京:清华大学出版社, 2007: 25~84.

1870年代末就已开始为海关和英国驻华机构设计建筑，已知最早者有安徽芜湖英国领事署(1877)和芜湖海关总税务司署(1877)。^②1913年以上海海关总工程师(Engineer in Chief)身份开始设计广州长堤粤海关大楼，其助手阿诺特(C. D. Arnott)完成了后续工作，并在奠基石上留下了记录。据此判断，大卫·迪克或主持或参与过1893年建成的上海江海关关署大楼的设计。

(3) 阿诺特

阿诺特(Charles Dudley Arnott，？~1919)，英国建筑师。1902~1910年在英国建筑师Henry Dudley Arnott(1854~1936)处担任学徒，1910年前往Bond & Batley建筑师事务所学习，稍后担任建筑师W. T. Douglass助手，同年任职上海海关。阿诺特曾游览意大利。1911年6月，在G. Hubbard、W. M. Dowdall和M. Clarke推荐下成为ARIBA会员。^③1913年阿诺特以建筑师助手(Architectural Assistant)身份参与了大卫·迪克对粤海关的设计工作。1914年对前大清邮局实施重建时，阿诺特以总工程师身份担任建筑设计。^④大厦于1916年建成，被命名为"广东邮务管理局"大楼，为新古典主义风格。1935年由卓康成负责对该建筑进行扩建设计(未实施)；1938遭遇火灾；1939年，由杨永棠进行修复设计，并基本保持原有风格。

另外，散见于岭南历史文献及史迹中的西方建筑师或事务所还包括：

马歇尔(F. J. Marshall)，英国外交部工务署派驻上海的建筑师，活跃于19世纪末20世纪初，负责英国在华领事机构等建筑的设计，1885年设计了广西北海英国领事馆；

骛新，开平余氏名贤忠襄公祠中风采楼的设计者；^⑤

舒乐(F. Schnock)，德国营造师，1907年测绘广州地图；

法国东方设计公司，在林克明的忆述中，为沙面最主要的西方建筑师事务所之一。

第三节　岭南近代建筑师执业制度的建立和发展

建筑师职业的形成与独立是中国建筑现代转型的必然阶段，而建筑师执业制度的建立是衡量该过程是否完成的重要标志。在规范市场、保障公共安全的前提下，上海公共租界最先完成建筑师登记和建筑法规的制定，从而实现西方建筑管理制度的在地化。这一重大事件的背后是近代资本主义建筑制度对传统营造业现代转型的促发，以及中国近代建筑业资本主义生产关系的形成。^⑥

与上海公共租界等西人特权区域不同，岭南近代建筑师登记执业制度的建立并非完全采用移植方式实现。由于执业环境不同，岭南近代建筑师登记执业制度的形成呈渐进式发展。建筑报建制度(或申告制度)因综合反映业主、营造商及建筑师的相互制约，以及市政当局的技术性思考，成为考量建筑师登记执业制度形成的重要载体。

一、报建制度对建筑工程师登记制度的促发

岭南有关建筑活动的申报和管理始于民初近代市政管理机构的建立。1911年底广东军政府工务部成立之初，即将城市建设纳入制度管理。工务部早期职能主要负责拆城筑路，建筑取缔尚由广东省城警察厅负责。该厅参照

1856年香港制订的建筑规则颁布实施了《广东省城警察厅现行取缔建筑章程及施行细则》，开始有"建筑申告"制度的出现。与此同时，工务部曾短暂施行建筑师给照制度以明确建筑师之职业地位。[①]1918年，广州市市政公所成立。为加强市内建筑的管理，市政公所颁布《广州市市政公所临时取缔建筑章程》，初步确立市内建筑报建规则，其中：

......

第三条 凡建筑无论新建改造均须绘成图式三份注明尺寸于兴工前七日赴本公所报告，缴纳照费，俟派员查勘批准给凭后方得兴工。若隐匿不报违章私自建筑查出，除饬停工报勘外，并照本章第五十二条处罚。惟旧屋改建如因墙壁危险得先行拆卸，仍一面呈报本公所办理。

第四条 凡工匠报告建筑须具备左列各事项

甲、房屋所在街道及门牌号数(铺店注明店号，住宅注明姓氏)；

乙、建筑图式并注记；

丙、建筑匠人姓名住址；

丁、业主姓名住址；

戊、属于何区管辖。

第五条 凡工匠呈具图式务将房屋正面、剖面、平面等项逐一绘齐、详注高低宽长尺寸。

......

1918年报建条例虽对图式内容作了详细说明，但对设计者并无特别要求，说明当时建筑师或土木工程师尚未作为独立的职业角色介入建筑营造业。相反，工匠绘图直到1923年仍得到工务局认可。1923年4月13日广州市工务局局长林逸民在工务局布告第二号规定："……照得本局定章，凡市内大小建筑工程无证新建改造，均由工匠绘成图式三份，来局报告，缴纳照费，俟派员查勘核准给凭后，方许兴工……"[②]

1924年1月广州市工务局颁布《广州市新订取缔建筑章程》，对市区建筑的有关管理和技术作出更全面规范。其中，第二章"领照办法"对建筑图式作出规定：

第五 凡承建人具图呈报时，图内须备载左列各项事项：

(一) 房屋所在警区街道门牌；

(二) 何种屋宇。(铺或住宅、茶楼、戏院、旅店、货仓、工厂等名目)

(三) 正面、侧面、平面、剖面、地基等图式；

(四) 比例尺；

(五) 屋之长阔及高度尺寸，并墙壁厚度；

(六) 所用在重要部份材料，均须注明尺寸；

(七) 四址地段(左右前后屋宇街道)；

(八) 方向(南北线)；

(九) 分别注明新旧渠道；

(十) 如系旧屋改建，并须将旧日尺寸用虚线列明；

(十一) 绘图人姓名住址；

(十二) 承建人姓名住宅；

在"领照办法"中，"绘图人"与"承建人"第一次并列出现在报建条例中。从1924年《广州市新订取缔建筑章程》在技术规范方面的大量篇幅，以及近代城市建设在20年代的发展状况综合分析，由于城市建筑在功能类型方面有了极大拓展，出现了包括住宅、茶楼、戏院、旅店、货仓、工厂等不同使用功能的建筑类型。同时，由于钢筋混凝土技术的发展，工务局已不再满足于旧有报建规则中由承建人或工匠自行绘就报建图式的作法，而更多地期望"绘图人"作出建筑质量方面的责任担保。"绘图人"终于以制度形式介入营建体系。

1929年，陈济棠主掌广东政务，建筑活动的管理趋于完善。由于在政治上排除了异己，开始"粤人治粤"的新局面，岭南自此进入政治、军事局势相对平稳，经济稳定发展的时期，具体表现为城市工商业快速发展、侨汇大量涌入、房地产业繁荣兴旺、市民房屋报建数量逐年递增等。建筑业发展的新形势加强了政府法制管理城市建筑活动的决心。1930年新的《广州市取缔建筑章程》虽在报建条例上仍维持1924年制订的"业主"—"绘图人"—"承建人"三方体系，对"绘图人"资格尚无明确规定，但二度担任广州市工务局长的程天固很快在《广州市三年施政计划(1932.3~1935.3)》中提出新的工务施政计划，包括第一年"改良报建图则"、"改善报建说明书"，以及第三年"实行登记工程师制度"、"严格取缔承建匠"的计划。[3]

为适应新形势下对城市规划和建筑质量的监管，程天固在"三年施政计划"中开始谋求"登记工程师制度"的制订和实施。1930年1月，广州市工务局颁发了《广州市建筑工程师登记章程》；1932年1月，颁布修正章程——《广州市建筑工程师员取缔章程》，并在报建制度上予以配合；1932年8月，广州市工务局颁布《广州市修正取缔建筑章程》，其中第一章"办照办法"之第五条规定："凡承建人具图呈报时，图内须备载左列各事项："

……

(十三) 工程师员姓名住址及注册号数，并在图则说明书、计算书上盖章签名；

(十四) 承建人姓名、住址，并在图则说明书上盖章签名；

(十五) 业主姓名、住地，如雇主系住客亦应注明住客之姓名住址；

……

这是岭南近代历史上，建筑工程师第一次以独立的、非承建人雇请的"绘图人"身份参与至报建业务中。因具有与承建人平等的合同地位，并在技术上对承建人起监管作用，绘图人在建筑活动中的独立性得到确认并制度化。建筑工程师登记注册制度在表面上是对从事建筑设计业的专业技术人员的职业认可，本质上却是对传统营造业的制度性变革。工务部门通过报建发照制度，明确了业主—工程师员—承建人在建筑业中的关系与职能，从而确立建筑质量监督的社会机制，并为近代新型建筑业体制的产生完成了制度建构。从绘图工匠到绘图人，再到工程师员，工务局一方面掌控了承建人(即营造商)的质量监管体系；另一方面，通过注册登记制度，使自由建筑师和营造厂建筑师纳入工务部门的行业管理范畴。

①1912年郑校之获广东都督府工务部特许绘照，自营"郑校之建筑工程师事务所"一事说明程天斗工务部曾尝试按西方模式建立建筑师执业制度。
②广州市工务局布告(第二号)[J]. 广州市市政公报. 1923.4.，(74): 41.
③广州市三年施政计划简表[J]. 新广东月刊. 1932, (1): 154.

建筑技术的发展、政府法制管理营造业的决心及不断成长的中国建筑师和土木工程师等，一切可能的因素在1920年代末凝聚成一股不可忽视的力量，从而推动了岭南近代建筑工程师登记制度的制订和实施，并通过建筑报建制度予以体现。

二、广州市工务局进行建筑工程师登记的努力

程天固制订实施建筑工程师登记制度与报建制度的改革是前后相继、相辅相成的两个策略，但原有报建制度的弊端显然是催生建筑工程师登记制度的直接原因。1929年9月，程天固向广州市行政会议提出《提议拟办建筑工程师登记意见书》，指出："查本市增辟马路，民间报建铺屋，日益频繁。天固抵任以来对于报建发颇力加整顿，务求迅捷以杜弊端。惟是计划建筑工程、绘制图样、计算三合土力量，非具有工程学识难期适合。工匠于工程学理多不明瞭，而所委托代办之工程师程度亦不一致，以致所缴图表多有未合，传询更正动费时日，再三考虑，自须举办建筑工程师登记。"[①]意见书反映了程天固对不明"工程学理"的工匠和对不合格工程师的担忧。

1930年1月，广州市工务局拟定的《建筑工程师登记章程》十九条正式颁行，该章程主要解决了几个问题。首先，确认了市内从事建筑设计和绘制图样的建筑工程师和土木工程师必须向工务局登记注册，方可执业；其次，通过接受专业教育的不同，将登记形式分为"正式登记"和"暂行登记"；第三，通过资格审查委员会对建筑工程师进行资格审查；第四，对"正式登记"和"暂行登记"的执业范围进行厘定。相关内容包括：

第一条 凡在广州市内以计画建筑工程、绘制图样等项为业务之建筑师、土木工程师均应遵照本章程至本市工务局登记为建筑工程师。

第二条 凡年满二十五岁品行端正并无精神病具有下列资格之一者得向工务局请求正式登记。

(甲)凡经国民政府主管部署或本省建设厅准予登记为建筑科技师或土木技师者；

(乙)凡曾在国内外大学或高等专门学校修习建筑科或土木工科三年以上得有毕业证书，并曾主持重要工程二年以上得有证明书者；

(丙)凡曾在国内外大学或高等专门学校修习建筑科或土木工科有二年以上学力，并有六年以上(内有三年以上系主持重要工程)之实习经验得有证明书者；

(丁)凡追随建筑师或土木工程师学习工程经有五年以上并曾主持重要工程三年以上得有证明书者；

(戊)凡经本局依本章程第九条之规定考试及格者；

(己)办理土木工科或建筑科技术事项，有改良制造或发明之成绩或有关于上列科学之著作经审查合格者。

第三条 凡年满二十五岁品行端正并无精神病具有下列资格之一者得向工务局请求暂勿登记。

(甲)普通工业学校毕业或具有同等学力有实习经验二年以上得有证明书者；

(乙)匠目具有五年以上建筑经验，能绘图及知计算经有证明者。

......

第六条 建筑工程师资格之审查由工务局长选派建筑工程人员二人，另聘请市内富有经验之建筑工程师三人共同组织建筑工程师资格审查委员会行之。审查委员会以工务局为主席，其规则另定之。

......

第十条 登记人经领有证书者，得以建筑工程师名义在本市设立事务所接受委托办理一切计画建筑工程、绘制图样及监理工程事项，并准以其所绘各项建筑图样向工务局请领建筑凭照。

第十一条 依照第三条之规定暂予登记者，只得以其所绘图样向工务局请领非钢筋三合土或钢铁结构建筑物之建筑凭照，但不得以建筑工程师名义行之。

第十二条 建筑工程师对于所规画建筑之图说、力量计算书及建筑之实施监理须依取缔建筑章程所规定负责办理。

......

因担心既有利益受到侵害，《广州市建筑工程师登记章程》甫一公布即遭到建筑业同业公会激烈反对。该会主席顾鸿年代表全行以"垄断专利"为由向省、市政府及西南政务委员会呈诉，要求停止执行章程规定。其矛盾主要集中在章程有关建筑工程师参与报建事项的规定涉及建筑承商的既有利益。建筑业同业公会的请求最终得到省府支持，1930年是次登记被迫终止。②

然而，旧有建筑业管理及报建方式显然不能适应1930年代广州城市建设发展的需要，工务局及市政府强化技术管理的决心在市民报建数量大幅增加的前提下愈加坚定。1932年3月，在广州市政府的支持和督办下，程天固以市长职兼领广州市工务局再行颁布《广州市建筑工程师及工程员取缔章程》，该章程从行文及内容看，为《广州市建筑工程师登记章程》修正案无疑。相对旧章程，《广州市建筑工程师及工程员取缔章程》有一个明显改善，即将不同程度教育背景的执业证书分为"工程师"和"工程员"两种，取代了旧章程中"正式登记"和"暂行登记"，在职务称呼方面更具专业性。但在执业范围上，和旧章程一样，工程师（即正式登记）可在本市设立事务所接受委托办理一切建筑设计和监理工程业务。而工程员（即暂行登记）只能办理非钢筋混凝土或非钢铁结构建筑设计和报建业务。

但该次登记仍遭到建筑业同业公会反对。顾鸿年代表全行向西南政务委员会秘书处诉称："......查此工程师登记事项，前奉钧令立即停止（指第一次登记被迫中止一案，笔者注)，嗣后亦无赓续办理，铁案具存，欢腾百粤，无何，事经三载，变本加厉，复办工程师员取缔章程十六条，举其弊端，任伊绘图，接建报建，而雇主承匠，悉被操纵，非垄断匠作权利为何。"③又以继任工务局局长袁梦鸿以下约三十人亦在登记之列、恐垄断报建为由对登记制度进行猛烈抨击。并提出："既饬工务局对于承匠报建恢复，照旧办理，不得照新拒收。对于工程师员，只应自由执业，不得垄断专利......"④

工务局显然有备而来。在向西南政务委员会的申诉中，工务局以《广州市建筑工程师及工程员取缔章程》及同时颁布的《广州市保障业主工程师员及承建人规程》有关规定为据，认为可杜绝工务局职员参与报建等问题。经广州市当年第24次行政会议议决，《广州市建筑工程师及工程员取缔章程》得以顺利执行。为配合建筑工程师和工程员的资格审定，广州市工务局于1932年8月再行颁行《广州建筑工程师及工程员试验规则》，规定每年进行二

①程天固.提议拟办建筑工程师登记意见书[Z],1929年9月.广州市档案馆藏.
②、③、④市长报告.奉令关于广州市建筑业同业公会暨全行等呈为工程师员垄断专利请饬遵照停止恢复报建筑一案、经参事室将该保障业主工程师员及承建人规程妥为修正请公决案[J].广州市市政公报.1932.8.20, (401):34~36, 35, 35.

①工务局布告续审经查合格工程师员[J].广州市市政公报.1932.9.20, (404): 86.

②程天固.提议拟办保障业主工程师员及承建人规程[Z], 1932年3月.广州市档案馆藏.

③并无明确史料显示《广州市保障业主工程师员及承建人规程》以香港有关制度为参照, 但在下文所提到的建筑行商代表的有关诉状中却间接反映了这种参照的存在.

④罗启芳等致广州市市政府市长函[Z], 1932年8月23日, 广州市档案馆藏.

⑤林凤翔.陈述保障规程窒碍意见书[Z], 1932年8月23日, 广州市档案馆藏.

⑥袁梦鸿等就广东省府建字第3420号训令及建筑业同业公会顾鸿年等上诉省府一案致省府公函[Z], 1929年8月18日.广州市档案馆藏.

⑦陆嗣曾等.审查修正广州市保障业主工程师员及承建人规程案意见书[Z], 1932.10.18.广州市档案馆藏.

⑧广东省政府.建字第4421号训令(1932年11月5日)[J].广州市市政公报, 1932.11.10, (409): 93~95.

次(定一月及二月举行)工程师员试验。其中, 工程师试验科目包括平面测量、材料力学、材料试验、结构学、钢筋混凝土、地基及砖石之构造、渠道工程、契约及规范、屋宇计划、取缔章程等十项内容。工程员由于不允许设计钢筋混凝土或钢铁结构建筑, 试验项目仅有测量、砖石构造、污水工程、契约及规范、屋宇计划、取缔章程等六项。至1932年9月, 广州市工务局已分六期完成120位建筑工程师及221位建筑工程员登记, 其余则仍在审查中。①

三、主管部门强化建筑师业务管理的努力

在进行建筑工程师登记的同时, 程天固工务局谋求建构业主、承建人及建筑工程师之新型关系, 强化建筑业管理。《广州市建筑工程师登记章程》和《广州市建筑工程师及工程员取缔章程》虽在制度上确立了建筑师及土木工程师的职业地位, 并将多种形态存在的专业设计人员通过登记发牌方式纳入工务局的统辖范围内, 但章程并不足以保证建筑工程师以独立身份介入新型建筑业体系。为根本改变传统营造体系的旧格局, 使其适应现代建筑生产, 1932年3月, 在颁布建筑工程师员登记章程的同时, 程天固就如何协调工程师员与业主及承建人的关系问题向市政府行政会议提请办理《广州市保障业主工程师员及承建人章程》, 建议书指出:

"……工程师员执行业务, 对于业主及承建人各方面均须联络, 而密切关注, 自不能不有所取缔, 以防弊端, 尤不能不有所保障, 以资维护。本局统筹兼顾, 务使信约各有所守, 权责各得其平。……"②

1932年5月10日, 参照香港有关建筑师制度制定的《广州市保障业主工程师员及承建人规程》正式颁布。③规程共分五章, 分别为: 总则、工程师员与业主之关系、业主与承建人之关系、工程师员与承建人之关系、附则。其主要内容如下:

第二章"工程师员与业主之关系"主要就"工程师员计划与监督责任、执行业务范围、酬金定额及支付等问题作出规定。并明确指出业主"得自由委托工程师员全权代理一切计划及监督任务"(第四条)。

第三章"业主与承建人之关系"主要就业主对承建人的雇佣、工期保障、付款方法等问题作出规定。在付款方式上, 则以工程师的审验手续和"领款证"作为业主支付工程款项的基本依据。

又第四章"工程师员与承建人关系"明确规定, 于工程质量有重大影响的各施工环节必须置于工程师员监管之下, 包括"材料之监管"(第三十四条)、"业主自办材料"(第三十五条)、"工作之监督"(第三十六条)、"业主自雇管工"的监督(第三十七条)、"重要部份工程之监督"(第三十八条)等。该章节尤其赋予工程师员参与报建的权力。

从《广州市保障业主工程师员及承建人规程》及该规程修正案的章节体系看, 工务管理部门试图建立一种民用建筑的托管体制, 以工程师员代替业主行使从报建到施工各环节的监

管职责，从而全面引导传统营造业向近代建筑业过渡。建筑工程师登记制度是建筑近代化发展的前提条件，也是建筑工程师作为专业知识型劳动力介入建筑业发展进程后的必然结果。

然而，《广州市保障业主工程师员及承建人规程》的公布遭到广州市建筑业同业公会更激烈的反对，矛盾仍集中在建筑工程师在登记之后对报建体系的参与和垄断业务的担忧。在建筑业同业公会主席顾鸿年就建筑工程师员登记一案上诉失败后，更多行商代表采用连署形式对《广州市保障业主工程师员及承建人规程》及其修正案进行抨击。

1932年8月23日，广州市建筑行商代表罗启芳、刘卫河、夏钰庭等六人向广州市政府提请诉状："广州全市直接间接借建筑以谋生活者，其数不下五十余万人，工务局又何必为谋少数人之权利而牵动此数十万之职业。若工务局为慎重起见，则职权所在何难切实执行，更何必假事于少数人之手就令工程师有登记之必要。似亦当援照律师成例，雇用与否听业主之自由，不宜加以强迫。"⑤并希望工务局马上撤消规程，允许承建人自由报建。

行商代表林凤翔、严为善、周礼德等三人更联合数十家建筑厂商诉称："广州市保障业主工程师员及承建人章程三十九条复杂难繁、莫知所措。……实则不外非工程师不能报建；及业主雇用承建人须得工程师签名同意方生效力；承建人领费须得工程师之允许，各限制而已。……"⑤并对《广州市保障业主工程师员及承建人规程》逐条批驳。

在建筑业同业公会和建筑厂商的强大压力下，1932年8月广州市工务局颁布《修正广州市保障业主工程师员及承建规程》。并向省府申诉称："查本市阛阓殷阗，居民揽比，加以新辟各马路次第完成，铺屋之建复日多，倘建筑不固，于市民生命财产有莫大之关系，非有负责工程师员规画监督，难期完善。故凡有工程学识经审查合格者均得在本市执业。……该建筑业同业公会等要求各节，无非欲避免政府取缔，冀图阻扰进行。……"⑥

广东省政府则派出广东省高等法院院长陆嗣曾、广东省政府委员朱兆华、广东省民政厅厅长林翼中等审查此案，并于该年10月18日向省政府提交意见书。认为：《修正广州市保障业主工程师员及承建人规程"……大都属于取缔承建人与业主及工程师员等相互间之契约性质，依照现行民法之规定此种私人相互间之契约事件，原可自由订定，毋庸加以强制。……至建筑物之坚固与否，诚如所谓与市民生命财产确有绝大之关系，然本市向有取缔建筑章程行之日久，尚称完善，自可依照向章办理。况本市建筑工程师人数极少，当此建筑日多，之广州事实上固有供求不应之虞，亦易受把持操纵，而建筑铺屋受此规程之束缚，必须聘请工程师员计划，且须受其监督，更恐权责过重，流弊易生，似应将原规程撤消……"⑦

1932年广东省府依据陆嗣曾等人的意见发出建字第4421号训令，要求停止执行保障业主工程师员及承建人章程，由市府另订简易办法。⑧当年11月，广州市工务局代理局长袁梦鸿奉省、市政府令全面停止执行该规程。

《广州市保障业主工程师员及承建人规程》的推行失败有以下三方面原因：

①规程对旧有营造体制产生极大冲击，严重损害了建筑厂商的既得利益，因而招致激烈反抗。

②1930年代初执行技术业务的建筑师和土木工程师还处于弱势阶段。在建筑工程师登记执业体系尚未完善之前推行该规程为时尚早、为数不多、经过登记的建筑工程师在面对庞大的建筑市场时，确有垄断业务的嫌疑和条件。

③建筑业生产关系(亦即建筑制度)的整体滞后是建筑师登记制度遭受一系列挫折的根本原因。

四、中央政府统一执业登记制度的努力

在地方既得利益集团不断挑战建筑工程师登记制度的同时，中央政府则尝试统一各地自行制订的各种登记章

①广东省政府主席陈铭枢签署.建字6201号训令[Z].广州市档案馆藏.

②1931年4月28日,陈济棠公开反蒋意图,省政府主席陈铭枢离职赴港。30日,古应芬、邓泽如、林森、萧佛成等四位国民党中央监察委员因胡汉民案,通电弹劾蒋介石,史称"西南事变"。

③袁梦鸿为广州市府第1109号训令[Z]、省府训令建字第1307号[Z]、西南政务委员会第931号训令致广州市市长刘纪文公函[Z],1933年5月26日,广州市档案馆藏.

④同上.

⑤广州市府呈文第551号(1934.11.5)[J].广州市市政公报.1934.11.10,(481):28.

⑥广州市府呈文第508号(1934.10.22)[J].广州市市政公报,1934.10.31,(480):27~30;广州市府呈文第242号(1935.4.12)[J].广州市市政公报,1935.4.20,(497):88~91.

⑦广州市市政府.指令第2748号[J].广州市市政公报,1935.4.20,(497):258-259.

程。1929年10月10日国民政府中央工商部颁行《技师登记法》,10月26日由行政院院长孔祥熙签署颁发《技师登记法施行规则》,并向全国推广。规则第十三条规定:"技师登记法施行前依各地方政府技师登记之单行规章取得证书者应于技师登记法施行后六个月声请核发登记证";第十四条规定:"曾经北京农商部甄录合格之技师适用前条之规定"。依照该规定计算,换证期限自1929年10月10日至1930年4月10日止。

由于地方割据势力的介入,国民政府中央尝试统一执业登记制度的努力一再受挫。省府主席陈铭枢虽在1929年10月签署建字6201号训令,要求从10月10日起,施行该规则。①但程天固先于9月向市行政会议提出《提议拟办建筑工程师登记意见书》,并于1930年第一次颁行《广州市建筑工程师登记章程》,使工商部《技师登记法》的施行名存实亡。1929年底陈济棠主粤后,与蒋介石南京中央政府对抗多于合作,1931年更有"西南事件"爆发②,5月广州国民政府成立,西南反蒋局面形成。其间,南京政府行政院孔祥熙、谭延闿、广东省府陈铭枢、广州市政府及广州市工务局之间虽逐级训令不断,但技师登记始终未能正常进行。加之其他各省各地军阀割据,行政院不得不将登记期限一缓再缓。

1932年后,工商部《技师登记法》在广东才有实际施行。该年元旦,陈济棠等通电全国,取消广州国民"非常会议"和广州国民政府,成立国民党西南执行部和西南政务委员会,西南与南京政府关系稍有缓和,推动相关政令缓慢下行。根据《技师登记法》,西南政府先是成立了以土木工程专家胡栋朝为主席的技师审查委员会,但直到1933年5月西南政务委员会所辖各省市还未完全登记完毕。③而令广州市工务局长袁梦鸿十分困扰的是,因1932年底奉省府令停止执行《修正广州市保障业主工程师员及承建人章程》后,广州市私有建筑又回到自由报建状态,即"无论任何工程师员均可计划、绘图、报建,已无此项执业凭照之发给(指前文所述技师营业执照,笔者注)"。④有鉴于此,以新的《技师登记法》为基础,以建筑及土木技师登记制度为目的的法规章程开始制订实施。

1934年2月8日广州市第89次市政会议议决通过《广州市土木技师技副执业章程》,以适应国民政府《实业部土木工程技术人员登记规程》的要求。《广州市土木技师技副执业章程》14条主要就技师技副执业范围、职责、取费标准等方面进行了规定,其主要条目如下:

(一)凡领有国民政府实业部或西南政务委员会之土木技师技副证书,并在广州市工务局已领执业证者方得在本市执行业务。

(二)凡本市公私建筑,其图则说明书,须有技师技副之签名盖章,工务局方得接受;但小修工程及用木桁承托上盖之平房,可不需技师设计。凡二层高以上之钢筋三合土楼房或高度达三层而建筑面积在二百平方公尺以上者必须由技师担任设计。

(三)各技师技副对于其所设计之工程,须负责下列各项责任:甲、依照工务局核准图则建筑;乙、指导与监督工程之进行;丙、负责建筑地位之正确;丁、负责建筑物之安全。

(四) 如承建人不依照工务局核准图则建筑, 或偷工减料, 在工程进行中有相当证明时, 该主管技师或技副, 得先行停止其工作, 并着承建人将各部分更正或拆除, 从新建造。若承建人不遵照办理时, 该主管技师或技副, 须呈报工务局究办。倘若该技师或技副隐匿不报, 一经查觉, 其违章责任, 应该技师或技副负之。但该部工程拆除后, 经工务局验明, 与核准图则相符, 该项损失, 应有技师或技副赔偿。

(五) 凡属工务局服务人员, 不得执行技师技副或承建人业务。

……

(十) 凡某项工程, 于相当保固时期内发生特殊危险时, 工务局得将该工程之负责技师或技副, (提出公诉于当地司法机关呈请处分), 呈请西南政务会, 取销其执业证或证书。

……

章程显然吸取了以往屡次登记失败的教训, 在章程结构及行文方面言简意赅, 在责任界定方面也更趋公正。但建筑行商夏钰庭等仍向省府、市府提出了撤消取缔技师技副执业章程恢复自由报建的申请, 被广东省府建字第4124号训令以技师技副登记在各大城市已普遍进行为由加以拒绝。⑤

然而, 因章程第二条关于技师技副执业范围的不同, 激发了邝伟光、余清江等技副人员对执业章程的先后质疑。⑥其反对原因, 主要以实业部制订的土木技师技副执业章程, 在名称上虽有技师技副的区别, 但在执业权限上并无分别。而《广州市土木技师技副执业章程》第二条规定, 二层以上钢筋混凝土建筑及三层以上面积超过200平方米的建筑必须由技师担任设计。该规定被认为侵害了技副执业权利, 并与实业部有关土木技师登记规程相违背。1935年4月, 广州市政府以"保持技副固有待遇"为由删除章程第二条有关技副执业限制的条文。⑦风波始得平息。

随着地方割据势力与中央政府管辖的此消彼长, 岭南建筑师执业登记基本跟随中央政府之统一举措。1936年《修正技师登记法施行规则》, 以及1944年12月内政部公布的《建筑师管理规则》都在岭南有了具体实施。1945年《广州市建筑师管理规则》第一章"总则"第一条即规定: "本规则依照建筑法第六条及内政部公布之建筑师管理规则订定之。"该规则共分六章, 除第一章"总则"外, 计有第二章"开业及领证"; 第三章"执业与取费"; 第四章"责任与义务"; 第五章"惩戒"; 第六章"附则"共四十条均系参照内政部所订六章四十二条。并依照上述二规则于战后进行甲、乙等建筑师登记。由于政令统一, 战后建筑师登记第一次向下普及, 除广州有数百位甲、乙等建筑师登记执业外, 江门、湛江等地始有建筑师登记, 而战前除广州以外绝大部分地区均取自由执业。

第四节　岭南近代中国建筑师

虽然受教育的途径和方式不同, 中国建筑师很快成为岭南建筑设计业的主体。他们以不同形式参与岭南建筑的近代化历程, 加速西方建筑艺术的本土化, 进而推动岭南近代建筑地方性的形成, 使岭南近代建筑的发展至少从20世纪初开始成为一部有中国建筑师参与的历史。

图3-16 广东公医院南
立面(谭胜，1916)，广
东省档案馆.

一、岭南近代中国建筑师的成长

中国近代建筑设计业虽然从20世纪初开始已渐有建筑与土木之分，但从国民政府加强设计业管理的种种注册登记制度看，中央及地方均采取了模糊专业分工，弱化差异性的作法。其中，1930年《广州市建筑工程师登记章程》虽明确了"建筑师"和"土木工程师"在专业及称呼的不同，却仍以"建筑工程师"之统一称谓实施登记；1934年广东在跟随中央实业部有关技师技副制度之后，建筑师更被纳入"土木技师"范畴，并以《广州市土木技师技副执业章程》的规定形式注册执业；即使是战后重新制订执行甲、乙等建筑师登记制度，建筑师与土木工程师在登记形式上仍继续采用统一标准，只是将技术职别由"土木技师"换成了"建筑师"而已。有鉴于此，在尊重历史传统定义的前提下，对近代岭南中国建筑师的研究，其对象涵盖所有从事建筑设计业的建筑及土木工程技术人员。

自1881年中国第一个土木工程专业毕业生詹天佑回国后，工程设计始有中国人参与。散见于文献记载者有黎巨川、谭胜、杨宜昌等人，其中黎巨川1890年前后设计广州陈氏书院；[1]杨宜昌1900年代为治平洋行雇佣；[2]萧钦、萧眉仙1898~1909年设计建造潮阳西园等。[3]从谭胜1916年设计建造广东公医学校的图则看(图3-16)，当时中国工程技术人员在绘图技巧方面并不具备专业建筑师的素养，这与20世纪初工程技术人员以工程见习出身居多、或归侨工程师多为土木专业背景有关。需要指出，即使西方建筑师最活跃的晚清民国初时期，岭南也未形成实际的西方建筑师执业群体，西方建筑师的活动局限在类似沙面的特权地区、教会产业或部分新式建筑的设计与建造中。大量具有西式特征的建筑显然出自中国人之手，他们或是工匠，或是则匠，或是具有专业背景的华侨工程师，构成了岭南第一代建筑设计从业人员，虽然其中大部分还不能称之为建筑师或工程师。

1911年辛亥革命打破了旧有营造体制的樊笼，资产阶级革命的政治实体开始有意识地引入西方建筑业运行机制。一批具有相当学识或为革命作出贡献的建筑专业人才被1912年广东军政府工务部特许为建筑工程师，其中包括郑校之、谭肇康等人；军政府工务部也因伍希侣、伦允襄等人的加入建立起有效的技术体系；1912年詹天佑发起成立广东工程师

①林克明、关伟亮陈家祠修建始末[A]//中国人民政治协商会议广东省广州市委员会、文史资料研究委员会.广州文史资料[C].1993,(45):200~202.
②彭长歆.20世纪初澳大利亚建筑师帕内在广州[J].新建筑.2009,(6):71.
③潮阳市地方志编纂委员会.潮阳县志[M].广州：广东人民出版社,1997:936.
④基泰工程司广州事务所致京所函分抄沪所(1946年5月7日)[Z].广州市档案馆藏.

会，成为近代中国第一个具有学术性质的工程协会组织，也标志着近代广东职业技术群体的形成。岭南自1920年代开始的大规模城市建设，吸引了越来越多留学生归国服务，设计从业人员规模不断扩大，形成梯次分明、数量众多的岭南近代建筑师群体，并在1934年广州市工务局土木技师技副执业登记中达到高潮。在126位注册技师中，共77位为海外留学专业背景，几占技师总数的2/3，但所有技师中只有17位是建筑学或建筑工程学背景。正规建筑师比例小和海外学成回国者比例大是该阶段建筑师构成的主要特点。

抗日战争在对建筑业产生严重破坏的同时，也极大影响了战后岭南建筑师的构成。由于战争的影响，许多知名建筑师或殁于战争，或年老病逝，或客居他乡。基泰工程司广州事务所1946年9月向总部的汇报中指出："……市内知名之工程司极少，李炳垣已病故，杨锡宗业已复业，陈荣枝在港，日内正拟回粤，至其他之建筑师均系昔日之营造厂绘图员而已……"[8]话语虽有些偏颇，但基本反映了广州当时建筑设计业的真实状况。另外，由于中国近代建筑教育和土木工程教育的发展，战后岭南建筑师在主体构成方面发生了蜕变。国内大学建筑系培养的青年建筑师逐渐成为战后设计业的主体，其中大部分是勤勤大学、中山大学等本地建筑系毕业生。在战后甲等建筑师登记中，共计有冯禹能、郑祖良、杜汝俭、麦禹喜、梁其森、刘本民、郭尚德、何伯懋、何文滔、梁精金、刘本民、马维新、余玉燕、梁耀相、詹道光、林良田、余寿祺、莫灼华等数十位勤勤大学、中山大学等本地建筑或土木专业毕业的青年建筑师注册执业，他们为1952年新型国有设计院制度改革奠定了技术和人才基础。

二、岭南近代中国建筑师的执业形态与地区分布

随着建筑师数量的增多及建筑师执业制度的建立，中国建筑师从1920年代开始广泛介入城市改良与建筑业中，并以多种形态存在。

(1) 自由建筑师及建筑师事务所

作为自由职业者，建筑师和土木工程师从民初开始便得到确认，并在历次建筑师登记章程和行业规程中得到强化。"建筑师为自由职业之一，其任务为受业主之委托担任建筑物之设计兼监造"；[5]"建筑师无论单独或共同执行业务，其办事处所概称建筑师事务所"。[6]1912年，广东都督府工务部成立之初即向在粤建筑师和土木工程师颁发执业证书，郑校之是其中之一，他在该年6月由工务司特给执业证书，自营(广州)郑校之建筑工程师事务所。[7]这说明当时工务部在程天斗领导下已尝试按西方模式建立建筑师执业制度。由于民国初岭南政治、军事局势及经济发展极不稳定，这种给照制度并未得到很好延续。

从1918年广州市政公所开始，建筑设计业随着城市建设的发展而逐渐兴旺，自由建筑师在各地的设计活动逐渐增多。1921年，杨锡宗在广州设计了嘉南堂东、西楼及南华楼；1922年，江宗汉在台山设计了台山县立中学。……由于当时建筑师执业体系尚未确立，建筑师在建筑业中的职业界定较模糊，建筑师被质疑取费过高或操纵

⑤广州市建筑师公会.建筑师业务规则[Z],第一节"建筑师之地位"，1947年版.
⑥广州市建筑师管理规则[Z],第一章第四条,1945年.
⑦赖德霖 主编、王浩娱、袁雪平、司春娟 编.近代哲匠录——中国近代重要建筑师、建筑事务所名录[M].北京：中国水利水电出版社、知识产权出版社, 2006: 207.
⑧冼锡鸿.嘉南堂·南华公司·嘉华储蓄银行[A]//中国人民政治协商会议广东省广州市委员会、文史资料研究委员会.广州文史资料[C], 1965.1, (14): 72.
⑨台中新校舍奠基纪念录, 1924年, 会议纪事篇, 第4-5页, 台山市档案馆藏.

①土木工程师学会成立[N].广州民国日报,1926-11-20.

②"陈荣枝"、"郭秉琦"条目.广东人名录.广州:华南新闻总社,1949.

③广州市建筑师公会.建筑师业务规则.广州市档案馆藏.

④谭延闿署.广州市市政例规章程汇编[Z],1924:85.

⑤林克明曾回忆:"当时,在广州工务局任职的设计工程师大多是留美的学生,而留法学生我是第一个。由于工程师的职位很少更动,即使局长更换也不受影响,工资又较高,职位相当稳定,对此我觉得很满意。"林克明.世纪回顾——林克明回忆录[M].广州市政协文史资料委员会编,1995:11.

工程的现象较为突出。如杨锡宗参与嘉南堂东楼(即新华酒店)和南华一楼(即新亚酒店)的土建工程,从工程额中抽值5%作为设计费;⑧江宗汉被投诉操纵台山县立中学工程进度和工程款项拨付,⑧等等。这在一定程度上影响了建筑师在建筑业中的独立性及公正性,并间接促成了三十年代初建筑师执业章程的制订和实施。

从1930年代开始,政府主管部门开始以注册登记制度将自由建筑师纳入法制管理中,自由建筑师向登记执业建筑师过渡。至1934年广州土木技师技副登记中,有126位技师和265位技副被允许执行建筑师业务。至战后甲、乙等建筑师登记中,则有多达200余间甲等建筑师事务所被允许在广州执业,这还不包括事务所中数量不等的设计从业人员。

在中央政府和地方工务局制订建筑师登记制度强化设计业管理的同时,行业组织为规范建筑设计业发展也作出了极大努力。除民国初的广东工程师会(1912年成立)和中国工程师学会(1913年成立)外,1926年11月18日,"中华土木工程师学会"在广州成立,第一届监察委员包括伍希侣、容绍梅、陈耀祖、陈国机、黄森光等五人,执行委员有陈赞臣、林逸民、桂铭敬、彭回、黄肇祥、杨永棠、李卓等七人,其中,伍希侣为监委主席,陈赞臣为执委主席。①这是一个以土木工程师为主体的技术协会。正式以建筑师名义命名的行业组织——广州市建筑师同业公会直到战后才成立,陈荣枝为首届理事长,郭秉琦等为理事。②公会制订颁布了《广州市建筑师公会建筑师业务规则》,主要就"建筑师地位"(第一节)、"建筑师之职务"(第二节)、"建筑师之公费"(第三节)等作出规定。③而有关设计取费的条文是建筑师公会成立后在利益协调方面所作的重要贡献,之前广州商业设计市场并无明确统一的取费标准。

(2) 公立设计机构

公立设计机构早在民国初已见雏形。作为中国工程师学会特许会员,伦允襄、伍希侣领导了军政府工务部最早的技术集体。1920年代早期岭南市县制改革完成后,工务局成为主导城市建设的管理机构。由于大规模市政改良的需要,工务局设计课作为公办性质的设计机构应运而生。以广州市工务局设计课为例,其负责事务包括:①关于规划新辟街道、公园、市场、沟渠、桥梁、楼宇、水道等工程事项;②关于测量制图印刷及保管仪器图籍事项;③关于绘图工程事项。④

图3-17 台山县工务局同人合影,台山县建设图集,约1927.台山市档案馆藏.

在岭南城市与建筑的近代化历程中,工务局设计课扮演了十分重要的角色,是岭南各地最重要的公立设计机构。由于薪资稳定且能发挥所长,许多留学欧美的专业技术人员纷纷投效其中⑤,承担了市政道路、城市规划和绝大部分公有建筑的设计,也因此成为岭南近代最具创造力的设计集体(图3-17)。伍希侣、杨锡宗、郑校之、黄森光、

林克明、陈荣枝、李炳垣、邝伟光等建筑师和土木工程师都先后服务其中，充任技正或技士，设计了包括第一公园(后称中央公园)、广州市中山图书馆、广州市府合署、平民宫、迎宾馆、平民村、各公办中小学等在内的一大批政府公有建筑。而台山、新会等地工务局虽编制较小，实际上也担当了设计之职(图3-18)，负责全县的城镇规划和公有建筑物设计，成绩十分突出。一个有趣现象是，这些曾服务于工务局的政府建筑师也几乎是岭南近代最优秀的建筑师群体。这种情况甚至一直延续到1930年代广州市工务局实行建筑工程师登记执业制度后。

除工务局设计课外，市政厅、政府各局属均有独立设计机构或专任设计人员。广州市政厅从成立之初即成立设计委员会，这是一个人员组成更广泛的官方设计机构，美国土木工程师伯捷在1920年代初也曾任职其中。另外，其他政府机构也多聘请或专设设计职位，如黄玉瑜曾为官方广东信托投资公司建筑师，杨锡宗曾任教育厅总工程师，陈国机等服务于省建设厅等。1928年10月成立的广州城市设计委员会则聘有外国规划专家和本国规划人才专司市政设计和城市规划。战后广州都市计划委员会也有同样职能。多种形式的公立设计机构确保了政府对公营项目的有效控制，也在一定程度上确保了政府项目的设计质量。

由于建筑设计业的特殊性，公立设计机构的建筑师同时以自由建筑师身份参与建筑设计活动的现象十分普遍。如林克明以个人名义请绘图员参与广州市府合署的设计竞赛，陈荣枝、李炳垣在任职工务局期间合作设计爱群大厦等，说明工务部门对建筑师公职以外的设计活动采取了默许态度。

(3) 营造厂兼任设计

为更好地延揽业务，营造厂也常聘建筑师或土木工程师开展设计业务。这一方面是因应近代建筑技术的发展，尤其是钢筋混凝土结构技术的广泛使用，专业技术人员参与设计和施工管理成为必然；另一方面则与报建制度有直接联系。从广州市政公所开始，工程报建制度即已基本确立，拟具图式成为报建事项之必备条件。在具备上述两项基本要求的同时，营造厂附设设计人员或机构显然有助于承揽工程项目。在建筑工程师登记执业制度形

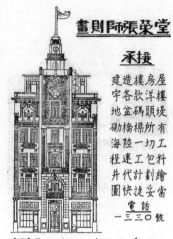

图3-19 新会建益营造公司承接业务广告, 新会县建设局.新会县建设特刊, 1933.

图3-20 建筑师张荣堂承接业务广告, 新会县建设局.新会县建设特刊, 1933.(右)

①耀基建筑公司广告//程天固.广州工务之实施计划[Z].广州市政府工务局, 1930.

图3-21 杨锡宗像(1940年代), 广州市档案馆.

成前, 业主与承建人间通过直接委托, 形成建筑生产的雇佣合同关系, 在这个过程中, 建筑设计作为附加产品被业主向营造厂同时订购, 这使得营造厂不得不以专聘或临时聘请建筑工程师作为其承揽业务的必要条件。

即使在建筑师登记制度已经建立的1930年代, 营造厂代行设计职能也非常常见。十余家建筑公司包括谦信、和兴、协成、耀基等, 曾在1930年12月出版、由工务局长程天固撰写的《广州工务之实施计划》一书中刊载业务广告, 几乎毫无例外地宣称"承办大小土木工程、测绘画则";"并聘富有工程学识经验之工程师多人以备代客计划各项工程事务"。①说明建筑公司附设设计机构相当广泛, 该现象在中心城市以外的市县地区尤为明显(图3-19)。

在工务局实行建筑工程师登记制度后, 营造厂商与持牌工程师员互相联络业务的情况更为明显。许多建筑工程师主动挂靠营造厂以维持业务来源, 苏尔肃在1946年"广州市工务局建筑师(乙等)开业申请书"中称曾代"李英记、励益、志成等建筑商委托设计工作"。当然, 这其中也不乏建筑师兼营营造业务的案例(图3-20)。

营造厂建筑师一方面使民用建筑的设计和施工维持了一定的专业技术水平, 但另一方面, 也造就了近代岭南大量"无名"建筑的存在。

(4) 担任教职的建筑师及建筑师事务所

通过查阅1934年广州市技师技副登记表, 我们发现, 包括林克明在内的许多"真正的"建筑师并不在登记之列。同时发现, 正如1920年代许多海外留学生投身工务局一样, 在1930年代勤勤大学建筑工程学系组建并发展的过程中, 先后有林克明、胡德元、陈荣枝、过元熙、杨金、陈逢荣、谭天宋、谭允赐、金泽光、黄玉瑜等建筑专业背景的留学生成为该系教授。其中大部分在战前并未登记成为执业建筑师, 但仍以建筑师或工程师事务所的名义执业, 并接纳本系学生进行设计实习, 如过元熙、陈逢荣、谭天宋、胡德元等工程师事务所。而林克明、胡德元、金泽光等则合作完成了国立中山大学第二期工程的设计。上述担任教职的建筑师成为岭南近代特殊的执业建筑师群体。战后, 国立中山大学建筑工程学系以夏昌世、龙庆忠、林克明、杜汝俭等为代表, 在担任教职同时兼理建筑师业务。与战前不同, 其中绝大多数均在工务局登记成为甲等建筑师。

三、近代岭南著名中国建筑师

(1) 杨锡宗

杨锡宗(图3-21)，广东中山人。1889年12月2日生于香港。幼年就读岭南学堂，毕业后考入北京清华学校，因母亲疾病南归。翌年自费留美，原计划学习经济科，赴美途中经停日本，因目睹该国城市建设繁荣而立志改学建筑，并就读于美国康乃尔大学(Cornell University)建筑系，同学中有吕彦直等。1918年毕业，获建筑科学士学位。[①]

杨锡宗归国后就职于广州等市政工务部门。从现有实例看，杨锡宗首个作品为1918年12月建成的广州第一公园，杨锡宗当时服务于市政公所并主持了设计。稍后，杨锡宗为陈炯明所聘，任福建漳州市政总工程师。其时，陈炯明正大力推行"模范漳州运动"，杨锡宗专职规划，对漳州市政改良贡献颇多。1921年广州市政厅成立，杨锡宗受聘担任工务局取缔课课长和设计技士[②]负责指导城市公园的设计和建设，并在广州市内规划了五座城市公园。[③]1922年陈炯明"叛乱"后，杨锡宗接替程天固在6月至12月间短暂担任广州市工务局局长[④]，随后离职并自行开业。

作为岭南开业最早的中国建筑师之一，杨锡宗早在1920年代前期就已取得良好的设计声誉。受华侨资本嘉南堂和南华公司委托，杨锡宗在广州西濠口设计了嘉南堂东楼(今广州太平南路新华酒店)和南华楼(今太平南路新亚酒店)，为新古典风格。这两座大厦因地处西堤繁华商业地段，与早前落成的大新百货公司一道成为广州地标。同时期，杨锡宗还以新哥特式样设计了商务印书馆广州分馆(今北京路科技书店)。1924年取得香港建筑师执业资格。[⑤]

1925年，既是中国建筑师在近代历史舞台上最重要的一年，也是杨锡宗设计生涯的分水岭。从这一年开始，杨锡宗步入其长达十余年的鼎盛期。在这十余年中，他一方面拓展了他的古典学院派手法，使其变得更为成熟；另一方面，在民族主义中国建筑的探索中，杨锡宗通过古典主义构图与中国风格的结合，逐步形成个人的设计理念和手法，并时有佳作；从1930年代中期开始，杨锡宗还开始了对摩登形式的探索，为战后个人现代主义风格的发展奠定了基础。

与吕彦直等人一道，杨锡宗是岭南乃至中国近代最早尝试中国风格设计的中国建筑师之一。1925年，为纪念孙中山先生，葬事筹备处向全世界的建筑师和美术家征集陵墓设计图案，杨锡宗在40余份设计案中，获第三奖(吕彦直获首奖)。一年后，在广州中山纪念堂设计竞图中，杨锡宗获第二名(吕彦直再获首奖)。虽然无法得知杨在中山纪念堂设计中的图案形式，但显然，两次竞赛对其设计思想产生重大影响。随后几年里，杨锡宗完成了多个中国风格的设计，其中：1927年，以帕拉第奥母题作门廊结合中式屋顶设计了广州培正中学美洲堂；1928年，以北京故宫文华殿为参照，设计了广州越秀山仲元图书馆；以及1930年底尝试运用传统塔造型与须弥座相结合的方法设计了岭南大学校园中轴线上地标性水塔；

① 香港历史档案馆.HongKong Public Record Office；宪报，726 of 1952；[美]勃德编.中国近代名人图鉴[M].上海：天一出版社，1925；赖德霖主编，王浩娱等编.近代哲匠录——中国近代时期重要建筑家、建筑事务所名录.中国水利水电出版社、知识产权出版社，2006：176-177.

② 市长委任令第5号[J].广州市市政公报，1921.3.28，(5)；市长委任令第95号[J].广州市市政公报，1921.6.20，(17).

③ Canton's New Maloos[J].*The Far Eastern Review*，1922，(1)：22.

④ 李惠黄.模范之广州市[M].商务印书馆，1929：63.

⑤ 香港历史档案馆.HongKong Public Record Office；宪报，726 of 1952.

图3-22 "石牌中山大学新校舍草图案"(杨锡宗, 1932), 中山大学.国立中山大学二十一年度概览, 1932.(左)

图3-23 原中山大学牌坊(杨锡宗, 1932), 作者摄于2004年10月.

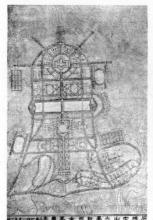

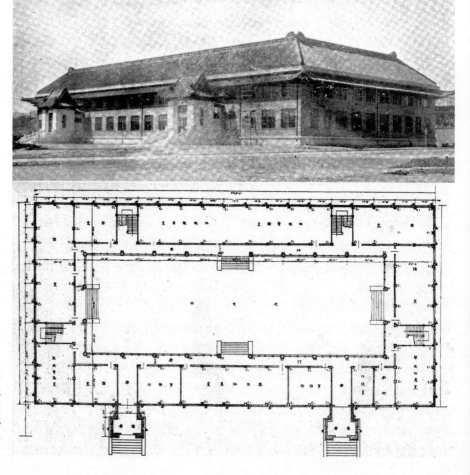

图3-24 中山大学工学院机械及电气二系教室(杨锡宗, 1932), 国立中山大学工学院概览, 1935; 国立中山大学现状, 1935.

等等。

　　杨锡宗以传统建筑形式与西式立面构图相结合的设计手法在1930年代初发展成熟。1932年，受国立中山大学校长邹鲁所托，杨锡宗完成了中山大学石牌新校的总体规划(图3-22)和第一期工程项目的设计。包括入口石坊(1934)、电气机械工程系馆(1933，现华南理工大学八号楼)、工学院土木系馆(1933，现华南理工大学九号楼)及教职工宿舍、学生宿舍等。其中，入口石坊以传统牌楼造型，简洁雄浑(图3-23)；机械与电气二系系馆(图3-24)及土木系馆秉承了仲元图书馆中以门廊作抱厦的处理手法，但形式更简洁；在平面处理上，杨锡宗采用了传统合院式布局，而有别于中山大学后续项目中的工字形或山字形布局(由林克明等人设计)。杨锡宗为国立中山大学所作的贡献还包括1931-1932年参与筹组中山大学工学院土木工程系。①

图3-25 林克明像(1930年代)，广东省立工专校刊，1933.

　　在进行中国固有式建筑创作的同时，杨锡宗在1928年完成了他古典主义的高峰作品——国民革命军第十一军公墓(十九路军前身)。上海"一·二八"抗战开始后，这座正在建筑中的公墓改为"十九路军淞沪抗日阵亡将士陵园"。

　　从1930年代开始，在国际现代主义浪潮的冲击下，杨锡宗开始对摩登形式的探索。在广东省银行汕头、江门、韶关、海口等支行及法币发行管理委员会办公楼设计中，一种简化、略带艺术装饰风格的摩登手法被广泛使用，其中包括1935年设计兴建的汕头支行及1936年广州法币发行管理委员会等建筑。②

　　1937年8月31日，广州首次遭到日机轰炸，从这一年开始，有关文献中关于"杨锡宗画则工程师"(事务所名称)的情况近于绝迹，而主要客户广东省银行在战前和战时一些新的项目委托给了其他建筑师，包括李卓、董大酉、基泰工程司等。据推测，杨锡宗应在广州陷落前回到了其出生地——香港。

　　抗战胜利后，年过半百的杨锡宗于1946年1月5日向广州市工务局申请"杨锡宗建筑师事务所(甲等)"开业，获得批准，证书号"建字第1008号"。由于国民党政治腐败和军事失利，战后广州已鲜有大型建设，但杨锡宗因多年来卓有成效的设计及与政府的良好关系，仍获得较多设计业务。包括广州市银行华侨新村(今中山路入白云路路口地段)、广州市银行长堤新行(1947-1948)等，其设计手法也基本摆脱了战前折中主义的痕迹，表现出日渐成熟的现代主义风格。在战后继续设计业务的同时，1947年杨锡宗以顾问身份与汕头市市长翁桂清合作撰写了《汕头市政计划举要》③，并完成了汕头东南海岸的规划设计。1948年，杨锡宗出任广州市都市计划委员会委员。

　　1949年前后，杨锡宗迁居香港。1952年4月，杨锡宗在香港建筑师注册登记表上留下了自己的签名，其后设计史实不详。

　　(2) 林克明

　　林克明(1900~1999)(图3-25)，广东东莞石龙镇人。1918年，林克明进入广东高等师范学校英语系修业，1920年赴法国勤工俭学，次年被选送到刚成立的里昂中法大学进修建筑

①国立中山大学工学院现状[Z].国立中山大学出版社，1937: 1.
②有关杨锡宗设计监造广东省银行汕头、江门、韶关、海口等支行以及法币发行管理委员会办公楼的文献资料现藏于广东省档案馆。
③翁桂清、杨锡宗.汕头市政计划举要[Z]，1936.广东省立中山图书馆藏.

①林克明.建筑教育、建筑创作实践六十二年[J].南方建筑，1995,(2):45.

②林克明.建筑教育、建筑创作实践六十二年[J].南方建筑，1995,(2):45.另,汕头中山公园在1928年8月28日落成使用.

③汕头市中山公园设计说明书[A]//汕头市政厅编辑股.新汕头[Z],1928:105.

④程天固.程天固回忆录[M].香港:龙门书店有限公司,1978:165.

工程。其后，进入里昂建筑工程学院。该学院为巴黎高等美术学院在里昂的分院，属学院派教学体系。主要教授嘎涅(Tony Garnier)是里昂市总建筑师、罗马大奖获得者和法兰西政府总建筑师，其建筑观对林克明产生了很大影响。1926年春，林克明进入巴黎Agasche建筑事务所实习，该事务所当时正承担巴黎城市扩建工程设计。在为期半年的实习中，林克明对城市规划产生了极大兴趣。①

1926年冬，正值建筑学领域的大变革时期，林克明毕业回国，随即自觉成为积极的参与者和行动者。林克明首先担任汕头市政府工务科科长，在"汕头市改造计划"的要求下，负责城市道路改造与扩建。其间主持完成了汕头街区规划和中山公园规划。②

南京中山陵和广州中山纪念堂竞图案显然影响了林克明的早期建筑思想。《汕头市中山公园设计说明书》在介绍公园特色时称："参酌地形，采取东西洋式庭院，规划布置。……虽方式各有不同，均足以表现其国民之趣向焉。年内国内风势所趋，物质建设，崇尚欧美，而尤于营建园林，不敢脱其窠臼，不知我中华民国固有数千年传来之文明结晶，其奥妙奇特处，有非今日西式之所能企及者，吾跻处于时代，焉可不发扬光大之"。③言辞中充满了强烈的民族主义情愫。实际上，自觉寻求中国建筑的现代阐释成为林克明数十年设计生涯的总体写照，而这一切或从1928年8月28日落成的汕头中山公园的设计中已经开始。

林克明的建筑师生涯开始于广州。1928年程天固二度出任广州市工务局长，对工务局进行组织结构调整，裁去冗员十余人，并亲自物色林克明、袁梦鸿、郭振声等四名留学海外的建筑师及土木工程师加入工务局。④同时制订《广州工务之实施计划》，广州在前期市政改良基础上进入大规模城市建设时期。广州中山图书馆成为林克明进入工务局后的第一个奠基性作品。林克明几乎从一开始就进入了他个人风格的成熟期，他在中山图书馆平面设计中更多地注入了其在欧洲所形成的观念，具体为法国宫廷式建筑和英国都铎式建筑平面的影响：三合院或四合院的平面布局方式，两端或角部的凸出体等，以及由此演变而来的"H"形对称平面等(图3-26)，同时由于角部方形凸出体更容易在建筑形式上形成"塔

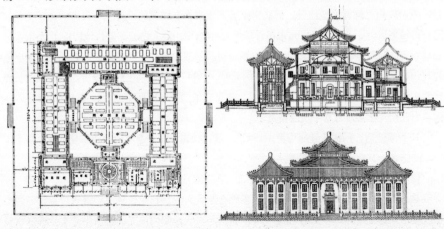

图3-26 广州中山图书馆图案(林克明，1928-1929)(左：首层平面图；右上：剖面图；右下：正立面图)，广州市立中山图书馆编.广州市市立中山图书馆特刊,1933.

图3-27 广州市立二中
(林克明, 1933), 广州
市政府新署落成纪念
专刊, 1934.

形"表述, 因而在林克明一生大部分作品中都能看到这类平面形式的影子。在建筑形式
上, 林克明也发展了欧洲对应于上述平面形制的立面组织方式, 横向的五段式划分通过角
部及中部的凸出体得以实现, 纵向的三段式划分则通过茂飞、吕彦直等建筑师对中国古典
复兴建筑的先期尝试而获得了宝贵经验。

　　1930年代是林克明一生中最重要的时期。短短数年间, 他已确立了自己作为"中国
固有式"建筑的旗手、岭南摩登建筑的开拓者及近代建筑教育家等多重荣誉和地位。1930
年, 在叔父林直勉引荐下, 林克明受邀担任中山纪念堂工程顾问, 负责技术审核和现场监
理工作。通过对纪念堂建设工程的参与, 引起了林克明"对中国传统建筑形式在新建筑中
运用的重视和极大的兴趣"。[①]作为政府建筑师, 林克明坚定执行了国民政府1930年代民族
主义的文化和艺术政策。1931年, 林克明在广州市府合署的设计竞赛中获得第一名, 并以
工务局技士身份完成建筑设计。在市府合署设计中, 林克明发展了他自中山图书馆以来所
形成的设计手法, 并通过对中山纪念堂的学习使其"中国固有式"风格更为成熟。从市府
合署设计开始, 林克明尝试对传统形式进行革新, 包括利用屋顶空间及简化装饰等, 并在
国立中山大学石牌新校第二期设计得到具体体现。1933~1935年, 林克明设计了中山大学
农学院化学馆、农学院教学楼、理学院教学楼、理学院物理系教学楼、理学院天文系教学
楼、理学院化学系教学楼、法学院教学楼等一大批"中国固有式"建筑。这些建筑在比例
关系、繁简处理等方面都开拓了一条新思路, 并在建筑形式上取得了不同于政府官式建筑
的艺术效果。

　　在进行"中国固有式"设计的同时, 林克明也尝试演绎不同形式的建筑, 其中包括
1930年6月设计的市立二中(图3-27), 这是林克明为数极少具有西方古典形式特征的作品之
一; 1930年11月设计的"模范"住宅, 等等。与此同时, 林克明以对建筑新形式的敏锐判断,
开启了岭南摩登建筑的探索和实践。1930年10月, 林克明设计了广州市平民宫, 这座造价
低廉的钢筋混凝土结构建筑第一次向人们展示了"形式上既庄严而又不失平民气象"的摩
登形象。"实用与经济"的现代主义理念在省立勤勤大学石榴岗新校设计中得到更完整表
述。1932~1934年设计建造的勤大工学院、教育学院、第一及第二宿舍, 和仅完成设计的工
学院化学实验室、商学院教学楼等建筑一道成为1930年代岭南最完整的摩登建筑群体。

①林克明.建筑教育、
建筑创作实践六十二
年[J].南方建筑,
1995, (2): 47.

林克明对岭南近代建筑发展的另一重要贡献是创办了广东省立勤勤大学建筑工程学系。1934年9月，林克明以"专任勤大教授"为由向工务局请辞①。在勤大期间，林克明成立了以他个人名字命名的建筑师事物所②，并设计了一系列名人住宅、西濠口唐拾义商店(1934)、留法同学会(1934)、金星戏院(1934)、模范戏院(1934)、大德戏院

图3-28 陈荣枝像, 香港
爱群人寿保险有限公
司广州分行爱群大酒店
开幕纪念刊, 1937.7.
图3-29 广州市府宾
馆(陈荣枝, 1933),
Edward Bing-shuey Lee.
Modern Canton[M].
Shanghai: The Mercury
Press, 1936.

(1934)、新星戏院(1934)、东乐戏院(1934)、广东省教育会会堂(1935)、自宅一(1935)、市立女子中学(1936)、大中中学校舍(1936)、自宅二(1937)等建筑。③在其言传身教下，勤勤大学建筑工程系逐渐形成工程技术与建筑艺术相结合的教学特点，并使勤大建筑系最终发展为岭南现代主义传播和研究的重镇。

1946年11月，中山大学建筑工程系聘请林克明担任教职。1947年左右，林克明登记成为广州市甲等建筑师，并自营林克明建筑师事务所。其间设计了包括今豪贤路48号在内的一批名人花园式住宅。1949年政权更替后，再次出任政府建筑师并担任技术职务，完成了一系列重要建筑的设计，其设计生涯一直延续到1980年代，为岭南近现代最重要的建筑师之一。

(3) 陈荣枝

①林克明因专任勤大教授请辞[J].广州市市政公报, 1934.9, (475): 85.林在回忆录中称在1932年辞职, 当属忆述不详。
②在1930年广州建筑工程师登记以及1934年土木技师技副登记中, 均未有林克明登记注册的记录, 原因不详。
③杜汝俭主编.中国著名建筑师林克明[C].北京: 科学普及出版社, 1991.
④其胞弟陈荣翰1986年口述时称陈荣枝出生于1900年, 其他文字材料包括《广东人名录》等所载为1902年, 本书采信后者。
⑤广东欧美同学会会员录, 1936年; 陈智良、李其芳、陈荣翰 口述.爱群大厦设计工程师陈荣枝[A]//

陈荣枝(1902～1979)(图3-28),④广东台山冲蒌莲花逢源村人, 早年留学美国, 1926年毕业于密西根大学建筑科, 获建筑学学士, 1929年回国。⑤

陈荣枝回国后加入广州市工务局, 曾任广州市工务局第一课课长兼技正、黄埔开埠督办公署设计专员等职。⑥作为政府建筑师, 他与林克明一道担负了1930年代前期大部分公有建筑的设计。与林克明专长于政府公共建筑和教育建筑不同, 陈荣枝尤其擅长对不同类型的建筑作不同形式的演绎。1930年12月他设计了广州市洲头嘴内港货仓以配合程天固《广州市工务之实施计划》的进行。在设计图中, 陈荣枝展现了训练有素的绘画技巧和当时所受摩登形式的影响; 1931年4月, 陈荣枝设计了朱执信纪念碑⑦; 1933年, 以"西班牙式"设计了广东省府及广州市府宾馆(今广州市迎宾馆旧楼)(图3-29); 1933年, 陈荣枝完成了广东省立勤勤大学早期巴洛克式校园规划, 并同时设计了师范学院、体育馆、金木土工实验室等建筑; ⑧1931～1934年, 更以美国"摩天式"设计了广州爱群大厦, 从而跻身于岭南近代著名建筑师之列。

作为知名建筑师, 陈荣枝曾受邀参加多项设计竞赛, 其中包括1935年1月广州孙逸仙纪念医院设计竞赛, 陈与杨锡宗、黄玉瑜三人受邀参加, 黄玉瑜设计案获选; 以及1935年6月, 陈荣枝作为13位建筑师之一应邀参加全国性建筑设计竞赛——"南京国立中央博物院方案征选", 其作品虽未中标, 但受到了评委们的特别嘉奖, 认为其方案"布局至为精密,

在制图上技术高超，丝毫不苟；对于清式建筑有极可佩之认识，亦本次应征之佳构也"。⑤

与1930年代许多知名建筑师兼任大学教授一样，陈荣枝在1930年代担任了勤勤大学建筑工程学系教授，并为《新建筑》杂志撰写了《防空棚与燃烧弹的威胁》等文章。⑩战争期间，陈荣枝辗转于香港等地，并于1938年在香港注册为执业建筑师。⑪

战后，陈荣枝于1946年中从香港回到广州，登记成为广州市工务局甲等建筑师(登记号：建字第1104号)，同时兼任广州市建筑师公会理事长、广州市政府都市计划委员会委员、黄埔市筹备处专员。⑫建国前夕，陈荣枝赴港定居，并继续为旅港殷商——爱群大厦业主陈伯兴设计建造许多大楼。⑬

四、其他重要建筑师

(1) 陈伯齐

陈伯齐(1903～1973)，广东台山县人。早年毕业于广东大学附属师范学校，1930年官费考取日本东京工业大学建筑科，1934年赴德国柏林工业大学建筑系就读，1939年毕业，并留任该校建筑设计部工作。在此期间，曾游历欧洲多个国家考察建筑，对欧洲现代建筑运动有十分深刻的认识。1940年初回国后，陈在重庆大学担任土木工程系教授。同年，倡办建筑系并任首届系主任。在教学中，陈伯齐重实际、轻美术，其教学理念与当时中国的学院派主流发生严重冲突。学生们因羡慕临校中央大学画得好，终于在1942年发生驱赶陈伯齐等教授事件，陈被迫离开重庆大学。1944年，他加入中国营造学社。1945年11月间，陈与重庆大学另一位受排挤的教授夏昌世一道来到复员后的中山大学建筑工程学系，任教授兼系主任。

(2) 范文照

范文照(1893～1979)，籍贯广东，早年毕业于上海圣约翰大学土木工程系，1921年毕业于美国宾夕法尼亚大学，获建筑学士学位。1927年，范文照在上海开设建筑师事务所，长期执业于上海、广州、汉口、北平、南京等地，留下了大量作品，并曾担任中国建筑师学会会长。⑭范文照早期设计为"全然复古"，并喜欢以折衷主义手法在西式建筑中融入中国传统建筑的局部。1924年范文照在南京中山陵设计竞赛中获第二名；1926年在广州中山纪念堂设计竞赛中，获第三名。1933年，范文照再以固有式风格获广东省

广东省台山县政协文史委员会.台山文史[C].1987.8,(8)：71.
⑥"陈荣枝"条目.广东人名录.广州：华南新闻总社，1949.
⑦建筑朱执信先生纪念碑[J].广州市市政公报，1931.4,(385).
⑧谢少明.中国近代建筑的先驱城市广州[A]//杨秉德主编.中国近代城市与建筑[C].北京：中国建筑工业出版社，1993：22.
⑨李海清.中国建筑现代转型[M].南京：东南大学出版社，2004：176.
⑩载《新建筑》，1942年6月第8期.
⑪香港历史档案馆.HongKong Public Record Office；宪报，967 of 1938.
⑫"陈荣枝"条目.广东人名录.广州：华南新闻总社，1949.
⑬陈智良、李其芳、陈荣翰 口述.爱群大厦设计工程师陈荣枝[A].广东省台山县政协文史委员会.台山文史[C].1987.8,(8)：71.
⑭"范文照"条目.广东人名录.广州：华南新闻总社，1949.

图3-30 广州市市营事业联合办公署(范文照，1930's), Gin Djih Sü (徐敬直).Chinese Architecture: Past & Contemporary[M].Hongkong:The Sin Poh Amalgamated (H.K.)Limited,1964.

①参见伍江.上海百年建筑史(1840~1949)[M].上海：同济大学出版社,1997:153.

②"范志恒"条目.广东名人录.广州：华南新闻总社,1949.

③广州市工务局建筑师开业申请书(甲等)[Z],1946.7.广州市档案馆藏.

④杨永生.中国四代建筑师[C].中国建筑工业出版社,2002:44.

⑤广州技师技副名册.广州市档案馆藏.又据广东省立中山图书馆藏,1936年广东欧美同学会会员录,载关以舟所获学位为建筑工程学士.

图3-31 "开平县立中学平面总布置图"(关以舟,1934),广东土木工程师会.工程季刊,1934-11,第2期第4卷.

图3-32 "中山纪念博济医院鸟瞰图"(黄玉瑜,1935),中山大学附属第二医院(原孙逸仙纪念医院)院史办.(右)

府竞标案首奖,但因故未能实施。稍后,范文照开始反思中国固有形式,并在1933年加入事务所成为合伙人的瑞典裔美国建筑师林朋(Carl Lindbom)影响下尝试摩登建筑的探索和实践。①1934年,范文照以"立体式"设计了广州中华书局、广州市市营事业联合办公署(图3-30)等建筑。

(3) 范志恒

范志恒(1913~?),广东鹤山人,1937年毕业于南京中央大学建筑系。1938年入香港公和洋行(Palmer & Turner),参与设计上海中国银行总行、百老汇大厦、香港第二代中国银行等设计。战时加入美陆军负责管理广西公路及营房工程。抗战胜利后,国民党广东省党部就粤秀山忠烈祠向全国征集图案,范志恒获得图案竞赛第一名,并被聘为该项目建筑师,②该建筑因故未能建成。范1946年在广州登记成为甲等建筑师,并自营范志恒建筑师事务所(甲等建字第1045号)。③范志恒是岭南战后著名青年建筑师,1949年后任职于武汉设计院,1957年被划为"右派",60年代初病逝于武汉。④

(4) 关以舟

关以舟(1902~?),广东开平人。1928年毕业于美国加利福尼亚大学,获土木工程科学士。⑤关以舟回国后服务于汕头市工务局,1929年担任汕头市工务局建筑课长。⑥1932年5月,关被委任为广州市工务局取缔课技士。⑦1934年3月,关以舟在广州市工务局登记成为执业技师,⑧并与余清江合组事务所于大南路32号(旧牌号),并在广州、台山、开平等地执行建筑师业务。他曾先后设计开平赤坎关族图书馆(1929)、开平县立中学(图3-31)、司徒珙医务所,⑨及国立中山大学体育馆(1936,和余清江合作设计)等建筑。抗战胜利后,关以舟担任第一集团军司令部技正,并在广州市工务局登记成为甲等建筑师。

(5) 胡德元

胡德元(1900~1986),四川塾江人,日本东京工业大学建筑科毕业,毕业后曾先后在日本东京清水组实习八个月和日本铁道省实习六个月。⑩作为岭南近代建筑教育家,胡德元协

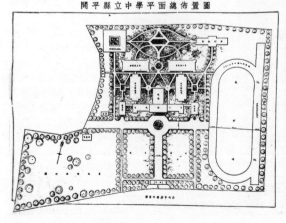

助林克明创建了广东省立勤勤大学建筑工程学系，并从省立工专开始长期担任建筑工程学系教授。1938年秋，胡德元更受命于国难之际，将勤大建筑系完整带入国立中山大学，并任教授兼该系主任，直至1941年前后辞职回川。[⑬]胡德元在担任教职的同时，于1934年登记成为广州市工务局执业建筑师，并自组胡德元建筑师事务所，其间设计了中山大学工学院强电流实验室(今华南理工大学第11号楼)和日规台等建筑。胡德元回川后曾担任西康水利局局长。1947年6月，胡德元在南京申请开业登记，成立(南京)胡德元建筑师事务所，[⑰]继续其职业建筑师生涯。

(6) 黄玉瑜

黄玉瑜(1902~1940?)，广东开平人，1925年毕业于美国麻省理工大学，获建筑科学士。毕业后，黄玉瑜一度追随美国建筑师茂飞，在1927~1930年《首都计划》的制订中，绘制了大量中国固有式风格的建筑物或建筑群。1930年代，黄玉瑜任职广东信托公司，并登记成为广州市工务局执业建筑师。1933年以广东信托公司建筑师身份设计了岭南大学女生宿舍(即广寒宫)；1935年初，黄玉瑜以新古典风格设计了广州长堤孙逸仙纪念医院(图3-32)。在粤期间，黄玉瑜长期担任岭南大学土木工程系教授，并于1938年勤勤大学建筑工程学系整体并入中山大学后担任该系教授，1939年随校抵达云南澄江后离职。1939-1940年，黄玉瑜参与滇缅公路运输，死于日机轰炸。[⑯]

(7) 黎抡杰

黎抡杰(1912~2001)[⑭]，广东番禺人，曾用名黎宁等，1937年毕业于广东省立勤勤大学建筑工程学系。作为岭南早期现代主义传播和研究的中坚人物，黎抡杰在学期间即参与发起勤大1937届学生社团"建筑工程学社"，并在勤大建筑系1935年建筑图案展览会上发表《建筑的霸权时代》一文，满怀激情地赞美新生的现代主义运动。1936年，黎抡杰参与创办《新建筑》杂志，并在其中先后发表了《纯粹主义者Le Corbusier之介绍》、《色彩建筑家Bruno Taut》、《苏联新建筑之批判》、《5年来的中国新建筑运动》、《论"国力"与国土防空》、《防空都市论》、《论近代都市与空袭纵火》、《现代建筑的特性与建筑工学》等文。1939年5月，黎抡杰受聘担任国立中山大学建筑工程学系助教，除勤助系务外，专门从事建筑研究。在校期间译有《现代建筑》一书，并撰写了《防空都市计划》、《现代建筑造型理论之基础》等论文。1940年3月，黎以"工程技术尤贵实施与经验"，以"使在校中所获之理论能得实践增益经验"为由向校长请辞获准，前往重庆。[⑮]重庆期间，黎抡杰曾任中国新建筑社事务所技师、《新建筑》杂志主编、重庆大学建筑系讲师、副教授等职，[⑯]并受聘任重庆都市计划委员会工程师[⑰]，为重庆"抗战胜利纪功碑"设计者[⑱]。在教学、实践的同时，发表了一系列研究专著和论述。黎抡杰战后回到广州，与郑祖良合组新建筑工程司开展

⑥令关以舟兼工务局建筑课长由[J].汕头市政府.汕头市市政公报, 1929.12.1, (51): 37.

⑦广州市政府委任令[J].广州市政公报, 1932.5.20, (392): 2.

⑧广州技师技副名册.1934年3月, 广州市档案馆藏; 广州市政府训令第162号.呈西南政务委员会据工务局呈送现在开业技师技副姓名清册请察核令遵由, 1934年3月21日.广州市市政公报.1934年3月21日, (459): 31~33.

⑨司徒琪遗孀崔伟章忆述, 开平谭金花2004年采访记录.

⑩广东省立工专.广东省立工专校刊[Z].1933: 164.

⑪胡德元.广东省立勤勤大学建筑系创建经过[J].南方建筑, 1984, (4): 25.

⑫赖德霖主编, 王浩娱、袁雪平、司春鹃 编.近代哲匠录——中国近代时期重要建筑师、建筑事务所名录.北京: 中国水利水电出版社、知识产权出版社, 2006: 47.

⑬林克明.世纪回顾——林克明回忆录[M].广州市政协文史资料委员会, 1995: 17.

⑭黎抡杰生卒年份由黎式强先生提供, 黎式强系黎抡杰亲侄.彭长歆2010年11月6日采访记录.

⑮黎抡杰1940年3月18日致校长请辞函, 广东省档案馆藏.

⑯赖德霖主编, 王浩娱、袁雪平、司春鹃.编.近代哲匠录——中国近代时期重要建筑师、建筑事务所名录.北京: 中国水利水电出版社、知识产权出版社, 2006: 71.

⑰感谢谢璇博士提供该史料.

⑱网络资源: http://www.qcq.cc/XinDongFang/Class69/642.html[DB/OL], 2010.9.

设计业务。[①]1949年前后，黎抢杰移居香港，正式用名黎宁，再无从事专职建筑设计及研究工作。[②]

(8) 龙庆忠

龙庆忠(1903~1993)，江西永新人，原名龙昌吟，字非了，号文行。1925年官费留学日本，1927年预科考入东京工业大学建筑科，1931年毕业后回国在沈阳南满铁路局任工程师；"九一八"事变后在上海商务印书馆任临时译员；1932年在河南省建设厅任技工。又在河南省政府技术室任技工、主任。"七七事变"后，先在江西吉安第二兵工厂任营缮科长，后受聘重庆大学、中央大学和同济大学教授。1946年8月，龙受邀担任中山大学建筑工程学系教授，并于1949年间兼任系主任。龙庆忠是中国著名的古建筑学家和建筑教育家，长期致力于建筑史学的教学和研究工作，是改组后华南工学院建筑历史学科的奠基者，在研究、著述及人才培养诸方面成果卓著。[③]

(9) 谭天宋

谭天宋(1901~1971)，广东台山人，1924年毕业于美国北卡罗来纳州立大学土木机械纺织厂构造及建筑工程科，1925年在美国哈佛大学进修建筑学。1925~1931年，先后在纽约Mckim, Mead & White建筑师事务所、Gehron & Ross建筑师事务所和Trowbridge & Livingston建筑师事务所任职。1932年前后，谭天宋回到广州并自组谭天宋建筑师事务所。1935年，受聘担任广东省立勤勤大学建筑工程学系教授。其间还受聘担任西南政务委员会技师、广州市工务局技师等职。1948年，谭天宋登记成为广州市甲等建筑师。1950年前后，在中山大学及随后华南工学院建筑学系任教。谭天宋早年曾在华安合群保寿公司两广分行征求建筑图案竞赛中获首奖，并在广东与上海等地设计了许多无线电台。另外，谭还长于住宅设计，设计中注重功能与空间而颇具名声。谭天宋在设计实践与教学中，提倡现代主义简洁明快的创作风格，反对复古。他设计的华南土特产交流大学林产馆(已拆)是建国初期岭南现代主义的重要作品。

(10) 夏昌世

夏昌世(1903~1996)，广东新会人，出生于一个华侨工程师家庭。1928年毕业于德国卡尔斯鲁厄工业大学建筑系，在德国一家建筑公司工作一段时间后又考入蒂宾根大学艺术史研究院，1932年获博士学位。同年回国后，先后在铁道部、交通部任职，并于1934年任职中国营造学社校理，同年加入中国建筑师学会。1940~1945年先后在国立艺专、同济大学、中央大学、重庆大学任职。夏昌世在德国留学期间正值现代主义蓬勃发展的时期，耳濡目染下养成功能主义和形式简洁的现代建筑理念。在重庆大学任教期间，因提倡非学院派教学方法而遭非议和歧视，并因1942年那次著名的驱赶教授事件被迫离校。1945年11月夏昌世受邀担任中山大学建筑工程学系教授，并在陈伯齐之后兼任系主任，后长期担任重组后的华南工学院建筑学系教授。1973年移居德国弗赖堡。

(11) 虞炳烈

虞炳烈(1895~1945)，字伟成，江苏无锡人，1915年毕业于江苏省第二工业学校机织科高等班(苏州工业专门学校前身)。1921年考取官费留学，入法国里昂中法大学学习，1923年考取法国国立里昂建筑专门学校，1929年毕

---

①郑祖良在1946年申请广州市工务局甲等建筑师及新建筑工程司开业中，并无黎抢杰的登记情况，但《新建筑》(胜利版)1946年2月第二期刊载了新建筑工程司由郑樑、黎宁联名的业务广告，说明两人在新建筑工程司中的合作是存在的.
②彭长歆2010年11月6日采访黎式强先生笔录.
③冯江.龙非了：一个建筑历史学者的学术历史[J].建筑师，2007(1)：40~48.
④侯幼彬、李婉贞．一页沉沉的历史——纪念前辈建筑师虞炳烈先生[A]//汪坦克、张复合.第五次中国近代建筑史研究讨论会论文集[C].北京：中国建筑工业出版社，1998：180-187；国立中山大学有关史料，广东省档案馆藏.

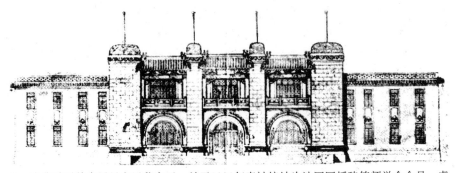

图3-33 国立中山大学体育馆立面图(余清江、关以舟)，国立中山大学校舍概要，1936.

业，毕业前后曾在里昂和巴黎实习，并于1931年春被接纳为法国国授建筑师学会会员。虞炳烈1933年夏回国后曾受聘中央大学建筑工程系教授，1934~1937年任该系主任。其后辗转重庆、云南、越南海防、河内等地。1940年至1941年，由越南辗转回国，担任国立中山大学工学院建筑工程系教授兼系主任，并任中山大学建筑师。在此期间，完成中山大学迁往粤北地区各院工程设计，包括文学院(铁岭)、法学院(车田坝)、理学院(塘江)、工学院(三星坪新村)、农学院(栗源堡，多为修理和改建)、师范学院(管埠)、附中(穆山)、先修班(坪石镇)、研究院(坪石镇)等。1941年冬，虞炳熙迁居桂林，开设"国际建筑师事务所"，设计了桂林中央电工器材厂第四厂办公楼、广西工业试验所、桂林智德中学、桂林临桂儿童教学院、桂林中学教室楼、桂林金城征订营业厅扩建、广西省主医学院附属医院综合楼以及多处住宅。④

(12) 余清江

余清江(1893~1980)，台山狄海人(今属开平)。自幼随父习画，早年以实习工程出身自学设计。⑤1920年代末曾在台山县工务局任职。1929年获广州市府合署竞图第二名。⑥1932年11月在广州工务局登记执业，并与关以舟合作开业。1946年登记成为广州市乙等建筑师(工字第46号)。⑦余清江熟谙传统建筑形式与设计，曾设计有新会风采堂、国立中山大学石牌新校体育馆(图3-33)等建筑。解放后任职广州市设计院担任设计工作，并受聘担任广州华南土特产建筑工程委员会委员(1951年7月)、广州市农民运动讲习所纪念馆修建工程设计委员(1953年6月)、广州业余大学建筑系建筑专业教师(1962年4月)、广东省文物管理委员会委员等职，设计作品包括肇庆星湖水月宫、广州光孝寺修复等。1964年著有《革新透视学》一书(广州市设计院内部发行)。⑧

(13) 郑校之

郑校之(1889~?)，广东中山人，1908年毕业于朝鲜国家专门学校土木工程科。毕业后在香港公和洋行(Palmer & Turner)见习，并在1912年1月~1912年5月担任广东都督府测绘员，1912年6月由广东工务局特给执业证并成立郑校之建筑工程事务所。郑校之是20世纪一二十年代广东知名建筑师，并多次担任政府职位，如大元帅府参军处技师(1917.12~1919.7)、广州市市政厅工务局取缔科科长(1921.2~1921.8)、广州大本营兼任技士

⑤广州市工务局.已呈准登记技师姓名学历表.1934.3.6，广州市档案馆藏.表中余清江报填专业背景为实习工程出身；另据广州市工务局建筑师开业申请书(乙等)，1946.7.广州市档案馆藏.余清江自填学业背景为香港工程专门学校毕业；又据，余清江之孙余燮恒先生2004年11月28日口述，其祖父为自学成才。

⑥、⑦广州市政府市行政会议.市府合署案，1929.广州市档案馆藏.

⑧余清江任职广州市设计院期间的材料由余燮恒先生提供。

(1924.11~1925.7)、广州黄埔陆军军官学校营缮科上校科长(1924.12~1926.1)、南京总理陵墓监工委员会委员(1926.1~1928.2)、国立中山大学工程办事处技师(1932.2~1933.1)及国立中山大学石牌新校建筑委员会管理兼监工委员(1934.10~)等职,并在1921年2月~1922年1月担任广州市工程测量师公会会长。[①]郑校之是一位严谨的建筑师,绘图技巧甚高,在其作品中,好用尺度巨大的梭柱,如广州石牌国立中山大学文学院;并经常采用水平线条对立面作细部刻画,如中山大学石牌新校天文台(图3-34),该建筑同时具有早期摩登建筑的种种特征。郑校之长期从事建筑与土木设计,直到战后仍在广州执业,其后事迹不详。

(14) 郑祖良

郑祖良(1914~1994)(图3-35),广东中山人,曾用名郑樑,1937年毕业于广东省立勷勤大学建筑工程学系,是岭南近、现代重要的建筑理论家。在校期间,郑祖良即投身现代主义的探索与研究,早在1935年建筑系图案展览会上便撰写有《新兴建筑在中国》一文,提出将现代主义与科学精神联系在一起用于指导中国新建筑的发展。[②]1935年底,郑祖良与裘同怡、李楚白、黎抡杰等人发起创立广东省立勷勤大学建筑工程学系学生社团——建筑工程学社。[③]1936年更与黎抡杰、霍云鹤等勷大学生合组创办《新建筑》杂志社,出版发行中

图3-34 中山大学天文台南立面(郑校之,1930年代),广东省档案馆.(上左)
图3-35 郑祖良像(约1946),广州市档案馆.
图3-36 中山县模范监狱,设计竞技图(下)

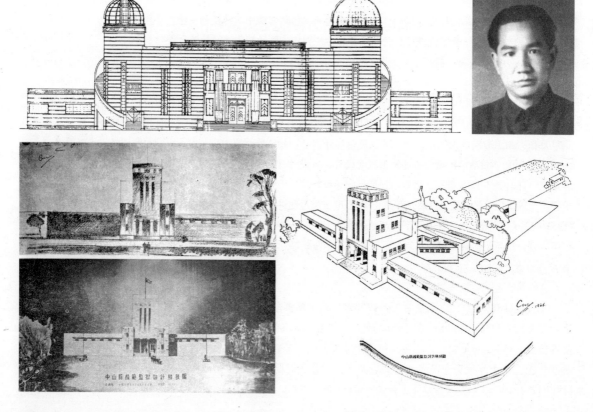

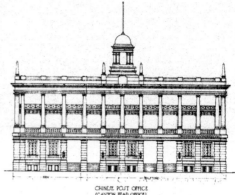

国近代现代主义研究的重要刊物《新建筑》。郑在杂志中先后发表了《论新建筑与实业计划的住居工业》(1941年5月)、《现代建筑的特性与建筑工学》(与黎抡杰合著，1942年6月第八期)等文章。1943年发表著作《新建筑之起源》，另译有《到新建筑之路》一书，并与黎抡杰合著《苏联的新建筑》等书。④1946年《新建筑》(胜利版)在广州复刊，郑祖良继续担任主编，并翻译发表了《建筑家与住宅计划》等文。⑤

郑祖良在撰文著书的同时也不断参与设计实践活动。他曾任胡德元建筑师事务所助理建筑师、华美建筑公司设计师及陪都(重庆)建设计划委员会技士等职；1936年底，郑祖良与黎抡杰等同学参加中山县模范监狱设计竞赛，获第一名(图3-36)；1942年郑祖良登记成为建筑技师(证书号：工字第492号)，曾获重庆市开业证书；1945年底，回到广州的郑祖良向广州市工务局登记成为甲等建筑师(证书号：甲等第三号)，与黎抡杰合组新建筑工程司。⑥1949年后长期任职广州市市政园林局，研究方向转为风景园林，著述与创作颇丰。⑦

(15) 周君实

周君实(1901~?)，广东惠阳人，毕业于日本早稻田理工学部建筑学科。1934年3月在广州市工务局登记技师执业，1933年设计了广东省陆军总医院(图3-37)。战后事迹不详。

(16) 卓康成

卓康成(1885~?)，广东中山人，早年毕业于美国斯坦福大学，获学士学位，1912年再获美国康奈尔大学土木工程硕士学位。⑧卓康成1920~1930年代活跃于岭南工程界。1931

图3-37 广东省陆军总院透视图(周君实，1933)，Edward Bing-shuey Lee. *Modern Canton*[M]. Shanghai：The Mercury Press, 1936. 图3-38 广东邮政管理局扩建设计立面图(卓康成，1935)，广东省档案馆.(右)

①赖德霖主编，王浩娱、袁雪平、司春鹃 编. 近代哲匠录——中国近代时期重要建筑、建筑事务所名录.北京：中国水利水电出版社、知识产权出版社，2006：207.
②彭长歆、杨晓川.广东省立勤勤大学建筑工程学系与岭南早期现代主义的传播和研究[J].武汉：新建筑，2002.10，(5)：56.
③工学院建筑工程学系民廿六级建筑工程学社成立启事[J].勤大旬刊，1935.12.1, (10)：64.
④参见：赖德霖."科学性"与"民族性"——近代中国的建筑价值观[J].北京：建筑师，1995, 63(4)：71-72.

⑤郑楳.建筑家与住宅计划——Le Corbusier,Paul, R.William 及 Kennet W.Dalgell 之介绍[J].新建筑(胜利版)，1946.8.6, (2)：11~13.
⑥广州市工务局建筑师开业证书(甲等)，1946年，广州市档案馆藏.
⑦参见：刘业.现代岭南建筑发展研究[D].东南大学建筑学院，2001：197-198.
⑧广州市工务局.广州市技师技副姓名清册，1934年3月.广州市档案馆藏；广东欧美同学会会员录编纂委员会.广东欧美同学会会员录.1936年.

年，他与孙科等人一道参与筹建私立中山纪念中学(现广东省中山市中山纪念中学)，并担任该校校董。1934年3月，卓康成向广州市工务局登记技师执业。1935年11月，接受委托对广东邮政管理局大楼进行扩建设计(未实施)(图3-38)。1936年间，任职广州沙面德士古火油公司司理。广州陷落后去向不明。

从总体来看，西方建筑师在岭南近代建筑的发展历程中扮演了过客角色。若非细致挖掘，我们无法知晓包括澳大利亚建筑师帕内、美国土木工程师伯捷、教会建筑师埃德蒙兹及茂飞等在内的西方建筑师为近代岭南所作的贡献。正由于他们的设计工作，广州在丧失了贸易中心港的地位后，仍为我们留下了许多传世佳作，也使岭南在上海等租界城市竞争下，在建筑学领域保持了堪称骄傲的荣誉。

中国建筑师和土木工程师无疑是岭南建筑近代化发展的主导者。通过各种途径掌握西学的中国建筑师在民族主义高涨的1920年代中期全面接管了曾由西方建筑师主导的商业设计市场，并在政府工务部门专业地管理城市建设与建筑活动，同时以工务局设计课等形式组建了岭南各地最优秀的公立设计团队，为战前十年岭南建筑的发展烙上技术自尊、自立的痕迹。而杨锡宗、林克明、陈荣枝等中国建筑师更成为其中的佼佼者，他们无论在西方古典主义、民族主义还是摩登建筑的实践中都显示了相当卓越的才华。

岭南也是中国近代最早建立建筑师注册登记制度的地区之一。与上海等租界城市不同，岭南建筑师登记制度的建立遭遇到来自传统行会制度更强烈的反抗，这也是中国建筑近代化历程中的必然现象。建筑师制度的最终建立标志着岭南近代建筑生产资本主义生产关系的最终确立，也标志着岭南建筑现代化历程的开启。

仍需反思的是，在战前岭南建筑技师登记中，建筑专业背景者仅为总数的13.5%，且所有登记者中粤籍人士占绝大多数。这一方面使得岭南建筑艺术的发展偏于保守、滞后；另一方面也使岭南建筑固步自封，缺乏交流，地籍观念严重阻碍了地区建筑的发展。直到战后，由于国内建筑教育的成熟和人员流动的加强，上述现象才有明显改善。

考察建筑师与近代岭南建筑现代转型的关系，1920年代是一个非常重要的时期。由于1921年广州市政厅、工务局及其后各地市政机关的建立，自西方接受教育的中国建筑师和土木工程师被陆续招募形成有组织的设计团队，并以设计课、设计委员会等公立设计机构的名义开始系统承担城市规划与公有建筑设计；同时，由于南方政权民族主义的兴起，自1920年代中期开始，中国建筑师全面接管鸦片战争以来西方建筑师对本地区建筑话语的主导，岭南建筑的现代转型在主体和方式上出现重大变化。此前，由于西方建筑师的主导，岭南被动地接受了西方建筑文化的殖民性扩张，开始了以西化为表征的现代化历程。1920年代以后，随着中国建筑师的介入，岭南建筑在自主发生现代转型的同时，开始重建中国建筑的民族性。主导人及主导方式的不同成为界分前后两期岭南建筑主体特征的重要因素。本章将着重考察1920年代前西人建筑活动在文化和艺术方面的表征。

西洋化是西方建筑文化在岭南殖民性扩张的典型特征。叶维廉指出，殖民主义体系的运作模式"首先是外在的宰制，即军事侵略造成的征服与割地，但在完成征服以后，要完成全面稳定的宰制，必须要制造殖民地原住民的一种仰赖情结。这个仰赖情结，包括了经济、技术的仰赖和文化的仰赖，亦即所谓经济和文化的附庸"。[1]对于19世纪的中国而言，西洋化的建筑景观验证了该体系运作的一般性结论。在条约制度保护下，西方建筑师在条约口岸、租界及其他特权区域推广和移植西方建筑传统，在影响传统建筑发展轨迹的同时，使岭南建筑的整体面貌呈现快速西化的态势，从初期的殖民地式到稳定后的古典主义。西洋化是殖民主义的建筑外显，集中反映了建筑艺术对殖民意识的表述，以及西方建筑文化殖民性扩张的广度与深度。

值得注意的是，在西洋建筑文化广泛传播的过程中，岭南地方工匠尝试融合两种建筑文化的探索从未停止。他们不拘泥于文化传统、不受制于经典理论的"创作"为岭南民间所谓"中西合璧式"建筑的发展作出了极大贡献，成为殖民主义建筑语境下中西建筑文化交流的典型例证。

第一节　殖民建筑的早期形态

贸易与殖民需要是鸦片战争后西人建筑活动迅速展开的主要原因。由于条约制度和租界制度的建立，西方人获得了在特定区域租地建房、自由携眷及永久居住的特权，其掠夺性的自由贸易和土地租赁得到了前所未有的保护。他们或经商，或投机房地产，进而带动建筑业的繁荣兴旺。在西方商人和建筑师主导下，西方建筑文化在条约口岸等地区得以迅速传播。

为配合快速"占领"与殖民的需要，早期西人的建筑活动多采取技术简便、造价低廉的营建策略。自17世纪以来西方逐渐积累和完善的殖民地建筑经验提供了包括样式和技术在内的所有蓝本，其中，洋行、西人住宅、领事馆等建筑多采用简单实用且能快速建造的殖民地外廊式样；教会高度严密的传教网络和体系完整的营建系统则在早期教会建筑的设计与建造中发挥了重要作用。

一、殖民地外廊式建筑在岭南的流布

殖民地建筑(Colonial Architecture)是欧洲殖民者在对全球的殖民扩张中，作为母体的欧洲建筑形式与殖民地

气候和材料及土著建筑传统结合所形成的建筑形式。殖民地建筑在全球的流布与欧洲人向东和向西两个不同方向的扩张有关，并因此形成两种不同的形式特征。向西，主要在严寒的北美大陆形成了以木质壁板外墙为特征的壁板外墙式(Clapboard Colonial Style)，并在18世纪发展为用木材来塑造英国古典主义和帕拉第奥主义的殖民地风格。^②欧洲殖民者向东的扩张使包括非洲和亚洲的大部分地区沦为殖民地。但亚洲、非洲甚至美国南部和加勒比海地区的殖民地建筑却与北美大陆寒冷气候下"壁板外墙式"的殖民地建筑显著不同。为适应亚、非两洲的热带、亚热带湿热气候，殖民地样式作了适应气候的调整，形成了在印度、东南亚、东亚、澳大利亚、太平洋群岛及非洲印度洋沿岸、南非、中非部分地区甚至在美国南部和加勒比海地区等广大区域内稳定而明确的外廊样式，即殖民地外廊式(Veranda Colonial Style)。^③

　　殖民地外廊在岭南最早见于澳门和广州十三行。很显然，澳门早期建造的葡式民用建筑并非外廊式样，虽然也吸收了葡萄牙人殖民印度和马六甲后获得的经验，但更多地表现出葡萄牙建筑文化的特征，即以砖石砌成厚实的墙壁、带有庭院的建筑样式。在西奥多·德·布里(Theodore de Bry 1528~1598)作于16世纪末的《早期澳门全图》中，外廊式建筑并未出现。外廊式在澳门的出现可能与18世纪广州十三行商馆的建设同期。在阮元《广东通志》所载澳门图中，1784年新建成的议事厅已具有明显的外廊特征(图4-1)，其设计者为帕特里西奥·德·圣何西神父(Patrício de S.José)。^④同时期亨特所著《旧中国杂记》也忠实记录了澳门外廊式建筑的特征："由于可以躲避猛烈的台风，内港是葡萄牙人的最早居住地，他们许多宽敞的房屋一直保留到今天。这些房屋很大，有两层：上面一层环以宽阔的阳台，

①叶维廉.殖民主义的文化工业与消费欲望[A]//张京媛 主编后殖民理论与文化批评[C].北京：北京大学出版社，1999：364.
②陈志华.外国建筑史(19世纪末叶以前)[M].北京：中国建筑工业出版社，1997：250.
③[日]藤森照信著.张复合译.外廊样式——中国近代建筑的原点[J].建筑学报.1993，(5)：33-34.
④科斯塔.澳门建筑史[J].[澳门]文化杂志.1998，(35)：28.

图4-1 澳门图，(清)阮元.广东通志.卷124，海防略.

①[美]亨特 著, 沈正邦译.旧中国杂记[M].广州: 广东人民出版社, 2000: 167.
②日本学者藤森照信最早就"外廊样式"的起源及在世界的分布, 以及外廊样式的特点及在中国的发展历史作了详细研究, 同时提出广州十三行夷馆是中国外廊式建筑的起源等观点, 该文因此成为中国殖民地外廊式建筑研究的重要文献。但其仅以外廊特征的出现作为这一判断的唯一论据, 以及忽视1840年代前后十三行商馆建筑在形式与平面上的差异性, 继而认定"外廊式是中国近代建筑的原点"的论述有待商榷。详见[日]藤森照信.外廊样式——中国近代建筑的原点[J].建筑学报. 1993, (5): 33-34.

图4-2 旗昌洋行(摄影: Jonn Thomson, 1870-72), 中国国家图书馆、大英图书馆.1860~1930英国藏中国历史照片(上)[Z].北京: 国家图书馆出版社, 2008: 130.
图4-3 1880年代广州沙面, The Graphic, Sept,22,1883, p292-293.(右)

以供家人居住之用; 下面则适合于作商务办事处, 用来贮存货物的货栈, 或作仆役和苦力的住处。"①所谓"宽阔的阳台", 从作者描述的形态和功能而言, 为外廊无疑。关乔昌1843年有关金斯曼宅邸的画作则对殖民地外廊式建筑空间及细部特征进行了详实的描绘。

在前文有关广州十三行的研究中, 对十三行商馆建筑作了较详尽的剖析。一个很明确的事实是: 十三行建筑在西洋化历程中, 其本身有着形式风格的流变, 从早期的帕拉第奥式到新古典式, 再到殖民地外廊式, 历次火灾使建筑形式被动更替。前廊形式虽早在18世纪中期就已出现在英国馆和荷兰馆中, 但以"上海"式或"康白渡"式称呼在中国内陆地区出现的殖民地外廊式建筑, 仍在1840年代以后, 而广州十三行与上海同期。对这一时间的确认还反映在建筑平面的变化中, 早期的十三行商馆是岭南传统的窄面宽、大进深式的院落组合, 立面西化主要发生在建筑前部临江一面。1840年代以后, 英国馆、丹麦馆等被大面宽、方盒子式的外廊式建筑所取代, 从另一个角度说明殖民地外廊式在大陆的出现的时间非常明确。②

十三行之后新的殖民地外廊式建筑首先出现在十三行东侧的一处河滩上(图4-2)。该建筑据称为美商旗昌洋行(Russell & Co.)和史密斯·阿彻(Smith Archer)所有③, 有理由相信, 其建造时间约在十三行焚毁后和沙面建成前, 以应付继续开展业务的需要。从建筑的状况看, 当时殖民地外廊式在广州的发展已十分成熟。

殖民地式建筑进入中国内陆, 很大程度上得益于殖民国有组织的建筑活动。作为英国政府在海外殖民地进行官方建筑活动的主要操持者, 工务署负责驻外领事机构的设计与建造。④考察早期英国在华领事机构的建设, 均无一例外指向该部门, 如早期英国驻华(北京)大使馆及驻广西北海领事馆等, 殖民地外廊式是这些建筑的典型样式。显然, 工务署的建筑师们学习并总结了东印度公司长期积累的建筑经验, 并不加区分地推广到中国南北各地。即使是寒冷的北方地区, 殖民地建筑的外廊也依然保留, 充其量被要求以木板覆盖, 以利职员在冬季的健康和舒适。⑤

殖民地外廊式在岭南的流布得益于两次鸦片战争后租界和条约口岸的开辟。从1842~1902年的60年间, 共有十余个岭南城镇或辟为通商口岸、或沦为租界、或被割让。其中广州、汕头、琼州、北海、三水、梧州、南宁、龙州、江门、惠州等依据条约先后开

图4-4 沙面法租界原印度人住宅,摄于2010年11月。(左)
图4-5 现沙面南街18号建筑,摄于2010年11月。(中)
图4-6 沙面太古行,摄于2002年5月。

放;广州沙面沦为英、法租界;广州湾(今湛江)成为租借地;香港、澳门被割让。这些城市和地区广泛分布在海岸线或内河航线上,成为殖民地外廊式首先登陆的地区。香港建筑史家龙炳颐曾指出:"很多早期建筑是由英军的工程师和测量师按照模式手册(pattern book)而设计建造,按着欧洲(尤其英国)传统古典建筑的模式,仅就技术、材料及气候条件的限制而作适当修改,形成了无性格、无文化内涵、折中的、大杂烩的所谓'殖民地风格'。"⑥以上论述虽就香港而言,一定程度上也是岭南早期西洋建筑的真实反映。殖民地外廊式样不加区分地用以洋行、领事官署、海关、俱乐部、住宅等不同功能类型的建筑物,建筑物一般不超过三层,有地库或架空层;多为方形平面,一面、二面、三面或四面围廊,其组合方式也多种多样;长方形立面以连续柱廊或券廊所构成,上为西式四坡屋顶。岭南现存殖民地外廊式建筑主要集中在广州沙面、汕头礐石、北海等早期开埠或租界地区,另在湛江、江门、三水、梧州等地也有早期殖民地外廊式建筑遗存。

沙面是岭南早期殖民地外廊式建筑最集中的地区。在反映1880年英租界的图像资料上,除建成于1865年的英国圣公会教堂(The Anglican church)有古典式垂直钟塔外,其他所有建筑均为低矮、有着庞大四坡屋顶的殖民地外廊式建筑(图4-3)。由于受经常性的自然灾害和火灾影响,尤其是1915年大水灾的浸泡后,其中的大部分已破坏殆尽。实际上,租界内真正大规模的建设也是在1915年后才开始的。在早期的沙面建筑中,太古行、东方汇理银行旧楼、法国巡捕房、法国邮政局宿舍等建筑是保存较完好的殖民地外廊形式,其建成年代多在1880年代后。有意思的是,由于法租界在1888年法国人完成石室天主教圣心教堂后才开始建设,该区域内有限的殖民地外廊式建筑由于采用了工字钢等新型建筑材料或更好的承重结构而较多地保存下来。

在风格上,沙面的殖民地外廊式建筑主要受到了英国乔治王时期和维多利亚女王时期建筑风格的影响。在沙面的早期建设中,其殖民地外廊式建筑多延续了十三行后期所具有的乔治王时期的建筑风格,在形态上表现为以列柱为特征、"缺乏明快和华丽"(藤森照信,1993)的形式风格,如原法租界正对法国桥的印度人住宅(图4-4)和现沙面南街18号建筑(图4-5)。后期则受到维多利亚女王时期建筑风格的影响。其中,建于1905年的太古行是沙面该类型建筑的典型(图4-6)。其三面设廊,立面以连续拱券为主要构图元素,外墙和拱券均为清水红砖砌筑,并表现出细腻的肌理变化,但一方面该建筑在檐口等部位的处理上已开始呈现古典主义的特征。

③ 英国摄影师约翰·汤姆森(John Thomson)1870~1872年间曾拍摄该建筑,并题记其历史脉络。详见,中国国家图书馆、大英图书馆.1860~1930英国藏中国历史照片(上)[Z].北京:国家图书馆出版社,2008:130.
④ J·E·Hoare.Embassies in The East: The Story of the British Embassies in Japan, China and Korea from 1859 to the Present[M].1999: 9.
⑤ 1867年英国驻北京大使馆建设时,住宅的外廊被要求以木板覆盖。J·E·Hoare. Embassies in The East: The Story of the British Embassies in Japan, China and Korea from 1859 to the Present [M]. London: Curzon Press, 1999: 24.
⑥ 龙炳颐.香港的城市发展与建筑[A]//王赓武主编.香港史新编(上册)[C].三联书店(香港)有限公司,1998: 214.

图4-7汕头礐石的殖民地外廊式建筑，中国国家图书馆、大英图书馆.1860～1930英国藏中国历史照片(上)[Z].北京：国家图书馆出版社，2008：135.

图4-8汕头礐石英国领事馆旧址，摄于2002年12月。(上中、上右)

图4-9 汕头礐石太古行旧址，林梃 主编.汕头建筑[Z].汕头：汕头大学出版社，2009：165.(下左)

图4-10 潮海关副税务司官邸旧址，摄于2002年12月。(下右)

汕头礐石保留了开埠初期的许多殖民地外廊式建筑。在1858年《天津条约》中，潮州成为通商口岸，1860年潮属汕头正式开埠。1861年英国设领事馆于礐石，与汕头旧埠隔海相望，1864年再设潮海关，以后各国客商纷至沓来，美国等国也在礐石设立领事馆，并陆续有太古行、亚细亚洋行等商业机构建立。至1880年代礐石的外国人社区已十分成熟，而殖民地外廊式为社区建筑的主要形态(图4-7)。其中，英国领事馆是汕头现存最早的殖民地建筑之一(图4-8)。该建筑平面为不对称的"L"形，由两层主体和单层侧翼所组成，均有石砌架空基座；建筑券拱和壁柱采用红砖，其余墙体采用青砖，券顶石和券脚均以灰白麻石制成，细部丰富。但该建筑并非当时流行的殖民地外廊式样，在立面组织上表现出更复杂的变化。事实上，领事馆的建设确有军队工程师参与，①设计也较正规，同时结合了殖民地样式和英国本土建筑形式。英国领事馆馆区内另一幢配楼则是两面廊的殖民地外廊式样。英领馆附近的太古行建成年代较晚，四面采用连续柱廊，是乔治王时期的典型样式(图4-9)。在英国领事馆后面的山坡上则矗立着用红砖砌筑的潮海关副税务司官邸，1901年改建为现状(图4-10)。随着1889年海关迁往汕头市区外马路南侧，多国领事馆陆续迁往市区，并逐渐摆脱早期殖民地样式，但仍有洋行沿袭旧式。

广西北海是另一个殖民地外廊式建筑遗存甚多的城市。1876年中英《烟台条约》后，英、法、德、葡、奥、意、比、美等国曾相继在北海设立领事馆，各国商人和传教士也纷纷建立商馆、教堂、学校和医院等，成为北海最早的一批近代西洋建筑。其中，法国领事馆(1887)、德国领事馆(1905)(图4-11a)、北海海关(1883)(图4-11b)、德国森宝洋行(1891)(图

①房建昌.近代外国驻汕头领事馆及领事考[A]//汕头文史.1996，(16)：89.该文提到了1860年英国工程师被杀事件。

4-11c)、德国信义会(1900)及涠洲岛上荒弃的传教士宿舍(图4-11d)等殖民地外廊式建筑在风格上具有十分相似的特征。和广州、汕头等地近代早期殖民地外廊式建筑相比，上述建筑无论在平面布局还是券廊造型等方面均有较大不同，表现出一定的地方性，而这种地方性在某种程度上反映了19世纪后期在华西洋建筑向西方正规式样过渡的趋势。

殖民地外廊式建筑在岭南的时空分布广泛而绵长。直到20世纪初，西方殖民者在三水和江门开埠时仍采用了这种建筑形式营造海关、洋行和住宅等，成为殖民扩张特有的符号和标签。但总的来看，进入20世纪初，殖民地外廊式样在岭南逐渐式微，早期不分类别、实用简单的殖民地建筑风格被更能表现财富和权力的新古典风格所取代。

由于适应岭南气候的特征，外廊这一空间形态得到了延续和发展。在殖民者本身开始厌倦这种建筑形式的同时，殖民地外廊式在一些需要较多休憩和交通空间的建筑类型中存续和发展，如学校、医院和住宅等。而岭南传统建筑在近代早期的发展中，也更多接受了殖民地外廊建筑的影响，包括对外廊空间的模仿和建筑形态的学习，从而呈现以殖民地外廊式建筑为指向的西洋化趋势。

二、早期教会建筑

相对贸易开拓的物质性和功利性，西方教会在进入中国时，更愿意展示其固有建筑文

图4-11北海殖民地外廊式建筑，摄于2003年12月。

① 吴义雄.在宗教与世俗之间——基督教新教传教士在华南沿海的早期活动研究[M].广州:广东教育出版社,2000:114~123.

② Missionary Herald, vol.42, p.134.转引自吴义雄.在宗教与世俗之间——基督教新教传教士在华南沿海的早期活动研究.广州:广东教育出版社,2000:154.

③ Valery M. Garrett. *Heaven is High, the Emperor is Far Away——Merchants and Mandarins in Old China*[M]. Hongkong:Oxford University Press(China) Ltd, 2002: 154-155.

图4-12 十三行英国圣公会教堂,香港艺术馆.珠江风貌:澳门、广州及香港[Z].香港市政局,2002:193.

化,以影响和教化被称为异教徒的中国人。作为欧洲建筑传统的重要组成部分,教会建筑艺术在长期的发展中,形成了高度成熟、反映教会礼仪的空间模式与建筑语汇,并阶段性地发展了包括罗曼风、哥特式、古典主义、巴洛克等在内的建筑形式与风格特征。基督教在中国传播由来已久, 后因罗马教廷试图干涉中国内部事务所引发的"礼仪之争"而被禁。为打破自雍正以来清政府执行了一百多年的禁教政策,欧美天主教和新教各差会进行了长期不懈的努力,并派出传教士以多种形式开展传教活动。很大程度上,由于这些传教士的努力,1844年7月签订的中美《望厦条约》规定了美国人在五口设立礼拜堂的权利;以及1844年10月中法《黄埔条约》明确了法国人在五口建造教堂、坟地的权利,也规定了清政府保护教堂和坟地的义务。①1846年2月,道光帝发布上谕,进一步明确了对天主教传教活动解禁。五口通商时期清政府对基督教传教初步弛禁政策正式确立,以教堂建设为主要内容的教会建筑活动得以迅速展开。

在未做好充分准备的前提下,早期的教堂建设是由在华传教士或商人来完成。得益于长期活动打下的良好基础及英国在鸦片战争中的主导地位,伦敦会是鸦片战争后最早在广州修建教堂的新教差会。1845年,广东高明人梁发(1789~?)以中国布道者身份,在伦敦会传教士吉勒斯皮(William Gillespie)到达广州后,主持修建了一座位于珠江边、广州城西门附近的教堂。吉勒斯皮住在教堂中,"教堂面向大街,对外开放。阿发按照自己的口味和判断力对之加以装饰,所有的东西都朴素、整洁并摆放妥当。这在中国是一件非常新鲜的事物。教堂上用朱红色楷书写着'真神堂'(temple of the God)几个大字"。②作为为数不多的早期中国籍信徒,梁发曾随伦敦会传教士米怜(William Milne, 1785~1822)到过马六甲、新加坡等海峡殖民地,并在马六甲完成受洗仪式。梁发显然接触过教堂的内部空间与外部形式,但作为非职业的设计者,正如吉勒斯皮所言,梁发按照自己的经验、结合想象进行了设计,这或许正是解禁初期教堂建设的真实反映。

但稍后,在教会和殖民国政府支持下,这种状况有了明显改善。1847年5月,在英国政府和十三行英国商人支持下,一座圣公会教堂在十三行旧英国馆和荷兰馆的部分用地上开始兴建,并于1848年12月建成(图4-12)。③这是一座采用巴西利卡型制的小教堂,南面入口处为钟塔,女儿墙四角有尖锥形雉碟,属哥特复兴风格,其建筑形象在该时期有关十三行的外销画中均有清晰反映。由于教会的全力扩张,广州天主教与新教教堂数量急剧增加,至1860年丹尼尔(Daniel Vrooman, 1824~1885)所绘广州衙门分布图

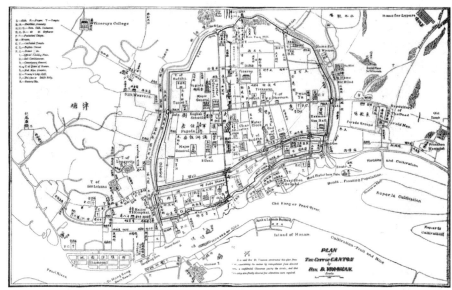

图4-13 丹尼尔所绘广州地图(1860), Valery M. Garrett.*Heaven is High,the Emperor Far Away——Merchants and Mandarins in Old Canton*[M]. Oxford University Press, 2002: 28.

中，标注有R. C. C.(Rom. Cath. Cathedral，罗马天主教教堂)和P. C.(Protestant Church，新教教堂)的地点多达15处(图4-13)，广泛分布在城外沿珠江河岸及城内部分区域。

1858年《天津条约》的签订进一步保障了传教士深入内地自由传教的权利，一时间，天主教和新教各教派在岭南的建筑活动几近沸腾。为迅速实现中国的"天主教化"或"基督教化"，早期进入中国的传教士多采取自下而上的传教方法，即通过巡回布道、宣讲教义的直接传道方式吸引贫困的中下阶层。教堂作为一种成熟的宣教空间模式被迅速引入并成为教会建筑的主要类型。与商人"临时"性的建筑心态相比，教会致力于宗教活动长期、稳定的开展，符合教会礼仪的教堂建筑与当时商人社会普遍采用的殖民地外廊式样形成鲜明对比。从鸦片战争后岭南早期教堂建筑的发展看，由于西方宗教地位的根本改变，早期教堂建设毫无例外采用了西方本土的教堂式样。同时，由于早期教堂多以国家和教会意志进行建设，在资金方面有可靠保障，西方建筑师和工程技术人员也参与其中，教堂建筑因而具有较高的艺术水准。随着传教活动的广泛开展，教会建筑活动日趋频繁，开始更多地表现出对地方材料和工匠技术的适应性。

岭南近代早期的教堂建设以法国天主教会最为突出。正如法国公使拉萼尼(Marie Melchior Joseph Théodore de Lagrené，1800~1862)在给法国总理基佐的报告中所说："从商业贸易方面来看，英国人和美国人并没有给我们留下什么事情做。然而，从精神和文化方面来看，我认为该轮到法国和法国政府运筹决策和采取行动了。"[1]推动天主教传教运动的发展成为法国政府对华政策中主要策略之一。

1860年，一座代表岭南哥特式建筑最高成就的天主教教堂开始筹划并建设。法国人借口清政府在禁教期间没收了原天主教教产，以索赔形式谋取了广州原两广总督衙门旧址，

①[法]卫青心著，黄庆华译.法国对华传教政策(上卷)[M].北京：中国社会科学出版社，1991：316.

163

图4-14 广州石室天主
教圣心教堂，Valery
M. Garrett.*Heaven is
High,the Emperor Far
Away——Merchants
and Mandarins in
Old Canton*[M].
Oxford University
Press, 2002: 155.

图4-15 广州沙面露德
圣母堂，摄于2010年
11月。(中)

图4-16北海涠洲岛天
主堂，摄于2003年12
月。(右)

并由法国天主教普行劝善会于1863年奠基开始兴建天主教圣心教堂，并在法国工程师和广东石匠(总管工蔡孝)共同努力下，于1888年建成(图4-14)。该教堂采用了法国垂直哥特式风格(Perpendicular Gothic)，平面为圣心巴西利卡型制(Sacred Heart Basilica)。为中国最大的哥特式石构教堂。①

沙面法租界在天主教圣心教堂完成后的1889年开始建设，天主教露德圣母堂被首先建立起来(图4-15)。相对于石室圣心教堂，露德圣母堂虽同样采用了哥特式样，却小而精致，结构也较简单。

在广东雷廉、粤西及广西大部地区，法国天主教会的活动异常活跃。1850年，在法国巴黎外方传教会唐神父带领下，在开平、恩平"土客械斗"中落败的客家人信众迁往北海涠洲荒岛定居。1853年，范神父接任，并开始在涠洲盛塘村兴建天主教堂，1863年始成。教堂隶属"远东传教会广州天主教区"，下辖雷州、钦州、防城、灵山、合浦等教区。②其主体建筑前壁为三层哥特式(图4-16)，平面长51.6米，宽16米，高约21米。③在物质材料极端缺乏的荒岛上，教堂仍尽可能采用哥特式的装饰细部，局部有中式菱形及花瓣图案。1880年左右，法国天主教李神父在涠洲岛城仔村建成圣母堂④，但在规模和装饰上大弱于盛塘村天主堂。1899年，与北海相邻的粤西吴川县西南部和遂溪县东南部根据中法《广州湾租借

图4-17 湛江维多尔天
主堂，摄于2010年10
月。(左)

图4-18 潮州天主堂，
N. D. Auxiliatrice
de Chao-Chow-Fou,
Près Swatow.

条约》划为法国租借地，巴黎外方传教会随即于1900~1903年在广州湾租借地兴建维多尔天主教堂(今湛江市霞山区绿荫路85号)(图4-17)。和广州石室教堂一样，维多尔天主教堂入口端为双塔哥特式立面，由于采用了钢筋混凝土技术，结构体系趋于简化，一些传统的哥特式做法如飞券等被取消，装饰细部同时趋简。

图4-19 广州沙面英国圣公会教堂，G. Woldo Browne and Nathan Haskell Dole. *The New America and the New Far East (Vol. V: China)* [M]., Boston: Marshall Jones Company, 1910: 1814.

值得一提的是，在同一地区，天主教教堂往往在建筑质量和规模等方面均强于基督教新教教堂。除广州、广州湾等地外，1882年在潮州，法国人兴建了罗曼风格的天主教堂(图4-18)，可容纳教众上千人。相同的情况还发生在汕头、北海等地。与坚持改革的新教教会相比较，固守教会建筑传统是天主教建筑活动重要外显之一。

和天主教教派一样，早期来华基督教新教传教士也热衷于教堂建设以形成传教活动的中心。[5]由于英美等基督教新国家在条约中获利甚多，新教教派逐渐成为西方在华宗教势力的主流。不同于天主教以教区教堂为主要建设目标，新教教堂等级、规模较弱，但分布广泛，如前述丹尼尔1860年广州地图所注教会建筑中，除少量几座天主教教堂外，其余绝大部分属于新教教派。当时所建新教教堂中，以沙面英国圣公会教堂保存最完整。其资金来自于清政府对十三行被毁教堂的赔偿，并于1864-1865年在沙面英租界修建而成(图4-19)。这是一座罗马风格的小型教堂，在入口处设有穹顶覆盖的钟塔。

为拓展活动空间，除中心城市和条约口岸外，基督教新教各差会也非常注重向非条约口岸和荒荒的农村发展，即使是条约口岸地区，教会建筑活动也往往先于口岸的开辟。其中如瑞士巴色会(The Basel German Evangelical Missionary Society)教士黎力基(Rudolph Lechler 1824~1908)等人，受福汉会(Chinese Union)创始人郭士立(Charles Gutzlaff, 1803~1851)派遣，于1847年汕头开埠前就已前往潮州、汕头一带传教，并在汕头活动达五年之久。[6]汕头开埠后，教会发展迅速，并于1864年、1865年分别在汕头、潮州建设教堂。

从吸引信众、传播教义看，天主教和新教教派在近代岭南乃至中国采取了不同的传教策略。明、清以来，罗马教廷不断通过澳门向岭南及内陆腹地派遣传教士，虽然其间既有像耶稣会利玛窦那样学习中国语言，蓄发留须，脱僧袍，着儒服的文化"适应"之举，也有像澳门圣保禄教堂那样采用东方装饰题材以帮助中国信众理解教义的举措。[7]但总体来看，通过教堂这一特定空间形式、以特定的礼仪进行布道是天主教传播的主要方式。而基督教新教教派自马礼逊进入中国后，更多地通过建立学校和医院等达到传教目的，而不单纯是教堂布道的形式。第一次鸦片战争后被查禁长达120年的基督教传布虽然从秘密非法转为公开合法，但民间拒洋心态仍十分强烈，"伊时反对外人之举最烈，故外人用种种方法使

① 吴庆洲.广州建筑[M].广州：广东省地图出版社，2000：130.
② 北海涠洲天主堂简史.北海涠洲天主堂提供.
③、④ 陈文领、德叶.历史的见证物——北海市的近代西洋建筑(1840~1917)[J].广西文物，总第14辑.1990，(3)：35.
⑤ 早期来华的新教传教士多属于"基要派"，即以直接传道为主要方式，其活动方式"首先是购置土地，然后建一座西方高直式教堂，使其成为传教布道的活动中心"。详见：董黎.岭南近代教会建筑[M].北京：中国建筑工业出版社，2005：21.
⑥ 吴义雄.在宗教与世俗之间——基督教新教传教士在华南沿海的早期活动研究[M].广州：广东教育出版社，2000：172-173，186.
⑦ 彭长歆、董黎.共生下的建筑文化生态——澳门早期中西建筑文化交流[J].华中建筑，2008，(5)：172~175.

图4-20 广州培道学堂(治平洋行，1906)(帕内摄)，澳大利亚维多利亚州立图书馆、广州孙中山大元帅府纪念馆.

中国人民信任，而斯时适谋教育普及，实行开放门户主义，化除国籍界限，教会即开学校"。①广州、上海等五口，成为西方传教士传播宗教和兴办教会学校的基地。在建筑形式上，也更愿意采用地方建筑形式或所谓中西合璧式以弱化中国民众的不信任感。这是岭南近代教会建筑发展的两个不同阶段，前者引入了纯正的西方建筑形式，后者则为中西建筑融合提供了新的思路和方法。

岭南近代教会学校的大发展是在第二次鸦片战争后，并主要由美国新教教派推动。继《天津条约》和《北京条约》确定"传教宽容"后，1868年，美国与清廷签订《中美续增条约》，规定美国人可以在中国指定外国人居住的地方设立学堂，美传教士在华设立学堂得到保障。美国在华传教事业因此高速发展。岭南教会学校也以广州为中心进入快速发展阶段，表现为数量大大增加，并呈现专业化和相对独立的发展趋势。19世纪末20世纪初美国各教派在广州创办教会学校主要有：

1866年受美国长老会派遣，美国医生嘉约翰在美国传教士伯驾(Peter Parker, 1804~1889)创立的博济医院中设立南华医学堂，1914年又附设护士学校。②

1872年，美国长老会女传教士那夏理(Harriet Newell Noyes, 1844~1924)在广州沙基创办真光书院。1878年，因火灾将校址迁往仁济街。1909年，将书院改为真光中学堂；1912年，改名为私立真光女子中学；1917在广州芳村白鹤洞购地建成新校舍。③

1879年，美国长老会传教士那夏礼(Henry V.Noyes, 1836~1914)在广州城西沙基创办安和堂。1888年购芳村花地"听松园"故址五十余亩，改名为培英书院。1889年在"听松园"内兴建校舍并设科学部。1912年改名为私立培英中学。④

1888年，美国浸信会女传道会第一届联会派容懿美女士来广州，于五仙门创设培道女学。1906年，于东山牧鹅塘附近购地1460余井建筑新校舍，治平洋行设计。1919年正式定名广州培道女子中学。⑤

1889年，美浸信会教友筹设培正书院，院址在德政街。1905年改由两广浸信会办理；1908年，在东山建新校舍，改校名为培正学堂。1916年改名为私立培正中学。⑥

1880年代后，广州教会学校进入发展高峰期，其标志为广东第一所教会大学的创立。1884年，美国长老会牧师香便文(Benjamin Couch Henry, 1850~1901)向美国宣教会提议在广州设立大学，并于1888年在广州沙基创办"格致书院"。1897年校址迁广州四牌楼，次年再迁花地萃华园，1900年一度迁澳门，更名"岭南学堂"。1904年由澳门迁往广州河南康乐村新校址，1916年改名为岭南大学。⑦除岭南大学外，当时广州教会高等学校还有协和神学

①[美]露懿思.基督教教育在中国之情形[A]//陈学恂.中国近代教育史教学参考资料(下册)[C].北京：人民教育出版社，1987：60.
②郭卫东等主编.近代外国在华文化机构综录[Z].上海：上海人民出版社，1993：42.
③同上：40-41.
④、⑤同上：42.
⑥同上：41.
⑦同上：41；251-252.

院、协和女子师范学校、夏葛医学堂等。

除省城外，各教区对教会学校的兴办也十分积极，其网络甚至发展至乡村民间，并涵盖了从蒙学到高级别教育的多种形态。教育网络的扩大使教会的影响扩展至岭南每个角落，教会学校建筑也因此成为推动岭南传统建筑西洋化发展的重要力量。

早期教会学校、医院等并无统一的建筑策略，而任由创办者根据其理解、并依照建筑师和当地工匠的情况进行建设。近代广州教会学校多由美籍传教士创办，来华之初，传教士均以洋楼形式构筑校舍，且多以殖民地外廊式作为基本样式，原因估计有二：其一，为快速扩张和迅速传教，殖民地外廊式因建造方便、适应性较强而被首先采用；其二，殖民地外廊式在功能上也符合通风采光良好、活动空间宽敞的要求。在20世纪初广州教会学校蓬勃发展的时期，治平洋行参与了其中多个新建校舍的设计或建造，其典型案例如广州培道学堂(图4-20)。

三、近代产业建筑

传统产业的近代化与新型产业的外来移植，是西方资产阶级国家向近代中国进行产业资本投资的必然结果。从十八九世纪西方世界大规模拓展海外殖民地的历史看，其目的和形式包括两方面：一方面，在资本主义发展的早期阶段，资本家或商人集团通过贸易方式向海外殖民地或其他海外市场倾销其工业产品；另一方面，为谋求更低廉的原材料市场和劳动力，资本家在海外殖民地进行产业资本投资成为必然，并在很大程度上推动了西人对于新殖民地的开拓。这两方面对近代中国的影响均十分明显，前者是条约制度产生的根本原因，后者则通过产业移植为资本找到新的出路。

由于工业革命的成功，西方国家在产业技术，包括制造、运输、仓储、能源等方面呈现革命性发展，与此相呼应，一种新兴建筑类型开始出现并发展。为适应机器时代的需要，这种新的建筑类型从一开始便具有大空间、新结构等特征，其引入与移植在技术层面的意义远较形式上的意义更为重大。

作为一种新的建筑类型，岭南早期产业建筑的形成与发展与航运贸易联系紧密，船坞、码头及仓库是西人最早投资的产业类型。苏格兰人柯拜(John Couper)于1845年在广州近郊创设的黄埔船坞是岭南最早出现的近代工厂。其后，美资丹麦船坞和旗记船厂，英资诺维船厂、高阿船坞、于仁船坞公司和福格森船厂陆续开办(图4-21)，使1860年代黄埔港的修船和造船工业一度出现繁

图4-21 19世纪中后期黄埔航道与船坞。

①转引自刘圣谊、宋德华.岭南近代对外文化交流史[M].广州:广东人民出版社,1996: 210.

荣景象。英国报刊和商务报告中描述了这些船厂的情况:"进入虎门乘船向前进,便看到于仁船坞的厂房,接着就是山坡上绿荫簇拥着的一座教堂……接着是英国领事馆,坐落在山顶,山背后便是香港黄埔船坞公司的宏大的船坞和宽阔的工厂了。……右岸即河南洲,岸边都是造船的船厂的厂棚(按:指中国旧式木制帆船的修造厂。)"①除了在机器设备方面优于传统船厂,黄埔船坞等近代造船工业在厂房建筑和材料技术等方面适应了近代工业的生产需要:如三角形屋架的使用以谋求更大使用空间,石材、水泥等作为新型高强度建筑材料被应用于船坞码头的建造等。

外国贸易公司在广州设立码头仓库始于一口通商时期,但真正近代化的码头和仓库建设却在19世纪末。蒸汽轮船的推广和应用及条约口岸的不断开辟,使西方船运目的地开始触及岭南沿海及内河流域深处。十三行时期的黄埔码头和河南茶叶仓在鸦片战争后逐渐没落荒废。海关内迁及沙面建设后,沿珠江南航道两侧,包括洲头咀及芳村花地一带成为西方船运、贸易公司新的聚集地。太古行、大阪株式会所、德士古火油公司、亚细亚火油公司、日清公司、美孚行、美国亨宝轮船公司(后由怡和公司使用,称为渣甸仓)等先后进行了码头和仓库建设。治平洋行建筑师帕内用其擅长的安妮女王复兴风格为美孚行和美国亨宝轮船公司(图4-22)进行了设计。这些建筑无论在内部空间、还是结构新技术等方面均为当时岭南产业建筑的典型代表。类似建设在汕头等港口地区也时有所见。

两次鸦片战争的失利使清政府看到了与西方列强在军事实力上的巨大差异,在"求强求富"、"师夷长技以制夷"的口号下,自1860年代开始大力推进以军事技术革新为主要内容的洋务运动,军事工业得到迅猛发展。同治五年(1873)瑞麟所办广州机器局为岭南近代洋务工业之嚆矢,次年张兆栋再设埠局,之后渐有发展,至张之洞督粤时期达至顶峰,并扩展至民用领域。由于早期设备均向外国洋行采办,其生产流程与厂房建筑设计均由洋行委托西方建筑师统一完成,如1886年张之洞所创广东钱局。西方建筑师的设计虽在建筑布局和结构方式等方面表现出近代产业建筑的类型特征,但作为政府公权象征的广东钱局主楼最终仍建成为中式传统建筑(图4-23),在一定程度上反映了当时晚清官员"中体西用"的

图4-22 广州芳村美国亨宝轮船公司码头及仓库(治平洋行,1900年代)(帕内摄),澳大利亚维多利亚州立图书馆、广州孙中山大元帅府纪念馆.(左)
图4-23 广东钱局,李明 主编,广州近代史博物馆编撰.近代广州[Z].北京:中华书局,2003: 56.广东省博物馆编.广州百年沧桑[Z].广州:花城出版社,2003: 109.

思想。而拟建机器织布局和枪炮厂在张之洞迁调湖北前已完成设计，从建成房屋看，为近代西式厂房无疑。

以机器使用和新型资本主义生产关系的建立为特征，近代产业的外来移植同时带动了民族工业的发展。岭南近代民族工业的兴起始于1873年南洋华侨陈启沅(1834~1903)在南海西樵开办的继昌隆缫丝厂。光绪十二年(1886)，广州"联泰商号"(1837年创立，曾为陈启沅制造缫丝机械)东主陈淡浦次子陈桃川，在十三行附近创办均和安机器厂，以生产缫丝机、修理蒸汽机为业。光绪十四年(1888)在河南洲头咀建厂，有厂房、泥坞等，其建筑布局已具备近代修理及造船工业的雏形(图4-24)。总体来看，岭南近代民族工业以小型重工业和轻工业为主，对大型工业技术的引进和发展不如上海、天津、武汉等地，反映在建筑上则表现为继续沿用小跨度厂房，虽多采用西式建筑，但对建筑新材料、新技术的应用没有十分的迫切性。

20世纪初晚清政府推行新政，官营实业开始脱离洋务运动时期的军事色彩。清光绪三十一、三十二年间(1905-1906)，岑春煊督粤期间，广东官府因粤海关库书周东生贪污事发，没收其河南草芳园田产及花县飞鼠岩灰石矿筹建士敏土厂，1907年建成(图4-25)。该厂机器设备由德商礼和洋行售出，由沙面兴华洋行承建各种厂房，其建筑已具备近代工业建筑简洁、明快的特征。而南、北办公楼(即今大元帅府旧址)由沙面治平洋行设计，为殖民地外廊式建筑。1905年，两广总督岑春煊发起筹建广州最早的自来水厂——增埗自来水厂。也许因上海商人李平喜、王声楷等的介入，曾设计上海内地自来水公司的通和洋行(Atkinson & Dallas Architects and Civil Engineers Ltd.)受聘担任设计。在阿特金森(G. B. Atkinson, 1866~1907)主持下，通和洋行承担了全部水厂工程，包括水池、过滤系统、机房的建造，水管的铺设及水塔建造等。[①]1907年，长寿大街兴筑西关水塔，为广州最早水塔；1908年6月自来水厂竣工，8月供水，建筑为西式带天窗坡顶建筑，墙身以券拱造型。

铁路交通是新政时期出现的另一重要产业。作为城市近代化发展的重要标志，岭南铁路运输业始于粤汉铁路广三段建设(1903年10月通车)。其后，粤汉铁路广韶段(1916)，潮汕铁路(1906年11月)，广九铁路华英段(1910-1911)，新宁铁路(1913)等先后建成通车。

图4-24 广州均和安机器厂(摄影：佚名)。
图4-25 广州河南广东士敏土厂，李明主编，广州近代史博物馆编撰.近代广州[Z].北京：中华书局，2003：62.(右)

① Wright and Cartwright. *Twentieth Century Impressions of Hongkong, Shanghai, and Other Treaty Ports of China*[M]. London: Lloyd's Great Britain Publishing Company Ltd, 1908: 630.

图4-26 岭南近代铁路站房建筑，台山县建设图影(第一期)，台山市档案馆藏。广东省立中山图书馆. 广东百年图录(上卷)[Z].广州:广东教育出版社，2002: 64、65、67.

铁路在联系沿线各城镇、促进城镇近代化发展的同时，各站点站房建筑成为一种新的产业建筑类型，这其中有粤汉线广州黄沙车站、广九线广州大沙头车站(治平洋行，约1910年)(图4-26a)、新宁铁路台山车站(图4-26b)、佛山石围塘车站(图4-26c)、潮汕铁路潮州车站(图4-26d)等。作为城市近代化和城市门户的象征，这些西式站房建筑成为影响该地区建筑发展的重要因素。

　　新政实施也极大刺激了外商投资和民族工业的发展。1905年由美商旗昌洋行在广州长堤五仙门创办华南最早的商办电厂——粤垣电灯公司，建筑由治平洋行设计。1919年五仙门电厂被中国政府收回自办，1919年改为商办，易名广州市商办电力股份有限公司，并以骑楼建筑形式沿堤岸进行了扩建(图4-27)。其间，民族资本的机器缫丝业、火柴业、面粉业、轧花业、砖瓦业、造纸业、制烟业等发展迅速，涌现了像粤东水结布织厂(1902)、同益砖瓦厂(1906)、广东裕益机器制造灰砂砖有限公司(1907)、广东南洋烟草公司(1905)、江门制纸有限公司(1911)、广州协同和机器厂(1911)等在内的一批民族资本工业。

图4-27 广州五仙门电厂，广东省立中山图书馆.广东百年图录(上卷)[Z].广州:广东教育出版社，2002: 64.

　　20世纪前后大量出现的产业建筑在广州、汕头等中心城市形成另一种形态的殖民建筑景观。作为一种前所未有的新的建筑类型，早期产业建筑多由机器生产商或供应商根据功能需要委托西方建筑师设计，从而引入大跨度结构技术和西方同期产业建筑形象。和先进的机器设备一样，产业建筑是西方工业文明的象征，其空间布局与建筑形态充满了机器时代的合理性。早期产业建筑多沿江岸布设，如珠江北岸的五仙门电厂，河南的广东士敏土厂、均和安机器厂及珠江南航道两侧的仓库码头等，而这些地区同时也是广州城外因外贸通商和条约制度发展起来、最具活力的空间。非常规的建筑体量、高耸的钟塔或烟囱与堤岸上的海关、邮局及众多洋楼一道形成混合多元的城市景观，在成为城市重要地标的同时宣示着殖民状态的存在。

1914年第一次世界大战爆发为民族工业发展带来新的契机。一些老牌欧洲工业国家如英、法、德国因卷入战争而无暇东顾，在资金和生产极度萎缩前提下，其工业产品对中国市场的占有开始松动和减少，极大提升了民族资本发展工业的信心。民生用品如火柴、器皿、香烟、布匹丝绸等纷纷采用机械制造和加工以提高生产效率。为推广本地工业产品，广东商人组织了庞大的商业代表团，参加了1915年在美国三藩市举办的巴拿马世界博览会，成绩不俗。当时民族工业虽有较大发展，但因战争影响，钢材供应极度匮乏，产业建筑技术并无明显发展。

第二节　西洋化的扩展与深入：西方古典主义在岭南

18世纪下半叶和19世纪上半叶，欧美国家在建筑学领域最突出的特点是古典复兴运动的开展。这是与新兴资产阶级政权相对应的一种官方建筑运动，其背景是刚取得政权的英、法等国资产阶级为宣示其完全不同于封建地主阶级的政治立场，通过古典复兴象征建立资产阶级民主代议制度的政治理想。[1]而同时期世界性的考古工作在欧洲取得重大进展，对古希腊、古罗马等建筑遗迹的考察，使西方人对维特鲁威(Marcus Vitruvius Pollio，公元1世纪)所奠定的欧洲建筑体系有了更深刻的认识，这为新兴的资产阶级从更远的历史中寻求理想主义的建筑精神提供了思想武器。在摆脱巴洛克和洛可可奢靡的前提下，象征自由、平等、博爱的浪漫主义思潮和具有高度民主精神的古典风格成为表达资产阶级理想的建筑形态。巴黎美术学院在艺术审美和技巧训练等方面强化了这种官方建筑形式的正统性，使古典复兴成为当时最时髦和流行的建筑样式。一般认为，古典复兴运动在表现形式上包括了两种主要倾向：历史主义和折中主义。前者在建筑中融入西方古代建筑发展中某一阶段的历史风格，并以历史样式为创作源泉；后者则表现为两种或两种以上历史风格通过构图和要素的组织完成立面形式的演绎。[2]

随着西方殖民势力在全球的拓展和深入，古典主义建筑被引申为西方文明的物化象征，并最终影响殖民地建筑活动的基本定位。在西方人的刻意营造下，古典主义建筑在近代中国成为宣示权力、财富和永恒的重要工具，而广泛应用于官署、海关、银行等城市公共建筑中。这些建筑占据着城市最重要的地段，通过整洁、雄伟的建筑形象影响了中国的建筑传统和文化价值，极大地加快了中国传统建筑的西洋化历程。

西方古典主义在中国的传播，始于19世纪中后期西方人对华经贸和传教活动的开展。订约之初，当传教士们

---

① 王受之.世界现代建筑史[M].北京：中国建筑工业出版社，1999：8~29.
② 具体而言，欧洲的历史风格分为古典系统和哥特系统两大类。古典系统以古希腊为始，由古罗马继承发展后在中世纪基督教时代消亡，再经由文艺复兴运动而复兴，继而演化为巴洛克式，之后在法国和英国都得到发展，形成法国以宫廷建筑为代表的古典主义，洛可可、帝国时代希腊复兴、新巴洛克式及英国的文艺复兴式、帕拉第奥主义和新古典主义、希腊复兴等；而哥特系统在中世纪以基督教罗马风为起点，发展为哥特风格，文艺复兴时期为古典系统的风格所取代。在法国，文艺复兴后哥特风格仅限于教会建筑，而英国则在19世纪中期形成维多利亚哥特复兴，产生了广泛影响。参见，沙永杰."西化"的历程——中日建筑近代化过程比较研究[M].上海：上海科学技术出版社，2001：95.

为宗教礼仪需要而迫不及待兴建各种古典风格的教堂建筑时，商人们最初的策略功利而实用。经过数十年不断拓展，西方人以条约口岸和租界为支点，不断扩大经贸、政治、宗教与文化网络，其触角已基本渗透至晚清帝国社会的各个角落。稳定的殖民状态使商业性建筑活动从早期的"临时性"向"永久性"转变。首先尝试这种改变的是业务日益稳定和发展的外国洋行和银行，它们在租界和其他类似地区取得了土地"永租权"，并不再满足于用殖民地样式来营造自身的企业形象，而寻求更华丽和壮观的建筑形式。在建筑市场的需求下，西方建筑师从1860年代开始登陆已纳入全球市场体系的中国，并在上海、天津、广州等租界地区开展建筑师和土木工程师业务，古典主义正式登陆中国，西方建筑艺术对中国的影响也从最初的殖民地形态向更为丰富和纯正的欧洲本土形态过渡。

古典主义同时为晚清政府中的改革势力所借用。在"新政"口号下，古典复兴式样被广泛应用于国会大厦、各省咨议局及新式学堂等建筑中。就像18-19世纪的欧洲那样，建筑语汇成为操弄意识形态的工具，官用古典建筑的出现也因此成为新的政治改革的风向标。

虽然近代早期的古典主义建筑几乎全部由西方建筑师设计，但真正推动古典主义中国化或本土化的却是中国建筑师。从1920年代开始，第一代留学欧美的中国建筑师陆续回国，他们大多接受了西方学院派建筑教育，在古典主义的运用方面具有较高专业素养。其中许多人或从事建筑设计，或举办建筑教育，通过各种形式贡献于中国建筑的现代转型。与西方建筑师不同，他们扎根于斯，致力于东西方建筑艺术的交流。从1920年代中后期开始，中国建筑师在西方古典主义基础上开始了中国古典复兴的探索和实践。

一、发展契机

殖民地式与学院派古典主义在近代岭南并非前后相继的两种建筑形态。早在16-17世纪，以澳门圣保禄教堂为代表，文艺复兴风格的建筑已经出现。发展至18-19世纪，澳门公共建筑更广泛地受到欧洲巴洛克和新古典主义建筑风格的影响。由于中葡双方对使用中国工匠的共识，岭南地方工匠在长期的西洋建筑活动中积累了相当丰富的经验。以此推论，至少在广州，在条约签署及租界开辟后大量出现的殖民地式建筑并非缺乏材料和技术，而是军队工程师和商人集体有意识的决定，即通过快速建造实现快速占领。而一旦稳定下来，以古典主义的各种表现形态为主要内容的欧洲本土建筑形式才有真正实际的需要。

虽然传入较早，古典主义在19世纪的岭南地区并未形成主导性的建筑语境。比较研究欧洲本土建筑形态在中国的传播，上海是岭南的重要参照。通常认为，1866年奠基兴建的圣三一堂是上海建筑全面移植欧洲本土建筑形式的重要标志；殖民地外廊式建筑在上海从19世纪七八十年代已逐渐减少并最终消失。[①]而广州在更早的1863年，已由法国天主教普行劝善会在原两广总督衙们旧址开始兴建天主教圣心教堂，该建筑同样是欧洲本土建筑形式在岭南内陆出现的重要标志，但直到19世纪末期，岭南西洋建筑才开始逐步从殖民地式向欧洲本土建筑形式过渡。起点虽一致，但两者在西化的程度及时间历程方面却不尽相同。

由于多种因素制约，广州在约开数十年后，其建筑面貌仍保持开放初期的状态，贸易衰落是其根本原因。条约签订后，广州仍是晚清帝国最重要的口岸之一，但贸易额却逐年衰退。早期活跃于广州的外国洋行纷纷将总部迁往香港或上海，前者的贸易地位至19世纪五六十年代已被后者取代。1861年当沙面填筑工程完成后，东侧法租界甚至到1880年代才有实质性的建筑活动。在相当长的一段时间里，粤人对西人入城及租地持强烈抵制情绪。在19世纪的大部分时间里，沙面建筑延续着早期殖民地外廊式样，而租界对岸的华界则仍保持中世纪以来的旧有格局。新兴建筑发展缺乏必要的推动力量。

图4-28 香港大会堂(1869)，香港历史博物馆.四环九约：博物馆藏历史图片精选[Z].香港市政局，1994: 18.

19世纪末广州商贸复兴及城市改良新气象为本地建筑发展带来新的契机。由于轮船时代的来临，全球商品的广泛流通和不依赖信风的航运方式使海上贸易与更广阔的内陆市场有了更紧密的连接。岭南由于水网密布的地理特征和悠久的外贸传统被再次发掘成为轮船时代的新兴市场。1887年就任两广总督的张之洞显然看到了重整商业对广州经济的重要性，为复兴广州商贸，张之洞学习泰西各国富强之术："官任其事，商营其利。所有开设埠头经营贸易皆系官为规划主持"②，对广州珠江堤岸进行了详细规划和建设，使广州沿江地带开始具备近代西方城市滨水地带的空间及形态特征。③该计划在确保堤岸商贸发展的同时，为广州近代城市改良拉开了序幕。此后数十年，这里成为广州乃至岭南新兴建筑的集中地。几乎同一时期，沙面租界也迎来建设高峰期。1888年天主教圣心教堂落成后法租界开始真正进入建设期。在长达数十年经营后，西方人已视租界为永久殖民地，按照欧洲本土式样进行建筑活动成为主流。

西方正规建筑师的出现成为最后的决定因素。与殖民地式建筑简单易行的建造原则相比，古典主义建筑对形式构图有着严谨的格式和规范，经过学院派教育或其他严格训练的西方正规建筑师的出现成为古典主义传播的必要条件。在经历由军队工程师或商人参与设计的早期阶段后，真正的建筑师开始为租界建设提供服务。香港是早期西方建筑师的主要来源地。早在第一次鸦片战争后，英国就在香港建立了殖民地，并最晚从1860年代开始就有建筑师和工程师执业。④与此同时，香港的建筑面貌开始从殖民地式转变为同时期欧洲盛行的新古典风格，其中，香港大会堂(1869)(图4-28)等城市公共建筑成为这一转变的重要标志。由于地缘接近，当已经在香港建立了总部的银行或商行在向广州沙面派出分支机构时，在港执业的西方建筑师显然最有可能获得项目委托。实际上，香港的丹备洋行在20世纪初曾设立广州分号，澳大利亚建筑师帕内和英国皇家建筑师学会准会员托马斯先后主其事。⑤而帕内在广州的设计生涯见证了岭南近代建筑从殖民地外廊式向古典主义过渡的历程。

二、过渡时期的建筑

与上海租界建筑较早完成向古典主义过渡相比较⑥，古典主义在岭南更多的是以混合了殖民地建筑形态的方式而存在。在相当长的一段时间里，岭南西洋建筑处于殖民地外廊式样向古典主义的过渡阶段。其建筑形式的演变更替显示了中国近代建筑从殖民地外廊式

①伍江.上海百年建筑史(1840~1949)[M].上海：同济大学出版社，1997: 61, 63.

②张之洞.珠江堤岸接续兴修片，光绪十五年十月二十二日//王树枏主编.张文襄公(之洞)全集，卷二十八、奏议二十八.台北：文海出版社，1967.

③彭长歆."铺廊"与骑楼：从张之洞广州长堤计划看岭南骑楼的官方原型[J].华南理工大学学报(社会科学版)，2006.12, (6): 66~69.

④、⑤黄遥：晚清寓华西洋建筑师述录[A]//汪坦、张复合主编：第五次中国近代建筑师研究讨论会论文集[C].北京：中国建筑工业出版社，1998: 171~174.

⑥由于西方正规建筑师的出现，上海英、法租界从1860年代开始出现由殖民地式向欧洲学院派建筑靠近的趋势。而1866年开始兴建的圣三一堂标志着上海建筑从殖民地外廊式走向全面移植欧洲本土建筑的新时期。伍江.上海百年建筑史(1840~1949)[M].上海：同济大学出版社，1997: 54~64.

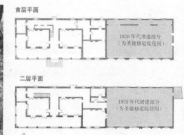

首层平面

1920年代增建部分
（为圣德修道院使用）

二层平面

1920年代增建部分
（为圣德修道院使用）

a   b

图4-29 广州沙面法国传教社，摄于2010年11月。（左）

图4-30 北海英国领事馆旧址，北海市文物所；摄于2003年12月。

向西方古典主义过渡的历程。由于年代久远和多次自然灾害，沙面租界早期建筑已所余甚少，1880年代以后兴建的建筑虽仍有殖民地式样存在，但在立面形式上已逐渐摆脱早期的连续券廊形式，开始出现分段处理和更复杂的变化。法国传教社(1889)作为法租界内的早期建筑(图4-29)，在立面构成中融合了殖民地外廊式样和古典主义构图，并饰以帕拉第奥母题和巴洛克的山墙处理，呈现出向古典主义过渡的趋势。

在高度成熟和系统化的营建系统作用下，领事机构和海关建筑从19世纪末开始尝试对早期殖民地建筑进行改良。

由于外交部工务署建筑师马歇尔的设计，广西北海英国领事馆突出反映了过渡时期殖民地外廊式建筑的矛盾冲突。首先，在平面构成方面表现为三个单元的组合，但组织方式不同于早期简单的并列形式，而出现较复杂的变化。每个单元均有壁炉，这显然来自欧洲的生活方式，但与外廊式建筑所反映的气候特征却有十分明显的矛盾。一种可能性是殖民地气候条件下的适应性调整，但在文化情结上仍固守并不适应的内部结构；另一种可能性则是殖民者有意恢复这种欧洲的生活方式以表征其文化"优越性"。英国领事馆的外廊形式也有所不同，虽为常见的曲尺形，但廊的尽端为墙体所封闭，并有强化人口和角部的迹象。其次，建筑的四个立面由于平面构成的灵活性而呈现不同的立面形式。人口双柱和外廊转角组合柱也不同于广州和汕头等地连续的柱券形式，这在北海其他殖民地外廊式建筑中具有普遍性；另外，英国领事馆檐口部出现了正规的组合线脚，券顶有券石，女儿墙则以雉碟形式表现(图4-30)……种种迹象表明，虽停留在早期阶段，北海英国领事馆出现了由殖民地外廊式样向西方古典式样过渡的倾向。

帕内是过渡时期岭南最重要的建筑师之一。帕内早年的成长背景和求学经历赋予其丰富的想象力和多变的手法。一方面，作为欧洲人向海外殖民的重要据点，位于南半球热带地区的澳大利亚同样保存了开拓时期遗留下来的大量"殖民地外廊式"建筑，帕内本人在成长过程中一定有过这类建筑的空间体验和形式认知；另一方面，作为殖民地宗主国，英国持续不断地向澳大利亚输出本土正在流行的建筑样式，那是以乔治时代和维多利亚时代建筑风格为代表的古典主义，尤其后者，是帕内成长时期最重要的历史文化和专业背景。帕内的求学经历无疑是学院派的，严格的绘画训练和古典主义训练，为帕内的建筑素养打下了坚实基础。而1899年游学非洲、欧洲、美国和新西兰的经历使帕内对异域多元化的建

① 有关帕内早期求学经历的研究参见Derham Groves. *From Canton Club to Melbourne Cricket Club:The Architecture of Arthur W. Purnell*[M]. Melbourne: The University of Melbourne.2006: 5-6.

筑风格有了更多认识。①

　　既宽泛又严格的专业背景营造了丰富多元的建筑语境，帕内借此在20世纪初中国建筑的变革中游刃有余。在沙面粤海关俱乐部设计中，帕内大量采用维多利亚时代后期安妮女王复兴风格的元素，如清水红砖墙、带有水平凹槽的柱廊、白色的饰线、不断变化的铸铁构件、装饰感很强的券拱、门楣等。设计同时糅合了一些寒冷地区屋顶的元素，两顶圆锥形尖塔耸立在建筑两侧，使建筑看上去更像一座乡村俱乐部，这或许正是建筑师所期望达到的效果(图4-31)。帕内对殖民地外廊式有着极强的控制力和再创造才能。广东士敏土厂南、北楼是帕内最典型的殖民地外廊式设计，有着连续券、四面环廊等特征，但建筑师同时将锁石、复杂的组合线脚、檐口等西方古典元素融入其中，使殖民地建筑形象表现出丰富的立面效果。同样的才能还反映在对外廊式建筑的改造上。在东亚洋行、时昌洋行和Nukha住宅等建筑的改造中，帕内通过柱式的组合和装饰细节的运用改变了建筑连续券廊的殖民地外廊式形象。

　　帕内向西方正统建筑样式靠拢的想法还在大清邮政官局、花旗银行(图4-32)、广九车站等建筑的设计中得到了忠实体现。拥有雄厚实力的财团和新政下的地方政府都不约而同选择了新古典主义，以实现建筑艺术对赞助人理想与身份的代言。外廊空间是帕内沙面新古典风格建筑的一个重要特征，许多建筑都保留了一个很深的前廊，然后用完整的柱式和安妮女王时期的装饰风格组织立面。帕内显然惬意于外廊空间的舒适与良好的视野，他与妻子曾在花旗银行的外廊合影(图4-33)，其本人及同事也有一些在沙面俱乐部、花旗银行外廊休憩的记录。事实证明，这是广州湿热气候条件下建筑适应环境的最佳方法。

图4-31 广州沙面粤海关俱乐部(治平洋行，1904)(帕内摄)，澳大利亚维多利亚州立图书馆、广州孙中山大元帅府纪念馆.(上)
图4-32 广州沙面花旗银行(治平洋行，)(帕内摄)，澳大利亚维多利亚州立图书馆、广州孙中山大元帅府纪念馆.(下左)
图4-33 帕内与妻子在花旗银行前廊合影，澳大利亚维多利亚州立图书馆、广州孙中山大元帅府纪念馆.

　　需要注意的是，帕内的作品虽涵盖了从殖民地外廊式到新古典主义等多种形式风格，但并未表现出前后相继的变化。许多不同风格的设计几乎在同一时期完成，建筑师混合多元的文化背景、严格的专业训练为这种多变的设计手法提供了注脚，也恰恰反映了当时建筑艺术发展的过渡特征。帕内治平洋行由于其富有成效的设计和适应性策略在岭南乃至中国近代建筑史中占据重要席位。

　　1909年，帕内离开广州后，广东境内一些新的海关设计交给了托马斯(C. B. Thomas)。他在三水河口海关的设计中，仍采用了殖民地外廊式的方形平面，但在立面处理上，已有三段式的纵向划分、外廊弧形

图4-34 三水河口海关旧址(C. B. Thomas, 1909),佛山市三水区文化局 主编,佛山市三水区民俗摄影协会、佛山市三水区摄影家协会.古庙·古村·古风韵:三水文物风华[Z].2003: 97.

图4-35 梧州海关立面细部,摄于2008年5月.(右)

◇欧式建筑的海关大楼全貌

阳台和细致的檐下构件(图4-34)。1918年建成的梧州海关建筑群,与三水海关表现出同样的建筑特征(图4-35)。由于建造时间相近、所处航道相同,梧州海关与三水海关在建筑语汇方面所表现出的高度一致性,或可说明海关在同一时期、同一地区的建筑策略具有连续性。

三、西方古典主义建筑在岭南

图4-36 广州沙面瑞记洋行透视图(治平洋行, 1905),澳大利亚维多利亚州立图书馆、广州孙中山大元帅府纪念馆.

在20世纪初殖民地外廊式向西方本土建筑形式过渡时期,帕内治平洋行设计的瑞记洋行新楼被认为岭南早期古典主义建筑的重要开端。作为晚清广东乃至近代中国最重要的西方贸易公司,瑞记洋行(Arnhold Karberg & Co.)广州分行1906年在原址上拆除了面积较小、质量尚好的旧楼,而改由帕内设计一座新的办公大厦,帕内采用了新古典主义的设计(图4-36),并有明显的折中主义倾向,这不仅包括柱式的处理,还包括建筑檐口上适用于热带地区的花架廊形式及建筑两翼顶部平缓的盔式穹顶等。

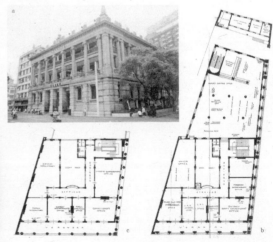

图4-37 广州沙面汇丰银行，摄于2010年11月。(上左)
图4-38 广州沙面法国东方汇理银行新楼，摄于2010年11月。
图4-39 广州沙面原德国领事馆，摄于2010年11月。(上右)
图4-40 汕头日本领事馆旧址，[日]新汕头，1921。(下左)
图4-41 广州沙面原英国领事馆西配楼，摄于2010年10月。(下右)

瑞记洋行之后，沙面的银行和洋行纷纷改建、扩建或重建其行址。汇丰银行、渣打银行、慎昌洋行、花旗银行新楼(茂飞，1921)、新志利洋行等财力雄厚的银行或洋行陆续建成，大多数是融合了多种历史元素的折中主义风格。其中汇丰银行以比例协调、尺度优美和略带巴洛克式细部的造型特点成为沙面最杰出的新古典主义作品之一(图4-37)。1914年，法国东方汇理银行新楼建成(图4-38)，这座由伯捷洋行设计建造①的华丽的新古典主义建筑有着严谨的比例和构图、丰富的线脚和檐口细部及装饰，是租界内最雄伟的建筑之一。

另外，在租界及租界外的其他条约口岸城市，从20世纪初开始，各国政府在建立或重建其领事馆时，更庄严的古典形式也被用以替代早期的殖民地形式。1905年德国领事馆在沙面建成，虽然仍有殖民地建筑的痕迹，但四角盝顶寨堡式造型已反映出德国古典主义风格的影响(图4-39)。1904年，日本在汕头崎碌东端设领事馆，其后开始馆舍建设。建筑采用了爱奥尼柱式门廊，门廊顶部饰有日本皇室的菊花图案。建筑正立面左右两侧明显不对称，但仍通过厚重的檐口和巨柱取得了威严的气势(图4-40)。沙面英国领事馆在1923年也完成了重建。与沙面众多追求庄严和气派的古典主义风格建筑不同，英国领事馆小巧而精致，其西配楼东面入口采用了巴洛克式的弧墙处理(图4-41)，建筑造型不拘泥于古典形式常见的对称构图，四个立面之间也根据平面布局作了不同形式的造型处理。

值得关注的是，西方古典主义也曾作为官方形式加以推广。清政府在甲午战争和义和团运动失败后，被迫推行改革以挽救没落的帝国。在"新政"口号下，西方古典主义运动又一次和革新的政治目的结合起来。与18世纪欧洲资产阶级反对封建贵族阶级不同，晚清帝国以这种不同于传统宫殿的外来强势建筑形式为自己贴上了一个标签。岭南"新政"在政治方面改革吏制，1904年裁撤粤海关监督，1905年再裁广东巡抚，均归两广总督府监管。

①伯捷先生在华设计与建造项目清单. 感谢Peter E. Paget先生提供家族史料。相信伯捷洋行主要参与结构设计或建造工作。

图4-42 广东省咨议局会堂，广州近代史博物馆(左)
图4-43 两广师范馆校舍，广东省立中山图书馆.广东百年图录(上卷)[Z].广州：广东教育出版社，2002：76

1908-1909年，"预备立宪"成为政治改革的延续，1909年广东咨议局会堂建成，为体现建筑作为议会政治的象征，会堂被设计成古罗马集中式型制的穹顶建筑(图4-42)。

文教方面则废科举，兴学校。除旧式书院改学堂外，又新设各种专业学校。光绪三十三年(1907)，两广优级师范学堂新校在拆除的贡院旧址上建成(图4-43)，1929年《工务季刊(创刊号)》附录"广州名胜纪略"中，明确指出该校系"仿日本明治大学形式建造"。①结合晚清政府建立"新学"的背景，其校园建筑模仿日本学制和明治大学的校园建筑风貌的作法极有可能。鉴于日本建筑在明治维新以后对西方的学习，两广优级师范学堂的建筑原型可能来自以钟塔为中心的西方学院建筑模式。

①[附录]广州市区名胜纪略[J].工务季刊，1929，(创刊号)：24.

清末新政在经济方面改变了以往重农轻商的传统思想，鼓励兴办工商实业。一时间，官办、官督商办、官商合办实业者层出不穷，官办者如河南士敏土厂(1909)、五仙门电厂等；商办者则更多的以华侨资本出现。清末实业在建筑上应和了官方的态度和当时的古典时尚，但在手法上呈现多样化，如商办粤汉铁路总公司、新宁车站、广九铁路广州大沙头车站等。

在艺术形态和政治局势发展的双重推动下，古典主义在岭南的发展并未被1911年革命风暴所打断，相反，在新兴钢筋混凝土技术支持下，古典主义从厚重的石构墙体中解放出来，并由于使用了大量工业技术而在高度方面实现了突破。古典主义以更轻便的结构形式和更纯正的立面形式被广泛应用，并在20世纪一二十年代左右形成古典主义在岭南的发展高潮。

由于营建系统高效、统一，并有雄厚的财政支持，海关、邮局是20世纪初新古典主义风格的当然赞助人。粤海关1913年拆除旧楼，新的粤海关大厦于1914年3月28日在原基址上

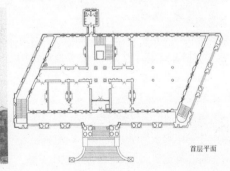

图4-44 广州西堤粤海关，Edward Bing-shuey Lee.*Modern Canton*[M].Shanghai: The Mercury Press, 1936.

首层平面

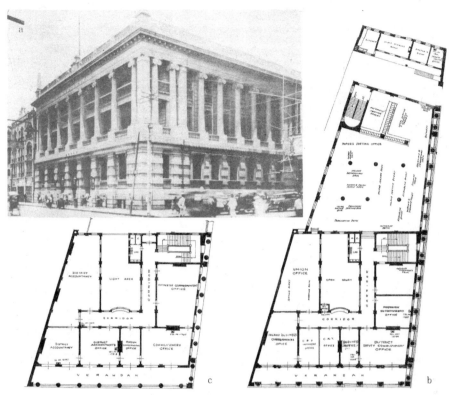

图4-45 广州西堤广东邮务管理局，a(外观)：Edward Bingshuey Lee.*Modern Canton*[M].Shanghai: The Mercury Press, 1936；b(首层平面)、c(二层平面)：广州海关

　　奠基，由英国建筑师大卫·迪克和阿诺特设计(图4-44)，晖华公司承建，1916年秋落成，1925年4月，照片送美国建筑技术赛会陈列。[①]建筑采用钢筋混凝土结构，东、南立面采用了灰白色花岗石砌筑，西、北立面为清水红砖墙。建筑立面采用古典主义的三段式构图，首层基座为粗石砌筑，南向正面和东向侧面以双柱的爱奥尼巨柱式贯通二三层，四层为塔司干柱式的组合形式。正面入口上设三角形山花，上刻"粤海关"三字(现改为"广州海关")，顶部中央设钟楼，上覆蛋形穹顶。

　　另一座与粤海关几乎同时建成的新古典主义作品是广东邮政管理局。在1904年原大清邮局遭火焚后，广东国税厅筹备处于1913年将基址拨给粤海关扩建邮政新局，1916年正式建成使用。该建筑平面呈不规则梯形(图4-43)，钢筋混凝土结构。首层基座为斩假石面，南向正面以爱奥尼巨柱式贯通二三层，内设前廊，东侧则以依柱形式延续南面的巨柱式构图。建筑檐口为多重复合线脚，女儿墙每开间设雉堞，角端立方尖碑造型(图4-45)。

　　汕头则在1920年代初几乎同时落成了新的海关、邮局大楼。虽然从空间结构看仍是外廊式平面的延续，1921年建成的潮海关通过厚重的石质外墙、列柱及入口中心化构图，塑造了不同于殖民地外廊式的建筑形象(图4-46)。一年后，汕头邮局以希腊式山花和爱奥尼巨柱展现了设计者成熟处理古典主义建筑的技巧(图4-47)。

①广州市文化局、广州市地方志办公室、广州市文物考古研究所.广州市文物志[Z].广州：广州出版社，2000：137.

图4-46 汕头潮海关，
自藏(上左)
图4-47 汕头邮局，林
桢主编.汕头建筑[Z].
汕头：汕头大学出版
社，2009：139.(上右)
图4-48 广东省财政
厅，Edward Bing-
shuey Lee.*Modern
Canton*[M].Shanghai:
The Mercury Press,
1936.(下左)
图4-49 广州南方大厦
(前大新公司)，广州昆
仑照相馆，1960年。

粤海关和广东邮政管理局的建成，是古典主义在岭南的发展高潮。其后，1919年，由法、德工程师以折中手法设计的广东省财政厅建成(图4-48)；同年，大新公司以新古典主义形式和高层钢筋混凝土框架结构达到岭南商业建筑新的高度(图4-49)。除地下一层外，大新公司2~9层均采用了广东士敏土厂生产的水泥。[①]国产水泥性能的成熟使古典形式可以通过洗石米仿石外墙的方法取得效果，这成为岭南古典主义建筑发展一个新的特点。

四、岭南中国建筑师的古典主义设计

①广东省建设厅.广东建设厅士敏土营业处年刊[Z].1933：37.
②雷秀民、周良等.广州市东山六十多年来发展概述[A].//广州市政协文史资料委员会编.广州文史资料(总第十四辑)[C]，1965，(1)：86~114.

在多种培养途径下，中国工程技术人员开始熟悉并掌握古典形式的构图原则和细部作法，尤其在1920年代后，第一代留学海外修习建筑专业的中国建筑师陆续回国，其中以庄俊为代表接受了流行于各学院派建筑教育体系的古典形式的训练，并在20世纪二三十年代迅速成为第一代运用西方古典形式进行设计的中国建筑师。岭南近代见于文字记载、最早由中国人设计的具有古典形式特征的建筑为谭胜1916年以竹筋混凝土设计的广东公立医科专门学校百子岗新校(今中山大学医学院图书馆)[②]，建筑在1918年建成使用 (图4-50)。与谭胜同一时期以西洋形式设计房屋的中国人还有周良等人，但很显然，他们并非严格意义上的建筑师，更多的是以非常混杂的西洋手法进行设计，如广州培正中学王广昌寄宿舍(1918年，周良)等。

从现有文献看，杨锡宗是岭南近代最早留学回国的中国建筑师之一。从其第一个作品广州第一公园(1920)开始，即表现了对西方古典形式的偏爱，或者说杨锡宗在美国康乃尔大学建筑系所受建筑学专业训练使其早期作品充满了当时流行于美国的折中主义的影响。在短暂担任政府公职后，杨锡宗成为执业建筑师。1922年前后，杨锡宗设计了有着三段式构图嘉南堂 (即今新华酒店) (图4-51)及南华楼(即今新亚酒店)；并以相似设计了商务印书馆广州分馆，但在实施中，杨锡宗融入了更多哥特元素。在其长期设计生涯中，杨锡宗顺应时代潮流对建筑的民族主义和现代主义进行探索和实践，但古典主义学院派影响始终贯穿其中。1932年，杨锡宗设计的十九路军抗日阵亡将士坟园落成，其罗马复兴风格的建筑形式被纯熟运用于凯旋门、纪功柱及环廊(图4-52)中，成为建筑师个人古典主义演绎的最高峰。

杨锡宗之后，岭南子弟在海外修习建筑专业者陆续回国，逐渐形成岭南近代中国建筑师群体，他们和其他土木工程师一道成为岭南近代建筑设计从业人员的主流。在探索新形式的同时，古典主义继续被广泛运用。原因有二：其一，在新式尚未出现或尚未成熟时，古典主义是建筑师最熟悉和最经常使用的建筑形式；其二，岭南由于长期的对外贸易及华

图4-50 广东公立医科专门学校百子岗新校(今中山大学医学院图书馆)，国立中山大学现状，1935.(上左)
图4-51 广州嘉南堂(即新华酒店)(杨锡宗，约1922)，自藏.
图4-52 十九路军抗日阵亡将士坟园，Edward Bing-shuey Lee.Modern Canton[M].Shanghai: The Mercury Press, 1936.(下左)
图4-53 台山县公署立面图(郑璞桂，1929)，台山市档案馆。(下右)

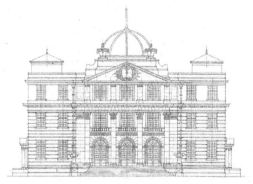

图4-54 汕头市政府
(1931年)。(左)
图4-55 广州孙逸仙
纪念医院(黄玉瑜,
1935)。(中)
图4-56 澳门邮政局
(陈焜培, 1926), 摄于
2004年3月。

侨众多等因素, 西洋形式被民众普遍接受, 古典主义及其衍生形态成为集体无意识的审美取向, 即使在民族主义颇为盛行的1930年代, 仍有古典主义的设计出现。

1929年, 台山县公署筹建, 工务局技佐郑璞桂设计。这位毕业于美国万国函授学校建筑系的建筑师采用了古典主义构图(图4-53), 包括立面的三段式划分; 整体高宽比例为1:2, 门廊部分的高宽比也是1:2, 与整体相协调; 中段比例为正方形等, 这些特点与法国古典主义时期的名作小特理阿农别墅一致。[1]从绘图技巧和细部表达看, 郑璞桂的设计、明显超出民初的广东公医学校, 说明岭南近代建筑师群体的形成, 已对本地区建筑设计质量的提高产生了积极影响。和台山的情况相类似, 古典主义在岭南华侨地区政府公署的建设中取得了优势, 汕头市政府(1931年)等也陆续采用了简化的古典形式(图4-54)。

民用公共建筑方面, 卓康成1935年对广州西堤广东邮政管理局进行了扩建设计, 在设计中, 卓康成虽将原有七开间增加到十开间, 但在形式上仍忠实于原有的新古典主义风格, 同时通过加大面宽改善了原南向正立面的比例关系, 并通过增设穹顶钟楼和女儿墙方尖碑的作法丰富了建筑轮廓线, 强化了立面中心, 该设计因故未能实施。1939年, 杨永棠对遭遇火灾的广东邮局进行了翻修设计, 并基本保留原有造型风格。1935年3月, 通过与杨锡宗、陈荣枝的设计竞标, 黄玉瑜取得了广州孙逸仙纪念医院的设计委托, 这是一个新古典主义的设计, 黄玉瑜深厚的建筑素养在立面细部的刻画中得到了充分发挥(图4-55)。

在澳门和香港, 华人建筑师也取得了长足进步, 并留下了相当数量的古典主义作品, 陈焜培(1896~1985)是其中的代表人物。陈早年师从葡萄牙建筑师施利华(José Francisco da Silva), 接受了学院式训练。[2]1923年陈焜培设计的澳门消防总局落成, 为具有南欧特色的巴洛克风格。1926年间, 陈焜培再以折衷主义手法设计了澳门邮政局(图4-56), 1931年建筑在加建一层后落成, 至今仍矗立在新马路议事亭前广场。

五、古典主义在岭南的地方表述

与上海、天津、武汉等租界城市相比, 古典主义在岭南的发展具有相当的局限性。一方面, 岭南是中国近代最早接触西洋形式且西洋化影响最深刻的地区之一, 西式建筑、西洋柱式及细部在岭南城乡, 尤其是华侨地区随处可见; 但另一方面, 岭南成熟的古典主义

①感谢赖德霖博士提供上述看法。
②马若龙.建构澳门建筑文化[A]//澳门艺术博物馆.美国加州当代建筑师作品澳门特展专集[C].2003: 267.

作品被局限在广州沙面、长堤等有限的区域内，无论数量、规模和质量均较上海等租界城市为逊。总体来看，古典主义在岭南的发展是不完全和不彻底的，分析原因，有以下几方面因素制约了古典主义在岭南的发展：

其一，广州在失去一口通商的垄断地位后，高等级建筑缺乏投资商或赞助人。实际上，在广州沙面完成建设后，西方人在广州或岭南其他地区的房产投资大为减少。相反，外国洋行和银行在上海等地的投资却日渐庞大，许多雄伟的、显示地位和财富的古典主义建筑在外滩不断涌现。与上述情况相关联，西方建筑师涌向了上海、香港等投资最密集的地区，并在设计市场中占据相当重要的地位。

其二，虽然最早接触西方建筑文化，岭南民间拒洋心态却十分浓厚。19世纪中期反对西人入城事件时有发生，1847年广东省城和佛山两地工匠就曾订立规条，"红毛如敢在省兴工，建筑楼房，我两镇工役头人，不许承接包办"，如有违背，对房子将"立刻烧毁"，对工匠则"按名搜杀"[①]。由于技术取向趋于保守，岭南营造业在近代早期建立的技术优势逐渐丧失，早期的技术输出地转变为输入地。"上海批档"等代替石材的外墙装饰方法直到1930年代才发展为岭南近代新型产业。[②]营建技术的落后在一定程度制约了古典主义在岭南的深入发展。

其三，建筑的民族主义倾向挤压了古典主义的发展空间。1922年，在美国建筑师茂飞帮助下，广州市政厅以官方形式确认了"固有形式"对政府建筑的主导。此后，随着中国民族主义情绪的高涨，这一倾向得到显著加强。虽然迟至1925年南京中山陵和1926年广州中山纪念堂设计案后，固有形式才得以进入实际操作阶段，但寻求新形式替代古典主义营造政府公共建筑及纪念建筑早在1920年代前期已成南方政权共识。

其四，缺乏真正的建筑师。岭南近代留学海外或在国内学习工程技术者以土木专业为多。1934年广州建筑技师技副姓名清册显示，共有126位建筑工程师在广州市工务局登记执业，其中仅16位具有明确建筑专业背景或曾修学建筑专业，占总数的12.7%。由于比例悬殊，土木工程师代行建筑师职责者相当普遍，但能恰当运用古典建筑语汇者寥寥无几，再加之工匠杜撰，随意为之，古典主义在岭南终未成主流。

然而，抹杀古典主义及其衍生形态对岭南建筑近代化历程的影响并不足取。变形

①上海建筑施工志编委会、编写办公室.东方巴黎——近代上海建筑史话[M].上海：上海文化出版社，1991：27.
②新工业的渐兴·批档业[J].新广东.1933.7.31，(6、7合刊)：77.

图4-57 岭南古典主义的地方表述(a台山县中校舍、b开平赤坎司徒氏图书馆、c开平赤坎关族图书馆、d汕头南生公司)，摄于2002~2004年.

a 台山县立中学

b 开平赤坎司徒氏图书馆

d 汕头南生公司

c 开平赤坎关族图书馆

的、随意或简化的古典主义并不能说明纯正的古典主义就具有高贵血统；工匠的设计、土木工程师的设计和建筑师的设计一道为古典主义在岭南的发展留下了人文和历史痕迹；政府和财团的取向为社会留下了精英建筑，但民间的改造也同样构成近代岭南建筑之重要组分。古典主义在岭南的发展的确是不完全和不彻底的，却形成了地方性。这种地方性糅合了岭南文化传统和地方建筑的影响，糅合了华侨在东南亚或美洲殖民地所形成的对古典主义的理解，糅合了地方营造技术和工匠手艺，当然还有设计者的形式审美等，使古典主义在岭南以"变异"形式存在并发展，正如前文所述，用"广东—古典主义"或"岭南—古典主义"的称谓或许更能反映其实质所在。只有这样，才能理解台山县中(图4-57a，江宗汉，1922)、开平赤坎司徒氏图书馆(图4-57b)、关族图书馆(图4-57c，关以舟，1927~1929)、汕头南生公司(图4-57d)这类似是而非的古典主义建筑的广泛存在，以及汕头南生贸易公司大厦这类"变异"形式的出现。

鉴于历史风格的繁复庞杂，西方古典复兴通常用"新—"(Neo-)和"—复兴"(-Rivial)的话语模式来追溯其历史样式，并作出风格判断。由于19世纪大多数欧洲国家参与了对中国的掠夺行为，古典复兴在中国的发展实际上涵盖了西方建筑史上大多数历史风格，包括哥特式、文艺复兴式、巴洛克及新古典主义等，在短短数十年时间里一起涌向中国，并在很大程度上表现为多种历史风格的混合，这是西方古典主义在中国的一个显著特点。中国由于幅员辽阔，上述风格在向不同地区推广的过程中，有与地方建筑传统融合的趋势。岭南建筑史家龙庆忠曾创造性地将古典复兴风格在岭南的传播贯以"广东—"的前缀，以表明其地方性。如"广东Neo-Baropue"、"广东Neo-Classic"等[①]，以区别于其欧洲原型，这一地方性表述真实反映了古典主义在岭南流布发展的状况。

第三节　殖民主义建筑语境下民间建筑的西洋化

传统建筑的边缘化和西方建筑体系的中心化是中国建筑近代化发展的主流趋势和一般规律。但在西方建筑体系框架下考察岭南乃至中国近代建筑的发生与发展，却无法解释一些根植于民间并广泛存在的建筑现象。以岭南为例：遍布城镇地区的骑楼、五邑侨乡的碉楼及洋楼等。这些建筑多属于民间和工匠的创造，即所谓"民间匠作"，或"非主流建筑"。它们或中或西、中西混合，在数量及规模上远超前述符合西方建筑学理论框架的正规的、官方的、公共的建筑物。其文化性格及审美观念的形成与发展，是岭南民间建筑在西洋建筑文化冲击下的必然反映，其中尤以"中西合璧"或"中西混杂"为最主要的表现形态。在中国近代"士流"建筑中，虽然也曾有理性推动中西建筑艺术融合发展的思潮，但与民间自发、主动的创造相比，前者所承担的历史使命与文化责任显然过于沉重。有鉴于此，对非主流的民间建筑的研究，显然不能照搬近代主流建筑无一不以西方原型为参照的研究方法，而应从民间建筑固有的传统出发，在观念、方法、应用等方面探索民间地方建筑发展的西化轨迹。值得注意的是，民间非主流建筑显然也存在近代化的问题，而其近代化首先开始于对西洋形式的模仿。在侨乡地区，更通过对传统礼制空间的改造实现西式为表、中式为里、中西合璧的心理诉求。最后以生活方式的西化及完成相应的居住形态而达至近代化的目的，建筑师的参与最终起了决定作用。

---

①谢少明在其硕士论文中也采用了同样的观点. 谢少明. 广州建筑近代化过程研究[D]. 华南工学院硕士学位论文, 1987: 11.

一、观念：从广州陈氏书院到开平风采堂

总体来看，在19世纪大部分时间里，岭南民间建筑并未出现质的变化。虽然在澳门与广州十三行数百年西洋建筑的实践下，岭南地方工匠较早掌握了西洋形式之装饰及构造技术，并在两次鸦片战争期间及鸦片战争后短时期内成为技术输出的主要源头，但在19世纪的民间建筑中，地方工匠对传统式样和"番楼"式样(或称洋楼)的使用仍有清晰的分野。一般情况下，两种形式互不僭越，即洋楼主要为洋人使用，并被局限在租界和口岸地区，包括洋行、海关、教会建筑、洋人住宅等。民间则仍抱持地方传统式样，即使在装饰上略受影响，尚不足以改变整个建筑的中式观瞻。

这种情况在19世纪末20世纪初以后却有十分显著的变化，具体表现为西洋形式在传统建筑中的植入与渗透。地方传统建筑对西洋形式的态度也从早期的不屑与拒绝向主动接受方向发展。其观念变化尤以广州陈氏书院与开平风采堂的建设最为典型。虽然相隔仅20年，两者对西洋建筑文化的态度截然不同。作为血缘宗法的象征，两者在形式上的差异表征了民间最深层观念的变化，或者说，新观念的形成从根本上动摇了传统文化审美的根基，使民间匠作呈现自我变革的趋势，这是岭南民间建筑西洋化发展有别于主流建筑的另一种路线。

1888年张之洞督粤大办洋务新学时期，广东省城陈氏书院(又称陈家祠)开始筹建。除供陈姓族人聚会及拜祭祖先外，该建筑同时是陈姓子弟备考科举的场所。血缘宗法的号召力与晋身入仕的功利性结合在一起，陈氏书院的修建得到广东全境72县陈姓族人的积极响应，使其成为晚清乡间最庞大的建设项目之一。其中，机械制造商陈淡甫捐献了大笔款项并参与筹建。需要指出，陈在机械制造业的成功与缫丝业巨子陈启沅联系在一起，后者于1872年以侨商身份创办了中国近代第一家机器缫丝厂，其设备则全部购自陈淡甫的机械制造厂。[①]

耗时六年，陈氏书院最终于光绪二十年(1894)建成。在则匠黎巨川设计监工下[②]，陈氏书院采用了广府地区最典型的祠堂建筑型制和传统建筑形式，并将岭南地方建筑之华丽和民间工艺之精细发挥到极致，使其成为最能代表地方传统的建筑物(图4-58)。其建造集中了

图4-58 广州陈氏书院
(陈小铁摄)。

①林克明、关伟亮.陈家祠修建始末[A]//政协广州市委员会文史资料研究委员会编.广州文史资料[C], 1993, (45): 200.
②同上: 201.在林克明、关伟亮的文章中，称黎巨川是有相当绘图技巧的"建筑工程师"，但从其年龄推断，黎应为熟悉传统建筑设计与施工的工匠或则匠。

图4-59 广州陈氏书院连廊与生铁柱，摄于2004年1月。(上左)
图4-60 开平荻海"名贤余忠襄公祠"与风采楼，摄于2004年7月。(上右、下左)
图4-61 风采堂，摄于2004年7月。

① 黄淼章.陈家祠[M].广州：广东人民出版社，2006：27~29.
② 余靖(999~1064)，广东曲江人，字安道，号武溪，谥曰襄。襄公因"以文学称乡里"，"更加风采动朝端"而闻之于世。后人为纪念他，在曲江建楼，取名"风采楼"。此后，余氏后代均以"风采"、"武溪"命名宗族祠堂，以纪念先人。
③ 陆元鼎.中国传统民居的类型与特征[A]//陆元鼎主编.民居史论与文化[C].广州：华南理工大学出版社.1995：1.

本地区最好的营造商号，如木作有廻澜桥的刘德昌、源昌街时泰、联兴街许三友；陶塑脊饰有佛山石湾文如璧店、宝玉荣记、美玉成等；砖雕有番禺黄南山、杨鉴庭、黎壁竹，南海陈兆南、梁澄、梁进等；灰塑有番禺靳耀生、南海布氏三兄弟；等等。①陈氏书院的建成代表着岭南传统营造业的最高水平，而当时广东工匠同样在上海、汉口等口岸地区的西洋建筑活动中发挥重要作用。这是一个略显矛盾的文化现象，时值岭南洋务建设最兴盛的时期，并有民间最具开拓精神的商界精英主持，陈氏书院在建筑形式和建造技术等方面所固守的地方性和传统性显然与其建造背景有相当程度的偏离，也从另一个角度说明民间审美在当时仍保持强大的文化惯性。

陈淡甫与黎巨川等最终未能克服民间绚奇与显富的下意识。在陈家祠辉煌的传统形式下，变化仍悄悄地发生，陈氏书院聚贤堂两侧的连廊里，细如鸡肋的西式生铁柱支撑着顶部繁琐华丽的灰塑造型(图4-59)。西洋建筑文化的影响在血缘宗法的殿堂中初显端倪。而陈氏书院作为宗族子弟读书之所，最终也在1905年新学制颁布后不久改名为陈氏实业学堂。在失去了安身立命的根本后，传统宗祠的改良显然势在必行。

1906年，广东另一座规模同样宏大的宗族祠堂——开平荻海"名贤余忠襄公祠"开始建设。该建筑是为纪念宋朝名臣余靖，②由余氏宗亲所建。主体建筑分为公祠与"风采楼"两部分(图4-60)，总建筑面积达5300多平方米。和陈氏书院相类似，该宗祠采用了广府地区宗祠的平面型制，为三座三进院落组合，共十五厅及六个内院天井。与传统宗祠不同，宗祠两侧翼设两层楼房以增加使用面积，并以飞阁形式与主厅相连。宗族聚会与祭祀则改在风采楼，该建筑系"以五百金，雇西人鹜新绘式"，采集中式平面，为简洁的长方形，楼高三层，平面布局也因应南方气候特征设有挑廊、平台等。从宗祠布局的变化看，在坚持血缘宗法的同时，建筑的实用性与舒适性成为考虑因素。

与陈氏书院相比，余氏公祠最大的变化在于其形式语汇的西化特征。风采楼因由西方建筑师设计，采用了西方古典建筑样式：西式四坡屋顶；四角设盔式穹顶及塔楼；所有券线及柱头花饰等细腻多变，做工精美。而宗祠主厅风采堂则糅合中、西两种不同建筑形式(图4-61)，并采用构件置换方法，如中式廊柱改为西式券拱与柱式、中式屋顶下采用西式生铁柱与铸铁铁花，等等。由于每个细节均以各自应有的比例和规范为蓝本，互不干涉，因而在语汇上基本保持了各自的纯洁性。开平风采堂在建筑风貌上完全摆脱了岭南祠堂所固有的建筑形象。

从广州陈氏书院到开平风采堂，1888年的守旧形式因时间与空间的转换，在1906年实现了形式的中西合璧。很显然，乡村地区最为保守的血缘宗法空间——氏族祠堂主动接受了这种改变(类似现象在其他地区也屡见不鲜)。细究其原因，或许因陈家祠所处传统势力尚称强大的1888年和作为政治、文化中心的粤东省城，而风采堂则在传统势力相对薄弱的华侨地区及新政勃发的1906年；或因经年社会风尚的嬗蜕、洋务建设的积累、新政的促发；更或者因为甲午战败对传统文化根基的动摇，以及华侨返国带回了新思想，等等。民间建筑在形式上强烈的西化趋势与晚清帝国最后二十年国运的发展高度吻合，观念的改变是促成岭南民间建筑西洋化发展的本源。

二、方法：从"三间两廊"到开平碉楼与庐居

平面与形式的对应是中西建筑体系相互区别的重要性征，由于缺乏专业设计，工匠的西洋化建造显然无法形成西方建筑语境下平面与形式的对应关系。在开平风采堂的建设中，为满足祭祀礼仪的需要，地方工匠采取了传统平面、西式表皮或中西混合的建筑策略。在更多的情况下，在保持传统平面型制或局部改变的前提下，地方工匠以模仿、拼合、夸张、变形、嵌入等方法融合两种形式，使建筑总体呈现混合的"中西合璧"效果。基于上述现象，一个可能的推论是：形式表皮的西洋化与平面型制的中国化改良，是早期民间建筑在融合两种建筑文化时所普遍采用的技术模式。

由于宗祠的特殊性，考察早期民间建筑如何实现西洋化应从更广泛的民居建筑入手。陆元鼎先生指出："传统民居的平面布局和环境特征，是该地区社会制度、家庭组织、习俗信仰和生产生活方式在民居中的体现。"[③]民居建筑在满足使用的同时，也反映了该地区文化传统和民间礼仪的需要，因而在受到西洋建筑文化冲击下仍能保持强大的文化惯性。正如开平风采堂仍按传统宗祠型制进行建设一样，绝大多数民居使用者继续依据其传统生活习惯进行建筑的布局和营造。因此，在新的形式观念形成后，如何解决形式对传统功能包括生活起居、祭祀信仰等民间生活的调适，以及如何使两种形式更好融合以适应普通中国人的审美标准和形式取向成为地方工匠和使用者必须考虑的问题。

作为粤中、粤西地区一种典型的三合院式民居形式，"三间两廊"曾被地方工匠演绎成碉楼、庐居等多种建筑形态，其空间结构与形式在新观念冲击下的流变和应对方法的建构突出反映了民间建筑西洋化背后的理念，并因此成为相关技术模式研究的重要案例。"三间两廊"的平面原型来自传统合院式布局，是中国传统住居文化在岭南发展演变的结果，并具体表现为三开间中轴对称式布局：厅堂、神位(供奉祖先牌位的神台或神龛)位于中轴线上，房

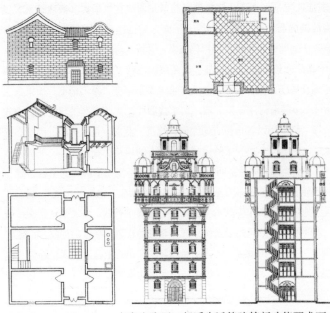

图4-62 "三间两廊":粤中、粤西地区传统民居的空间原型,张国雄.老房子:开平碉楼与民居[M].南京:江苏美术出版社,2002.

图4-63 开平碉楼的空间及形式构图;张国雄.老房子:开平碉楼与民居[M].南京:江苏美术出版社,2002.

间于两侧对称布置(图4-62),从而体现家庭伦理及礼序、尊卑等传统观念。对比北京四合院与"三间两廊"可以发现,尽管两者存在规模上的差异和庭院尺度的变化,合院式住宅的内部结构及居住模式仍基本相同。从四合院到"三间两廊",是中原主流文化与岭南环境气候、生活方式等地域因素逐渐融合并派生新的地域性格的结果,是千百年来岭南传统建筑经验的沉淀和积累。① 由华侨返乡建设等所引发的建筑观念的发展,粤中传统民居在20世纪初呈现强烈的变革态势,尤以开平、恩平、台山等为中心的四邑地区最为显著。考察当时建筑现象和民居建筑类型可以发现,绝大多数新建筑包括开平碉楼及庐居等均以"三间两廊"模式为基本原型,在安全防卫、舒适生活等建筑新功能要求下,通过近代建筑新技术而实现。

近代"三间两廊"民居在开平主要有两种演变趋势:向碉楼发展和向庐居发展。

向碉楼发展是因为民国初二三十年代乡间混乱的治安状况。为防御匪盗袭击,华侨及地方工匠以"三间两廊"平面构型为基础,谋求建筑向高度发展,形成瞭望、防卫等功能(图4-63)。与此同时,华侨因长期国外生活所形成的对居住及对形式的西化观念同样深刻影响了碉楼的发展。以开平岘冈镇锦江里瑞石楼为例:在平面布局方面,首层平面因会客需要打破了传统"三间两廊"型制对空间的严格限定,客厅面积得到扩展。但二至六楼居住空间又恢复了"三间两廊"的典型特征;在形式上,防御的功利性与眩奇显富心理最大程度地结合,华侨所在国的建筑形式或各种舶来形式堆砌在建筑顶部,与方形朴素的底部形成强烈对比。

向庐居发展则更多考虑了建筑的舒适性。"三间两廊"平面通过变形、扩展、增加层数以适应使用要求,形成类似别墅的"庐"居建筑。在这些庐居建筑中,空间礼制特征得到完整保留,神位仍处于建筑中心;华侨对西洋形式的喜好通过西式门窗、廊柱、券拱、山花等实现。

作为一种建筑现象,开平碉楼和庐居的产生绝非偶然。在梅县,以客家"围屋"

图4-64 梅县联芳楼(蔡凌摄)。

为基本构型的联芳楼(图4-64)、联辉楼；[②]在澄海，以潮汕"驷马拖车"民居型制为原型的陈慈黉宅第等[③]，均根植于传统而又不约而同地将中西式样融而合之。

从"三间两廊"到开平碉楼与庐居，从客家"围屋"到联芳、联辉楼，从"驷马拖车"到黉利大宅，形式变化的背后隐含着传统的延续：西洋建筑形式与装饰细节，附着在传统、礼制的骨架上。中式格体，西式致用，晚清以来"中体西用"的观念与方法扎根于工匠阶层和侨民社会，成为民间建筑西化历程中的基本手段。

三、推广：从个体到群体

观念、方法的形成使岭南民间建筑的西化愈趋普及。至民初，"洋楼"已成为城市及华侨乡村地区普遍认同的建筑样式，并在社会文化心理中将其与身份、地位及财富联系在一起。但从西化的表征看，乡村与城市地区的分野愈趋明显。乡村地区如前述开平等地民居继续抱持地方传统，中式为里、西式为表。而城市地区，由于社会风尚、经济结构、家庭组织、生产生活方式等环境因素的改变，住宅、铺肆等民间建筑的发展逐渐融入城市主流，骑楼与西式住宅等成为城市地区最广泛的民间建筑形态。其间，正规建筑师或土木工程师从1920年代中期以后开始大规模参与民间建筑的设计与监造，部分工匠在继续建造活动的同时也通过建筑工程师登记制度跻身建筑师之列，两者互相影响，共同推动民间建筑的发展。

与华侨乡村地区民间建筑的自我变革相比，岭南城市地区因民国初以后积极进取的城市策略导致民间建筑形式的结构性嬗变，因而形成了一条首先被动、然后迎合、继而独立发展的线性轨迹。其中，"拆城筑路"是岭南近代城市风貌西洋化发展的直接成因。在拓宽道路的运动中，城市基础设施快速实现近代化：传统取水、排水、照明等被近代化的上、下水管网和电灯所取代，传统石板路面则以近代花砂、水泥或沥青路面取代。同样，当传统形式的街道表皮被人为破坏、而需要修饰破损立面时，西洋装饰和细节作为城市近代化的象征被业主和工匠广泛运用。比较广州浆栏街兴筑前后的情况(图4-65)，西洋形式在系统

①彭长歆.粤中地区传统民居布局分析[A]//李建成、孟庆林等主编.泛亚热带地区建筑设计与技术[C].广州：华南理工大学出版社，1998：391.
②联芳楼在梅县白宫镇新联管理区富良美村。由印尼华侨丘麟祥、丘星祥兄弟建于1931~1934年，占地3000多平方米。平面为三堂六横围龙屋客家传统民居布局，是一座中式为里、西式为表的中西合璧式民居建筑。联辉楼则在梅县城北，由华侨李氏所建，与联芳楼类似，为中西合璧式围屋。
③陈慈黉宅第又称黉利故居，为泰国华侨陈慈黉(1847~1921)置建，其平面采用潮汕地区"驷马拖车"民居形式，但建筑形式融以西式，中西合璧。

图4-65 广州浆栏街兴筑前后，广州市工务局.工务季刊(创刊号)，1929.

的城市策略下被集体无意识地采用。

在街道被动改造过程中，骑楼作为官方策略以制度形式在市镇推广，从而引发了岭南近代骑楼城市的出现。商业目的是推动骑楼西洋化的重要原因。东南亚及香港华人商业社区的骑楼风貌为岭南骑楼建筑的发展提供了蓝本；市政改良初期，市政当局制订的铺权与住权分离办法，为骑楼街道建设提供了制度保障。由于每条街道拆改后几乎都在同一时间修饰沿街立面，工匠在互相影响的同时，也有争奇斗胜、炫耀手艺之举，使骑楼山花、阳台、柱式等呈现更丰富的变化。不同地区也因工匠素质的参差、形式喜好的不同呈现地区差异性。

市民住居在市政改良的进程中很自然地发生观念的变化。城市旧区虽以西洋形式加以改造，但并未造成街区结构破坏，明清以来所形成的窄面宽、大进深高密度"竹筒屋"仍为城市旧区主要居住形态，并因缺乏阳光、空气，不合近代卫生健康要求而为西人、华侨及新派人士所诟病，城市住居开始经历从形式模仿到使用方式的西化，包括新建筑设备的采用、平面布局对西方生活方式的响应，起居室、餐厅开始独立出现并有机组合；卫生间、厨房等摆脱传统住居中的配角地位；房间采光通风比以往任何时候更得到足够重视。乡村地区民居同时承载使用功能及文化传统的住居模式显然并不适合于城市，城市新建住宅由于观念变化更多考虑建筑的适用性，而华侨所建则更以舒适性为居住建筑的唯一目的，以长期旅居国外所形成的生活经验和欧美模式营造新式住宅成为大势所趋。

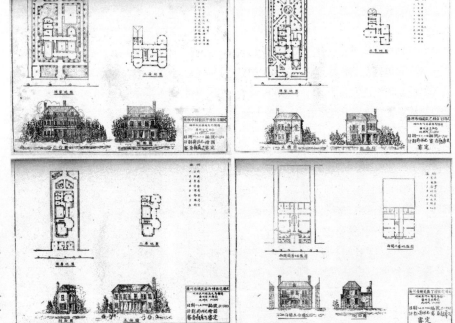

图4-66 广州东山模范住宅区四种住宅图式(伍希侣、邝伟光，1928)，广州市市政厅.广州市市政报告汇刊[Z].1928.

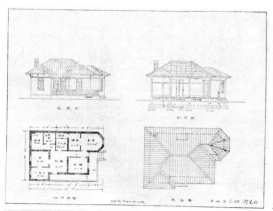
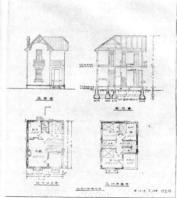
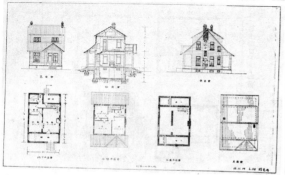
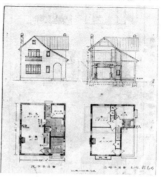

图4-67 广州松岗模范住宅图式(林克明,19929),程天固.广州工务之实施计划[Z].广州市工务局,1930.

在新式住宅设计的普及应用过程中,市政当局扮演了积极推广的角色。"模范住宅区"运动是城市策略引导民间建筑发展的另一典型案例。从1920年代中期开始,岭南城市地区开始有意识引导普通民用建筑的发展。1923年11月,广州市工务局发展观音山计划时已有"制订住宅图式数种"供市民选择的举措。1928年,模范住宅区运动在东山推广时期,广州市工务局伍希侣、邝伟光[①]设计了十余种洋楼式样供参考(图4-66)。1929年,工务局林克明也为模范住宅区设计了数种标准图式(图4-67)。工务局更先建"洋楼"十余间以教建筑新法于市民。从邝伟光、林克明的设计图看,为西式独立或并列式住宅无疑。与工匠"建筑师"脱胎于传

①邝伟光,广东台山人,北京工业专门大学土木科修业三年,美国函授学校建筑科修业四年。1932年7月登记为广州建筑工程师。

图4-68 广州云庐(杨宪文、林华煜,1935.11),广东省立中山图书馆.

统住居观念的设计相比，政府建筑师所引导的不仅是一种正规的西方式样，更是空间结构的西化，这是传统民居建筑从表及里、从形式到空间的根本转变。

房地产开发对生活方式的西化起到了推波助澜的作用，是近代城市住宅洋楼化的另一重要原因。正规建筑师的介入则进一步加剧了民间非主流建筑的近代化，他们在面对政府显要、社会名人、华侨及其他受过教育的业主时能得到更多的信任，争取到更多的业务。

另一个值得深思的现象在杨宪文、林华煜①1935年有关"云庐"的设计中发生(图4-68)。从建筑造型和房间布局看，杨、林显然深谙西式住宅的空间模式和设计技巧；从使用方式看，业主显然也接受了西式起居的影响，包括壁炉、化粪池、外廊等出现在建筑平面图中。同时，设计也强调了主人宗教信仰的需要，一座佛堂被设置在建筑中轴末端，并抬高地坪。在佛堂入口处，设计者以"上盖双层玻璃光棚"至于其上，从建筑学角度揣测，这是一个通向"光明之路"的隐喻。设计者通过西方宗教建筑中所惯用的对光线的使用满足了一个中国家庭对本土宗教仪式的需要。这个现象发生在西式观念已完全渗透至城市住宅的1930年代，或可说明，由于正规建筑师的介入，并由于其自如周旋于两种建筑文化间的技巧和观念，民间住宅建筑空间结构的西化已不可逆转。

第四节　殖民意识的修正：教会建筑的适应性设计

当银行、贸易公司等商业机构不断通过各种宏伟建筑形式宣扬其企业形象时，教会却开始修正自己的策略。从19世纪末20世纪初开始，岭南以基督教新教教派为代表在教会学校、医院等社会福利性建筑中开始尝试一种新的建筑形式。该形式以西方建筑的空间模式、构图法则和建筑技术为基础，融合中国传统建筑语汇，使建筑形态呈现中西混合特征。由于教会高度完善的组织系统及教会建筑对教会礼仪的承载，上述现象被视为一种有计划、有目的的建筑策略，以适应教会建筑在中国文化背景下的调适。在美国建筑师茂飞、加拿大建筑师何士(William H. Hussey,1881～1967)、丹麦建筑师莫勒(John Prip- Moller，1889～1943)及众多教会建筑师和传教士共同努力下，这场由教会开始的建筑革新最终发展为影响近代中国建筑发展的建筑文化运动，即所谓"中国古典复兴"。虽然有其功利性，教会建筑从19世纪末开始的适应性设计为中国近代民族主义建筑的兴发提供了经验和方法。

岭南作为西方教会最早进入的地区之一，教会在建筑形式方面所作的改革与全国其他地区基本同步并同源。而有关"中国古典复兴"及其后"中国固有式"的关系问题，可视为同一发展历程的两个不同阶段。前者以西方建筑师为主体，主要对教会产业包括教会学校、医院及教堂进行形式的"中国化"改造；后者则以中国建筑师为主体，设计对象包括公共建筑、纪念建筑及其他类型的民用建筑等，并以建筑形式的民族主义倾向为特征。

一、修正意识的出现与可能的技术模式

与殖民主义建筑语境下西方建筑文化的传播相比，教会建筑的"中国化"、"本土化"运动反映了教会对早期殖民意识的修正。鸦片战争后西方商人及其代言人毫无顾忌的西洋建筑活动，使西方建筑文化与艺术呈殖民性扩张。而传教士们在弛禁传教后的兴奋和优越感同样反映在其建筑中，当时几乎所有教会学校和医院都采用西方建筑

形式，其中绝大部分是殖民地外廊式建筑。②即便像连州这样偏远的山区，美国西差会仍按西方风格建造男医局(惠爱医院)、女医局(博慈医院)和礼拜堂等建筑。而教堂则以广州天主教圣心教堂为代表，维持守旧的西方教堂形式。修正意识的产生源于宗教传播的实际需要。1860年代，尽管中国全境已向基督教开放，但直接布道效果甚微。美国第一位传教士裨治文来华17年后即1847年才吸收第一个信徒。1853年，基督教新教入华近半个世纪后在华吸收信徒也不过350人。不少传教士抱怨"单纯向听众讲道像是向'水中撒种'，徒劳无功"。③另外，由于强大的文化惯性，在1899年之前的40年间，民教冲突异常激烈，并在1900年义和团运动时期达到高潮，对中国人民及教会本身造成极大伤害。无论如何，19世纪末的传教士们发现自己已处于这种进退维谷的窘境。

面对以儒家思想为核心的中国传统文化，西方传教士逐渐认识到中国传统文化强大的内聚力和排异性，改革思想从1870年代开始渐具雏形。鉴于发展缓慢的传教事业，派驻岭南的英国传教士理雅各和美国传教士卫三畏在翻译中国经典过程中逐渐意识到孔子和儒家思想对中国社会有"无可比拟的影响"(卫三畏语)。美国传教士林乐知(Young John Allen)在《广学兴国说》中也指出，"中国自有学，且自有至善之学，断不敢劝其舍中而从西也"；"耶稣心合孔孟者也，儒教之所重者五伦，而耶教亦重五伦"。④这种试图调和中西文化的所谓"孔子加耶稣"的观点于1877年在华基督教传教士全国大会上得到多数传教士认可，并直接影响后来教会的"中国化"和"本色化"运动。作为共识，"发扬东方固有文明"得到教会在意识形态上的认可并以具体形式加以实现，包括教会建筑形式。

对于19世纪的西方人而言，融合东西方建筑语汇以形成新的混合风格并不陌生。从19世纪中后期开始，西方人已开始着手对亚洲殖民地历史文化进行考古学调查，中国古代建筑成就也在记录、研究之列，其中最著名者莫过于德国人恩斯特·鲍希曼(Ernst Boerschmann，1873~1949)20世纪初的中国之行。⑤对东方广泛而深入的调查一方面满足了西方世界对东方的猎奇，另一方面也服务于殖民地的管治需要。为配合1877年印度帝国的成立和英国女皇对它的统治，英国建筑师以当地历史经验为模范"发明"了印度·撒拉逊样式，用以公共建筑物的设计，同样的情况也发生在日本。⑥殖民地建筑元素与西方风格的结合在安抚殖民地原住民方面显然有着十分重要的作用。中国作为东方文明古国，18世纪的"中国热"在欧洲余绪尚存，并在一定程度上影响了欧洲19世纪末的"手工艺运动"(Arts and Crafts Movement)和"新艺术运动"(Art Nouveau)。而20世纪初欧美建筑界盛行的学院派理论为中西建筑形式融合提供了切实可行的操作方法，学习和使用不同时代、不同地域的建筑风格成为一种时尚。

对于建筑策略的思考在20世纪初中国新的教会学校、尤其是教会大学建设中具有普遍性。最直接的压力和回忆来自历次教案和1900年所谓"拳乱"对教会事业的摧残，鸦片战争后因传教引起的大小教案共400多起，大部分发生在19世纪后30年。⑦在1900年义和团运动中，北京的教会几乎丧失殆尽，华北、山西、河南、东三省及蒙古一

①林华煜，广东新会人，毕业于上海复旦大学土木工程科。1932年7月登记为广州建筑工程师。
②彭长歆、邓其生.广州近代教会学校建筑的形态发展与演变[J].华中建筑，2002，(5)：14-15.
③王立新.美国传教士与晚清中国现代化[M].天津：天津人民出版社，1997：336.
④转引自刘圣宜、宋德华.岭南近代对外文化交流史[M].广州：广东人民出版社．1996：6.
⑤恩斯特·鲍希曼(1873~1949)，德国建筑师、建筑摄影师。他于1906~1909年穿越中国十余个省份，拍摄数千张反映各地皇家、宗教建筑和民俗风情的珍贵照片，并对部分建筑进行了测绘。回德后陆续出版了多部论述中国建筑的专著，包括1911年出版的《中国的建筑艺术和宗教文化》(Die Baukunst und religionse Kultur derChinesen)、1923年出版的《中国的建筑艺术和景观》(Baukunst und Landschaft in China)，以及1925年出版的《中国建筑》(Chinese Architektur)。1932年被接纳为中国营造学社唯一的外籍社员。
⑥村松伸、包慕萍.建筑与东方主义/国家主义[A]//赵辰、伍江主编.中国近代建筑学术思想研究[C].北京：中国建筑工业出版社，2003：57-58.
⑦顾长声.传教士与近代中国[M].上海：上海人民出版社.1981：136.

图4-69 贵阳北天主堂，Printed by Mission-Entrangères de Paris.(左)

图4-70 1900年巴黎世博会中国馆，1900年巴黎世博会明信片.

Cathédrale de Kouiyang, Kouytcheou (Chine)
Cathedral of Kouiyang, Kouytcheou (China)

EXPOSITION UNIVERSELLE 1900

① 成都天主教平安桥主教座堂由法籍神父骆书雅始建于1896年，历时八年于1904年建成。有感于1895年成都教案的惨烈，骆书雅在建筑规划中以汉字"悚"为基本构型，以示警戒，其建筑也尽量采用四川民居形式。

② 贵阳北天主堂又名圣若瑟堂，始建于1798年。因教友群众逐渐增多，原有教堂已不能容纳，贵州教区主教李万美于1874年将其拆除重建，法国传教士毕乐士负责监工修建，1876年新堂建成。该建筑采用巴西利卡平面，正面入口采用反映贵州当地传统的牌坊式立面，牌坊上饰以当地传统彩绘，教堂后部耸立着五层中式木构钟塔；贵阳南天主堂由1860年上任的贵州主教胡缚理负责修建，与后来重修的北天主堂一样采用牌坊式立面，但教堂后部没有塔。贵阳北、南天主堂是天主教耶稣会舞台牌坊式立面与中国传统相结合的较早案例。

带教会势力也受到沉重打击。历次教案后的恢复和重建同样面临建筑策略的选择，一些熟谙中国传统文化的传教士们开始自觉思考教会建筑在中国文化背景下的调适。较早的例子包括成都天主教平安桥主教座堂①，贵阳北天主堂(图4-69)、南天主堂②，陕西靖边小桥畔天主教堂，等等。它们通过各种可能的形式表达与中国建筑传统的妥协，并以此传递教会尊重中国文化传统的信息。在19世纪末20世纪初中国教会大学的初创期，上海圣约翰大学怀施楼对建筑形式的思考更具代表性。这座由美国圣公会上海主教施约瑟(S.J.Sekoresehewsky)主理、通和洋行设计、建成于1894年的所谓中西合璧式建筑是通过西式的形体组合及墙身设计、冠以中式的屋顶而形成。"后此教学学校之校舍，皆仿行之，甚为美观。"③由于有商业建筑师的参与，怀施楼的建筑形象在一定程度上代表了当时建筑师在处理中西建筑融合时相同的设计观念和技术模式。

在教会采用中国风格的同时，公共建筑或其他非教会建筑也有类似尝试。1870~1880年代容闳率幼童留美期间，清政府曾在美国建立留学事务处，从已知图像资料看，这幢建筑即有着中国式屋顶和西式墙身的"中西合璧"式样。④类似例子还包括世界博览会上的中国馆。在英籍总税务司署郝德领导的清末中国海关的操办下，从1867年清政府受邀参加世界博览会不少于25次⑤，已知的中国馆设计均采用了中国风格或中西混合风格(图4-70)。而1904年美国圣路易斯世界博览会中国馆的建筑师通和洋行(Atkinson & Dallas Architects and Civil Engineers Ltd)正是1894年上海圣约翰大学怀施堂的设计者⑥，后者被认为是最早出现"中西合璧式"建筑的教会大学。⑦这一方面说明通过建筑样式的中国特征来反映建筑属性和用途的做法由来已久，且有一定经验；另外也说明，以外籍税务司为代表的在华西人对这种中国风格的表述已有十分清晰的认识，并广泛影响了包括传教士在内的西人社会。

需要说明，教会倡导的"中国古典复兴"为中国近代建筑的发展提供了可供操作的思路和方法，但以西方建筑的形式美原则套用于中国传统建筑的复兴式样仍是鸦片战争以来西方文化艺术的殖民主义的延续。它单向、居高临下地推动着西方建筑艺术向中国的扩张，虽然其间也有像茂飞这类热爱东方艺术的西方建筑师进行不懈探索和实践，但总体上，在中国古典复兴的早期阶段，话语权被受雇于教会的西方建筑师所滥用。

二、早期教会建筑的中国风格设计

19世纪末20世纪初，岭南教会建筑迎来了新的发展契机。以基督教新教教派为代表，在经历了早期停滞不前的传教局面，以及通过教育与慈善事业的早期实践后，兴办教育已成为自上而下推动基督教社会建立的主要策略。由于要求入学的人数猛增，20世纪初几乎全部教会学校都面临搬迁校址、扩大规模的需要。另外，一些新的教会学校也陆续开设，而高等专业教育也开始酝酿和发展。

岭南大学的校董会成员显然清楚地了解恰当的建筑策略对教会大学顺利开展的重要性。因1900年义和团运动的爆发，岭南大学前身格致书院曾不得不将广州花地的校址迁往澳门。而在河南康乐村购买土地准备回迁的过程中，校监尹士嘉(O. F. Wisner)和钟荣光不断感受来自当地农民的愤怒和不满。实际上，在历次教案中，强买或强占土地正是导致冲突发生的主要原因之一。与此同时，作为近代岭南第一所高等大学，岭南学堂在19世纪末20世纪初受到本地民众的广泛关注。早在1880年代创校时期，便有四百余位官商士绅联名要求在广州设校，为基督教传教史前所未见之事。[⑧]而本地教会学校在20世纪初几乎同时面临扩大规模、建设新校的需要，对基督教各差会而言，岭南大学应示范其如何通过新的校园建设传达一种新的理念。

校董会成员们希望将岭南大学建设成一个不分教派的、开放的大学，这在一定程度上影响了建筑策略的选择。哈巴等人在1885年12月7日的一份会议记录中描述了对这所未来大学的期待："建立一所与贝鲁特大学计划完全相同的大学对在中国传教事业起着极为重要的辅助作用。"[⑨]文中提到的贝鲁特大学即现在的贝鲁特美国大学，原名叙利亚基督教新教学院，1863年由纽约州发给许可证，1866年开课。该校虽由美国在黎巴嫩的新教教会创办，却是自治机构，与任何宗教团体均无正式关系，是一所非教派的、男女同校、国际性、多文化的私立大学。需要说明，岭南大学申请注册的请求同样由纽约州发出，纽约州立大学董事会于1893年12月13日在纽约市首府奥尔班尼议会大厦同意颁布有关岭南大学成立的《中国基督教大学章程》。[⑩]由于不分教派，具有教派倾向的建筑语汇或被放弃以示公平。或许因同样的原因，在纽约进行商业设计、而非教会建筑师的斯道顿事务所被选择完成岭南大学早期校园规

③卜舫济.圣约翰大学五十年史略1879~1929[M].台北: 台湾圣约翰大学同学会, 1972: 3.
④中国留学生事务大厦1889年被出售, 有关该建筑的图片现保存在珠海唐家湾唐绍仪纪念馆.
⑤中国第二历史档案馆、中国海关总署办公厅.中国旧海关与近代社会图史(1840~1949), 第一篇第二分册.北京: 中国海关出版社, 2006: 3.
⑥村松伸.上海 都市と建筑.PARCO出版.1991, 4.238页.转引自徐苏斌、[日]青木秀夫. 南洋劝业会与近代城市空间的创出[A]//张复合主编. 中国近代建筑研究与保护(六)[C].北京: 清华大学出版社, 2008: 648.
⑦董黎.教会大学建筑与中国传统建筑艺术的复兴[J].南京大学学报(哲学、人文科学、社会科学), 2005, 第42卷, (5): 72.
⑧1884年, 在广州传教多年的香便文(B. C. Henry D. D.)牧师向美国基督教长老会传道万国总会提议筹设一座高等学校于中国, 得到从1844年开始便在广州传教的长老会牧士哈巴(A. P. Happer)的极力赞成, 并筹集资金。其时, 校址未定, 粤省官绅士商李宏彰等四百余人认为粤省与外国通商已久, 急需西学人才, 联名函请设校广州, 校址于是确定, 遂有格致书院及后来岭南学堂、乃至岭南大学之设。
⑨转引自李瑞明 编.岭南大学[C].岭南(大学)筹募发展委员会, 1997: 7.
⑩参见, 董黎.岭南近代教会建筑[M].北京: 中国建筑工业出版社, 2005: 93.

划和建筑设计，该事务所因设计曼哈顿公理会教堂(1901)等纽约地标性建筑而著称。在这样一个背景下，将建筑形式可能参照的对象指向中国是必然的选择，它既符合自治办学的宗旨、又符合寻求中国人合作的需要。在贝鲁特大学早期校园建设中，他们也采取了同样的策略而广为美国基督教会所认同。

1902年10月，基督教新教差会美国长老会、英国伦敦会、独立宣教师联合会所办岭南学堂开始在广州河南康乐村建设新校，美国纽约第五大街的斯道顿建筑师事务所完成了最初的规划设计，并由美国建筑师埃德蒙兹于1918年完成修订(图4-71)。这是中国近代教会大学中最接近美国古典主义校园规划的设计之一，十字式的校园主轴和宽阔的、具有纪念性的校园空间为岭南大学烙上了美国式的校园痕迹。除了几座位于中轴线的会堂建筑，其他所有教学建筑都平等地规划在一个共存结构中：绝大部分建筑都平行布置，每幢建筑的前面都预留了开阔的草坪，适宜聚会和活动。整个校园呈开放空间形态以体现不分教派、强调合作和团结的宗旨。

对于斯道顿事务所而言，中国风格遥远而陌生。从斯道顿兄弟的早期履历看，在规划设

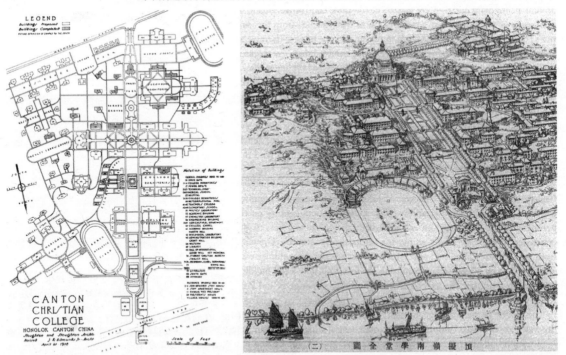

图4-71 "Canton Christian College", Deke Erh & Tess Johnston. *Hallowed Halls: Protestant College in Old China*[M].Hongkong: Old China Hand Press, 1998: 128.(左)
图4-72 "预拟岭南学堂全图", Jeffrey W. Cody.American Geometries and the Architecture of Christian Campuses in China[A]//Daniel H.Bays and Ellen Widmer. *China's Christian Colleges: Cross-Cultural Connections,1900~1950*[C].Stanford: Stanford University Press, 2009: 46.

计岭南大学前，从未到过中国。19世纪末20世纪初其在纽约的作品是多种历史风格的延续，如希腊复兴风格的原布鲁克林市政厅(Brooklyn Borough Hall)穹顶[①]、意大利文艺复兴风格的莫索鲁公园道(Mosholu Parkway)第52警区大厦等。1904年，斯道顿事务所完成了岭南大学的校园规划。在规划中，虽然大部分建筑呈现中国风格，但校园核心却是一栋有着穹顶和希腊式山花、类似于布鲁克林市政厅的古典主义建筑(图4-72)。1904年，斯道顿事务所完成了岭南大学第一栋永久性建筑马丁堂(原名东堂)的方案设计，这是岭南近代教会学校中第一次采用所谓"中西合璧"形式。但斯道顿的设计仍建立在当时美国本土流行的建筑样式基础上，方形平面、通过硬红砖不同砌筑方式所形成的细腻变化及殖民地外廊式的种种特征等，这一切被覆盖在类似中国式的大屋顶下，其上立着在西方看来最能体现东方情调的中式小亭(图4-73)。屋顶最早为锌铁皮，没有举折，屋顶和墙身没有必然联系。种种迹象显示，马丁堂对中西两种不同建筑文化融合非常仓促，斯道顿显然没有做好充分准备来应对教会的要求。

　　参与马丁堂设计的本地事务所治平洋行也未提供更多处理中式屋顶的技巧。虽然帕内在回澳大利亚后也曾设计过一些中国风格的建筑，但与伯捷合作的十年间，治平洋行从未接触过一个中国式建筑的设计。伯捷为马丁堂的结构设计采用了最先进的钢筋混凝土技术，却无法达成一个略带曲线、装饰齐备的中国式屋顶。同样的情况出现在1909年建成的岭大寄宿舍。

　　情况在1910年后得到明显改善。斯道顿事务所稍后承担了岭南大学黑石屋(图4-74，1913)、格兰堂(图4-75，1915)等建筑的设计。相对于早期的马丁堂，格兰堂等建筑物虽仍有中式小亭子矗立在屋顶，但屋顶处理显然成熟很多：屋面檐口处有轻微举折，四角起翘；开始采用中国瓦，有瓦当和滴水，兽吻和脊饰被正确运用等；墙身和基座仍维持早期做法，但一些本地常见的琉璃通花和

图4-73 岭南大学马丁堂(帕内摄)，澳大利亚维多利亚州立图书馆、广州孙中山大元帅府纪念馆。(左)

图4-74 岭南大学黑石屋，Deke Erh & Tess Johnston. *Hallowed Halls: Protestant College in Old China*[M]. Hongkong: Old China Hand Press, 1998: 133.

① 该穹顶由建筑师文森特(Vincent Griffith)与斯道顿事务所共同设计，1898年建成。

图4-75 岭南大学格兰堂，Deke Erh & Tess Johnston. Hallowed Halls: Protestant College in Old China[Z]. Hongkong: Old China Hand Press, 1998: 136.

① 埃德蒙兹服务于上海布道团建筑师事务所(Mission Architects Bureau, Shanghai)的经历在广东省档案馆有关文献中得到证实。
② 有关埃德蒙兹设计的调查详见：马秀之、张复合、村松伸、田代辉久主编.中国近代建筑总览广州篇[Z].北京：中国建筑工业出版社，1992: 90-97.另据该书，哈瓦德(Haward G. Hall)参与了理学院的设计；尤茨参与了荣光堂的设计。

图4-76岭南大学怀士堂, Deke Erh & Tess Johnston. Hallowed Halls: Protestant College in Old China[Z]. Hongkong: Old China Hand Press, 1998: 132.(下左)
图4-77岭南大学爪哇堂, 黄菊艳 主编.近代广东教育与岭南大学.香港：商务印书馆, 1995: 85.

饰块被组织在门廊附近的墙面上和券拱间以加强入口装饰性。

岭南大学更多建筑物由上海布道教团建筑师事务所派出的美国建筑师埃德蒙兹①于1913~1926年完成，成为当时岭南中国风格设计的典型代表。其作品包括怀士堂(1913)(图4-76)、马应彪夫人护养院(图4-70,1917)、马应彪接待室(1918)、陈嘉庚纪念堂(1919)、爪哇堂(1918)(图4-77)、八角亭(1919)、十友堂(1919)、张弼士堂(1920)、荣光堂(1921)、理学院(1926)等。②埃德蒙兹的设计显然超越了前任。首先，他解决了不同建筑平面尤其是不规则平面在中式屋顶处理上所带来的麻烦。他采用了更灵活的处理手法，使不同的屋顶形式适应不同的建筑体量，并将其整合成序，形成高低错落的屋面变化。其次，埃德蒙兹在形式审美方面表现了对岭南地方传统的尊重，这在怀士堂中有十分明显的踪迹可寻：人字形两坡顶、披檐、墙面的琉璃装饰构件，以及岭南特有的脊饰等。第三，埃德蒙兹似乎也十分偏爱中式屋顶的重檐处理，在其爪哇堂、十友堂、理学院、陈嘉庚纪念堂等建筑中，反复运用了重檐手法对多层建筑进行纵向分割，使西式墙身配中式屋顶的简单加法扩展至对西式墙身的中式处理。埃德蒙兹在设计岭南大学的同时，于1915年设计了广州协和神学院，包括富利淳堂、安德烈宿舍、梁发堂等，表现出设计手法的一致性。

总部设在北京的长老会建筑事务所(Presbyterian Building Bureau)在岭南教会学校的建设中同样发挥了重要作用。作为美国长老会在华设计机构，该所负责对属下建筑活动进行全面控制和管理。从1917年开始，美国建筑师嘎恩(Charles Alexander Gunn, 1870~1945)每年在广州工作三个月。在与真光中学创始人祁约翰博士的合作中，嘎恩第一次尝试中国风格的设计。③在真光中学真光堂、必德堂、连德堂等主体建筑中，嘎恩显示了适应与变通的技巧：一方面，采用平顶和坡顶相结合的方法，仅在局部屋面覆盖中式屋顶，而屋顶形式既有歇山顶又有两坡顶等不同形式，表现出一定灵活性。同时避免大屋顶做法，中心部分通过重叠坡顶的做法形成重檐效果(图4-78)；另一方面，采用八角形高窗解决大屋顶空间的采光、通风问题，使大屋顶下空间具有实用功能。比埃德蒙兹走得更远的是，他终于意识到，中国传统建筑的檐下处理是一种美的表现，是技术与艺术的完美结合，是中式立面构

北入口

南入口

图4-78 广州真光中学真光堂(嘎恩,约1917),彭长歆、蔡凌等摄影、测绘。

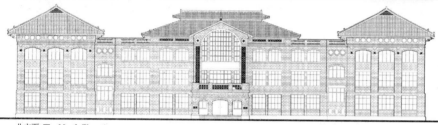

北立面 The North Elevation

成不可分割的一部分。真光堂在广州教会学校建筑中第一次采用了檐椽和简化了的出挑构件作为西式墙身和中式屋顶的过渡,以替代中式建筑中的檐下部分,而不仅仅是西式墙身与中式屋顶的结合。

岭南近代教会学校对建筑新形式的探索虽起步较早,作品较多,但总体来看1925年前的大部分建筑仍停留在"中国古典复兴"的早期阶段:对中国传统形式的简单模仿和对中西样式的整合——早期阶段的种种特征用"中西合璧"或"中西混合"来表述似乎更恰当。

三、规范化与地方化的分歧

由于大量采用地方性建筑语汇,在华教会的早期所谓中国风格设计充满了地方性。1894年通和洋行在圣约翰大学怀施堂中对江南建筑传统的学习、1913年荣杜易(Fred Rowntree)在华西大学对四川建筑传统的学习,以及1913年埃德蒙兹在岭南大学怀士堂中对岭南建筑传统的学习,等等,这些建筑都试图通过一种地方化的建筑语汇来表达教会在面向对象时的务实策略:即建筑形象应以方便阅读、加强所在地人民的认同感为原则。

但相当多的传教士认为基督教大学在精神面貌方面应具备普适性。1880年当哈巴尝试在中国建立一座基督教大学时,他心目中理想的校址应在北京或上海,而不是广州,因为"能说北京话和英语的毕业生可以成为世界公民",而"广州的地理位置太偏南了,气候炎

③广州市真光中学的资料也显示,该校建筑由美国牧师祁约翰主持办理,并特聘差会工程师勤先生(G. Gun)具体完成。勤先生即长老会建筑事务所建筑师嘎恩(Charles Alexander Gunn, 1870~1945)。嘎恩生于芝加哥,1892年毕业于美国伊利诺大学建筑系,1911年设计了该校的地标性建筑天文台,其后加入美国北长老会对亚洲的差会。从1921年开始,嘎恩定居在中国,但从1917年开始,他每年有三个月时间在广州工作,其余时间工作于菲律宾、华南及海南等地,随后前往上海并一直停留至1939年。嘎恩是长老会建筑事务所的主要成员,1924年担任事务所主席。嘎恩同时也是广州夏葛医学堂和培英中学芳村新校的主要设计者。

热，全国大多数人又不懂其方言"。①哈巴的言论恰如其分地反映了教会大学建立的普适性原则，即它的存在对基督教社会在中国的建立和发展有积极的推动作用，它对基督教精神的反映应具备示范性和推广性。在北京官话所代表的官方语境，以及广东方言所代表的地方语境间，哈巴显然偏重于前者，因为前者的可阅读性和可传播性远胜后者，并有助于基督教精神的传播和推广。哈巴的言论显然也代表了教会内部相当一部分人的态度，并最终影响建筑策略的讨论。

1920年代，教会内部在广泛采用中国风格的问题上形成共识。1921年9月，美国基督教会组织的"中华教育调查团"在访问了36个城市和500多所各级学校后，正式提出了教会学校的建设方针："教会学校必须尽快地去掉它们的洋气……必须尽快地、彻底地中国化和基督化，如果它要吸引学生和取得中国人的经济支持的话……在性质上彻底基督化，在气氛上彻底中国化。"②1922年美国基督教会在上海召开了"中国基督教大会"，决议倡导"本色教会运动"，对教会向"中国化"过渡作了明确指示和引导，"一方面求使中国信徒担负责任，一方面发扬东方固有文明，使基督教消除洋教的丑号"。③此前，通过美国建筑师茂飞和加拿大建筑师何士等人的实践④，一种新的、被视为规范化的建筑语汇开始形成，它以明清宫殿建筑为蓝本，通过官式建筑的制度化和定型化，传达教会建设的普适性原则。与此同时，茂飞、何士等人在归纳和总结中国官式建筑在空间组织、群体关系及建筑细节等基本特征的同时，通过融入西方先进的建筑技术传达现代中国建筑的理念，并因此取得具有民族主义倾向的社会精英阶层的认同。

在经历了以地方传统建筑为主要摹写对象的早期阶段后，岭南教会建筑的规范化努力从1920年代中期开始付诸实施。教会设计机构中的建筑师们通过各自的理解实践着相同的

图4-79 广州夏葛医学堂附属柔济医院新楼，广州近代史博物馆.近代广州教育轨迹——废科举百年纪念展[Z].广州近代史博物馆，2006：58.
图4-80 广州培英中学德光楼外墙细部，自摄于2004年。(右)

建筑策略。作为长老会建筑事务所的新任主管，嘎恩从1924年起开始全面主导该所在华教会建筑的取向。同年10月，依据他早年担任燕京大学建筑顾问及常年服务于长老会建筑事务所的经历，嘎恩撰文明确了教会建筑的方针(Mission Policy in Mission Architecture)："中国的庙宇与塔刹展现了一种艺术的感染力，外国的宣教师们应该培育和发展、而不是贬低它们的价值。"[5]为佐证其观点，燕京大学的经验被介绍和推广。在嘎恩主导下，长老会在广州的建设开始全面采用非本地化的官式建筑语汇，其中包括

图4-81 岭南大学陆佑堂, Deke Erh & Tess Johnston.*Hallowed Halls: Protestant College in Old China*[M].Hongkong: Old China Hand Press, 1998: 139.

1927年由嘎恩担任设计的广州夏葛医学堂附属柔济医院新楼(图4-79)。为推广既定的规范化模式，长老会建筑事务所的某些设计表现出对地方材料和地方气候的漠视。1934年，该事务所完成了广州培英中学白鹤洞新校规划，由于远在北京的设计[6]，培英中学建筑采用了不具地方性的灰砖和黄色琉璃瓦，而灰砖上的模纹工艺在当时的岭南建筑中几乎从未出现过(图4-80)。

由于民族主义文化运动的兴起，教会规范"中国风格"的努力几乎从一开始便与现代中国建筑的构想交织在一起，并与之进行了最大限度的结合。1924年首先开始于广州的针对教会的"收回教育权运动"和"反基督教运动"，迅速完成了教会学校办学主体的变更。[7]中国法人的出现，为教会规范化努力扫清了最后障碍。与此同时，1925-1926年为纪念孙中山先生而开展的设计竞赛确立了新的中国官式建筑的样本，虽然该样本的取得在很大程度上

③李瑞明 编.岭南大学[C].香港：岭南(大学)筹募发展委员会，1997: 6.

①顾长声.传教士与近代中国[C]. 上海：上海人民出版社.1981: 349.

②诚静怡.协进会对于教会之贡献[A]//《真光杂志》二十五周年纪念特刊.转引自，顾长声.传教士与近代中国[M].上海：上海人民出版社，1981: 324.

③1914年，茂飞在考察北京紫禁城中获得灵感，开始了他以中国古代官式建筑为蓝本的教会建筑设计。其间他设计了湖南长沙雅礼大学(1914)、福州协和大学(1918)、南京金陵女子大学(1919)、北京燕京大学(1920)等一系列教会大学。而加拿大建筑师何士因其1916年北京协和医院和医学校的设计，在中国风格的教会建筑的设计中占有重要地位。有关茂飞生平与设计参见：Jeffrey W. Cody. *Building in China: Henry K. Murphy's "Adaptive Architecture" 1914~1935*[M]. Hongkong: The Chinese University Press, 2001.

④Gunn, Charles A. "Mission Policy in Mission Architecture".Chinese Recorder 55 (October 1924):644.

⑤长老会建筑事务旧址在北京鼓楼西50号，街道英译为：50 Ku Lou His,Peiping,China.

⑥在反帝反封建运动的推动下，广州学联于1924年6月成立了"收回教育权运动委员会"，发表《收回教育权运动宣言》，要求将外国教会在华所办学校，收回中国人自办。7月，广州学联联合各界青年组成"广州反文化侵略青年团"和"反文化侵略大同盟"，掀起全省反文化侵略高潮，也称"反基督教运动"，该运动同时席卷全国。1925年"五卅"惨案的发生和反文化侵略运动的深入发展，直接促使国民政府作出"收回教育权"通令。以此为分水岭，教会学校加速改革，至1932年，岭南几乎所有教会学校完成改组及立案程序。

图4-82 岭南大学女生宿舍,摄于2002年5月。

图4-83 香港道风山基督教丛林,摄于2004年3月。

是教会建筑"中国风格"的延续,但反过来又指导教会完善其规范化能力和技巧。

由于岭南大学的改组,埃德蒙兹兼具岭南地方风格的设计在1926年基本停止,取而代之的是与国民政府关系紧密的茂飞或其他中国建筑师。1927年,孙科和钟荣光分别出任第一届由中国人担任的校董会主席和校长,美国建筑师茂飞随即被邀请担任惺亭(1928)、哲生堂(1929)、陆佑堂(图4-81,1930)等建筑的设计,其中哲生堂由孙科出任部长的铁道部资助,用以筹办工学院以培养铁路及公路专门技术人才。作为广州市第一任市长和首都建设委员会委员,孙科与茂飞长期保持着紧密合作。茂飞的设计遵循了他一贯的原则和技巧,包括立面划分、外廊处理及在斗栱、檐橡、柱式、兽吻、栏杆、檐下彩画甚至色彩等方面表现出的对中国建筑传统的正确理解和应用等。本应成为哲生堂和陆佑堂建筑师的林克明一直耿耿于人事的不公[①],但孙科等人的安排或可理解为一种新的规范化努力。由于茂飞的建筑主张在同一时期制订的南京《首都计划》中被上升为国家建筑的形态,结合当时以"收回"为基调的民族主义浪潮[②],国民政府需要对改组后的教会学校宣示统一和回归的民族主义情绪。茂飞曾经的助手和学生、广东信托公司建筑师黄玉瑜稍后为岭大女学设计了另一座后来被称为"广寒宫"的、有着传统须弥座及重檐屋顶、通过西式构图对立面进行三段式划分、有着丰富细部及装饰的十一开间的"宫殿式"建筑(图4-82)。自此,从1905年岭南大学第一幢永久建筑奠基开始,岭大校园建设前后经历了斯道顿、埃

德蒙兹、茂飞、黄玉瑜等多位中外建筑师的设计，完成了教会演绎"中国风格"的全过程。其建筑形式的变迁一方面显示教会有关"中国风格"的思考和探索；另一方面则说明教会本土化和规范化的努力与中国近代民族主义的关联和互动。

与教育、医疗等社会福利建筑的规范化努力相比，教会及教会建筑师在直接面向教众的教堂建设方面却保持了相对独立的思考。在香港道风山，曾由丹麦建筑师莫勒(John Prip-Moller，1889~1943)在1931~1939年设计了一组教堂建筑(图4-83)。它在融合岭南地方民居传统的同时，甚至改变了基督教原有的礼拜方式，宗教活动被安排在一个八边形中式重檐大厅中进行，而大厅也被贯以非常中国化的名称"圣殿"，其原因也许只能从该差会从南京迁至香港的历史背景及面向佛道人士的传教目的中得到解释。当然，作为教会建筑师，莫勒一直抱持教会建筑必须与中国传统进行某种妥协的观点。③即使是在"中国固有式"或"中国古典复兴"已高度成熟的1930年代，教会内部许多人仍拒绝对中国宫殿式样进行模仿，而更愿意用地方建筑形式来表达对地方民众的亲和力和可识别性，其中的典型还包括1928年江门北街天主教堂对五邑地区传统民居的学习(图4-84)，以及汕头礐石基督教堂建筑(1930)所反映的潮汕地方传统(图4-85)，等等。在规范化和地方化的选择中，面向对象和目的是教会考虑的主要因素，某种程度上充满了功利性。而因为有莫勒这样的建筑师存在，教会建筑得以保持其多样性，从而丰富了中国风格的表述。

从1840年至1949年短短百余年间，作为中国近代建筑形式演变的缩影，岭南建筑经历了从传统古代建筑向近代新建筑的转折性变化。在这个过程中，以殖民地建筑和西方古典建筑为特征的西洋化阶段，深刻影响了近代岭南建筑的整体风貌与殖民主义建筑语境的形成。

需要说明，与西方建筑断代清晰的艺术史与风格史相比，岭南近代建筑从未表现出前后更替的变化。虽然各个时期建筑潮流均有主次之分，新形式的出现也可从时间和案例上

图4-84江门北街天主堂(1928年)，摄于2003年7月。
图4-85 汕头礐石基督教堂，摄于2002年12月。(右)

① 林克明先生曾在回忆中谈及他所遭受的境遇.详见谢少明.中国近代建筑的先驱城市广州[A]//杨秉德主编.中国近代城市与建筑(1840~1949)[C].北京:中国建筑工业出版社,1993:19;25,注16.
② 当时针对西方的"收回"运动除教育权外,租界、海关等原西人特权所在均为"收回"的对象而有相关运动的开展.
③ 郭伟杰.谱写一首和谐的乐章——外国传教士和"中国风格"的建筑(1911~1949)[J].中国学术.2002,(13):103.

得到较明确的认定，但旧形式依然存在，新、旧共存，并行发展是岭南近代建筑形式与风格的主要特征。

在岭南民间建筑的发展中，同样贯穿有形式的观念与演变。但与所谓"主流"建筑不同，民间建筑的建造表现为多体系的参与，业主(尤其华侨业主)、工匠、工匠建筑师及后期逐渐参与的正规建筑师等，观念的混杂与多元使民间建筑无论在形式还是空间结构等方面都表现出与主流建筑的不同。对上述建筑现象的研究有助于反思中国近代建筑研究的方法问题，即长期以来以西方古典建筑学的方法看待中国近代建筑的形式问题，并按照西方建筑学理论框架对中国近代建筑进行简单分类的研究方法。

①赖德霖.中国近代建筑史研究[M].清华大学出版社, 2007: 95.

②由于孙中山为首的国民党人1921年2月在广州成立国民政府并长期经营, 广州成为南方政权实际意义上的"首都"。为区别于北京的北洋政府, 遂有"穗京"或"粤京"之说, 如: 孙中山.建国方略之二实行计划(物质建设)自序//孙中山文粹(上卷)[M].广州: 广东人民出版社, 1996: 299.

③费约翰(John Fitzgerald)对此进行了充分论述。费约翰著, 李恭忠、李里峰、李霞、徐蕾译.唤醒中国: 国民革命中的政治、文化与阶级[M].生活·读书·新知三联书店, 2004.

④Canton's New Maloos[J].The Far Eastern Review, 1922, (1): 22.

⑤(附录)工务局提议合建行政公署中枢理由书[J].广州市政厅.广州市市政公报.1921.6.27, (18): 50~56.

在现代民族国家的语境下, 民族性与现代性通常被用来描述现代化历程中不同于殖民主义模式的特性与追求, 其内涵与外延同样适用于近代中国建筑的现代转型。毫无疑问, 1840年鸦片战争是西方现代化入侵的开始, 西方列强通过殖民主义模式推广基于西方价值观的现代性。在此外力推动下, 中国历史发生转折性变化, 现代化成为不可回避的历史抉择。由于主权沦丧, 民族性在现代理想的实践中变得尤为重要。在康有为、梁启超、孙中山等先哲引领下, 民族意识的觉醒成为19世纪末、20世纪初思想启蒙的主流。而进化论思想的引入, 物竞天存、适者生存的自然进化观强化了精英阶层在保国保种前提下进行现代化建设的现实考虑。较之外来移植的殖民主义模式, 中国自身开展的现代化运动一开始便与民族身份的重建交织在一起, 即含括了民族性的现代性建设。

与建立现代民族国家的现实需要相适应, 伴随着20世纪初中国建筑师的出现, 建构现代性与民族性成为中国建筑现代转型的核心思想。从个案角度看, 中国建筑师有关建构现代性的追求始于晚清末年, 并在1920-1930年代与民族性进行了最大程度的结合。其中, 张锳绪(1877~?)第一次将"建筑"这一新学科的名称、学科内涵及其实际应用原理引入中国, 其撰写的《建筑新法》给中国带来了一种以使用功能为出发点和以结构构造为基础的现代设计方法。①而吕彦直南京中山陵、广州中山纪念堂的设计为近代中国建筑现代性与民族性的结合确立了范本, 其民族主义建筑外表下隐含了当时中国文化阶层对现代中国的思想建构。此后, 随着抗日救国、民族解放成为国家与民族的主题, 建筑艺术自觉地把自己纳入现代性的救亡方案, 把建设民族国家的宏大目标作为其信念和追求。在统一的南京中央政府主导下, 该方案最终上升为国家文化政策的一部分, 成为现代民族国家物质建设的重要组成。

当我们讨论近代中国建筑现代性与民族性建构的方案时, 广州乃至岭南是无法绕开的所谓"地方性"对象。作为现代民主思想的启蒙地、资产阶级革命的策源地、孙中山国民党人建立"穗京"所在地②, 以及北伐统一中国的出征地, 等等, 广州、岭南经历了中国现代转型时期几乎所有重大事件。为唤醒沉睡中的国家意识和民族意识, 孙中山为首的国民党人在这里完成了从组织建构到符号运用的几乎所有技术细节。③其政治意志和决心诉求于文化和艺术, 使当时包括建筑在内的文化与艺术形式集中反映了精英阶层有关现代民族国家的初步构想。虽然, 该构想最后的形成在南京, 但岭南、广州扮演了启蒙和开拓的角色。通过在这里的实践, 政治家、建筑师、艺术家乃至民众逐步形成和发展了综合表达民族性与现代性的技术模式。同时, 由于孙中山国民党人统一国家的实现, 这种"地方性"的技术模式最终走出省级地方空间, 成为国家推广的主要原型。尤为有趣的是, 由于1930年代宁粤双方的矛盾和冲突, 广州方面进行了独立的发展。建筑的复古倾向与西方意义的现代主义交织在一起, 使岭南建筑的民族性与现代性建构呈现地域性或地方特点。由于岭南这个"地方性"对象的存在, 使我们得以从一个相对独立、完整的地理空间, 以及一个相对稳定、连续的时间段里考察中国建筑现代转型的全过程。而这一研究将要解决的问题包括："固有式"在建筑学领域的源起；民族主义对"固有"式建筑的兴发；1930年代岭南政治及文化生态对"固有式"建筑的推动，等等。

需要说明，20世纪二三十年代的中国建筑是当时国家政治、社会需要和专业背景交织下的产物，其重要历史线索包括：五四运动所形成的民族主义和反帝思潮；严峻的国际政治局势和战争威胁；国民政府定都南京后的文化政策和蒋介石的国家法西斯主义；中国职业建筑师的形成及其学院派折中主义的专业训练；当然还包括既有教会建筑和西方建筑师对中国古典复兴的探索和实践，等等。

仍需说明的是，建筑学领域有关民族性与现代性的讨论，通常对位于建筑形式的"中国固有式"和现代主义，并因而误导了中国建筑现代转型的真正意义。从其表征来看，"中国固有式"或其他形式的"中国古典复兴"的确以中国式的外表传递了民族主义的文化与审美。但同时，在现代性的追求上，上述建筑通过功能的合理设计、建筑新技术的运用等折射出建筑师对于"现代中国建筑"的理解。

第一节　有关广州市政中枢的讨论及背后的理念

1920年代初南方革命的浪潮和广州大规模城市建设交织在一起，构成建筑学领域大变革时代的前兆。1920年11月，在成功驱逐桂系军阀后，孙中山委任陈炯明为广东省长兼粤军总司令。1921年2月，在陈炯明支持下，孙科参照美国市制成立广州市政厅，孙科、程天固等一批留学回来的政治家和工程师们组成了广州城市发展史上前所未有的年轻的专家政府。同一时期，广东革命迅速发展，1921年4月孙中山在广州组织成立国民政府，并就任"非常大总统"。南方革命政府民主文明的政治新象与北洋政府的因陈守旧形成鲜明对比。在市政厅成立后随即开展的市政改良运动中，旧的城墙被清理或拆除，近代化的城市道路、市政管网和公园等城市基础设施和公共设施被迅速建立起来，许多新的现代化设施被纳入规划和建设中。在极短的时间里，广州"从以前的'可怕的臭城市'迅速改观为适合人类居住的理想城市"。①

在改良城市的同时，建立市政中枢的计划被提出。围绕该计划的实施，城市管理者与建筑师一道就市政中枢的位置、功能及建筑形象进行了广泛而深入的讨论。由于1921-1922年美国建筑师茂飞的设计或推介，一种新的建筑观念为孙科广州市政厅所接受，经由市行政委员会议决通过并呈报省署委员会议决实施。茂飞的设计最终因陈炯明"叛乱"而搁置，但议决案所提出的"固有的建筑"等概念很自然地与后来的"中国固有之形式"联系在一起，因孙文为主系的中国国民党曾在广州建立政权、以及广州市政厅作为中国人自办最早的市政机构等唯一性使这种联系成为前后相继的两个概念。或可推论，1922年广州市政厅提出"固有的建筑"是1927年南京政府倡导的"中国固有式"之基本原型。

一、1921年广州市政厅的态度

1921年6月，为改变市政厅各局属分设市内不同地点办公的窘况，广州市工务局向广州市长孙科和广东省长陈炯明提交《工务局提议合建行政公署中枢理由书》。②

首先，"理由书"认为合署制度源自西方。"发生最早当罗马雅典时代，其政治机关已集中建设"。"其后各国踵而行之，至法之巴黎建造益为宏敞，遂推世界名都。然自欧战停后尚觉其建设未臻完美，刻方规划，尽行拆除，力谋改革，以期政务机关搜集无遗、配置妥善，此可见合署制度已顺世界潮流矣"。①

其次，新式合署与旧式衙署在"道德"面貌上截然不同。"查旧有衙署大都建自前朝，代远年湮，格式陈旧，坍垣塌壁，触目皆然。其荒凉之景有失观瞻，颓败之气损及精神，生于其心，害于其政，发轫甚微，影响甚钜，传曰国家之败由官邪也，官之失德，贿赂彰也。……今若改建合署，形式宏伟，气象庄严，黎庶景仰，肃穆之心、敬畏之意当悠然而生矣……此合署之建设与道德之增进其关系固甚重也。"②

再次，新式合署在卫生方面远甚于旧式衙署。"旧式衙署日光空气未得其宜，卑湿污秽更属妨碍，传染病发，危险滋多，若改建合署，制度务求妥适，规模务求完备，厅皇室雅，几净窗明，游戏有场，休息有所，办公者厕身其间，襟怀清爽，精神倍增，其宣劳弼力必心灵手敏，事无业脞，谋中机宣裨益政务亦属不少。"③

另外，"理由书"还在办公时间、劳动效率、经费支出、综合造价等方面，指出新式合署优于旧有衙署的种种特点。

从陈述方式看，"理由书"试图用因果关系将新式合署的建设与道德增进、卫生改善及效率提高联系起来，并以此说明适当的建筑之于个人修养与政府管理效率的必然性。对于正在开展市政改良的广州市政厅而言，这种方式并非陌生和孤立。

一方面，由于早期民族主义思想的启蒙，个体之于现代民族国家的关联性被广泛认同。早在20世纪初，梁启超即以《新民说》为核心阐述了国民共同体思想，成为近代中国民族主义思想史的重要基石。为重建自鸦片战争以来被西方人扭曲的中国人形象，被后世誉为"国父"的孙中山在广州的多次演讲中也反复强调个人品格的修养，包括伦理道德、卫生和个人礼仪等，对有效管理国家的重要性，孙中山期望通过重塑"中国人"来锻造一

图5-1 第一公园音乐亭。

个新的中国。④虽然有关国家形成的理念不同，陈炯明在强国强种问题上也持相同观点。早在政法学堂读书时，陈氏因受严复（1854~1921）所译《天演论》影响，取"物竞天择，适者生存"之意而字"竞存"，其治粤理念尤其注重社会风貌与个人品格的整饬。为实践其"道德重建"的理想，陈在改良市政的同时，要求在城市生活中革除陋俗，禁绝烟赌，并因此成为市政厅成立之初广州社会生活中的重大事件。⑤在孙中山、陈炯明建设模范广州，以及模范广东的语境

下，几乎所有新兴的物质建设都与"人"的改造联系在一起，如拆城筑路、建设公共屠场和公墓对于改善市民健康卫生的重要性；建设公园、音乐亭对于陶冶情操的重要性(图5-1)；建设公共运动场对于强健体魄的重要性……市政厅、省政府有意识地引导这种思维方式的发展和继续。于是，当市民生活管理的中心——行政公署中枢即将兴建时，为服务于建设一个新的国家及国民改造的需要，同时表达南方政权改革的意志与决心，采用恰当的空间形式与建筑形式成为必然。

另一方面，辛亥革命后尤其1919年五四运动后，在西方殖民主义者面前证明中国人有效管理国家的能力，愈加成为包括民族主义者在内所有社会精英的共识。作为第一个由国人自己建立的市政管理机构，广州市政厅从成立开始即以示范管理国家及改造国民为己任。所谓"改造广东者，树全国改造之先声。改造广州者，树各省市改造之模范"。⑥联想当时广州市政普遍开展的拆城筑路运动和对传统城市格局的现代化改造，不难推断，广州市政厅正试图通过从城市到建筑的改良有计划地实施有关"新式"城市与"新式"建筑的设想。作为一个不为西方人及当时中国在国际间的合法代表——北洋政府承认的"叛乱"政权，以孙中山为非常大总统的中华民国政府(1921-1922)及后来的大元帅府(1923~1925)无法获得国家财政或西方财团更多的支持。实际上，为了开展包括驱逐桂系在内的军事行动，南方政权想尽一切办法筹措庞大的军费开支，其中包括重新划分广东关余的设想。⑦在这样一个财政背景下，广州市政厅进行大规模的城市改良和新建筑计划，其目的除了通过"经营城市"获得财政来源，更重要的是向外界展示南方政权模范管理城市的能力。陈炯明治理漳州的成功为广州政权确立了样板，在那里，陈炯明获得了中、西人士的广泛认同⑧，从而确立了陈氏作为开明政治家的良好形象。虽然其目的是了探索地方自制和建立"联邦制国家"，陈炯明建设广东成为中国"模范省"的主张也为孙中山国民党人所接受。民族主义者显然更需要一个卫生的、在西方人面前有尊严的、符合西方礼仪观念的新城市和新建筑，来说明中国人完全可以通过自身的努力管理好国家，并最终实现独立民族国家的理想。

由于新的中枢合署承载了精英阶层对个人乃至党团集体政治美德的期待，从而为一种新的公署建筑的创建打开了想象空间。"理由书"中对新式合署的建筑形态并无明确指向，有意思的是，其比照对象却是象征封建官僚制度的旧式衙门。作为前清遗留下来的公产建筑，中国式的府衙建筑在广州城内仍然存在并使用，如早期的英、法领事署即租用了两个不同地段的官地与建筑，而1918年成立的广州市政公所也是在禺山的关帝庙内办公。出于"理由书"所阐述的原因，孙科等人显然拒绝使用旧式官衙作为市政厅这一全新市政管理机构的办公场所。相信陈炯明也持相同观点，其政治生涯始于1909年建成的广东咨议局的穹顶下⑨，那是一座由西方建筑师设计的圆形议会建筑。

①(附录)工务局提议合建行政公署中枢理由书[J]. 广州市政厅. 广州市市政公报. 1921.6.27, (18): 50-51.
②同上: 51-52.
③同上: 52-53.
④费约翰著，李恭忠、李里峰、李霞、徐蕾译. 唤醒中国：国民革命中的政治、文化与阶级[M]. 北京：生活·读书·新知三联书店, 2004: 14.
⑤在政治生涯中，陈炯明以严禁烟赌、主张地方自治而著称。从担任清末广东咨议局议员提出禁赌议案时起，直到后来出任广东都督及省长，陈炯明都视禁赌为改良社会、整顿吏治的重要手段。1920年12月1日陈氏以广东省长职颁布禁赌章程，广州赌博一时禁绝。
⑥李宗黄. 模范之广州市[M]. 商务印书馆, 1929: 1.
⑦早在1921年，孙中山组织"广东护法军政府"时曾向西方列强提出将广东海关近14%的余额，摊分予政府，遭拒。其后数年，围绕关余，广州国民政府与英、美等国曾有激烈的外交冲突。
⑧陈炯明率粤军援闽时期，在闽南建立护法区，开展模范漳州运动，使城市面貌、市民卫生及精神面貌得到极大改善，并因此得到中西人士的广泛认同。参见. 陈定炎. 陈竞存(炯明)先生年谱(上) [Z]. 台北：李敖出版社, 1995: 211-212.
⑨1909年，陈炯明当选为广东咨议局议员，正式开始了其政治生涯。

市政厅将最初的办公室设在了位于南堤的一座西洋式建筑中(图5-2)，而1919年落成的广东省财政厅更以新古典主义的外表成为当时广东官署建筑的典范。

种种迹象表明，作为孙中山国民党人模范管理城市与国家的象征，广州市政中枢公署将以西方模式进行设计与建造。该模式既能满足卫生、适宜工作的功能需要，又能体现形式宏伟，气象庄严的礼仪需要，从而在物质和精神两方面符合市政厅有关公署中枢建设的物质与精神需要。

二、茂飞的设计

可以肯定，1921年工务局提议修建广州"行政公署中枢"的计划交给了美国建筑师茂飞。1922年1月《远东观察》记录了该事件："规划同时通过售卖所有旧衙门的物业，获取资金以建设一个市政中枢，作为市政府和省政府的办公场所。美国方式再次影响了改革。改造工作委托给了世界闻名的美国建筑师事务所茂旦洋行，他们曾是北京洛克菲勒基金大楼、中国长沙的雅礼大学及其他重要建筑物的设计师。"[①]在孙科介绍下，工务局长程天固与茂飞(其文称作"麼霏")就"全市设计"问题进行了多次详谈。[②]

茂飞是一位致力于将中国传统建筑形式与现代材料及功能相结合的建筑师。从1918年长沙雅礼大学开始，茂飞逐渐形成和发展了以中国宫殿建筑为参照的建筑语汇，并在1919年完成了南京金陵女子大学的规划与设计(图5-3)。正如1923年金陵女子大学正式开放时江苏省工务部的官员们所描述的那样，这是外国人第一次成功地采用中国建筑形式并适应了现代化的需要。[③]而更深入的研究认为，茂飞有意识地借鉴了中国传统官式建筑的做法，避

免了其他类似建筑对中国地方传统的直接借用，从而规范了当时"中国风格"的多元解释。[④]对民族主义者而言，茂飞的建筑可能产生的后果是，为一个可以表达正统中国和现代民族国家形象的建筑形式提供了方法论。

有理由相信，茂飞将金陵女子大学的设计图带到了广州，或向孙科等人介绍过该设计的详细情况。在此之前，该建筑群的全部设计已完成，虽然进展缓慢，其建造工程已经开始。[⑤]同一时期，为纪念遇袭身亡的朱执信先生[⑥]，广州方面开展了一系列纪念活动，筹建朱执信坟场、图书馆及纪念学校等成为活动的主要内容。1921年10月，由廖仲恺等人发起创办的执信学校在越秀山南麓应元书院旧址开幕，因不敷使用，由孙科等人另筹新校。1922年1月，经省政府批准，广州市政厅"收用先农坛昆连荒田为执信学校建筑地址"。[⑦]孙科似乎已做好了建筑新校的准备，在其签发的《训令》中，对征地规模、位置等均有详细安排，并不断督促财政局、卫生局、公路局、教育局遵令执行。新校园最终在陈氏叛乱之后，于1923年在先农坛附近的竹丝岗、螺岗、大眼岗一带现址开始兴建，并最终于1925年完成校址迁移。[⑧]虽然，迄今为止没有任何史料证明茂飞直接参与了执信新校的设计，但这组建筑(图5-4)对中国传统宫殿建筑的借鉴与茂飞在中国的实践高度吻合，更具体地说，其台基设计、装饰运用、屋顶组合、形体处理等，均与茂飞刚完成的南京金陵女子大学高度同源。

将执信学校的筹建与1927年3月15《纽约时报》的记录[⑨]，以及1922年1月《远东观察》的记录联系在一起，茂飞在1921年、1923年曾莅临广州的史实，为考证当时茂飞在广州的设计活动提供了重要线索。或可推论，在1921年底的某个时间，茂飞通过展示其处理中国建筑形式的才能和技巧，成功游说了孙科广州市政厅，在设计执信学校的同时，开始筹划设计一座前所未有的、可以表达南方政权及未来中国国家形象的官署建筑——广州市政中枢。上述计划虽因陈氏叛乱而中断，却在平反后的1924年开始具体实施，执信学校成为茂飞广州设计的重要组成。而该建筑的母源——南京金陵女子大学是开启南方政权有关现代化中国官署建筑畅想的钥匙。

三、广州市政厅的《市政中枢建筑议决案》

经广东省政府批准，广州市行政委员会于1922年5月23日公布了《广州市市政中枢建筑议决案》。从时间及逻

①Canton's New Maloos[J], *The Far Eastern Review*, 1922, (1): 23.

②程天固. 程天固回忆录[M]. 香港: 龙门书店有限公司, 1978: 116.

③Jeffrey W. Cody. *Building in China: Henry K. Murphy's "Adaptive Arcitecture" 1914~1935*[M]. Hongkong: The Chinese University of Press; Seattle: University of Washington Press, 2001: 152.

④赖德霖. 书评: 郭伟杰著《在中国建造: 亨利·K. 茂飞的"适应性建筑"(1914~1935)》[A]//赖德霖. 中国近代建筑史研究[M]. 北京: 清华大学出版社, 2007: 400.

⑤Jeffrey W. Cody. *Building in China: Henry K. Murphy's "Adaptive Arcitecture" 1914~1935*[M]. Hongkong: The Chinese University of Press; Seattle: University of Washington Press, 2001: 146.

⑥朱执信(1885~1920), 孙中山先生的坚定支持者; 1905官费留学日本, 同年加入同盟会; 1910年和1911年参与发动广州新军起义和黄花岗三二九之役; 1913年参加讨袁; 1914年加入中华革命党; 1917年参加护法运动; 1920年促陈炯明粤军回粤; 1920年9月21日, 因调停虎门要塞驻军与东莞民军的冲突, 不幸中流弹身亡。

⑦广州市政厅1922年1月5日《训令》。参见, 张振金. 名校执信[M]. 中国文史出版社[C]. 2006: 21~23。该文对孙科急于建校、督促财政局、卫生局、公路局、教育局遵令执行的情况也进行了描述。

⑧余齐昭. 孙中山文史图片考释[M]. 广州: 广东省地图出版社, 1999: 157.

⑨1927年3月15日《纽约时报》称茂飞在四年前(即1923年前后)到广州与市政厅商讨城市规划事宜。

①程天固.程天固回忆录(上册)[M].香港:龙门书店有限公司,1978:116.

②[呈文]呈省署委员会议决建筑市政中枢与前案略变更案请察核令遵由,附广州市政中枢议决案[J].广州市市政公报.1922.6.12,(68):1~5.

③New York Times, March 13, 1927, 译文引自赖德霖.中国近代建筑史研究[M].北京:清华大学出版社,2007:371.

④[美]郭伟杰(Jeffrey W.Cody).*Building In China——Henry K.Murphy's "Adaptive Architecture", 1914~1935*.HongKong: The Chinese University Press, Seattle: University of Washington Press, 2001:181.

⑤New York Times, March 13, 1927, 译文引自赖德霖.中国近代建筑史研究[M].北京:清华大学出版社,2007:379.

辑关系看,茂飞的设计和议决案公布是前后相继、具有因果关系的事件。虽然在程天固看来,茂飞的规划不近实际、是"仿效美国式的平地做起的设计"。①但茂飞有关现代中国官署建筑的设想却为市政厅所接受,并在"议决案"中得到最完整的体现:

建筑地点拟在第一公园南部,理由如下:

(一)位置

甲、此位置在本城之中心,所有河北城市之发达将以此为中心点。

乙、此位置不至占据商业繁盛之地,然亦去商业繁盛之地不甚远。

丙、此位置原来是公地,对于人民无所侵害,亦无不便之处,建筑合署可称适宜。

丁、此位置因贴近公园可籍以表明市政与市民的密切关系。

(二)道路

河岸直达合署的大马路及东西旧城角蜿蜒而来决可使将来合署成为庄严地方。现在计划中的推广马路计划将来实现造成时便足以助成此合署的壮丽。

(三)建筑的式样

保存东亚建筑实所以保存东亚文化精华的一部,中国今日正宜设法保存固有的建筑。

东亚最美的建筑在于中国,向来多欲保存之而终至于失败者由于东西建筑倒置,如能作于始时即用东亚建筑的式样再参用西方建筑的善处(如多开窗牖、分配适宜及近世建筑的方法等)。现在谋建广州市的合署更适宜保存固有的精神令全市人民皆知固有的建筑确有继承的价值。

(四)房舍如何接连法

用要保存中国建筑的原因,现在要建筑的合署如何连接房舍应依照人民的习惯,房舍均围筑于庭院的四周,如广州市的合署只要三间房舍则可建筑,庭院内的址边及

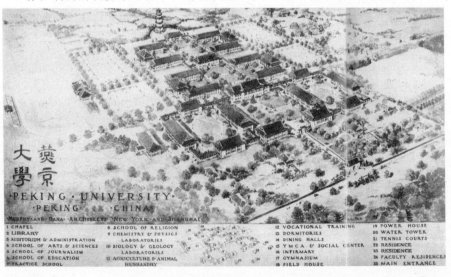

图5-5 "燕京大学"规划(茂旦洋行),Deke Erh & Tess Johnston. *Hallowed Halls: Protestant College in Old China*[Z]. Hongkong: Old China Hand Press, 1998:14-15.

左右各一，将来增加房舍时则庭院亦随之增加，建筑上毫不发生阻碍。

（五）建筑之程序

开始时要先建一市民大会堂在庭院之西边，图书馆在庭院之东边，自然能使合署成一壮丽的地方，其所以先建大会堂及图书馆则以有下列二因。

(1) 需费较少今既建筑在先，将来筹备大宗款项建筑合署时亦较易为力。

(2) 大会堂、图书馆与市民关系极大，先市民之急，市民方乐趋政府之急。

（六）为急要筹建广州市府合署及为办事上节省手续起见兹将下列数项提请公决：

(1) 市政中枢的位置在第一公园南部推广，南至惠爱路西至大北路。

(2) 维新路移改偏西由河岸直达公园之南部成一较直的路(升直路线750米达)。

(3) 市政中枢照由中国建筑的式样建筑。

(4) 市政中枢南开一大庭院，中枢建在北方，大会堂在西，图书馆在东。

大会堂与图书馆要先建。[②]

议决案至少从两方面反映了市政厅对市政中枢建筑的期盼。一方面，作为城市公共建筑与市政官署的结合，市政中枢在建筑功能与形象等方面应具有的特征；另一方面，作为市政核心，市政中枢建筑对城市空间应有的影响和贡献。从项目委托的逻辑看，建筑功能的配置显然由市政厅提出，市民大会堂、图书馆、政府合署成为市政中枢三个最主要的功能部分。议决案着重强调了大会堂和图书馆的重要性，并尤其强调了这两座建筑先期建设的必要性。由于大会堂对于公民社会的重要性，以及图书馆在启迪民智、传播科学的重要性，市政厅的强调在一定程度上体现了南方革命党人改造国民和建设新国家的理念。

茂飞从建筑师角度迎合了市政厅对于市政中枢的种种需要。其设计延续了从长沙雅礼大学和南京金陵女子大学中发展起来的"中国古典复兴"手法，并首次在南方革命阵营中寻找到官方认同。茂飞显然希望在市政中枢设计中注入更多传统元素，不仅包括"中国古典复兴"已采用的"用东亚建筑的式样再参用西方建筑的善处(如多开窗牖、分配适宜及近世建筑的方法等)"；而且包括最能体现这种精神的院落特征，茂飞所采用的空间布局方法明显打消了孙科等人对使用传统建筑形式的疑虑，并以"房屋如何连接法"的专门条文解释传统建筑如何适应合署使用的方法，其中所反映的三合院空间，在茂飞的许多教会大学设计中都能发现其影子(图5-5)。为营造雄伟的纪念性效果，茂飞作出了以市政中枢为中心的放射式道路规划，包括"由河岸直达公园南部"的维新路，以及"东西旧城角蜿蜒而来"的大马路进一步加强建筑的壮丽与雄伟。该布局使我们联想到茂飞1926年为广州所作的第二次城市规划，这是1922年茂飞广州规划方案的延续。1927年3月17日《纽约时报》披露了该规划的详情："以市政中心为焦点有四条放射形大道：一条经过著名的花塔通向西北的果园乡间，一条通向东北方向的白云山，第三条通向滨江的东山，第四条通向沙面对岸的江堤。而正对江堤的就是城市宽阔的中轴线，轴线上有牌坊，还有大桥，通向人物聚集的河南区域。"[③]郭伟杰认为，茂飞的规划是结合了美国"城市美化运动"所流行的中心放射式的巴洛克模式和中国古代城市对中轴线的运用，"将城市美化运动的规划思想和北京紫禁城那样的中轴对称观念结合起来"。[④]《纽约时报》同时描述了未来广州的城市风貌："茂飞先生的广州蓝图将与其他那些受到西方影响的中国城市形成令人快慰的对比。它将具有一些北京所有的魅力。就像北京，整个城市都将以中心区的建筑为核心。……规划注意保护所有旧的寺庙。机动车要求的宽阔道路固然重要，但是中国的城市的中国特性也是必要的。"[⑤]比较前后两次规划可以发

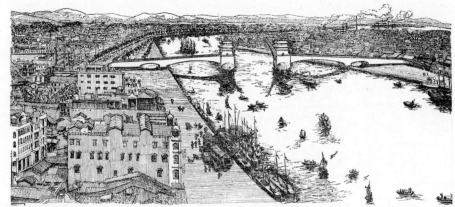

图5-6 珠江铁桥计划
(G. W. Olivecrona,
1922)，*The Far
Eastern Review*，
1922年9月。

现，虽然事隔多年，茂飞重整中国城市秩序与风貌的想法从未停止，而这一切显然始于1922年有关广州市政中枢的构想。

孙科显然急于实施这一宏伟建筑计划。市政厅于1922年5月26日发出训令要求市属辖六局委员会通过市政中枢建筑案。[1]5月30日，由广州市行政委员会议决通过的市政中枢计划在略有调整后报呈广东省署委会。[2]

毫无疑问，这一既定的建筑策略为广东省长陈炯明所接受。6月16日，陈炯明与孙中山的政治分歧演变为军事冲突，陈军炮轰观音山总统府，孙中山避难"永丰"舰，史称"陈炯明叛乱"。其后数年，广州在平叛讨陈与北伐的战火中飘摇，建设市政中枢的计划因财政拮据长期搁置。但茂飞的设计和规划仍继续其影响力，1922年9月，《远东观察》刊出了广东省治河处总工程师柯维廉所作的珠江桥设计图(图5-6)。在图中，堤岸被填筑扩宽，一道新桥横越珠江。最令人惊异的是该桥的形式：两座中国式的重檐建筑并立在大桥可开合部分的两端，构成中国式的塔桥。作为政府雇佣的工程师，柯氏忠实执行了广州市政厅作出的决议：固有的形式与东方的精神。

①孙科.训令六局委员会通过广州市市政中枢建筑案仰知照由(训令第1023号)[J].广州市市政公报，1922.6.5, (67): 19-20.
②[呈文]呈省署委员会议决建筑市政中枢与前策略变更案请察核令遵由[J].广州市市政公报.1922.6.12, (68): 1~5.

第二节　广州中山纪念堂：一个现代中国建筑的创建

教会倡导的"中国古典复兴"为中国近代建筑的发展提供了可供操作的思路和方法，但以西方建筑的形式原则套用于中国传统建筑的复兴式样仍是鸦片战争以来西方文化艺术殖民主义的延续。它单向、居高临下地推动着西方建筑艺术在中国的扩张，虽然其间也有像茂飞这类热爱东方艺术的西方建筑师进行不懈探索和实践，但总体上，在中国古典复兴的早期阶段，话语权被受雇于教会的西方建筑师所滥用，并"创造"出一系列功利色彩浓厚、地方化的、只为教区信众准备且易于阅读的建筑语汇。中国古典复兴的再续发展，必然需要更新的动力推动。从已发生的建筑历史看，在教会"中国化"运动之后推动"中国古典复兴"继续发展的动力来自1920年代前后高涨的民族主义情绪。广州市政厅作为孙中山国民政府之地方政府第一次在市政中枢建设中明确采用"中国的式样",并在与孙中山有关的两座纪念性建筑——南京中山陵和广州中山纪念堂中得到实际操作。需要说明,在中国建筑的现代转型中,城市公共建筑或纪念建筑被视为传递建造者现代国家理念和政治抱负的重要手段,而该语境的形成又以中山纪念建筑最为系统和完整。因为隐含着对孙中山思想的继承和未来现代国家的想象,南京中山陵和广州中山纪念堂所代表的建筑理念被迅速扩展,并最终在1929年南京《首都计划》中上升为国家建筑形态。

与南京中山陵相比较,由于政治使命、功能使用、城市性格的不同,广州中山纪念堂在建筑象征及精神表达方面有着不同的承载。如果说中山陵的建造更多地诉求于"一个现代政治符号"的创建[①],并对现代中国建筑进行路线的选择[②]。中山纪念堂则试图将中山纪念与思想继承乃至法统延续结合在一起,并在空间规划上予以配合。广州中山纪念堂的创建集中反映了建筑师在技术专业领域服务于政治理念传达和现代中国表述的双重使命。在政治人物和专业人士共同操弄下,中山纪念堂围绕纪念与继承这一核心命题展开有形实体和无形空间的塑造,并赋予建筑与城市空间以新的内涵。

一、中山纪念与建筑

1925年3月12日孙中山先生的去世掀开了追随者们各种形式的纪念活动,除了表达怀念、敬仰之情,对孙中山政治理念的传达成为纪念的主题。早在1911年辛亥革命前后,孙中山就已完成了现代中国的构想,即表述为"三民主义"的宏伟蓝图。其中有关民族独立的构想在经历了1911年辛亥革命、二次革命、1917年护法军政府、1919年"五四"运动、1921年广州中华民国政府成立和1923年广州大元帅大本营建立之后逐渐清晰,并成为孙中山新的国家观念的核心,最终以党章纲领形式在1923年《中国国民党宣言》和1924年国民党"一大"宣言中得到完整体现。[③]以民族主义为基础的国家观念的形成,促发了南方国民党人一系列有关政治理念表述方式的产生。从1920年代初开始,在苏俄及中国共产党帮助下,国民党人开始有意识运用各种手段进行政治主张的宣示和政治身份识别。在统一国家及建设新国家的导向下,文学、艺术及新闻舆论等开始酝酿一种新的表现形式来服从民族主义及党政的需要。1923年《广州民国日报》的诞生成为重要事件,东

①李恭忠.中山陵:一个现代政治符号的诞生[M].北京:社会科学文化出版社,2009.
②赖德霖.探寻一座中国式的纪念物——南京中山陵设计[A]//赖德霖.中国近代建筑史研究[M].北京:清华大学出版社,2007:241~288.
③参见:曾庆榴.广州国民政府[M].广州:广东人民出版社.1996:42~48.

图5-7 1923年宣传版画.

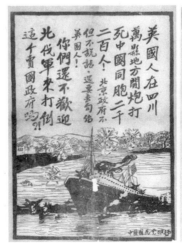

①其方式主要包括绘画题材的选取，如"醒狮"、"雄鸡"等以隐喻唤醒民众的愿望。费约翰(John Fitzgerald)、赖德霖在各自的研究中都详细描述了这种方式的运用。

②[呈文]呈省署委员会议决建筑市政中枢与前案略变更案请察核令遵由，附广州市政中枢议决案[J].广州市市政公报.1922.6.12,(68): 2.

③孙中山先生陵墓建筑悬奖征求图案条例，载[上海]申报，1925-5-27.

④募建孙中山纪念堂之会议纪要[N].广州民国日报，1925-3-31.

⑤曙风.国人应以建祠堂庙宇之热诚来建国父会堂[N].广州民国日报，1925-3-31.

⑥胡汉民勉励海外同志[N].广州民国日报，1925-4-25.

⑦孙先生纪念堂地点之决定[N].广州民国日报，1925-4-25.

征北伐、揭露列强阴谋、警世小说等成为报纸的主要内容；而高奇峰等岭南画家也开始自觉运用绘画形式来表述基于民族觉醒的主题①，漫画、版画等绘画形式由于直白的表达方式和面向对象的普及性等而迅速发展(图5-7)。通过1921-1922年广州市政中枢建筑的设计，美国建筑师茂飞向孙科等人灌输了一种新的建筑美学观念："东亚最美的建筑在于中国。"②其强烈的民族主义意味说明，早在1921年市政厅成立初期，建筑作为载体的可能已纳入民族主义建设的方案中，而茂飞完成了将政治与建筑艺术融合的早期技术路线的设计。

在中国近代历史中，广州是开展革命人物纪念最密集和频繁的地区，而一切革命活动的纪念又与国家意识的表达密不可分。最典型的例子是辛亥革命后黄花岗七十二烈士墓的营造。在1919年由林森主持的扩建中，建筑师对资产阶级革命和未来国家的想象作了直白的、美国式隐喻：墓亭顶部的自由钟和纪功坊后的自由女神雕像等，清晰传达了孙中山国民党人对资产阶级共和政体的原初理想(图5-8)。其后随着历次重大事件的发生和革命志士的牺牲，纪念活动的开展成为团结党人、唤起民众、宣传革命思想的重要手段。在一系列纪念活动中，逐渐形成和发展了仪式完整、种类丰富的纪念形式和手段，其中包括纪念坟园(如朱执信墓)、纪念道路(如六二三路)、纪念雕塑(如程璧光雕像)、纪念建筑(如执信中学)等。这些纪念性建筑物、构筑物或场所空间广泛分布在城市的各个区域，向市民传递着超越物质形态的价值和意义。

同样源于纪念活动的开展，一种新的、承载着政治理念和法统继承的建筑方案被提交并成为现代中国建筑的源起，其纪念对象便是后来被尊称为"国民之父"的孙中山先生。为寻找一种具有特定象征性和纪念性的陵墓建筑形式，葬事委员会拟定了《孙中山先生陵墓建筑悬奖征求图案条例》，条例明确规定："祭堂图案须采用中国古式而含有特殊与纪念性质者。或根据中国建筑精神特创新格亦可。"③在这里，中国国民党第一次将"中国古式"与反映孙中山具有特殊纪念性质的革命生平和革命思想结合起来，并试图将其发展为可以表达纪念性的公共建筑形式。因应现代国家想象与孙中山纪念的结合，以及"国父"符号

图5-8 广州黄花岗七十二烈士墓，Valery M. Garrett. *Heaven is High,the Emperor Far Away——Merchants and Mandarins in Old Canton*[M]. Oxford University Press, 2002: 167
图5-9 南京中山陵(吕彦直，1925)(摄影：佚名)，自藏。(右)

的塑造需要，吕彦直被选择完成建筑师之于现代中国建筑的贡献。吕以其暗合传统陵制精神的总图设计营造了大尺度的陵区纪念性空间，以简洁有力的建筑形象结合成熟的西式构图开拓了中国古典建筑形式美学的新领域(图5-9)，为民族主义的中国建筑从技术和美学两方面打开了想象空间。

从黄花岗七十二烈士墓到南京中山陵，表面上是建筑艺术形态的更替演变，实际上是孙中山国民党人在代表不同政治形态的建筑艺术形式间作出了相应选择。早期为建立资产阶级共和政体的努力和国民党"一大"后所形成的民族国家的政治纲领均找到可以代言的建筑艺术形式，其间风云多变的国内、国际政治局势为这种转变提供了恰当的坐标系。政治与建筑的二元对应关系是中国近代建筑史最突出的特点之一，从晚清帝国复兴的梦想到国民政府民族主义的政治纲领等，无一不折射至相应的建筑形态。这种对应关系甚至延续到1949年中华人民共和国成立后，表现为对民族形式的大辩论和对现代主义的批判。建筑的近代化和政治的近代化从一开始就缠绕在一起，并贯穿中国近、现代建筑史之始末。

二、中山纪念堂选址

在南京中山陵紧急筹建的同时，广东也正进行一系列纪念活动，其中包括建置孙中山纪念堂及图书馆的设想。"粤人拟募集五十万元，建筑一规模宏大之孙中山纪念堂及图书馆，以纪念元勋。"④因"中山先生为中国之元勋，他的自身，已为一个'国'之象征，为他而建会堂与图书馆，定可把'国'之意义表现无疑。……爱你的国父，如像爱你的祖先一样，崇仰革命之神如像昔日之神一样，努力以昔日建祠庙之热诚来建今日国父之会堂及图书馆。"⑤1925年4月13日，"哀典筹备会"负责人、时任大本营帅、广东省长胡汉民发表《致海外同志书》，提出"募捐五十万，于西瓜园建纪念堂。另筹巨款，在粤秀山建公园，以伟大之建筑物，作永久之纪念"的计划。⑥

但在纪念堂选址问题上，历史关联性成为最后的决定因素，粤秀山下总统府旧址被确定作为中山纪念堂所在地。"前本定于西瓜园之旧商团总所。嗣因多数人意见，以旧商团总所地点既不适宜，且与孙大元帅又无历史上之关系，主张改建于旧总统府。现经中央党部议决照行，即以总统府为孙大元帅纪念堂地址。"⑦所谓旧总统府，即1921年5月中华民国成立、非常国会选举孙中山为非常大总统时设于粤秀山南麓前清省督军衙署和前广东军政府所在地的总统官署遗址，并由于陈炯明部那次臭名昭著的炮轰大总统府事件而夷为平地。在国民党志史中，这段历史通常冠以"广州蒙难"的标题，粤秀山大总统府旧址也因此成为孙中山先生献身民族统一事业、历尽艰险磨难的空间符号。需要说明的是，粤秀山自明洪武以来为广州城市的地标，其上峙立着五层楼高的镇海楼，封建皇权时期由此向南及左右两侧依此排列着广东省城各军政衙署，是广州城礼制空间秩序的重要组成(图5-10)。选择这里作为未来纪念堂所在地，具备将建筑的纪念性推广至城市，以及空间场地的纪念性与城市空间秩序结合的可能。

对于尚未北迁的国民党中央及广州国民政府而言，这一布局显然有着更深的政治意味。后孙中山时代，国民党内部乱象纷呈，分裂加剧。党内对国共合作的歧见；胡汉民与汪精卫、廖仲恺、许崇智、蒋介石等实际政治联盟的党权争夺；1925年8月20日廖仲恺被刺案；1925年秋戴季陶主义和同年底邹鲁、林森等"西山会议派"的形成等乱象使国民党内部出现空前的分裂危机。国民党主流派别日趋需要对孙中山政治法统的继承来确立和巩固党内权威。1926年1月1日，国民党第二次全国代表大会在广州开幕，会上作出了"接受总理遗嘱"及在粤秀山顶建立"接受总理遗嘱纪念碑"的决定，并于1月5日举行奠基礼。由于中国政治语境下"接受"与"继承"的关联，粤秀山上

①国民政府悬赏征求
[N].广州民国日报,
1926-1-6.
②总理纪念碑图案件
之获选者[N].广州民
国日报,1926-2-9.
③总理纪念堂纪念碑
奠基典礼[N].广州民
国日报,1929-1-16.
④设立建筑中山纪念
堂委员会[N].广州民
国日报,1926-2-25.
⑤1926年3月举行的
中山陵奠基仪式上,
分裂的右派党部代表
大打出手,致使多名
以广州中央党部为核
心的左派代表受伤。
详见.中共南京市委党
史办公室编.南京人民
革命史[C].南京出版
社,1991:71~74.
⑥杨锡宗在市政公所
时期负责全市园林设
计。在改造原抚署旧
址为中央公园时采用
了西式园林的布局手
法,因毁树较多、围墙
甚高似监狱等遭许多
人诟病。孙科在其回
忆录中也对此事详加
记录,详见孙科.广州
市政忆述[J].广东文
献,1971.10月,1卷,
(3):7.
⑦悬赏征求建筑孙中
山先生纪念堂及纪念
碑图案[N].广州民国
日报,1926-2-23.

图5-10 1907年广州
地图(局部)(舒乐,
1907),广东省立中山
图书馆。

纪念碑的选址强化了这一区域在未来城市中的核心地位。

为建造一座可以兼备"接受"与"继承"的纪念物,委员会颁布了《国民政府悬赏征求中国国民党总理孙先生纪念碑图案》。从悬赏征求条款看,纪念碑的仪式性、可阅读性与象征性是图案计划考量的主要因素。文字方面,将由时任国民党中央执委常委的谭延闿书写总理遗嘱及第二次全国代表大会接受遗嘱议决案;并通过"碑顶蠹大电灯作党旗青天白日形式,夜间发光照耀远近"的方式,将遗嘱的授予与接受这一政治隐喻投射至广州这一南方政权中央城市的各个角落,并形成光芒照耀的眩目感。由于灯光与黑夜的配合,该规定使人联想到国民党人有关"国父"形象的塑造和宣传:孙中山如明灯一般照耀着军阀、列强治下的黑暗中国;碑式方面,则延续了南京中山陵对中国古代建筑形象的象征性利用,"暨历史的美术的意味均须顾到……"①历史性和美术性成为重要的评价标准。一个月后,在美术家评判下,杨锡宗成为"总理纪念碑图案之获选者"②

事实上，该次建碑行动没有实施。金曾澄在1929年1月16日纪念堂纪念碑奠基典礼中曾说明原因，称"潮梅高雷军事方兴(指对陈炯明的军事行动，笔者注)，未及兴筑"。③实际上，停止建碑与广州国民政府对孙中山纪念建筑的最新考虑有关。为此，广州国民政府成立"建筑中山纪念堂委员会"。④1926年2月23日，"建筑中山纪念堂委员会"在报载杨锡宗获纪念碑首奖后正好两个星期公布了《选赏征求建筑孙中山先生纪念堂及纪念碑图案》，这似乎说明金曾澄之"未及兴筑"站不住脚，最大可能是广州国民政府需要一个更雄伟、包括中山纪念堂和中山纪念碑的建筑计划来表达孙中山的历史功勋并确立广州国民政府及中央党部的权威地位，而1926年3月中山陵奠基礼上发生的、针对中央党部代表的严重冲突更加剧了广州方面的危机感⑤。孙科早年对茂飞中国古典复兴式建筑的欣赏，以及长年主导广州城市建设和参与组织中山陵设计征标及评审的经验为《选赏征求建筑孙中山先生纪念堂及纪念碑图案》的制定提供了有益的帮助，当然，孙科自中央公园形成的对杨锡宗的歧见⑥或许是杨锡宗纪念碑获选案被否决的原因之一。

三、设计竞图

《悬赏征求建筑孙中山先生纪念堂及纪念碑图案》计十五条：⑦

(一) 此次悬奖征求之图案系预备建筑中华民国国民党总理孙中山先生纪念堂纪念碑之用，建筑地址在广东省广州市粤秀山。纪念碑在山顶，纪念堂在山脚，即旧总统府地址。

(二) 纪念堂及纪念碑不拘采用何种形式，总以庄严固丽而暗合孙总理生平伟大建设之意味者为佳。

(三) 堂与纪念碑两大建筑物之间须有精神上之联络，使互相表现其美观。

(四) 此图案须预留一孙总理铜像座位至于位置所在由设计者自定之。

(五) 纪念堂为民众聚会及演讲之用，座位以能容纳五千人为最低限度，计划时须注意堂内浪声之传达及视线之适合以臻美善。

(六) 纪念碑刻孙总理遗嘱及第二次代表大会接受遗嘱议决案。

(七) 纪念堂纪念碑铜像及各项布置全部建筑总额定为广东通用毫银一百万元约伸大洋八十万元。设计时分配工程应加注意。

(八) 应征设计者所缴图案应包括下列图件：一，平面全图，包括纪念堂纪念碑铜像及周围布置(比例尺由设计由设计者自定；二，纪念堂平面图(一英尺等于八英尺)；三，纪念堂前面高度民主图(比例尺同上)；四，纪念堂侧面高度图(比例尺同上)；五，纪念堂切面图(比例尺同上)；六，纪念碑平面图(比例尺同上)；七，纪念碑高度图(比例尺同上)；八，纪念堂透视图；九，全部透视图；十，说明书须解释图内特点及重要材料。

(九) 应征奖金额由纪念堂委员会议定如下：头奖广东毫银三千元，二奖广东毫银二千元，三奖广东毫银一千元。

(十) 评判应征图案与决定得奖名次由孙总理纪念堂委员会委员各多数意见决定之，无论何方不得变更或否认，应征得奖人名在登载征求图案各报发表。

(十一) 此次应征图案除保留取证给奖者外，其余未得奖者委员会于必要时间得用特别合同购买之。得奖之图案在奖金发给以后，其所有权及施用权均归委员会与原人完全无涉，以后委员会对于一切图案无论得奖与未得奖者，在实施建筑时采用与否有绝对自由权，不受何方面之限制。

（十二）得奖之图案采用后是否请其监工，由委员会自由决定。

（十三）应征者报名后缴纳保证金拾元即由报名处给发粤秀山附近摄影图二幅、地盘及界至图一幅、广州市市区形势图一副以备设计参考之用。

（十四）此项应征图案期限自登报之日起至六月十五日止，一切应征图案须注明应征者之暗号，另将应征者之姓名通讯地址与暗号用信套粘附于上述期限内一并交到委员会。委员评判之结果，在截收图案后四星期内发表。

（十五）未得奖之应征图案于评判结果发表后两个月内均由委员会寄还原应征人，并附还前缴之保证金惟委员会对于所收到之应征图案倘有意外损失或毁坏概不负责。

其中传递的重要信息包括：

早期募建中山纪念堂的设想和国民党"二大"形成的"接受总理遗嘱纪念碑"的计划结合在一起，形成了"纪念碑在山顶，纪念堂在山脚"的堂、碑结合的总体设想。这一设想一定程度上佐证了杨锡宗纪念碑获选案被废止的原因：因山借势，以及碑、堂在"精神上之联络"使空间的纪念性显著增强，并在空间及政治话语上形成纪念碑(遗嘱)——纪念堂(继承)的对应关系。

延续南京中山陵图案征求中"可立五万人之空地"的需要，拟建的中山纪念堂须满足"座位以能容纳五千人为最低限度，计划时须注意堂内浪声之传达及视线之适合以臻美善"的实际使用功能。由于当时国民党阵营有关总理纪念仪式的设计已基本定型，而纪念活动的开展趋于制度化①，一个宏大的、足以满足"宣讲"需要的内部空间成为中山纪念堂的功能核心。②

如何将其与纪念性结合在一起，委员会作出了"不拘采用何种形式，总以庄严固丽而暗合孙总理生平伟大建设之意味者为佳"的决定，说明"中国古式"并未成为中山纪念堂的既定图式，或者说岭南各界对以何种形式表达陵墓之外的孙中山纪念建筑尚无共识。

同时期梧州中山纪念堂在李济深主持下于1926年1月奠基，并由上海建筑师杨锡鏐完成设计。③这是一个简化的古典式(图5-11)，杨将西方古典主义的穹顶形象高举在建筑顶部以象征永恒，也正说明当时西方古典建筑对纪念性的表述仍为业主所认同。

图案评审最终于1926年8月下旬开始。在截止期延长了两个月后，共计26份中外应征图案由纪念堂筹备委员会陈列于国民政府大客厅内。8月27日，《广州民国日报》公布"中山先生纪念堂图案评判规则"，确定了评判委员的甄选、奖项设置和评审程序等内容，并确定以《征求图案条例》为评判要点。为寻求全社会支持，评判委员含括了当时广州城内政治与文化精英，其中包括中国旧派画家温其球、姚礼修，新派画家高剑父、高奇峰，西洋画家冯钢伯、陈丘山，建筑家林逸民(时任广州市工务局局长，笔者注)和陈耀祖等。④和南京中山陵一样，竞赛的组织与评审程序严谨而公开，以体现期待世界认可的开放性和世界性。

1926年8月的广东正处于轰轰烈烈的省港大罢工浪潮中⑤，广州国民政府旗帜鲜明表达了对罢工工人的支持。8月27日，《广州民国日报》与《中山先生纪念堂图案评判规则》刊出的同一版面中，孙科发表了《党及政府对中英谈判的意见》，指出："五卅惨案是中国人民反帝的先声，沙基惨案是中国人民反帝的序幕，省港罢工自然是中国人民反抗帝国主义者最有力的武器。……现在所谈判的就是中国排英的问题。"⑥对孙中山政治法统的继承和高涨的民族主义情绪结合在一起，营造了中山纪念堂应征图案评判前特有的政治及历史氛围。

图5-11 梧州中山纪念堂，左：杨锡镠图案.上海：时报.1928年11月10日(赖德霖提供)；右：自摄于2008年5月。

全部图案在具有广泛代表性的社会精英参与下、以一种西方民主化的选举程序进入评判程序。①9月1日，张静江、谭延闿、孙科、邓泽如、彭泽民、陈树人等及美术家高剑父、高奇峰、姚礼修、工程家林逸民等共十余人，另军政要人赴会者有李济深、徐季龙、丁惟芬、马文车及省政府各厅长、各行政委员会委员二十余人经过两小时互相评判。最终选出了一、二、三等奖及荣誉奖三名。其中，第一名为十二号之吕彦直，第二名为第六号之杨锡宗，第三名为第二十八号之范文照，名誉奖第一名为十八号之刘福泰、第二名为第五号之陈均佩、第三名为十九号之张光圻。⑧

1929年1月15日中山纪念堂、纪念碑奠基礼上，秘书长金澄光揭示了吕彦直获首奖的原因。"盖吕君图案，纯中国建筑式，能保存中国的美术最为特色。"一个没有限定形式的图案应征，最后出现了和南京中山陵几乎完全一样的评判结果。建筑师、政治家及各界精英在选择建筑形式以表达孙中山伟大功绩及政治思想继承等方面取得了共识，"中国古式"或"纯中国建筑式"取得了代言民族主义国民政府建筑艺术形式的重大胜利。该共识因以民主及合法的方式取得，而具有向世界宣示的意味。虽然在政治形态上，它是一个多元复合体，既渗透了孙中山民族主义的政治主张，又有国民党树立党内正统的形式象征，也有广州国民政府抗拒帝国主义意识形态渗透的文化心态，当然还有中国建筑师关于建筑民族性的自省自觉，等等。南京中山陵、广州中山纪念堂无疑开启了中国建筑师对表达时代精神的建筑艺术形式的探索。

四、吕彦直图案

与功能单一、体量较小的中山陵祭堂相比较，广州中山纪念堂无疑是体形庞大、功能复杂的综合体。对于这座具有会堂功能的纪念性公共建筑，如何设计至少容纳五千人的大空间及其外部形式，是每一个应征建筑师都无法回避的前提条件。吕彦直通过现代建筑技术、在满足功能要求的前提下，成功地将西方古典主义的构图原则和中国传统建筑形式

①李恭忠.中山陵：一个现代政治符号的诞生[M].北京：社会科学文化出版社，2009：304~309。

②赖德霖以中山纪念堂为对象，分析研究了现代宣讲空间在中国的出现，以及与民族国家建设的结合等问题。详见：赖德霖.中山纪念堂——一个现代中国的宣讲空间[J].城市空间设计，2009，(6)：42~47。

③上海：时报，1928-11-10.感谢赖德霖博士提供该史料。

④中山先生纪念堂图案定期评判[N].广州民国日报，1926-8-27。

⑤省港大罢工开始于1925年6月，其目的是声援在"五卅惨案"遭受重创的上海罢工工人，并针对英帝国主义者在香港执行的歧视华人政策提出政治诉求。此次罢工由于1925年6月23日广州"沙基惨案"的爆发，演变成广东革命政府与英国殖民者的全面对抗。

⑥孙委员报告党及政府对中英谈判的意见[N].广州民国日报，1926-8-27。

⑦中山先生纪念堂图案定期评判[N].广州民国日报，1926-8-27。

⑧总理纪念堂图案之结果[N].广州民国日报，1926-9-2。

图5-12 中山纪念堂吕彦直图案,董大酉.广州中山纪念堂设计经过[J].中国建筑,1卷1期,1933.7

①故吕彦直建筑师小传[N].上海:时事新报,1930-12-5;故吕彦直建筑师传[J].中国建筑,1933.7,1卷1期;另见赖德霖等.近代哲匠录[M].北京:中国水利水电出版社、知识产权出版社,2006:104～106.
②李华.从布扎的知识结构看"新"而"中"的建筑实践[A]//朱剑飞主编.中国建筑60年历史理论研究(1949-2009)[C].北京:中国建筑工业出版社,2009:34.
③赖德霖.构图与要素——学院派来源与梁思成"文法—词汇"表述及中国现代建筑[J].建筑师,2009,(142):56～59.
④赖德霖博士认为吕彦直设计中山纪念堂直接或间接受到建于1893年美国哥伦比亚大学娄氏图书馆于(Low Library)的影响,该建筑曾获1899年全美建筑佳作第五名,是美国近代新古典风格最著名的建筑作品之一。见赖德霖.城市的功能改造、格局改造、空间意义改造及"城市意志"的表现——二十世纪广州的城市与建筑发展[A]//赖德霖.中国近代建筑史研究[M].北京:清华大学出版社,2007:390.

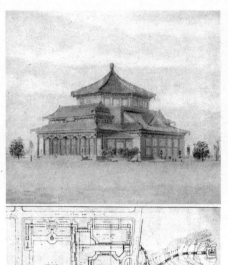

结合在一起(图5-12)。撇开政治和文化的意义,中山纪念堂是继中国古典复兴以来东西方艺术最完美的结合,是现代中国建筑的重要范本。

吕彦直(1894～1929),字仲宜,别字古愚。山东东平人(也有人说是安徽滁县人),生于天津,幼年随姐侨居法国巴黎。1908年回国求学,1911年考入清华学堂留美预备部,1913年毕业后考取庚款赴美。在美国,吕彦直入读纽约州的康奈尔大学,先学电气专业,因"富美术思想"而改学建筑。1918年,吕彦直毕业获建筑科学士学位,其后加入茂旦洋行(Murphy & Dana以及重组后的Murphy, McGill & Hamlin)。1921年回国,与过养默、黄锡霖合办(上海)东南建筑公司,并于1922年3月正式脱离茂飞的事务所。①

研读吕彦直早期求学及工作经历可以发现中山纪念堂在形式上与这种经历有关的"同源"背景。这种"同源"关系一方面是结构性的,吕彦直早年在美国康乃尔大学建筑系所接受的建筑教育提供了赖以执业的专业背景。需要指出,近代美国建筑学教育几乎照搬了法国巴黎美术学院Beaux-Arts体系,这个体系是为应对设计问题、分析场地、处理材料和形式,以及组织空间等,提供了一套普适性方法②,构图和要素的运用成为这一体系设计方法的基本工具③,而在设计中强调古典主义的纪念性和文艺复兴精神成为"Beaux-Arts"建筑的重要特征。为协调空间组织和功能使用,吕彦直在纪念堂设计中采用了西方建筑学所谓希腊十字平面。与拉丁十字相对应,希腊十字平面通常用于需要集中式空间的教堂建筑。意大利文艺复兴时期建筑师帕拉第奥(Andrea Palladio,1508～1580)以此为基础,发展了该平面型制在空间及形体组织方面的对应性设计,他所设计的圆厅别墅自1567年建成以来,由于构图完美和四面均衡的造型特征对世界各地产生了重要影响。圆厅别墅作为建筑构成中的一个理论原型能够非常明确地构筑需要秩序的领域,即作为边界的外部是一个单纯的几何形体,门廊的削减和附加并未破坏其轮廓,其中心则通过中央三段式的高耸大厅得到明确提示,并使建筑在其领域内成为象征性中心、体量中心和空间中心(图5-13)。事实上,在文化背景各异的不同时代的不同国家,圆厅别墅被反复模仿,并被美术学院派体系用作经典的教学个案。

另一方面是方法论的,即吕彦直早期学习和工作中所经历的将两种异质形式相结合的方法。吕彦直的求学生涯中,被认为可能接触过一些类似相关的真实个案。④另一个直观认

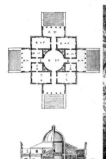

识显然来自茂飞，作为吕彦直曾经的雇主，茂飞在1914~1916年以古典主义手法完成了清华学堂图书馆、大礼堂、科学馆等建筑及总体规划设计。作为中轴线上的重要建筑物，清华大礼堂在圆厅别墅等希腊十字平面建筑典型的集中式构图基础上，完成了大型会堂空间的建构。而稍后茂飞尝试中国传统建筑语汇与现代功能相结合的建筑作品如南京金陵女子大学、燕京大学等，为吕彦直现代中国建筑的设计打开了另一个想象之门。

很显然，吕彦直有关现代中国建筑的技术方案是基于跨地区乃至跨国界的一般性原则。为营造一个永恒的纪念性建筑，吕彦直尝试将西方古典建筑中的经典原型与中国传统建筑元素相结合。由于希腊十字平面、圆厅别墅等对西方古典主义建筑及学院派教育的深刻影响，以及西方人对近代世界建筑话语的主导，吕彦直对该原型的应用在建筑学的专业领域具有世界范围内的可阅读性和识别性，并最终达成有关纪念性的共识。

在中国传统建筑符号的选用上则延续了中山陵对中国官式建筑的摹写，吕彦直的设计摒弃了喜闻乐见的地方传统。封建时代对于广东这样一个远离中央皇权的省份而言，国家法典的最高象征不外万寿宫及学宫等建筑。但是，即便万寿宫这座始建于清康熙五十二年(1713)、用于举行皇帝寿辰纪念等仪式的七开间重檐歇山建筑也充斥着包括船形脊和鳌鱼饰在内的岭南地方建筑装饰(图5-14)。1918年在该建筑被铲除后，所谓官式建筑的正统在岭南几乎不复存在。在一个缺乏传统官式建筑基础的背景下，吕彦直将"中国古式"定位以明清紫禁城为代表的宫廷建筑之上，即"样式雷"家族长年经营、高度定型且制度化的建筑语汇。为保证语汇的纯正，建筑委员会甚至从北京聘请彩画技工进行内部装修①(图5-15)。茂飞在其教会大学的设计中也有着类似经验，该做法被视为一种规范化的努力，以排除对"中国风格"的多元解释。②就广州国民党人而言，该做法对于树立孙中山作为党内正统及中国国民革命的领袖地位十分必要。早在1925年孙中山去世后不久，孙氏

图5-13 意大利圆厅别墅及形体结构(Andrea Palladio, 1567).

图5-14 广州万寿宫，中国国家图书馆、大英图书馆.1860~1930 英国藏中国历史照片(上)[Z].北京：国家图书馆出版社，2008：222.(右)

① 林克明.广州市政建设几项重点工程忆述——中山图书馆、中山纪念堂、市政府大楼、海珠桥、中山大学及全市交通系统规划[A]//广州市政协文史资料研究委员会.南天岁月——陈济棠主粤时期见闻实录[C].广州文史资料，第三十七辑，广州：广东人民出版社，1987：212.

② 赖德霖.书评：郭伟杰著《在中国建造：亨利·K·茂飞的"适应性"建筑(1914~1935)》[A]//赖德霖.中国近代建筑史研究[M].北京：清华大学出版社，2007：400.

图5-15 中山纪念堂有着宫廷趣味的室内彩画与装饰，董大酉.广州中山纪念堂设计经过[J].中国建筑，1卷1期，1933.7

① 广州民国日报，1925-4-14(6).
② 中国建筑的美——广州中山纪念堂吕彦直君之遗制[N].广州民国日报, 1929-9-12.
③ 中山纪念堂函聘卓康成为名誉工程管理员[N].广州民国日报, 1928-12-13.
④ 林克明.世纪回顾——林克明回忆录[M].广州市政协文史资料委员会, 1995: 13.
⑤ 林克明.建筑教育、建筑创作实践六十二年[J].南方建筑.1995, (2): 47.
⑥ 茂飞第一次广州规划为1921年, 正是孙中山国民党人第一次在广州建立政权之际, 当时的总统府即粤秀山南麓中山纪念堂现址. 有关茂飞1926年广州规划的报道见于1927年3月13日美国《纽约时报》.

党人就已提出口号，尊其为"中国民族革命唯一的领袖"①，稍后则更有"国父"之名。作为全体国民之父的继承者，对一切象征性符号或载体进行规范化建设是建立全民共识的重要基础。

从技术方案及实施角度看，吕彦直打消了包括国民党人在内几乎所有中国人的疑虑。一方面，在西方建筑语境框架下，中山纪念堂通过西方经典建筑理论和现代建筑技术实现了现代功能的需要，满足了南方政权长期以来对现代中国及其承载物的渴望和追求；另一方面，正如一位无名氏所言："观于中山陵及中山纪念堂之建筑，足见以近代建筑学原理及方法，适用于中国式之建筑确属可能。"②建筑师向国人展示了西方古典建筑理论及现代建筑技术与中国风格结合的可能，同时由于中国风格的演绎是通过正统官式建筑语汇而实现，而使这种结合具备推广性和普适性。

作为当时规模最大、最重要的城市公共建筑，中山纪念堂的营造为本地建筑师提供了可以参照的范本。为配合工程实施，"建筑纪念堂委员"曾先后函聘卓康成等人为工程管理员。③1930年4月，广州工务局建筑师林克明受聘担任顾问工程师，负责审核设计及监理工程。作为早期留学法国接受建筑教育的中国建筑师，林克明直到1935年暑假才第一次到北京，参观城市中的古建筑及北京图书馆和燕京大学等。④此前，林克明能直接接触的中国官式建筑做法更多的来自中山纪念堂。在他后来的回忆录中，也毫不隐晦地指出中山纪念堂"这一技术复杂、施工困难的巨大工程，对参与的建筑师和结构工程师都是一次很好的学习和实践机会"。⑤而这位曾设计了广州中山图书馆(1928)、广州市府合署(1929)及国立中山大学二期工程的建筑师，与杨锡宗一道，被认为是近代岭南最杰出的建筑师之一。吕彦直中山纪念堂通过其示范性设计对岭南乃至中国建筑的现代化产生了重大影响。

五、城市空间的纪念性

由于选址在城市地理中的特殊性及建筑特有的政治承载，政治家们对中山纪念堂在城市空间中的定位显然有着更多思考。1926年，中山纪念堂设计、筹建之际，国民政府在广州成立，广州成为实际意义的首都，并有"穗京"之名。或者由于国都建设的需要，美国建筑师茂飞再度被邀请担任广州城市规划与设计。⑥而作为"国父"载体所在，中山纪念堂系国家象征和法统继承为一体。虽然国民政府不久便迁往武汉继而南京，该建筑对于城市的符号性和政治象征并未有本质改变。1929年1月15日，中山纪念堂、纪念碑行奠基礼，冯祝万代李济深宣布典礼事由时称："今日为纪念堂、纪念碑奠基立石，不特为巩固纪念堂基址，希望国基党基，从此永远巩固。"中山纪念堂之于国家及党权在此时已浑成一体，孙中山之纪念建筑已流变为中华民国及国民党的物化象征。

为营造一个兼具纪念性和开放性的城市空间，吕彦直发展了自南京中山陵以来借鉴东、西方建筑布局模式的空间思想。筹委会为这种空间观念的进一步展开提供了优良的选址，粤秀山作为广州形势的屏障，为山脚这块曾用作清季抚标箭道、督练公所及民国督军衙署和国民政府旧总统府的场地提供了绝佳背景，使山脚的纪念堂和山顶的纪念碑很自然达到了相对独立而又有精神上联系的设计要求。在吕彦直接受的西方学院派教育中，严谨而富有秩序的总图设计显然是众多训练中的一部分，而中山陵钟形平面被赋予的特殊意义扩展了评判者与旁观者阅读图形的想象力。①吕彦直采用了将尺度巨大的纪念堂紧靠山体的做法；虽然没有实施，场地东、西、南三边采用柱廊围合；纪念堂位于场地北端，前面留出宏大的广场，广场中心为孙中山纪念雕像(图5-16)。该布局或借鉴了古希腊、古罗马的广场形式。在西方古典建筑体系中，该布局一方面使背景环境更为单纯，雕像、纪念堂成为空间主体，以强化空间的纪念性；另一方面则使外部空间具有公共性和开放性，人们通过集会、瞻仰等活动，使纪念中山成为全民精神与生活的需要。为营造纪念堂前开放的空间，筹备委员会不惜拆除大量民房，以致民怨沸腾。②

　　虽未明确说明，中山纪念堂堂区总图同时让我们看到了中国宫殿建筑中主体建筑与室外空间的对应关系。纪念堂主体位于有基座的大平台上，平台与外侧地面保持了一定高差，并与周边回廊组成亚字形平面。其平面形式渗透着传统殿堂的布局精神及型制特征，并通过这种具有宗教性的布局形式营造主体建筑的尊贵性。

　　吕彦直另一个贡献在于重新调整了堂与碑及城市空间的对应关系。至少在1928年4月，吕彦直就提出了纪念堂"中线移至偏西二十余丈"的建议，并被筹委会所接受。③从建筑学角度分析，向西移动纪念堂中线的可能目的是尽可能将纪念碑纳入堂区的空间秩序中，从而加强堂区与碑区的空间联系。新的史料揭示了一个更宏大的构想。同盟会会员韩锋(即韩荀轩)在回忆这段历史时指出，吕彦直曾向广东省主席李济深条陈，要求将"越秀山中山纪念碑、中山纪念堂、中央公园联成一片"。④作为广州政治及公共活动的重要空间场所，中央公园原名第一公园，由吕彦直的同窗杨锡宗设计。在茂飞的建议下，第一公园于1922年为广州市政中枢选址用地，并逐渐确立在广州城市地理中的市心地位，并最终于1925年10月改名为中央公园。吕彦直的条陈将中央公园纳入堂区范围，既具备将堂前广场与公园联成一片，形成连续公共空间的可能，也具备了通过中央公园这一市心所在，将纪念堂的建筑象征与艺术感染扩展至整个城市的可能。

　　扩大空间构图的研究后发现，粤秀山顶东翼、始建于明洪武年间的镇海楼可能参与了以中山纪念堂为核心的城市空间及政治隐喻的建构。作为广州城最重要的城市地标和制高点，镇海楼自明以后为广州地理形胜的重要组成。对于一个试图从历史中寻求支持

①吕彦直在中山陵总体布局中，采用了钟形平面，该图案为评判顾问所激赏，并将其扩展为警钟醒世、民族唤醒之象征。
②卢杰峰.广州中山纪念堂钩沉[M].广州：广东人民出版社，2003：82-83.
③卢杰峰.广州中山纪念堂钩沉[M].广州：广东人民出版社，2003：81-82.
④韩峰.吕彦直和杨锡宗[A]//广州市政协学习和文史资料委员会.广州文史资料存稿选编（六）[C].北京：中国文史出版社，2008：161.

图5-16 中山纪念堂主体与前广场(中山雕像尚未安放)，Edward Bing-shuey Lee. *Modern Canton*[M]. Shanghai：The Mercury Press, 1936.

图5-17 开辟为广州市立博物馆的镇海楼(摄影者佚名),自藏。

以实现现代中国建筑的方案,镇海楼的利用有利于强化中山纪念堂所表达的国家意识与民族主义话语的建构。1927年,本地知名画家陈树人(1884~1948)倡修镇海楼①,其建议得到市政当局积极响应并迅速实施。原有的木结构被置换成现代钢筋混凝土结构,楼前两侧建筑被全部清拆,山墙顶部绘上国民党党徽(图5-17)。1929年2月,中山纪念堂、纪念碑奠基后一个月,广州市立博物馆在重修后的镇海楼成立。馆内陈列品包括"自然科学标本"、"历史风俗"、"美术"三部类,其中,"总理遗物"和其他"革命遗物"在"历史风俗"类中被着重强调。②经上述有形和无形改造,同时通过调整中山纪念堂的空间坐标,镇海楼成为中山纪念空间的一部分:承载遗嘱的纪念碑与承载遗物的镇海楼,共同恃佑着纪念堂(图5-18)。这一对称性和象征性构图完整地将城市空间构图与宗教礼仪构图结合在一起,完成了纪念与继承这一空间话语的建构,以及中山纪念堂对城市空间秩序的主导。

纪念堂对城市空间秩序的控制在1926-1927年广州规划中被认同和强化。经过市政厅内部反复的讨论,美国建筑师茂飞重新确认了广州市政中枢在粤秀山南侧、第一公园的选址,其规划以市政中枢为核心发出四条放射形大道,而其中正对江堤的就是城市宽阔的中轴线。③吕彦直在条陈中呼应了其曾经的雇主。据韩锋回忆,吕彦直要求"从省府(应为市府,笔者注)门前开两条150英尺的马路,东边直抵广九车站,西边直抵太平南路口,如牛角一样"。④所谓"牛角",即从市府所在位置发出的东南及西南向两条放射型道路,加之已形

图5-18 以中山纪念堂为中心的空间构图,周俊荣提供。
图5-19在纪念碑和镇海楼的恃佑下,中山纪念堂完成了对广州城市空间的主导,广州市城市建设档案馆,1955年广州市航空影像地图册[Z].广州:广东省地图出版社,2006.(右)

成的由中央公园向南直到江边的道路，在中山纪念堂、纪念碑、第一公园联成一片的前提下，形成以该区域为核心的城市放射型道路格局。与茂飞规划不同，由于中山纪念堂的建设，市政中枢被纳入前者的空间秩序中，并以此完成对城市空间的全面控制。

由于中山纪念建筑的存在，"城市美化运动"所固有的对权力的象征因借着城市中轴线将城市空间置于强烈的政治氛围中。从1920年代末开始，中山纪念堂与纪念碑成为广州近代城市的空间坐标，其南北纵轴在历次城市规划中被引申为城市轴线。在中山纪念堂建成后的数十年间，吕彦直的继承者们都自觉服膺于该建筑对城市空间的支配。本地建筑师林克明坦称从中山纪念堂的监工中受益。[5]由于深刻理解中山纪念堂对于城市空间的支配性，林克明在纪念堂南侧市府合署(1929)和西侧广东科学馆(1957)的设计中采取了谦逊调适的态度，并自觉维护由中山纪念堂发出的近代城市中轴线的权威性。[6]随着1933年广州市府合署的建成、1932年维新路(今起义路)的开通、1933年海珠桥的合龙，城市轴线不断向南拓展，空间的纪念性也得以扩展至整个城市(图5-19)。

第三节 新的表述："广东复古运动"与岭南民族主义建筑的文化生态

后孙中山时代，南京中山陵和广州中山纪念堂所表达的民族主义文化运动出现了新的发展特点。以蒋介石为代表的国民党右派集团在镇压了共产党人1927年的起义后，通过一系列政治及军事的高压政策确立了蒋在党内及国家的统帅地位。1927年，国民政府定都南京，中国近代史自辛亥革命以来第一个统一的民族主义国家政体形成，后孙中山时代正式蜕变为蒋介石的军事独裁统治。在相对稳定的政治与社会环境下，因应民族主义的文化生态逐渐成熟，关于"中国固有文化"的研究和讨论成为南京政府时期文学和艺术的主流。1929年，在前广州市长孙科、前工务局长林逸民主持下，南京市政府制定提出了《首都计划》，要求建筑形式以"中国固有之形式为最宜，而公署及公共建筑，尤当尽量采用"。[7]这是学界通常认定的、在中国近代建筑史中以"固有式"为民族主义正名的最早记录。令人奇怪的是，在所见广东官方文件及民间刊载中，对于南京的文化政策几乎只字未提。事实上，作为前后相继的两个政治中心，以及民族主义的中国建筑最早出现的两个地方，南京和广州分别执行着各自不同的文化政策，前者表现为国家形态的民族主义，后者则表现出文化的复古性。尤其在陈济棠主粤后的1930年代，广东官方文化已趋变为保守和守旧，史称"广东复古运动"。[8]岭南民族主义文化运动开始以一种更极端的形态出现，同时导致固有形式在公共和文教建筑中的大量采用。

①陈树人提倡重修五层楼[N].广州民国日报, 1927-11-15.
②广州市市立博物院筹备委员会.广州市市立博物院成立概况[Z].广州: 天成书局, 1929: 1~4.
③有关茂飞1926年广州规划的描述见于美国《纽约时报》1927年3月13日报道, 感谢赖德霖博士提供该史料.
④韩峰.吕彦直和杨锡宗[A]//广州市政协学习和文史资料委员会.广州文史资料选编(六)[C].北京: 中国文史出版社, 2008: 161. 另, 现广东省政府大院系解放后陆续兴建而成, 韩文中提到的省府, 疑为笔误, 误将中央公园北侧的市府当作省府.
⑤林克明.建筑教育、建筑创作实践六十二年[J].南方建筑.1995, (2): 47.
⑥林克明.世纪回顾——林克明回忆录[M].广州市政协文史资料委员会, 1995: 13、39-40、99-100.
⑦(民国)国都设计技术专员办事处.首都计划[Z].南京: 南京出版社, 2006: 60.
⑧参见肖自力.陈济棠[M].广州: 广东人民出版社, 2002: 366~405.市厅令保护孔庙[N].广州民国日报. 1928-6-8.

① 市厅令保护孔庙 [N].广州民国日报.1928-6-8.
② 陈代光.广州城市发展史[M].广州：暨南大学出版社,1996:131.
③ [香港]华字日报.1928-7-25.
④ 邓仲元(1886~1922),原名士元,别名铿.原籍梅县,7岁随父行商于惠阳淡水,后落户淡水.19岁入广州将弁学堂,早年参加辛亥革命.曾任广东军政府陆军司令长、粤军参谋长兼第一师师长,参加讨伐袁世凯、驱除龙济光等战役,功绩卓著.1922年3月被刺杀,由孙中山追授为陆军上将.

图5-20 广州仲元图书馆(杨锡宗,1928),广州指南,1934.(左)
图5-21 广州市立中山图书馆.广东百年图录[Z].广州:广东教育出版社,2002:337.

一、李济深时期的文化建筑

广东文化的复古倾向始于李济深主粤时期。一般认为,近代广东既趋新又守旧,在与官方联系紧密的主流知识分子的观念里,守旧对于维系宗族、社会及政治联盟的稳定与团结有至关重要的作用。为强化"旧道德"的培养,广东省政府主席李济深于1928年6月邀请前清国粹派人物黄节出任广东教育厅厅长。6月8日,市政厅即颁发了保护孔庙的政令。①这是一个异乎寻常的举动,孔庙作为传统文化的象征被列入保护之列,而十年前,借口修筑文德路,广州孔教会所在的万寿宫被明令拆除。②早期以破坏旧秩序为宗旨、以拆城筑路为表征的现代化策略在新的文化政策下出现相当程度的修正。同年7月,陈铭枢公开声明:"于中国固有文明之道德及社会上旧有之种种良好风习,不特当予保存,更当扩大而之,以巩固中国社会之组织。"③1928年的两广,正处于粤桂结盟、蒋(介石)李(济深)失和、宁粤进一步分裂的时期,广东当局试图将继承和发扬"中国固有文明"与"中国社会之组织"的建构和巩固联系在一起,以配合地方自治需要。

在"守旧"的政治风气下,广东文化建筑从1927年开始系统采用中国固有形式以传达其文化内涵。仲元图书馆和中山图书馆成为较早实施的个案。其中,仲元图书馆是为纪念粤军将领邓仲元④,1927年由李济深倡建于粤秀山,杨锡宗1928年设计。这是李济深时期继中山纪念堂后又一座中国宫殿式建筑,形式指向据传为北京故宫文华殿。杨锡宗继续了自中山陵竞图案以来的华丽构图:首层基座的单层须弥座、碑亭式入口、重檐庑殿顶、繁密的斗拱及色彩绚丽的彩画等(图5-20)。仲元图书馆是杨锡宗第一座建成的中国风格建筑,其中大量语汇在他1930年代为国立中山大学所作的第一期建筑中也不断出现。仲元图书馆1928年11月底兴工建筑,⑤1930年9月竣工。

作为孙中山纪念活动的一部分,广州市中山图书馆早在1927年6月即由市政府提议兴建。市工务局设计课技士林克明在1928年冬完成了设计(图5-21)。这是林克明在1928年进入广州市工务局后第一个设计,也是其首次运用固有形式进行设计。正如林克明在回忆录中提到的那样,正在兴建的中山纪念堂对其创作思想进行了启蒙和影响。⑥实际上,中山图书

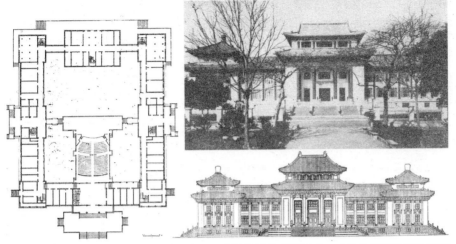

图5-22 广州市府合署图案(林克明,1929),(左:首层平面图;右上:广州市府合署南向外景;右下:广州市府合署南立面图),左、右上图:中国著名建筑师林克明;右上图:Edward Bing-shuey Lee. *Modern Canton*[M]. Shanghai:The Mercury Press, 1936.

馆与中山纪念堂有着一定的相似性,向心且单纯简洁的平面形式、八角重檐攒尖顶的控制体量、以及同样预设了暖气房,等等。"查全馆面积,约有18000余方尺,横宽均约135尺6寸,成一极整的正方形。我们就在此面积上,建筑两层高楼,高凡55尺,中心建八角亭一座……外部采用中国古宫殿式,内部采用西式,中西合璧。"[7]1929年12月,中山图书馆在原广州府学宫遗址的一部分开始兴建,1933年10月,图书馆建成使用(图5-22)。

李济深时期的三座重要建筑——中山纪念堂、仲元图书馆、中山图书馆兴于广东文化政策渐趋保守的1928年,成于更为守旧的陈济棠时代。后者继承了李济深对公共建筑的理解,同时也继承了前者的文化政策。1933年6月,陈济棠向西南政务委员会提出学校读经案,获得通过,一手揭开"广东复古运动"的序幕;12月,陈济棠再提恢复祀孔(子)、关(公)、岳(飞)祀典案,获通过;1935年1月,陈济棠与来访的胡适之间爆发新、旧文化大论战。[8]虽然遭到主张新文化人士的强烈反对,陈济棠通过政府公权,使广东文化复古成为1930年代官方主流。需要指出,由于西南两广半独立的政治局面,在文化上处处抗拒南京的渗透和影响,也是当时西南文化政策的重要特点。虽然两者存在同源的可能性,但南京与广州在文化上分处两极并行是客观存在的事实。而当时的南京政权似乎也受到了广东文化取向的感染。1934年2月19日,蒋介石在南昌行营扩大纪念周上演讲"新生活运动之意义",正式拉开南京政府以国家意识形态推广文化复古的序幕。岭南大学陈序经指出:"中央政府又跟着广东当局而实行祀孔,复古的空气,因而漫延全国。"[9]

二、陈济棠时期的公共建筑

陈济棠时期进行了两项政府公共建筑物的设计竞赛。

第一项竞赛为广州市府合署。1929年间由市行政会议作出筹建决议,并拟定《广州市

⑤仲元纪念馆兴工建筑[N].广州国民日报.1928-11-29.
⑥林克明.建筑教育、建筑创作实践六十二年[J].南方建筑.1995,(2):45,47.
⑦程天固.市立图书馆奠基典礼演说词[A]//程天固.广州工务之实施计划[C].广州市政府工务局,1930:146.
⑧肖自力.陈济棠[M].广州:广东人民出版社,2002:372~382.
⑨陈序经.一年来国人对于西化态度的变化[A].转引自肖自力.陈济棠[M].广州:广东人民出版社,2002:369.

①程天固.广州工务之实施计划[M].广州市政府工务局, 1930: 78
②广州市政府.广州市政府合署征求图案条例[Z].1929年7月.广州市档案馆藏.
③[附录]市府合署举行落成典礼[J].广州市市政公报.1934.10.20, (479): 135.
④广州市政府市行政会议.市府合署案[Z].1929年.广州市档案馆藏
⑤、⑥广州市政府.广州市政府新署落成纪念专刊[Z].广州市政府, 1934: 2-3.
⑦、⑧林克明.建筑教育、建筑创作实践六十二年[J].南方建筑, 1995, (2): 47.

政府合署征求图案条例》，8月登报征求图案。此时广州市政府及工务局对城市规划及建设已有相当经验，并形成了公共建筑选址的普适原则，程天固在《广州工务之实施计划》中将其总结为五点："①地点适中，交通方便；②环境壮丽，门面堂皇；③对于其他公共建筑物有密切的联络；④面积广大，除供应目前建设之用外，并须预留将来发展之余地；⑤建筑地点须适合各该建筑物之性质是也。"①在此原则下，市政当局最终舍弃了原法国旧领事署的选址设想，而改为中央公园北侧地块。另外，当时广州城市规划及城市中轴线由于中山纪念堂、维新路、珠江铁桥的先期布局而逐渐清晰，广州市府合署的选址反映了自市政公所以来日趋成熟的城市策略。

在既定的文化政策下，中国风格被明确要求，成为广州市府合署的既定样式。关于图案征求的原则，《条例》第三条"图式"明确规定："本署图案须能表现本国美术建筑之观念，而气象庄严性质永久者为宗旨。"②市长刘纪文也指出："最要的符合合署办公的意旨，所以取合座式。其次是要表现东方艺术的精神，所以取中国式。"③截至1929年10月底，共有十余份方案参加了竞赛。应征者包括余清江、高大钧、郭日初、陈立洲、周程万、刘既漂、李宗侃、何想、林克明、杨锡宗及暗号二人。12月，广州市长林云陔、工务局长程天固、市府评判代表袁梦鸿、工务局代表梁仍楷、城市设计委员会代表李泰初、工程学会代表刘鞠可、美术界代表冯钢百七人组成评判委员会，历时一个月分两次对方案进行评定，第二次更取记分投票方式，规定第一名为三分，第二名为二分，第三名为一分。评选结果，第一名为林克明(图5-23)，得15分；第二名余清江，得9分；第三名为高大钧，得6分。④林克明以工务局设计课技士身份获得设计委托，并获委任广州市府合署监工。合署工程分三期进行，首期原由文化公司承建，后因故退出，改由再生公司于1931年4月动工，施工中波折频繁，最终于1935年竣工。其他两期因资金短缺及政局动荡未能实施。⑤

关于林克明的设计方案，有关文献中作了详尽说明："查合署图案，系规定采用中国建筑式，故其设计系根据中国建筑式及合署的精神，为设计之要素。合署的实用，在联络及增加行政效能，故同时又采用合座式。但中间留出充分之空地与伟大之广场。各局布置及所占面积，系根据章程之需要而分配之，内部交通，极为方便，东西两便，均用圆柱长廊式，颇合中国式之美观。礼堂居全部之中，预计可容纳二千人，内部均采纯粹中国式装饰，全座窗户阔度，能使光线及空气，非常充足。关于合署外观，则正面中央之一为最高。内分五层，在外观之，只若三层，其余各座，各为四层，外观上亦只见三层，正面侧面，均为五个个体，布局匀称。其四围所用中国式之圆柱石栏屋檐隔椽及窗格子与月台阶梯等，俱能使各部发生崇伟整齐之美感，且深符合合署之精神。"⑥

广州市府合署是岭南近代继中山纪念堂之后又一里程碑式建筑，其重要性在于开创了建立在科学理性之上对民族主义建筑形式的新探索。首先，它将建筑纳入城市的空间秩序中去考虑，林克明认为，市府合署是城市中轴线的一部分，也必然是纪念堂的配角。为了取得与纪念堂造型风格的协调，"市府合署借鉴了传统建筑形式，但在体量、高度、色彩等方面的处理又不同于纪念堂。纪念堂顶高55米，必须突出这一控制高度，因而将市府合署屋脊最高处定为35米。"②在这里，林克明基于城市视野显然超越了市政当局对建筑形式的简单考虑。其次，关于中国宫殿式如何与现代功能相结合，林克明一方面继续了他自中山图书馆形成的"外部采用中国古宫殿式，内部采用西式，中西合璧"的设计思路；另一方面也作了新的尝试，林克明认为，中国宫殿式建筑的坡屋顶空间体积很

图5-23 广东省陆军总院正气楼(周君实，1933)，广东省立中山图书馆.广东百年图录[Z].广州：广东教育出版社，2002：352.

大，而新建筑由于功能使用要求，进深和面宽方向的尺度都会超过传统建筑。在市府合署设计中，林克明"采用了钢架的屋盖结构形式，在坡顶上开天窗，利用坡屋顶的内部空间作办公室或贮物室，使坡顶空间具有实用功能"。⑧林克明的大胆尝试为固有形式的发展开辟了新思路，也为其后来在国立中山大学的实践积累了经验。

中山纪念堂、中山图书馆及广州市府合署对建筑的文化定性是显而易见的。在官方支持下，越来越多经过专业训练的建筑师加入到中国传统建筑形式的设计行列：1932年，杨锡宗为国立中山大学石牌新校设计了机械及电气工程学系、土木工程学系等教学大楼；林克明以同样的风格设计了二期工程等；黄玉瑜，这位曾担任过茂飞助手并为《首都计划》绘制了大量插图的建筑师，于1933年为岭南大学设计了女生宿舍广寒宫，这座建筑得到了孙科担任部长的铁道部的赞助；1933年，周君实为广东省陆军总院设计了正气楼等(图5-23)；1936年，守旧文化的中心人物陈济棠也在从化为自己营建了官署式的府邸。

无论以何种形式出现，岭南民族主义文化生态在1930年代初已基本形成，并开始全面影响中心城市以外的地区。1933年六七月间，新会县工务局长兼技正谭毓树制订了旨在连

图5-24 "展拓江门市区马路平面图"(谭毓树，1933)，新会县建设局.新会县建设特刊，1933.

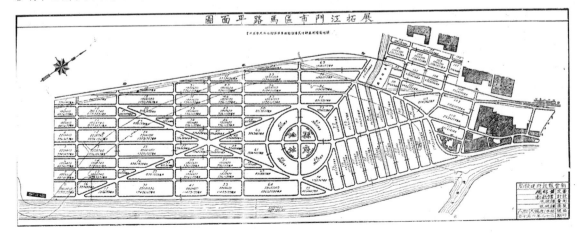

图5-25 "拟建新会县政府工程图"（谭毓树，1933），新会县建设局.新会县建设特刊，1933.

接新会县城与江门之间的新城规划——"展拓江门市区马路平面图"和"展拓江门市区及促进物质建设计划书"。在规划中，县府用地置于新城的中心，以放射形道路向四周发散，并以环形马路与周边区域隔开(图5-24)。而同样在谭毓树的设计下，县府大楼以一个类似于广州中山纪念堂的超大体量的中国式建筑成为城市空间的中心(图5-25)。值得注意的是，1929年当谭服务于台山工务局时，台山县政府也设计建造了其古典主义的县公署大楼。这种时间和空间的转换或可说明民族主义建筑在岭南民族主义文化生态下的发展与演变。

三、改良固有式建筑的努力

在当局推广固有文化的同时，业主和建筑师开始有意无意联合起来共同检讨"中国古式"或"中国固有式"。其主要矛盾集中在实用性与建筑造价两方面，尤其后者，已成切肤之痛。中山图书馆、市府合署第一期历四年方成，一方面由于资金问题，更多则因为造价攀升导致施工延误所致。1932年，国立中山大学校长邹鲁以杨锡宗设计中山大学石牌新校第一期工程造价过高，改聘林克明担任第二期工程建筑师[①]，便是这种矛盾激化的结果。中国固有式建筑的改良势在必行。

1933年1月，广东省政府就广东省府合署同样进行了一次设计竞赛，如何平衡官署建筑的象征性与实用性成为建筑师考虑的主要问题之一。省府合署原选址于广州河南中心地带，并与江北中山纪念堂、市府合署成一轴线布置[②]，后因故改为石牌中山公园(今天河公园)南侧。图案征求条例要求"以适合其需要与坚固合用，并能发挥中国故有之文化为主旨"。[③]在范、李的设计案中(图5-26)，一方面认为"省府为行政中枢，复为一省之表率，更以广东为中外关系频繁之地，观瞻所系，故所建格式，颇能代表中国故有之文化。以崇国家之体制与尊严。当设计之时，不采取其他格式者，即此本意也"。[④]另一方面，范文照也明确指出中国传统建筑形式的弊端，并试图寻找解决方案："中国式建筑之坚固与美观固不后人，惜房间数有限，似不合本合署之需。但不妨将层数加多，或各单位合并，均足以补救其弊。兹经周密之考虑，最后结果，以中部歇山式三层大厦，背后辅以重檐之大礼堂，左右以两层环形翼楼佐之。更因地势之高下，与右翼下可多做土库一层。于外形则宾主有分，四周接近，同一美观，此则设计者之煞费苦心矣。"[⑤]广东省府合署后因故未能实施，但范文照改良"中国式建筑"的设想仍具有普遍性。

①林克明.广州市政建设几项重点工程忆述——中山图书馆、中山纪念堂、市政府大楼、海珠桥、中山大学及全市交通系统规划[A]//广州市政协文史资料研究委员会.南天岁月——陈济棠主粤时期见闻实录[C].广州文史资料，第三十七辑，广州：广东人民出版社，1987：215.
②程天固.广州工务之实施计划[M].广州市政府工务局，1930：31
③、④、⑤范文照.广东省政府合署建筑说明[J].中国建筑，1936.3，(24)：2.
⑥林克明.建筑教育、建筑创作实践六十二年[J].南方建筑，1995，(2)：47-48.

林克明由于先后受聘为中山纪念堂、中山图书馆、市府合署监工，对传统形式在工程造价及施工难度等方面深有体会。林指出："中国传统建筑是以木结构作为承重体系，其平面、立面和各种构件的设计与木结构的特点是非常协调的，譬如屋顶的挑檐需用层层挑出的斗拱支承，因而，屋檐结构相当复杂。中山纪念堂和市府合署的结构都采用钢筋混凝土结构，但在檐口部位仍用层叠的仿木斗拱构件，造成不必要的浪费，也增加了施工的难度。"[⑥]为解决上述矛盾，林克明在中山大学第二期教学楼设计中进行了改进。其中如法学院教学楼、理学院四座教学楼和农学院两座教学楼，采用了简化仿木结构形式，取消了檐下斗拱而代之用简洁的仿木挑檐构件，在营造稳重恢宏、简洁大方的建筑形象的同时，节省了材料，加快了施工进度。

相对于杨锡宗1931年所作的第一期工程，林克明第二期项目由于适应材料性能的修改，除了造价节省，对形式的解放也显而易见。在林克明设计的法学院(图5-27)、物理系教学楼(图5-28)、理学院、农学院等教学楼在形式与比例的把握方面都达到了新的高度。中山大学第三期工程建筑师也同样秉承革新原则，对传统形式作了相当程度的改进，从而形成新的简化形式，如郑校之1934年设计的文学院(图5-29)，已开始采用平顶加披檐与大屋顶相结合的方法，在细部上也将檐下装饰作了相当程度简化；余清江、关以舟1936年设计的体育馆则抛弃了大屋顶做法，而改用更轻巧的披檐形式，并在细节纹样上呼应中国传统(图5-30)。

值得注意的是，在建筑师简化形式以降低造价和增加实用面积的同时，另一种改良趋

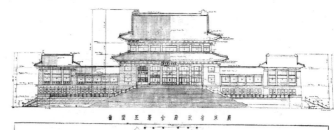

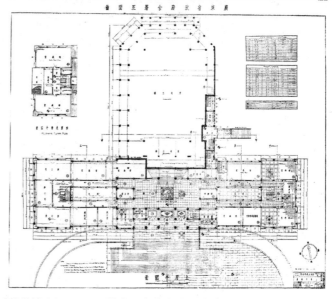

图5-26 广东省府合署图案(范文照、李惠伯，1933)，范文照.广东省府合署建筑说明[J].上海：中国建筑，1936.3, (24).

图5-27 国立中山大学法学院(林克明，1933)，国立中山大学，1935.(左)
图5-28 国立中山大学物理系教学楼(林克明，1933)，国立中山大学，1935.

图5-29 国立中山大学文学院(郑校之，1934)，国立中山大学，1935。(上左)
图5-30 国立中山大学体育馆(余清江、关以舟)，作者摄于2004年10月。(上右)
图5-31 广东惠州中山纪念堂，摄于2002年12月。

势开始出现。1937年，广东惠州中山纪念堂建成使用(图5-31)，与广州等地中国风格的城市公共建筑不同，该建筑并未固守以传统宫殿为蓝本的习惯做法，而将形式蓝本指向当地传统，岭南民间建筑常见的入口处理及博古饰、筒瓦等地方建筑语汇被大量使用。同样的情况在远离政治文化中心或地方建筑传统相对深厚的地方城市也时有发生，因建造地点多位于城市重要地段，这些建筑所表现的地方性虽然并不排除地方工匠的因素，但更多的仍是赞助人与建筑师共同操弄的结果。以此推论，在中国固有式高度成熟的1930年代，仍有建筑师在中国风格的探索和改良方面进行独立思考。

四、建筑理性与文化取向的困惑

论及岭南近代建筑的民族主义倾向，不可避免要涉及中国建筑师西学背景和文化取向间的困惑。在近代文献中，我们经常见到类似中山图书馆"外部采用中国古宫殿式，内部采用西式，中西合璧"的评价。"中"与"西"的结合、"中西合璧"似乎成为中国近代建筑追求的最高目标。在民族主义的文化取向面前，无论它是积极或保守，建筑师的技术理性都遭遇了极大尴尬和困惑。

首先，二三十年代中国第一代建筑师绝大多数受教于西方的建筑教育体系。西方近代建筑学为其塑造了赖以执业的建筑理性——学院派设计理论与技巧，中国建筑师完成了和西方建筑师同样的专业训练，具备了和西方建筑师同样的技术和美学素养。然而，鸦片战争后西方文化的强势入侵使中国传统文化经历了前所未有的信任危机，五四启蒙运动为中国新文化的发展提供了科学与民主的双刃剑，从表面上看它是反传统的，在本质上却是民族主义的。背负这样的文化责任，使包括建筑师在内的知识精英阶层需要运用代表先进文

①赵辰."民族主义"与"古典主义"——梁思成建筑理论体系的矛盾性与悲剧性之分析[A]//张复合主编.中国近代建筑研究与保护(二)[C].清华大学出版社，2001：77~86.

化的西学来重构民族主义的话语权;

其次,孙中山为首的国民党人对新文化的建构使民族主义建筑政治化,建设国家所需要的科学理性与治理国家所需要的孔儒道德交融成近代中国政治史和文化史,并折射至建筑史。作为国家秩序和文化秩序的具象表达,建筑及建筑师理所当然背负了沉重的历史责任和文化负担。

毫无疑问,岭南近代建筑师在技术层面成功实现了中国风格与学院派技术理性的结合。其中如杨锡宗,其设计作品经历了由西方古典主义到民族主义建筑的转变;也有从一开始就尝试中国风格设计的林克明。虽然来自以巴黎美术学院体系著称的里昂建筑工程学院,林克明在其设计生涯中,很少尝试西方古典主义设计。然而,其设计无不体现学院派教育的深刻影响,从中山图书馆到市府合署,甚至到共和国成立后为人民大会堂所作的设计,他的古典主义的平面形式以及符合西方古典建筑构图比例的立面形式,虽然披上了传统形式的外衣,其建筑依然从骨子里透露出由西学来的建筑理性。同样的现象出现在吕彦直的中山纪念堂,黄玉瑜的岭南大学女生宿舍(广寒宫),范文照、李惠伯的广东省府合署等设计,建筑师的建筑理性在文化取向面前找到了当时所能发现的平衡点。

需要指出,陈济棠守旧的文化价值观在三十年代岭南仍遭到许多新学人士唾弃,其本人也没有因自身及官方的文化取向影响岭南战前蓬勃的发展建设,相反,他和西南政务委员会属下各级行政机关对科学技术的运用和城市建设取相当开明的进取精神,由此奠定近代岭南现代化发展的坚实基础。民族主义文化倾向对建筑与城市的影响也仅局限在中心城市,或者说,仅局限在作为政治中心的广州。30年代初,汕头、台山等城市仍用华美的新古典形式营造其行政中心,在民族主义建筑最兴盛的1930年,林克明甚至在陈济棠的拨款下,设计了摩登的平民宫、天文台和气象台等。

中与西、新与旧,在文化取向的官方立场中,建筑理性使民族主义倾向仅仅成为形式演变的过客,而无法发展为现代中国建筑的革命性变革。当然,这其中也不乏如像梁思成那样对中国建筑历史有着高度见解的学者,他对中国古典建筑的结构性阐释为民族主义中国建筑的发展提供了迄今为止最有效的理论武器,由于其赖以建构的建筑理性依然来自西方,其民族主义的文化姿态也必然困惑和尴尬。[1]由于上述原因,中国近代建筑的民族主义不可避免陷入建筑理性与文化传统的结构性困惑中。

第四节　现代主义传播与现代建筑

在中国建筑师不断探索现代中国建筑的同时,西方古典建筑学也面临颠覆和挑战。一次大战后,现代主义在前期新建筑思潮基础上酝酿,并通过格罗皮乌斯(Walter Gropius,1883~1969)在包豪斯(Bauhaus)的教学和实践、以及勒·柯布西耶(Le Corbusier,1887~1965)等人的建筑活动催生下,逐渐在德国、法国、荷兰和俄国汇集成具有革命性的建筑运动,并在1925年前后开始席卷欧洲,同时影响世界各地,包括亚洲半殖民地半封建国家——中国。岭南与上海、天津等城市一道最先接受现代主义浪潮的冲击,现代建筑开始在广州等中心城市出现并发展。

然而,在西方现代主义语境下考察岭南现代建筑的发展,其规模和质量都不免让人疑虑丛生。从发展脉络看,岭南近代建筑有两种占主导地位的趋势,即西化趋势和民族主义趋势,前者以西方古典主义为主要参照对象,表现为古典主义的各种形态;后者则以中国古典建筑为参照对象,在1920-1930年代发展为官式建筑的主要形态。

虽然战前已有广州爱群大厦这样的摩天大楼建成，但相对于同时期上海中、西方建筑师对新建筑的不断探索和实践，现代主义建筑在近代岭南自始至终以离散形态存在。然而，以表面的弱势来否定现代建筑在岭南的发展并不恰当。近年来，境内外许多学者打破以西方现代主义建筑史观的思维定势来看待现代主义在中国的发展，以及不以西方体系作为参照、转而将目光放在中国建筑发展自身的研究态度，值得借鉴。在中国近代建筑发展的大背景下，岭南现代建筑的发展有其自身特点：这里是现代主义在中国的最早登陆地之一，从1930年前后开始就已有现代主义建筑的出现；岭南同时是现代主义思潮的主要传入地，省立勤勤大学建筑系在其六年办学过程中，是岭南现代主义传播和研究的重镇；由于岭南特殊的政治、经济及文化背景，现代主义在岭南前工业化社会中有其自身特殊的表现形式。正确揭示现代主义在岭南的发展轨迹，既有助于把握近代时期现代主义在中国的发展全貌，也有助于解释1950～1970年代在岭南发生的超离政治意识形态的现代主义建筑活动的发生与发展。①

一、工业化努力与现代意识的萌发

通过工业化完成现代国家的转型，是近代中国尤其是战前十年中国精英阶层长期讨论和关注的命题。早在1856年第二次鸦片战争后，清末洋务运动以军事工业为先导，开启现代中国之路。1930年代，中国知识界以胡适、顾毓琇、蒋廷黻、陈序经等为代表，由五四新文化以降的"西化"理念引申出一种"现代化"理念，而工业化被视为现代化的最核心问题。②由于战前认识的局限性，机械化是工业化早期表述的主要方式，这其中以蒋廷黻最具代表性，他将"近代化"定义为"科学化"和"机械化"。在其所著《中国近代史》中将"近代文化"归纳为三点：即科学、机械和近代民族国家的形成。在胡、顾、蒋等人倡导下，通过工业化或机械化实现现代国家的转型极大影响了战前乃至抗战时期中国精英阶层的现代意识。

建筑学领域，有关现代建筑或现代主义的命题同样与工业化有着必然联系。西方现代建筑的基础是工业社会中建筑空间、功能、材料、结构与形式的革命性变革。作为工业化依次递进的最高阶段③，工业社会的形成是现代主义产生的前提，是一切现代意识产生的根源。对于近代中国这样一个前工业社会，是否产生过现代建筑的疑问也正处于上述命题的延伸。在外忧内患的政治及社会背景下，南京中央政府和各割据自治政府在同一时期开始工业化实践。1929年南京《首都计划》、《广州工务之实施计划》，以及1932年《广州城市设计概要草案》等均将工业区设置列作城市现代化的必要组成。一时间，各种国营、省营，乃至市营工业不断涌现，与当时的工业化思潮相呼应。

在与南京的竞争中，陈济棠西南政府的工业化努力表现得尤为迫切。在宁粤矛盾不断积聚、最终分裂对抗的前提下，陈济棠西南政务委员会为振兴地方经济、提升政治实力，在1933年《广东省三年施政计划》中确立了庞大的工业发展计划。④广东省建设厅也相应制订了《五年工业实施计划》(1932)、《工业建设建设实施计划》(1934)等。至1938年底广州陷落，已形成现代化的省营工业序列，共新建、扩建省营企业14间。其中，设在广州南石头的造纸厂技术先进、规模宏伟，为同期中国第一大造纸厂；广东西村士敏土厂于1932年在广州西村建成投产；1933年7月，广东硫酸厂建成；1934年11月，广州木碳汽车炉制造厂建成，同年建成的还有广东纺织厂、番禺新造广东第一蔗糖营造厂等；1935年，广东苛性钠厂、顺德糖厂等陆续建成；等等。此外，军事工业有石井兵工厂的扩建和1935年建成投产的中德合作浦口兵工厂，民用航空业则有广州、梅菉、北海、海口、汕头、潮安、兴梅、韶关、南雄、大瘐等机场的建设。与此同时，各市县政府也相应发展电力、电讯、供水等公用事业。广州方面，有1929年7月建成的东山水厂、同年8月建成使用的自动电话所、1931年8月建成的省港长途电话所、1933年2月建成的河南电力分厂等。1930年代的岭南工业建设所涉行业众多，种类丰富，现代化程度高，使广东工业发展水平位居全国同期前列。

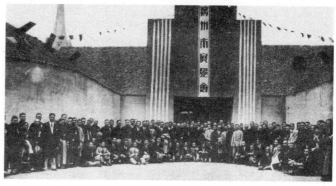

图5-32 第一次广州市展览会，广东省立中山图书馆.广东百年图录[Z].广州：广东教育出版社，2002：338.

为适应现代化机械设备和生产工艺的需要，陈济棠时期的广东工业建筑最直接地展现了对功能和技术综合性的追求。其中如西村士敏土厂，设备先进、布局合理，建成后产效极高，迅速成为南中国最具规模的现代化水泥工厂。与此同时，1930年代广东工业建筑形体简洁、尺度巨大。在钢结构和钢筋混凝土结构技术广泛运用前提下，建筑形体的纯功能性在充分展现结构技术力学特性的同时，也谙合现代建筑机器美学的特征；另外，为适应通风、采光需要，大面积玻璃窗和天窗广泛使用，在加强空间通透性的同时，也带来平滑光洁的视觉效果。

由于规模庞大、成效显著，陈济棠时期的工业化建设对近代岭南建筑的发展产生了积极、深远的影响。虽然规划和设计绝大部分由广东省建设厅等建设组织机构的土木工程师所完成，但良好的功能和简洁的外表因借着现代化的机器设备使厂房建筑成为现代化的代名词。实际上，从欧洲现代主义发展历程看，由于新结构技术的运用和功能化设计，工业建筑如格罗皮乌斯设计的法古斯鞋楦厂较之民用建筑更早取得摩登形式的突破，而成为欧洲现代建筑的重要源起。陈济棠工业建设对广东社会、经济的推动十分显著，其成就也因此成为西南政府宣传模范广东建设的重要内容。1933年2月15日，广州市政府在粤秀山举办了为期一个月的"第一次广州展览会"(图5-32)，其展品类型繁多、内容丰富，吸引了广大

①1950~1970年代，岭南以夏昌世(1903~1996)、陈伯齐(1903~1973)、莫伯治(1914~2003)、佘峻南(1915~1998)等建筑师为代表，设计了包括广州文化公园水产馆(夏昌世，1951)、中山医学院教学楼群(夏昌世，1955)、华南工学院教学楼群(夏昌世等，1950年代)、广州宾馆(莫伯治等，1968)、广州白云宾馆(莫伯治等，1976)、广州白云山庄(莫伯治等，1980)等一大批适应地方气候、功能合理、形式简洁的现代建筑，其实践与探索使岭南成为当时中国建筑大环境中的特殊区域.彭长歆.地域主义与现实主义：夏昌世的现代建筑构想[J].南方建筑，2010, (2)：36~41.
②罗荣渠主编.从"西化"到"现代化"——五四以来中国的文化趋向和发展道路论争文选[C].北京：北京大学出版社，1990：21-22.
③从世界现代化角度分析，工业化是指人类社会从以农

业经济为主转向以工业经济为主的过程，既包含产业结构的根本性转变和生产效率的提高，也包括同时产生的阶级结构以及城市化等方面的社会变化，可以归纳为依此递进的三个层面：机械化生产、工业经济、工业社会。
④《广东省三年施政计划》酝酿于1932年，从1933年1月1日正式实施。其工业布局以广州为中心，设广东省营第一和第二两个工业区。其中，第一工业区在广州西村，设化学工业各厂及广东工业试验所，包括士敏土厂、硫酸厂、饮料厂、燃料厂等；第二工业区在河南，以纺织工业为主，有棉织厂、丝织厂、毛纺厂、水结织造厂、麻纱厂、整染印花厂等；另在广州南石头设造纸厂；在市头、新造、顺德、揭阳、惠阳、东莞等珠江三角洲和广东沿海地区设糖厂六间；作为配套，在梅菉设麻袋厂.肖自力.陈济棠[M].广东人民出版社，2002：329-330.

市民踊跃参观。此次展览会上，工业建设颇受关注，均和安等机器厂商展出了其生产的最新机械。与众多工业产品一道，工业建筑如广州发电厂与广州西村水厂新厂等以模型方式展出，广大市民在关注工业成就的同时，对工业建筑显然也有新的认识。作为政府建筑师，岭南早期摩登建筑的倡导者林克明显然熟悉和了解《广东省三年施政计划》有关工业发展的计划与实施，以及"第一次广州展览会"有关工业成就的介绍，其本人与陈济棠因广州市平民宫的设计有过直接接触。①林克明显然清楚工业发展对时代新建筑的促发，他在里昂建筑工程学院的老师托尼·嘎涅(Tony Garnier，1869~1948)是"工业城市"的倡导者，而1925年巴黎召开的"艺术装饰与现代工业国际博览会"则是林克明亲历现代工业背景下艺术装饰革命性变革的重要事件。在一系列相似与相关背景下，林克明对广东工业化的敏感显得顺理成章。1933年7月，在与陈济棠现代工业计划颁布及广州展览会召开的同一年，林克明在《广东省立工专校刊》上发表了《什么是摩登建筑》一文，其文对机械时代来临与建筑的赞美在很大程度上呼应了广东工业化之于建筑的使命。

　　超离建筑的物质层面，陈济棠时期的工业化建设对近代岭南社会的影响还在意识形态方面。由于工业、农业、商业、市政及其他经济建设的成就，岭南广东社会尤其是中心城市在战前整个1930年代充满了社会进步的乐观气氛，为新建筑思潮的传播和发展奠定了基础。

二、现代中国建筑简化形式的需要

　　从现象上看，19世纪末20世纪初欧洲开启的新建筑运动在岭南只留下惊鸿一瞥，对西方古典主义和中国固有式的双重反思发生在1930年代前后，亦即近代岭南发展最快的时期，并首先表现为简化形式的需要，这在政府公共建筑、文教建筑及民间商业建筑中均有相同诉求。

　　对所谓中国固有式建筑最直接的抱怨来自于高昂的造价。1930年代前后是岭南文化复古最为炽热的时期，在保守的文化政策和"崇体制"、"树风声而坚社会之信仰"的意识形态作用下，广州市立中山图书馆、广州市府合署、广东省府合署、国立中山大学等政府项目都以中国宫殿式样为蓝本进行建设，虽然在形式上配合了官方政治与文化的导向，但在经济上却付出沉重代价。广州中山纪念堂早在1926年就兴工建设，历经"军事发生、运料困难、金币涨价、工资增高、造价延付"②等困难，迟至1931年才仓促完工，工程费用也从陶馥记取价928085两的标的暴增至完工时的126.8万两(176万元)。③施工期间，造价昂贵、费用增加无时不困扰主管当局。工务局技士罗明燏曾向市长林云陔汇报："工程费用已从4%~45%，甚至80%地倍加。"④林云陔也只能以"为纪念总理之伟大，使建筑物垂久远，更不应只求节省致失永久纪念之本意"为由议决加拨。⑤同样的情况在中山图书馆、广州市府合署的建设中均有不同程度表现。业主及建筑师在采用中国固有式进行营造的同时，也试图解决造价高昂的问题。改聘建筑师

①广州市平民宫1929年由陈济棠划拨罚款六万元与广州市政府合议倡建于广州市高第街与大南路之间原军事厅旧址，由时任工务局技士的林克明完成设计。
②陶桂林.广州总理纪念堂之建筑工程[N].[上海]时事新报，1931.10.10.
③董大西.广州中山纪念堂[J].中国建筑，1933.7，(1)：4；陶桂林.广州总理纪念堂之建筑工程[N].[上海]时事新报，

1931.10.10日.另有建筑费330余万元 (1927~1931) 之说，见，卢洁峰.广州中山纪念堂钩沉[M].广州：广东人民出版社，2003：67.
④、⑤中山纪念堂有关档案.广州市档案馆藏.转引自卢洁峰.广州中山纪念堂钩沉[M].广州：广东人民出版社，2003：68.

(如国立中山大学)或不断革新建筑作法(如林克明)成为业主和建筑师为节省造价而采取的调适之举。

　　由于中国固有式在形式上的局限性，大幅减低工程造价颇不现实，如何在政府建筑中控制建造成本成为建筑师必须考虑的问题。值得注意的是，1930年代由政府出资的建设项目中，有相当数量的非纪念性建筑

图5-33 广州市平民宫(林克明，1930)，Edward Bing-shuey Lee.*Modern Canton*[M].Shanghai: The Mercury Press, 1936.

并未采用官方倡导的中国固有形式，也没有采用民间常用的古典主义或折中主义的简化形式，它们以摩登样式出现，其中包括广州市气象台、平民宫、广东省立勤勤大学等。由于林克明参与了当时大部分政府建筑的设计，对其比较分析或可说明业主及建筑师采用不同形式的原因。需要说明的是，作为政府建筑师，林克明、陈荣枝等在当时已接触或接受了摩登建筑的影响，并开始尝试摩登形式在建筑中的表现。

　　简洁及较少装饰的摩登建筑显然较中国固有式建筑更经济。平民宫与中山图书馆同样由工务局技士林克明设计，前者是迄今发现的林克明第一个摩登式设计(图5-33)(1930.10)，而后者则是他设计的第一座中国风格建筑(1929.2)，平民宫4.538元/平方尺的造价与中山图书馆10.484元/平方尺的造价相比(表5-1)，前者在经济上的优势一定给政府决策层留下深刻影响，虽然两者在建筑等级及装饰标准等方面并不具备可比性。及至广东省立勤勤大学和国立中山大学建设时，勤勤大学采用摩登建筑形式，中山大学却为"传承总理精神"而继续采用中国固有形式，后者造价确实非常昂贵(表5-2、表5-3)。值得注意的是，即使是中山大学校内各建筑，包括林克明、郑校之在内的多位建筑师也尝试各种方法以减低造价，除前文所述林克明所采用的方法之外，郑校之采用平顶与大屋顶相结合的方法在文学院中有效控制了造价。强电流实验室(胡德元，1936)和卫生细菌研究所、传染病院(金泽光，1936)

表5-1　　　　　　　　　　　　　　1930年代广州部分公共建筑建筑费用表

建筑名称	建筑师 建成时间	建筑面积 (平方英尺)	建筑费 (元)	单位造价 (元/平方英尺)	建筑形式
广州中山纪念堂	吕彦直 1931.10.10	占地约40000	1760000	44	中国固有式
广州市府合署 (前座)	林克明 1934.10		594000		中国固有式
广州中山图书馆	林克明 1933.10	18200	190800	10.4835	中国固有式
广州市平民宫	林克明 1931.10	15800	71700	4.538	摩登式

资料来源：①广州市政府新署落成纪念专刊，1934年。②陶桂林：广州总理纪念堂之建筑工程[N].时事新报，1931年10月10日。

等建筑则因采用"近代式"而取得了与勤大教学楼相近的建筑造价。政府建筑采用不同形式适应不同等级和不同类型的建筑，从总体来看主要表现为中国固有式与摩登式的互换，而非其他形式。虽然不能忽略建筑师对新形式进行探索和实践的努力，但对造价的考虑应是政府决策的重要因素。毕竟在工程造价方面，简洁的摩登样式比充满繁复线脚的古典建筑及需要华丽装饰的大屋顶中国宫殿式建筑显然更具优势。

民间商业建筑方面，业主革新形式的需要源自朴素的商业目的。以更实用的布局、更合理的功能、更低廉的造价和更新奇的造型适应商业建筑的开发和运作，建筑成为一种商品。建筑的商品化极大推动了建筑形式的摩登化发展。一个有趣现象是，岭南各地挑战建筑传统高度的往往是商业建筑，其中如广州的爱群大酒店、汕头的南生百货公司、海口的"五层楼"(百货公司)、江门的新亚酒店，等等。地价的昂贵导致投资成本的增加，减少装饰和提高层数成为控制首期投入最直接的方法。

表5-2　　　　　　　　　　　国立中山大学部分工程建筑费用表

建筑名称	建筑师建成时间	建筑面积(平方英尺)	建筑费(元)	单位造价(元/平方英尺)	建筑形式
工学院土木工程系教学楼	杨锡宗1934.3	29654.79	1085660.65	36.610	中国固有式
工学院机械电气工程教室	杨锡宗1934.3	34177.93	1085660.65	31.765	中国固有式
文学院	郑校之1935	33218.515	280992.03	6.4261	简化的中国固有式
法学院	林克明1935	42765.985	274818.945	10.1379	中国固有式
农学院农学馆	杨锡宗1935之前	21357.59	216526.000	10.1379	中国固有式
材料实验室	杨锡宗1935之前	14800	100243.852	6.773	近代式

资料来源：国立中山大学董事会. 国立中山大学建筑新校舍工程费用一览表. 广东省档案馆藏

表5-3　　　　　　　　　　　勤勤大学部分工程建筑费用表

建筑名称	建成时间	建筑面积(平方英尺)	建筑费(元)	建筑造价(元/平方英尺)	建筑形式
教育学院教学楼	1934.12.23	19530	179500	9.191	摩登式
工学院教学楼	1935.7.22	17897	125640	7.020	摩登式
第一宿舍	1935.2.1	14750	116000	7.8644	摩登式
第二宿舍	1936.1.13	14821	109000	7.3544	摩登式
第三宿舍	1936.3.9	14874	123800	8.3232	摩登式
科学馆	1936.2.18	18014	153500	8.5212	摩登式

资料来源：广东省立勤勤大学概览，1937：7-8.

建筑师巧妙利用了业主"炫奇"的心态，以实现建筑形式的突破。汕头南生公司复杂的体型和"诡异"的塔是这种心态的最佳反映；陈荣枝则六易其稿向香港爱群人寿保险公司广州分公司推销美国摩天大楼的设想(图5-34)，并以美国"摩天式"设计了15层广州爱群大酒店。业主和建筑师一道从心理上完成了从代表商业形象的新古典主义向摩登形式的过渡，现代主义"实用经济"、"不取华丽之装饰"的原则也渐为业主及建筑师所接受。

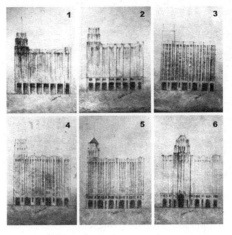

图5-34 广州爱群大酒店立面方案图(陈荣枝，1934)(图中编号为稿次，第6稿为实施方案)，广东土木工程师会.工程季刊，1934.3，第2期第3卷.

三、岭南早期现代主义的传播和研究

岭南早期现代主义的传播和研究与广东省立勤勤大学建筑工程学系有着不可分割的关系，其创办者林克明是岭南近代最早经历现代建筑运动的建筑家之一。林克明在法国留学的六年(1920～1926)，正是欧洲现代主义先锋实验逐渐进入高潮的时期：1919年格罗皮乌斯在德国公立包豪斯学校(Staatliches Bauhaus)创立新的教学体系，并在1920年代将该校发展成为建筑和工艺美术的改革中心；在法国，勒·柯布西耶从1920年起连续在他主编的《新建筑》杂志上发表文章，提倡建筑革新和走平民化、工业化、功能化的道路，提倡新的建筑美学。这些论文汇集成《走向新建筑》一书于1923年正式出版，成为现代主义建筑运动的战斗檄文；林克明本人直接受教于里昂著名建筑师托尼·嘎涅，后者是法国早期理想城市与新建筑的重要倡导者之一；1925年法国巴黎"艺术装饰与现代工业国际博览会"召开，博览会产生的艺术装饰风格(Art Deco)，以追求戏剧性的装饰趣味，以及几何体和速度感的现代艺术效果使巴黎成为现代先锋艺术的中心。身处其间饱受洗礼，为林克明现代主义启蒙打下坚实的基础。1926年，林克明回国后首先供职于汕头市工务局，1928年来到广州，任工务局设计课技士，次年兼任省立工专教授，1932年倡立建筑工程学系，林克明担任建筑系教授兼系主任。在此期间，他取得了两个重大项目的设计。1928年冬，他设计了广州中山图书馆，1929年以竞标第一名获得广州市府合署的设计案，两项均为国民政府倡导的"中国固有式"风格。显而易见，徘徊于民族主义的古典复兴和摩登形式之间，是林克明当时的心态，这种矛盾的文化心理在林克明省立工专时期的一篇学术文章中反映出来。

1933年7月，广东省立工专(勤勤大学前身)校刊中刊发了建筑工程学系主任林克明的学术论文《什么是摩登建筑》。从当时看，其影响也许不会超出省立工专的校园范围，但现在看来，它无疑开启了现代主义建筑思潮在岭南的传播。从文章的文体和内容分析，林克明

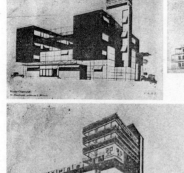

深受柯布西耶的影响，或者说是《走向新建筑》启发了林克明对摩登形式的向往："这种摩登格式，在本身确有一种专特的描写，它的形体系由交通的物象演化出来，例如火车的车辆、汽车、飞机、轮船等，它们动的样式，令人感觉着进步，感觉着美观。"[①]但同时，林克明对这种机械的美和建筑的摩登又有自己的理解："这不外是假借能动的交通的形式为不能动的建筑物的外形，而组成其美的原则。"[②]

关于现代建筑运动，林克明指出："(1)现代摩登建筑，首要注意者，就是如何达到最高的实用。(2)其材料及建筑方法之采用，

图5-35 林克明《什么是摩登建筑》插图，林克明.什么是摩登建筑[J].广东省立工专校刊，1933.

是要全根据以上原则之需要。(3) '美'出于建筑物与其目的之直接关系，材料支配上之自然性质，和工程构造上的新颖与美丽。(4)摩登建筑之美，对于正面或平面，或建筑物之前面与背面，绝对不划分界线……。凡恰到好处者，便是美观。(5)建筑物的设计，须在全体设计，不能以各件划分界限的而成为独立或片段的设计……。构造系以需要为前提，故一切构造形式，完全根据现代社会之需要而成立。"[③]

从形式风格看，林克明认为必须"以艺术的简洁(Technical neatness)和实用的价值，写出最高之美"。[④]林克明甚至将他理解的摩登形式或手法分为四类："平天台式"；"大开阔度一片玻璃式"；"横向的带形的窗子式"；"实的面积较其所需要特别多，而有时应实者则特别实之，应空者则应特别空之"。[⑤]林克明在文中选用了多幅图片以加强读者对摩登样式的理解(图5-35)，并配合他的四类摩登手法，其形式特征包括：跌级的大平台、转角窗、横向带形窗、实墙与玻璃的强烈对比等等。这些手法在他后来的作品中和艺术装饰风格结合在一起，成为其个人的早期现代主义风格。

1935年初，过元熙受聘担任勤勤大学建筑工程学系教授，为建筑系带来崇尚科学进步、反对因袭传统的新思想和新观点。过元熙本人曾亲历1933年芝加哥百年进步万国博览会，并负责监造国民政府参展的仿热河金亭。目睹世界各国科学技术及现代建筑的发展，过氏在《中国建筑》杂志上撰文称："故我国专馆之设计营造，自然该用廿世纪科学构造方法。而其式样，当以代表我国百年文化进步为旨志。以显示我国革命以来之新思潮及新艺术为骨干，断不能利用过渡之皇宫城墙或庙塔来代表我国之精神。故其设计方法，当先动悉该博览会之性质宗旨，而用现代之思想，实力发挥之，可使观众得良好之印象也……无论参加何种博览会馆宇之营造，当用科学新式，俭省实用诸方法为构造方针。"[⑥]言辞之中，过元熙直接或间接否定中国固有形式，并将其上升至科学进步表里时代精神的高度。

在1935年底勤大"总理纪念周"上，过元熙对建筑系学生发表"新中国建筑及工作"的演讲，继续其芝加哥博览会上形成的思辩色彩。指出："讲到现代欧美的新式建筑，亦并非为时髦'摩登'外表形式的新奇寡怪，盖实以应付今世科学时代的新环境。……这种新建筑，是提倡在四十年以前，在该时科学初萌的时代，领袖建筑家，已经觉得古代的建筑，不能合于实用。所以提倡从无意识的繁杂中，来寻觅简美的图案。光怪的形式中，来渐求安雅。又从虚伪而改为实用。从迷信陋俗而变为科学工艺的建筑。……反观我国的建筑，则从古以来，毫无一线进步的可言。古老的建筑，所可略为代表者，只有宫殿式的建筑，及庙宇式的建筑。……现在科学时代，已无存在的可能。"①在强调现代建筑科学性的同时，过元熙猛烈抨击了官方倡导的中国固有形式："现在国内还有一种自称为新中国式的建筑，无非下半身是抄用西洋体式，头上是戴一顶宫殿金帽。学校也，政府公署也，商店也，住宅也，车房医院也，无不若斯。结果是各项建筑一无识别，而又不合现代经济营造的原理，极可痛惜。"②将现代主义与中国传统完全对立的观点在现在看来似有偏颇，但在当时却属震聋发聩。很显然，过元熙看到了现代主义合于科学、反对复古、提倡简洁实用的深层本质，从而超越早期现代主义传播中仅就摩登形式进行模仿、研究的表面论述。

从省立工专时期开始,林克明等在讲坛上宣传和推动现代主义理论传播的举措在短时期内取得成效。1935年3月勤勤大学建筑工程学系就建系三年来建筑教育的成果在广州中山图书馆举行公开展览会,⑨并为此刊发了《广东省立勤勤大学工学院特刊》。在特刊里，林克明撰写了《此次展览的意义》，明确指出展览的目的是为了"鼓励同学之努力，及引起社会人士对于新建筑事业之注视耳。……现代之建筑新事业，当有其现代艺术之生命在"。⑩该次展览会应被视作岭南现代主义建筑运动的总动员。

在这次展览会特刊中,勤大建筑工程学系师生们对新建筑运动作了全面讴歌和赞美,对现代主义建筑理论作了全方位探讨和研究。这其中，有三大趋势。

其一，以郑祖良"新兴建筑在中国"为代表。⑪将现代主义与科学精神联系在一起，将新兴建筑作为新时代的物化象征来看待。文中称"二十世纪的新兴建筑底式样的产生，正是十足能够表现现代科学的精神"；郑认为现代新兴建筑的产生背景，是近代唯物主义的勃兴和自然科学的进步。因此，"旧的建筑样式达到了给人们目为偶像，虚伪，陈腐而不能表理时代精神的时候，新的建筑样式便挟了革新的条件，自然的产生出来"。在文中，郑祖良对古典主义作了深刻批判，"古典建筑实在是一种废物，毫无生气，实不足以表现新时代的精神"。而在未署名的《建筑的霸权时代》一文中，继续了这种思辩："社会的上层机构是受技术和物质的约制，二十世纪的建筑是以水泥和钢铁的运用，结果冲击了束缚我们时代的装饰要素，使我们归于自然底—实用底—纪念碑底美的根本形式"；郑对中国新兴的建筑运动充满欣喜和期翼，"可爱的新派建筑不断在都市出现……其发展是急激的，希望是无穷的"；同时，"建筑的霸权时代"一文则主张"不必随着欧美资本主义的形式，更不应徘徊于古代封建建筑的道路"，而应"开拓独特的新生命，创制新的建筑机轴，那么此后将有更新鲜而能满足大众的作品出现了"。

---

①～⑤林克明.什么是摩登建筑[A]//广东省立工业专门学校.广东省立工专校刊[Z], 1933: 76, 76, 78-79, 77, 75.
⑥过元熙.博览会陈列各馆营造设计之考虑[J].中国建筑，1934.2, (2): 14.
⑦、⑧过元熙.新中国建筑及工作[J].勤大旬刊.1936.1.11, (14): 29, 31.
⑨工学院. 广东省立勤勤大学概览, 1937: 15.
⑩林克明. 此次展览的意义[A]//广东省立勤勤大学工学院特刊[C], 1935: 2.
⑪郑祖良. 新兴建筑在中国[A]//广东省立勤勤大学工学院特刊[C], 1935: 5-6.

其二，以裘同怡"建筑的时代性"为代表，[1]认为现代建筑是时代发展的必然。每个时代有其相对应的建筑艺术形式，和古埃及、古希腊、古罗马以及文艺复兴时代的建筑一样，现代建筑是这个时代的必然产物。裘同怡似乎更赞同以达尔文的进化论来看待现代主义建筑运动："至现在社会的立场上摩登建筑也可以说是现代建筑的进步式样：因为他能以单纯的线条，经济的费用，建筑成一种有同等价值同等实用而又具有美术化的建筑品物，在建筑史上，当占一页很有价值的记载"。

其三，以杨蔚然"住宅的摩登化"、[2]胡德元"建筑之三位"[3]为代表，着重对现代建筑的设计方法论作出探讨。杨蔚然在文章中明确提出了摩登住宅的基本原理：经济、实用、美观。"如此趋向于摩登化者，其唯一原因，就是求切合经济的原理，实用的原则，和一切的合理化。"而胡德元认为现代建筑应包含三要素：用途、材料和艺术思想，并对形式主义作出批判："在廿世纪之今日，当建筑设计，离开用途与材料，而专注重其形式与样式，此实为不揣本而齐其末之事也。"

如果说省立工专时期，林克明等是以建筑师个人的自省自觉来追寻现代主义的脚步，那么勤大1935年的这次展览会是对长期不懈的现代主义探索作了一次全面检阅，标志着现代主义已成为建筑工程学系师生的思想和学术主流，并且从最初对摩登形式的关注转移到对现代主义真谛内涵的思考，这是一个质的飞跃，对岭南现代主义的深入发展有十分重要的意义。

1936年，在勤勤大学建筑工程学系一些学生主持下，诞生了在岭南乃至中国近代建筑史上具有重要历史意义的刊物——《新建筑》。这份杂志延续了1935年展览会的现代主义基调，成为旗帜鲜明"反抗现存因袭的建筑样式，创造适合于机能性、目的性的新建筑"的喉舌。[4]1938年夏，勤大工学院并入中山大学，结束了广东省立勤勤大学工学院建筑工程学系短短六年的发展历程。在这六年里，林克明、过元熙、胡德元等一批具有相同现代主义理想的老师和学生以极大热情投入了岭南早期现代主义的探索，这其中涌现了如郑祖良、黎抡杰、霍云鹤这样一批现代主义的坚定支持者，他们在后来的研究中发表了一批具有先进的新建筑思想的文章和论著，包括黎抡杰的《现代建筑》(1941)、《构成主义的理论与基础》、《国际的新建筑运动论》(1943)、《新建筑造型理论的基础》(1943)、《目的建筑》；郑祖良的《到新建筑之路》(译著)、《新建筑之起源》、《新建筑之特性》；以及郑祖良与黎抡杰的合著《苏联的新建筑》；郑祖良与霍云鹤的合著《现代建筑论丛》；等等。[5]还包括一大批闪烁着现代主义思想光华的学术论文。

1941年，《新建筑》在重庆复刊，黎抡杰、郑祖良任主编，以延续其对现代主义建筑思想新的认识和理解，由勤勤大学建筑工程学系师生们所开启的岭南早期现代主义的研究和探索进入新的发展阶段。

四、现代建筑在岭南

与1930年代岭南现代主义的传播和研究相呼应，中国建筑师以林克明、陈荣枝、杨锡宗、范文照等为代表，所进行的现代主义建筑的探索和实践逐渐汇聚成流。一批被称为"摩登式"、"近代式"、"国际式"、"摩天式"或

①裘同怡.建筑的时代性[A]//广东省立勤勤大学工学院特刊[C].1935: 8~10.

②杨蔚然.住宅的摩登化[A]//广东省立勤勤大学工学院特刊[C].1935: 11~13.

③胡德元.建筑之三位[A]//广东省立勤勤大学工学院特刊[C].1935: 3-4.

④、⑤赖德霖."科学性"与"民族性"——近代中国的建筑价值观[J]//建筑师，1995.4，(63)：71-72.

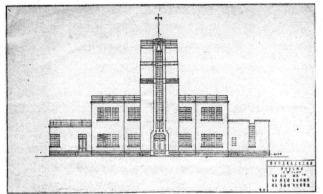

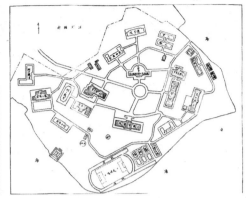

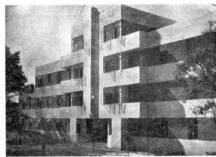

图5-36 广州市气象台立面图(林克明，1933)，广州市政府新署落成纪念专刊，1934.(上左)
图5-37 勤勤大学石榴岗校舍规划图，广东省立勤勤大学概览，1937年.(上右)
图5-38 勤勤大学教育学院，广东省立勤勤大学概览，1937年
图5-39 勤勤大学第一学生宿舍，广东省立勤勤大学概览，1937年.(下右)

"万国式"的建筑不断涌现，形成近代岭南现代主义建筑的先锋实验。

从作品序列分析，林克明对摩登建筑的认识至少在1930年已形成，并首先在广州市平民宫的设计中得到具体体现。从形式语汇看，平民宫充溢着对现代交通工具——"轮船"的赞美，它与林克明所著《什么是摩登建筑》中的插图高度同源：跌级的平台、船舷、水平的金属栏杆以及烟囱、眺台等。类似的做法在林克明1933年广州市气象台的设计中仍有所见，包括跌级的平台和水平金属栏杆等(图5-36)。

林克明等对摩登建筑的探索在1934年勤勤大学新校建设中已基本成熟。该校筹备委员会曾于1933年4月择定南海县属蟠龙岗为校址，并于该年完成规划及建筑设计。[①]后因故于1934年改校址为广州河南石榴岗，同年7月林云陔以"建校地址，既经改定，则建筑工程必随地形而变更"为由"饬建校工程处就石榴岗地势重新计划，拟定章程图纸"。[②]这估计就是留存下来有两份勤勤大学总平面规划图的原因。比较这两份规划图可以发现，两者在规划思想上明显不同，一份是未实施的，采用了古典巴洛克式的对称构图；而另一份是石榴岗校园中实施了的，适应地形环境、建筑依据地势自由布局的规划(图5-37)。在修改总图过程中，设计者在古典形式主义与摩登功能主义的选择中摆向了后者。

1934年9月林克明因专任勤大教授为由向工务局请辞，并与黄森光、朱志扬等一道完成了勤勤大学河南石榴岗新校的设计。新设计摒除了1933年陈荣枝之教育学院、以及林克

①一些研究中认定由陈荣枝完成规划设计及陈荣枝、林克明分别完成首期建筑设计的史实估计属于该时期。参见谢少明：中国近代建筑的先驱城市广州[A]//杨秉德主编.中国近代城市与建筑[C].北京：中国建筑工业出版社，1993：22.
②新校建筑经过及现况[Z]//广东省立勤勤大学概览.1937：2.

①新校建筑经过及现况//广东省立勤勤大学概览.1937: 7.
②胡德元的设计签名在《中国近代建筑总览·广州篇》中被误认为"胡往方"。

图5-40中山大学强电流实验室(胡德元,1936),国立中山大学校舍概要,1936.(上左)
图5-41中山大学男生宿舍立面图(林克明,1934),杜汝俭.中国著名建筑师林克明.北京:科学普及出版社,1991.(上右)
图5-42 中山大学材料实验及绘图所((杨锡宗,1934),国立中山大学,1935.(下左)
图5-43 中山大学天文台(郑校之,1936),国立中山大学,1937.
图5-44中山大学研究院(郑校之,约1936),国立中山大学,1937.(下右)

明之工学院在建筑形式上的差异性,并统一各建筑之形式,使石榴岗校舍表现出高度一致的摩登建筑风格。如果说在此之前,岭南只有零星、猎奇的摩登建筑的话,在这里,林克明实现了他最初的摩登理想。工学院、教育学院(图5-38)、学生宿舍(图5-39),以及未实施的商学院、机械实验室、化学实验室、材料实验室等均采用形体简洁明快,线条挺直,无多余装饰的摩登设计。在体型上,教育学院比工学院更单纯,并采用横向长窗结合遮阳板与水平展开的体量相配合。所有建筑都通过向左右两侧逐级跌落形成大平台,并在体量上突出建筑中部。勤勤大学新校建筑所反映的摩登风格及功能原则在《广东省立勤勤大学概览》中得到最准确的描述:"各项建筑工程计划,均以实用经济为原则,故不取华丽之装饰,只求工料之坚实及适合应用。"①建成后的教育学院、工学院及第一、二宿舍仍有林克明早期摩登建筑中艺术装饰风格的影子,如阶梯形的体量组合、注重对称等。这些元素在林克明后期的建筑实践中也经常出现,如广州火车站等,成为林克明个人现代主义风格之特定组成。

勤勤大学新校建筑的摩登建筑形式与同期建设的石牌中山大学(1933~1936)形成强烈对比。但奇怪的是林克明在中山大学校园里,又一次将其中国风格推至更为成熟的高度。这种视觉反差,作为岭南建筑界两个阵营共有的旗手,林克明自我矛盾的交锋是岭南现代主义建筑运动中最奇怪的现象。

勤勤大学建筑工程学系既是岭南现代主义传播和研究的重镇,同时也聚集了一群现代主义建筑的忠实实践者。除林克明外,金泽光、胡德元等在1930年代中期为国立中山大学石牌新校设计了一批现代主义建筑,包括金泽光1936年设计的卫生细菌研究所、传染病院(今中山大学北校区内);胡德元1936年设计的强电流实验室②(图4-40)、1937年设计的电话所等,这些体形简洁、简化或摒除装饰的现代主义建筑和林克明1934年设计的中山大学男生宿舍(图4-41),杨锡宗设计的中山大学教职员宿舍、材料试验室(图4-42),以及郑校之1936

设计的天文台(图4-43)、研究院(图4-44)等一道构成中山大学校园内有别于中国固有式教学楼的现代建筑群体。

作为在上海、广州等地执业的粤籍建筑师，范文照在中国现代主义传播和实践中占有重要地位。与林克明等人自行研究摩登建筑不同，范文照是在外国建筑师直接影响下开始现代主义的探索之路。1933年，范文照事务所由于美籍瑞典裔建筑师林朋(Carl Lindbohm)的加入，开始了"万国式"建筑的设计。[①]1934年前后，范文照在广州永汉路设计了广州中华书局(图5-45)，其设计尝试了简洁的建筑形体与南方骑楼的结合，建筑顶部突出的构筑物和挺拔的旗杆也有早期构成主义的影子。

杨锡宗在继续其新古典主义和中国固有式设计的同时，在30年代也开始了摩登形式的探索和实践，但其设计更多地与艺术装饰风格联系在一起。1935年杨锡宗设计监造了广东省银行汕头支行。设计中杨锡宗摒弃了在以往商业楼宇中惯用的三段式构图，而沿弧形界面作连续竖向构图，立面简洁有力，入口与顶部以Art Dec手法做局部处理(图5-46)，该楼成为近代汕头最为"摩登"的建筑之一。同时期，杨锡宗还以类似手法设计了广州法币发行管理委员会等建筑以及战后广州市立银行。

在陈济棠经济政策推动下，1930年代岭南工商业发展迅速，房地产投资十分兴旺，摩登形式开始影响岭南商业楼宇。艺术装饰风格(Art Deco)由于既能满足投资者"炫奇"的目的，又能有所装饰避免"简单"，因而广为流行，成为岭南近代最普遍的摩登样式，并在骑楼等商业建筑中广泛使用。建筑师也往往将艺术装饰风格与其他样式折衷使用，如伍泽元设计的广州新华戏院等(图5-47)。与此同时，由于地价上升，商业建筑开始谋求向高度发展，更实用、更经济和更新奇成为发展目标。1931秋陈荣枝、李炳垣接受香港爱群人寿保险有限公司委托开始设计广州爱群大酒店。在建筑形式的选择中，陈荣枝明显受到了美国近代高层建筑的影响，"本楼楼形，系采用美国摩天式。此式最适宜于高度建筑物，且富有端庄明净简单和谐之表现"。[②]在陈荣枝的设计中，连续的竖向线条构成了艺术装饰风格的外

图5-45 广州中华书局(范文照，约1934)，广东省立中山图书馆.广东百年图录(上)[Z].广州：广东教育出版社，2002: 118.(左)

图5-46 广东省银行汕头支行(杨锡宗，1935)，作者摄于2002年12月.(中)

图5-47 广州新华戏院(伍泽元，1930年代)，广东省立中山图书馆.广东百年图录(上)[Z].广州：广东教育出版社，2002: 351.

① 赖德霖."科学性"与"民族性"——近代中国的建筑价值观[J].建筑师，1995，(63): 68.
② 陈荣枝、李炳垣：广州爱群分行建筑设计与施工经过述概[A]//香港爱群人寿保险有限公司广州分行爱群大酒店开幕纪念刊[Z].1937.7.

图5-48 广州爱群大酒店(陈荣枝, 1934),
2010年11月摄.
图5-49 广州永安堂,
2004年10月摄.(右)

立面,并在底层入口上方和建筑顶部饰有几何模纹(图5-48)。广州爱群大酒店1934年10月1日开始兴建,1937年7月落成使用,它以15层楼高、简洁明快的线条达至该时期岭南摩登商业建筑的最高成就。

　　此外,商业建筑中还有广州永安堂(图5-49,1937年竣工)、陈荣枝1930年12月设计的广州市洲头咀内港货仓(图5-50)、王毓番、雷佑康1934年竞标获选的广州市立银行(图5-51,未实施)等也是战前岭南摩登建筑风格的代表。而关以舟在其家乡开平赤坎为司徒珙医生设计的医务所(图5-52)则进一步说明摩登形式从1930年代开始向中心城市以外的地区扩散,建筑师及开明的业主为摩登形式的推广扮演了重要角色。①

　　从1930年代中后期开始,摩登建筑风格逐渐影响住宅设计,追求阳光、空气的功能主义和摩登形式成为住宅设计的新趋势。1935年,林克明为广州越秀北路的自宅进行了设计和建造,该建筑被郑祖良等人主办的《新建筑》杂志以"现代住宅专辑"的形式加以特别介绍(图5-53)。其设计也贯注了林本人对现代主义的深刻理解:架空的底层、自由的平面、自由的立面,以及作为个人标签的跌级的平台、转角窗和金属栏杆等均在这幢建筑里有充分的体现。林克明的自宅设计从另一个角度反映了建筑师在官方和商业要求之外对新建筑的进取心态。在建筑师和业主共同努力下,花园式住宅采用摩登新式样在战前已是大势所趋,华厦画则事务所黎永昌②1937年为广东省银行设计的广州农林路甲种住宅等是其中的典型(图5-54)。

　　1938年广州陷落后,除军政临时设施外,岭南大部分地区建筑活动几乎完全停止。湛江由于法国租借地的特殊地位,大批难民纷至沓来,带动商业及旅店业畸形发展。1939年,南华大酒店、南天酒店等建筑落成,为现代式。

　　战后,在节省造价和追求新式设计的双重背景下,现代主义成为新建筑的代名词。

①司徒珙遗孀崔伟章称,司徒珙早年在广州沙面法租界行医,1930年代返乡定居后委托建筑师关以舟完成该医务所设计. 开平谭金花2004年采访记录。
②黎永昌(1905~?),广东南海人,香港大学土木工程学士。1934年登记为广州市工务局技师,自营华厦画则事务所。详见:广州技师技副姓名清册,1934年3月.广州市档案馆藏.

248

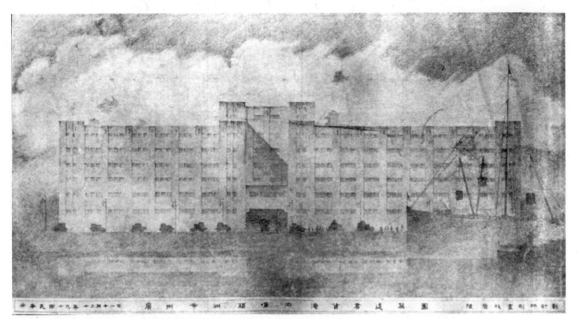

图5-50 "广州市内港洲头嘴货仓建筑图"(陈荣枝, 1930), 程天固.广州工务之实施计划[M], 1930.

图5-51 广州市立银行方案(王毓番、雷佑康, 1934), 广州市政府新署落成纪念专刊, 1934.

图5-52 开平赤坎司徒琪医务所(关以舟, 1930年代), 摄于2004年7月.

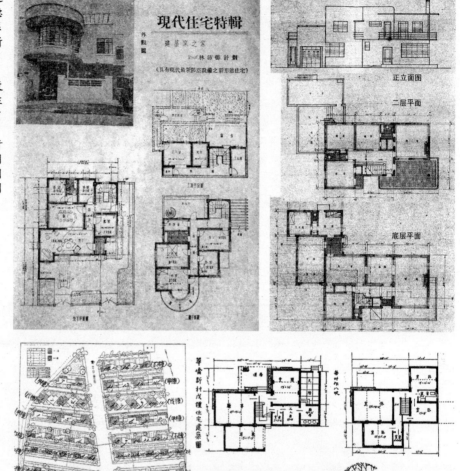

图5-53 "建筑家之家——Prof 林沛德计划"(林沛德之名系林克明借用),中国新建筑月刊社.新建筑,1936,(2).(上左)

图5-54 广东省银行设计广州农林路甲种住宅(黎永昌,1937),广东省档案馆藏(上右)

图5-55 广州市立银行百子路华侨新村总图及戊种住宅建筑图(杨锡宗,1947),广州市档案馆藏

1947年前后,杨锡宗受广州市立银行委托设计百子路华侨新村,相关文件已明确指出"乃采现代园林住屋式",[①]其设计也适应了通风采光、"合于卫生、住居安适"的功能原则(图5-55),建筑造型则"以普通装饰,坚实良材为标准",无论独院住宅还是集合式住宅,已完全摆脱了杨锡宗战前艺术装饰风格的影响。由于国际式浪潮风行全球,以及勤勤大学和中山大学建筑工程学系的毕业生成为战后岭南执业建筑师的主体,现代主义至少在思想上已成主流。

①广州市银行.广州市银行华侨新村设计[Z],1947年.广州市档案馆藏.

五、岭南现代主义发展的局限性

在中国建筑的现代转型中，岭南是最早开启现代主义传播和研究的地区之一，同时也是最早出现现代主义建筑的地区之一，但这种先发优势并未转化成推动岭南现代主义运动发展的革命性力量。从摩登式建筑最早出现的1930年到1949年近二十年间，现代主义始终未能超越官方主导的固有建筑思想、上升为岭南建筑学的主流形态。即使是在战后物质极端匮乏的前提下，国民党仍试图通过建造宫殿式的广州忠烈祠(范志恒，1946)重整官方的艺术形态和文化价值。现代主义所倡导的为平民社会建立大量的、工业化廉价住宅的理想从未在近代中国实现。现代主义仅仅作为一种形式而不是运动，被先锋派建筑师用以抗衡各种形态的古典复兴。种种不足使我们不得不绕开纯粹形式的讨论，转而关注形式背后的复杂性和矛盾性。

客观分析现代主义在岭南的发展，多种缺陷局限了岭南现代主义的发展。

(1) 经济与技术的制约

勒·柯布西耶在《走向新建筑》中指出："经济上与技术上的各种前提的变化，必然蕴含着建筑上的革命。"[①]钢材和水泥，作为西方工业革命的产物之一，材料的相对低廉和技术性能的高强度使其成为现代主义运动最直接的物质基础。然而在近代岭南乃至中国，这个物质基础的建构却遭遇到落后的工业生产与物质需求的矛盾。广东虽于1907年建立近代化的广东士敏土厂，并在1934年建立新型现代化水泥生产工业——广州西村士敏土厂，但筹建钢厂的计划直到1949年也未能实现。富裕的华侨社会不得不以航运方式购入被称为"红毛泥"和"洋铁"的"贵重"建材。大量民间建筑则不得不使用杉木结构进行营造，直到1935年，西村士敏土厂投产后，杉木建筑报建量仍占相当数量。[②]而岭南第一幢钢结构高层建筑——爱群大厦直到1937年才在广州建成。经济与技术的局限性极大制约现代主义运动的发展。

(2) 建筑师形式取向的困惑与矛盾

包括岭南在内的中国近代建筑师在形式取向中所面临的最大问题是其不得不背负历史和文化的双重负担。"五四"新文化运动以来有关科学与民主的讨论使科学精神深入人心，而发扬"固有文明"、表达"时代精神"又是那个时代每个建筑师所必须承担的历史使命。在官方意识形态及文化价值主导下，建筑师不得不游走于形式的缝隙之间，以不同形式"迎合"不同业主。现代主义不妥协于传统的革命精神在形式取向的困惑与矛盾中沦为建筑师形式菜单的一部分。其中，虽有过元熙等对中国固有式有悖于现代主义运动诸原则的深刻反思，有勷大建筑系一班学生对新建筑运动来临的欢呼和雀跃，但这一切均被湮没在沉重的文化与艺术使命中。

(3) 文化运动的缺失

但凡新艺术运动必然有相应的思想文化支持。正如欧洲文艺复兴运动在人文旗帜下对古典主义的全面回归，1920年代民族主义的兴发催生了中国固有式一样，现代主义的普及和发展必然需要整个社会文化运动的支持。然而，1930年代当现代主义传入中国之际，南京中央政府刚刚制定和通过民族主义的文化政策，而广东的文化复古运动也方兴未艾。虽然广东工业化发展极大促进了现代意识的萌发，现代主义在岭南更多停留在以勷勤大学建筑工程

---

①[意]L.本奈沃洛著，邹德侬、巴竹师、高军译.西方现代建筑史[M].天津：天津科学技术出版社，1996：401.
②1930年代《广州市市政公报》有关"市民报建"统计中，"杉木建筑"为主要结构类型之一。

学系为主体的学术思潮中。为掩盖现代主义对既有文化政策的冲击，摩登建筑实践被裹以各种各样的伪装，正如程天固描述平民宫时称："俨然三级塔形，盖取意于三民主义之建设也。"[①]同样的比喻被上海建筑师黄元吉用于描述由他设计、同样具有摩登风格的上海霞飞路恩派亚大厦。[②]文化运动的缺失使现代主义在中国，无论是近代或现代，都从未发展为建筑学领域的主宰。

　　岭南是中国建筑现代性与民族性探索的重要源发地和实践地。在美国建筑师茂飞帮助下，以孙文为主系的国民党及广州地方政府于1922年第一次确立可以代言现代中国的建筑学概念，并在1925年南京中山陵和1926年广州中山纪念堂设计竞赛中得到更明确的扩展。在此基础上，1930年代的广州通过一系列公共及文教建筑相对独立地发展基于"文化复古"思潮的中国固有形式的探索和实践。由于"宁粤冲突"在政治、经济、文化甚至军事方面的竞争态势，广州与南京无论在文化思想还是建筑表述等方面，都是近代中国民族主义建筑文化运动最重要的两极。民族主义建筑是岭南之于近代中国建筑最重要的贡献之一。

　　岭南建筑另一个开创性的贡献是有关现代主义的传播和实践。与上海等地首先由西方建筑师介绍和引入现代主义思潮不是，从1930年开始，林克明、陈荣枝等中国建筑师即开始摩登建筑的探索和实践，并取得较丰硕的成果。林克明等更以勒勤大学建筑工程学系为营垒，开启了现代主义在岭南的传播和研究。过元熙、郑祖良、黎抡杰、霍云鹤等有关中国固有形式的反思与对新建筑的赞美成为中国早期现代主义运动的最强音。

①程天固.广州工务之实施计划[Z].广州市政府工务局, 1930: 86.
②黄元吉介绍他设计的该大厦时称："……巍巍然耸立着的入口，控制着左右两边，是整个建筑的尖峰、引人注目的焦点。正中垂直的的三线，挺秀坚强，象征着三民主义，永久受人们的颂扬。"详见，黄元吉.上海霞飞路恩派亚大厦[J].中国建筑.1935, Vol.3, (4): 10.

第六章　西方建筑技术的植入与技术体系的建构

从世界建筑发展的历史看，无论是西方石构建筑体系还是东方木构建筑体系，建筑艺术的发展必然与相应的建筑技术的发展相呼应。正如火山灰混凝土与拱券技术的使用推动了古罗马建筑的发展、中世纪哥特建筑的产生得益于飞扶壁及尖券技术的运用一样，斗拱及相应技术的应用与发展推动了中国楼、阁、塔等不同建筑形态的产生与发展。在近代之前，东、西方并行发展着各自的建筑艺术与技术。

岭南古代建筑是中国传统木构建筑体系的重要组成部分。与西方石构建筑体系相比较，中国木构建筑并不是一个缺乏传统的技术体系。相反，经过漫长的发展与演变，至明清两代，中国传统建筑的平面型制、建筑形式及相应的结构、材料、技术与营造体制等已高度成熟和定型。而同一时期，也是岭南地域建筑文化与中原主流建筑文化高度融合、稳定发展，并形成地方性格的时期。一方面，抬梁式、穿斗式广泛应用于岭南木构建筑中，并在地方环境因素推动下，形成了木构与砖墙承重相结合的结构形式。另一方面，由于岭南地方经济的发展，尤其是对外贸易的发展，富庶人家的宅邸与园林空前发展，形成了岭南最富地方特色的建筑装饰与装修。工匠的技术素养颇为精良，营造行会制度也十分成熟。从当时保存下来的大量公馆、祠堂、寺庙、学宫、书院、民居看，明清两代是岭南自秦汉以来建筑业最兴旺和技术水平最高的时期。

伴随着近代西洋建筑文化的强势楔入，岭南乃至中国传统木构建筑体系发生了转折性变化，由此展开以西化为特征的近代化历程。为适应建筑体系的根本转变，西方近代尤其工业革命后所产生的各种新材料、新结构、新施工技术、新的建筑设备及科学设计方法以各种方式进入岭南，为岭南乃至中国近代建筑以西方模式开始近代化发展提供了技术保障。相对旧有体系，其变化有以下几方面：

①新材料与新的结构技术不断涌现，迫使建立一种新的近代化的材料与结构体系，随着建筑技术的发展不断更新，并有与地方材料和技术结合的趋势。

②由于近代建筑技术完全突破了旧有木构体系的材料组成，对新的建筑材料的需求迫使建筑材料工业产生与发展，岭南近代建筑材料工业体系初步形成。

③材料类型的增加、施工工艺和施工机械的发展使近代施工营造体系逐步摆脱旧有行会制度的束缚，呈现技术化、专业化发展趋势。同时由于近代资本主义生产关系的确立，营造厂或营造公司逐步建立起近代企业制度。

④作为新型的建筑从业人员，建筑师与工程师群体使中国近代建筑技术体系完全摆脱了传统营造体系的工匠色彩。在经历了由西人主导工程设计的早期阶段后，岭南通过多种途径逐步形成本土建筑师及土木工程师群体，并在政府主导下，逐步建立起建筑工程师登记制度。通过引入西建筑教育，本地区建筑与土木工程专业的人才培养体系逐步建立起来。

⑤由于近代城市的发展，一种新型的专业管理体系逐步建立起来。它们以政府职能部门的形式承担了技术管理与行政管理等多项职能，包括制定建筑法规、指导建筑业营运、

①(清)印光任、张汝霖.澳门纪略[M].卷上：官守篇.
②Wong Shiu Kwan.澳门建筑——中葡合璧相得益彰[J].澳门：文化杂志.1998年，(36，37)：169.
③[葡]巴拉舒(Carlos Baracho).澳门中世纪风格的形成过程[J].澳门：文化杂志.1998，(35)：59-60.

改良市政等。

西方建筑技术的植入与近代建筑技术体系的建立是岭南建筑近代化的一个重要标志。它标志着岭南传统木构体系基本完成向近代建筑体系的转变，岭南同中国其他发达城市一样融入世界建筑的发展历程，并通过不断完善，初具现代建筑的发展雏形。

第一节　西方建筑结构技术的引入与发展

作为推动建筑艺术不断向前发展的重要力量，结构技术是中国建筑现代转型的物质基础和前提条件。在中国近代建筑的发展历程中，结构技术与建筑艺术的发展相互依存、互为前提。梳理、研究中国近代结构技术的发展对中国近代建筑史研究具有重要意义，也是技术视角下中国现、当代建筑研究的重要补充。

在中国近代建筑技术的发展中，岭南是一个具有特别意义的个案。早在"一口通商"时期，澳门与广州就已是西洋建筑文化在中国的发祥地和集散地。鸦片战争后随着西洋建筑文化的强势楔入，西式砖(石)木混合结构、砖木钢骨混合结构、钢骨混凝土结构、钢筋混凝土结构及钢结构等结构技术形式次第传入，从技术形态上改变了传统木构建筑的发展轨迹。

一、西式砖(石)木混合结构体系的引入与发展

由于贸易往来和西方宗教的传播，西洋建筑技术早在16世纪中叶经葡萄牙人传入岭南。明万历年间，利玛窦在肇庆建立了第一座天主教堂——仙花寺，在传教过程中，已有向当地人展示西方科学技术成就的举措。及至17世纪末，清廷正式宣布开海贸易，广州十三行成为西洋建筑文化在内陆腹地的最早登陆点。西洋建筑的结构技术、构造技术及装饰技术通过澳门和广州十三行逐渐引入和传播，这个特定的历史时期则被视为西洋建筑技术的早期移入期。

澳门建筑在融合中葡建筑艺术的同时，也融合了中葡建筑技术。葡萄牙人最早的居所是临时搭就的茅棚，离开时则加以拆除。随着贸易扩大，并在中国官员姑息迁就下，商人开始建立相对固定的房屋仓库，即《澳门纪略》所言："商人牟奸利者渐运瓴甓橑桷为屋。"①这些建筑活动显然得到了中国商人和工匠的帮助，并同时依赖当地中国人提供包括青砖在内的各种本地建筑材料。圣若瑟修院旧址拆卸时，一些拆下的砖尽管已用了三百年之久，在经力学测试后，证明比伦敦砖或英国弗莱顿(Flettons)砖还要好。②作为一种常见的墙体形式，土坯墙则有可能受到了中葡建筑传统的共同影响。在葡萄牙本土的建筑传统中，把土夯实形成有相当厚度和较佳隔热性能的墙体材料是一种古老而实用的方法。在葡萄牙人殖民东方的过程中，该工艺有可能受到印度和马六甲夯土技术的影响，在澳门则明显受到当地华人所采用的加入贝壳粉和稻草做法的影响，以提高制造土坯的速度和强度。③在地方方言中，与之相应的中文名称为"春簕"(Chunam)，即充分捣实或搅拌以形成具有较高强度的土质墙体，直到19世纪末也常见于岭南各地(图6-1)。这种以砖墙或土坯墙承重，并以木梁或木肋承托木板形成楼面的作法是澳门早期西洋砖木混合结构建筑的主要技术手段，除了材料来源有所不同，其结构特征及受力方式与同时期欧洲本土建筑的技术形式差别并不大。结构技术的融合为澳门中葡建筑的共生发展营造了适宜的土壤。

图6-1 用"春箖"方式
建造中的汕头某教会
建筑.自藏.

石材是教堂等高等级建筑的常用材料。在早期的教堂中，也有采用木板建造的，如用板樟木建成的"板樟堂"等，但这些教堂在17世纪后的重建中，几乎全部采用了砖(石)木混合结构。1630年代圣保禄教堂加建的前壁(即大三巴遗址)是早期石砌承重墙体的典型。石材主要来自澳门本地及周边地区，除广东境内石矿场外，福建应是产地之一。

其他装饰材料也以本地传统为主。屈大均在文中提到的"垩"、"云母"等即为岭南地方传统材料。"垩"即石灰，用本地蚝壳烧制而成，在岭南沿海一带民居中相当常见。而以薄蚝壳嵌制成窗，以改善室内采光的做法也属于典型的地方传统，但同时，绝大多数建筑物装有殖民地色彩浓厚的百叶窗。

中国工匠几乎从一开始就参与澳门的建筑营造活动，这得益于在澳葡人吸引华人入居的举措。明隆庆三年(1569)，陈吾德称澳门葡人："挟其重赀招诱吾民，求无不得，欲无不遂，百工技艺，趋者若市。"[1]孙承泽《春明梦余录》更载："佛朗机之夷，则我人百工技艺有挟一技以往者，虽徒手，无不得食。民争趋之。"[2]地方官府出于限制葡人建筑活动的需要，也采取了有利于中国工匠的措施。1583年广东海道副使颁布命令："禁擅自兴作，凡澳中夷寮，除前已落成，遇有坏烂，准照旧式修葺，此后敢有新建房屋，添造亭舍，擅自兴一土一木，定行拆毁焚烧仍加重罪。"[3]同时，"夷人寄寓澳门，凡造船房屋，必资内地匠作"。[4]这些禁令在1749年被重申并被译成葡文刻碑立于议事厅前。虽然目的不同，地方官府和在澳葡人对使用中国工匠的态度是一致的，从而保证了地方工匠最大限度参与澳门的建设，为掌握西洋建筑的技术特点奠定了基础。

由于东、西方技术体系的矛盾差异，中国工匠的参与必然面临技术体系之间如何协调及相互适应等问题。在中国传统木构梁柱体系的技术背景下，中国工匠擅长用木作来解决受力构件的制作，包括柱、梁架、斗拱等，并在此基础上发展了中国传统建筑技术与艺术相结合的美学特征。当中国工匠被雇佣进行西式建筑的营造时，很自然将传统手工艺移植到西式结构中，这些早期西式建筑因而不可避免带有中国建筑的技术特征。这包括三种趋势：其一，当工匠不谙西洋技术、无法用西式结构进行构建时，习惯用传统木作对西式结构所反映的外形特征进行模仿；其二，当业主无法提供西方传统材料时，工匠会首先采用地方材料进行替换；其三，当西式结构与传统营造体系存在技术冲突时，传统施工技术和施工组织将发挥重要作用。总而言之，在西洋建筑形式和西洋建筑技术的早期移入过程中，中国工匠发挥了主动调适作用，使西洋建筑技术在澳门呈现"中国化"或"本地化"趋势。

①(明)陈吾德.条陈东粤疏.谢山楼存稿.卷一
②(明)孙承泽.浙省海寇.春明梦余录.卷四二.
③、④(明)喻安性.海道禁约.

澳门圣保禄教堂由于日本教徒、中国工匠及西方人的共同参与而使这座大型建筑成为不同地区建筑文化交流的特殊案例。中国工匠在对教堂屋顶及天棚的处理中采用了传统的木作方法。1637年到澳门的彼得·芒迪(Peter Mundy)在描述圣保禄教堂时称："隶属学院的教堂的屋顶是从来也没有见过的非常美丽的筒形拱廊。中国匠人用曲木精工细作了美丽的半圆券，并在其上施以红、蓝等各种奇妙的颜色。天棚用方格划分，在重叠的部分用玫瑰的花瓣和树叶来装饰，在终端部稍稍加粗以结束。"[①]芒迪细致的描述说明，即使是澳门圣保禄大教堂这样高等级的宗教建筑，中国工匠在缺乏西洋结构技术支持的前提下，不得不尝试以木作方式模仿具有受力承重功能的半圆券，并遵循对结构构件进行装饰的中国传统。事实上，在许多建筑中，西洋砖(石)木混合结构与中式屋架相结合非常普遍。

继澳门之后，广州十三行为西洋建筑技术进入内陆地区提供了一个新平台，这不仅包括十三行本身所进行的西洋建筑活动，也包括长达百余年的观念影响。从西洋形式开始出现的18世纪中叶到19世纪中叶最后焚毁，十三行经历了形式风格的多次更替，西洋建筑技术也逐渐发展成熟。和澳门早期的情况非常相似，十三行商馆在建筑技术的使用上，以中式为主，但在装饰细节上则混合了中西两种形态，这在1822年十三行火灾后的写生中有所反映：虽然有西洋形式的外表，但在山墙遗址上仍留下了岭南传统屋架和楼面构造的痕迹。第一次鸦片战争后，十三行地区教堂和殖民地外廊式建筑的出现，标志着西洋砖(石)木结构在中国的植入已不可逆转。

由于澳门和十三行的先发优势，广东工匠成为最早熟悉西洋建筑的技术群体，在鸦片战争后新开口岸的建设中扮演了技术输出的角色。从发生的时间和传播途径看，西洋建筑技术以岭南为起始向内陆扩散的趋势是中国近代早期建筑技术演变的主流方向。

二、西式砖(石)木混合结构的成熟与运用

1840年和1856年两次鸦片战争，从技术形态上改变了传统建筑的发展方向。随着新条约口岸的开辟，西式砖(石)木混合结构开始广泛应用于近代新式建筑，包括住宅、洋行、学校及工业建筑等。同时由于受过专业技术训练的工程技术人员的参与，砖木混合结构逐渐摆脱了早期因西方商人和传教士参与而导致的技术局限性和非正统性，经短时间的发展演变，在19世纪中后期发展成熟。从岭南的情况看，砖(石)木混合结构在两次鸦片战争之间，由于广州十三行地区洋行商馆的兴建，保持和发展了战前的技术水平，并在第二次鸦片战争后沙面租界的建设中得以成熟和稳定。其原因包括：租界建设以国家殖民的方式进行，在资金和工程技术方面得到最大限度支持。正规的西方建筑样式和规范的结构技术被合理应用，避免了早期十三行商馆洋式门面、中式(或中西混合)构架的技术尴尬；另一方面，租界建设在相对封闭情况下进行，地方工匠虽参与其中，但身处战败国的劣势地位，其技术自尊不得不屈服于来自战胜国的建设需要，顺应新的技术体系成为必然。在岭南西式砖(石)木混合结构的定型化道路上，建筑材料、构造方式等发生迥异于传统木构梁柱体系的转变，主要包括：

(1) 砖(石)承重墙体与券拱技术

砖和石材作为建筑材料，在岭南乃至中国古代建筑中早已存在。囿于传统木构梁柱体系的高度成熟，砖(石)墙

①C.R.Boxer,*The Great Ship fron Amacon*,*Instituto Cultural de Macau e Centro de Estudos Maritimos de Macau*,*Maucau*,1988.41.转引自[日]西山宗雄.澳门圣保罗学院教堂正立面的构成——关于葡萄牙人在亚洲的建筑活动及其建筑样式变化过程的研究[A]//张复合主编.中国近代建筑研究与保护(二)[C].清华大学出版社, 2001: 215.

① [瑞典]龙思泰著，吴义雄、郭德炎、沈正邦译.早期澳门史[M].北京：东方出版社，1997：266.
② 广西北海涠洲天主堂.涠洲天主堂简史.2002年抄录.

体的使用被局限于填充墙或部分承重墙，始终未能形成具有独立性格的结构体系。但是，承重方式的不同并未阻碍砖、石在岭南传统建筑中的广泛使用，瑞典商人龙思泰(Anders Ljungstedt，1759～1835)在描述19世纪广州建筑时称："筑墙最常用的材料是砖头，全城的房子大约有五分之三是用砖头造的。"① 为适应经常性的台风等自然外力影响，岭南在明清两代发展了以砖砌硬山和木构梁柱混合承重的结构方式，青砖成为岭南最常见的地方建筑材料之一。而花岗岩和红砂岩作为地方石材，则被广泛应用于檐柱、柱础、门窗过梁和基础等。一系列成熟的砖石技艺和施工方法随之形成。

鸦片战争后在条约口岸和租界建设中，红砖伴随着西式砖木混合结构建筑而出现，其最初来源可能是较早成为殖民地的南亚大陆。很显然，通过船运方式并不能完全满足对西式建筑材料的需求，地方材料包括青砖、石材等被继续使用，红砖和青砖混合使用成为早期西式砖木混合结构的突出特点。但同时，或许由于对青砖力学性能的不了解或不信任，红砖和石材在受力集中区域重点使用，如西式券拱、壁柱等。1863年建成于汕头礐石的大英驻潮州领事署是岭南现存较早的西式砖(石)木混合结构建筑。在该建筑中，按照西方传统以当地石材砌成地库，用石梁承托上部；墙体混合使用青砖和红砖，青砖尺寸明显大于红砖，但砌法上均为西式一顺一丁法；门窗开洞处以红砖砌筑，大量使用砖券，有半圆券、弧券、平券，为岭南乃至中国近代砖砌券廊的珍贵实例。券拱形式也因使用部位受力大小不同而有所变化，底层廊使用半圆券，二层廊使用弧券、窗则使用平券，券脚处用当地产麻石承托以抵御侧推力；建筑转角处用石材进行了加强，并按西方传统进行了形式处理。在史料记载中，该楼的建设有军队工程师的设计和参与，因而具有西式砖(石)木混合结构的典型特征。红砖的运用，包括一顺一丁的英式砌法和券拱砌筑是岭南西式砖木混合结构引入的重要标志。

由于技术简单，施工方便，砖(石)券拱技术得到迅速推广。即使在新技术广泛出现的20世纪初，券拱仍是许多西式建筑的重要组成部分。为适应快速建造，砖(石)木混合结构在早期条约口岸和租界的开辟中，被殖民者广泛应用，并不加区分地用于官署、洋行、住宅等

图6-2 正在砌筑中的沙面花旗银行地库拱券(摄影：Arthur W. Purnell)，澳大利亚维多利亚州立图书馆.

建筑的设计与建造中(图6-2)，与殖民地外廊式的外部形象一道成为早期西洋建筑的典型特征。沙面租界上的早期建筑都是该类结构技术应用的典例。如沙面大街原英国传教士公寓(1870)、原法国传教社大楼(1889)等。

在岭南早期哥特体系的建筑中，北海涠洲岛天主堂在西方技术的植入方面具有代表性。在缺乏足够技术支持和建筑材料的前提下，该教堂仍按哥特式建筑"周密之力学设计"进行了建造。② 当地石材和砖被合理

地运用在不同部位的尖券中：其拉丁十字平面两侧廊为抵御侧推力而采用了石柱和石砌尖券，主殿为减轻自重而采用了砖砌尖券(图6-3)，外部则采用厚重的砖砌扶壁和飞券等。形式虽然简陋，但力学传递清晰而朴素，反映了西方技术适应地方条件的可能性。

整个19世纪，广东始终未能建立工业生产红砖的材料体系。红砖供应只能通过船运贸易方式进行，这种情况直到1900年代后才有大幅改善，而当时砖(石)木混合结构在岭南已发展成熟并开始出现新材料和新结构。与红砖生产不同，岭南石料采集和加工在鸦片战争后有了极大发展，广东石匠在本地和外地建筑市场均担任重要角色。

(2)梁板木楼面与木框架技术

木制梁板楼面是西式砖(石)木混合结构的另一重要特征。西方建筑量化受力分析的技术特征在梁板木楼面中有较完整的体现：通过计算楼面荷载，确立梁板楼面的结构设计。其结构构造通常表现为木制主梁和密肋木梁共同承托木板楼面的梁板形式。主梁与承重墙体相对应，直接承受竖向荷载，密肋木梁垂直主梁方向并置于其上，使楼面荷载均匀传递至主梁中。为加强密肋木梁的整体刚度和稳定性，常设剪刀木撑连接部分密肋梁(图6-4)。

在一些需要较大空间的建筑中，砖石承重墙体为木柱所替代，形成木框架结构。西式木框架结构在岭南近代主要应用于厂房、仓库等产业建筑中，其结构逻辑性较强，受力传递清晰；常与木制三角屋架混合使用，构件结合处辅以钢托或钢帽加强受力(图6-5)。因岭南气候环境特点，木制框架结构未见大规模使用。

由于传入时间较早，以及受力概念与传统木结构相似且易于施工等特点，梁板木楼面结构在岭南分布极广。近代前期，澳门葡式建筑和广州十三行商馆在建筑内部设置多层楼面的作法已相当普遍，但从澳门现存实例和反映1822年十三行火灾的画作看，其楼面结构尚为硬山砖墙间直接架设圆木托板的传统形式。沙面早期砖木混合结构建筑由于历经洪水、白蚁蛀咬等自然灾害及人为改造或破坏，梁板木楼面已不多见，但在民间，尤其侨乡地区清末民国初的砖木混合结构建筑中，梁板木楼面仍有相当程度遗存。在珠海官塘一幢建于晚清的洋楼中，虽历经百年，其梁板木楼面仍保持较好的结构性能(图6-6)。

图6-3 北海涠洲岛天主堂室内尖券拱与室飞扶壁，摄于2002年.(左)

图6-4 广州大阪仓小洋楼木密肋与剪刀撑，摄于2007年.

图6-5 采用木框架结构与三角屋架的香港绳厂(摄影：佚名)，自藏。(左)

图6-6 珠海官塘某洋楼(左：外部；右：梁板木结构)，摄于2004年5月。

(3)西式三角木屋架

西式砖(石)木混合结构建筑与岭南传统建筑最大的区别还在于屋架形式不同。中国传统屋架体系主要有抬梁式和穿斗式两种，在力学关系中，屋架与柱、斗拱一道垂直受力。长期以来，在地方环境因素影响下，岭南在明清两代形成了以砖石山墙与抬梁式或穿斗式共同承重的结构体系，并在多开间建筑中广泛应用。在小开间或多开间砖墙承重建筑中，也有以山墙直接承托圆木桁条的作法，该作法在民居中较为常见。而西式三角屋架，又称桁架、人字屋架等，在受力上以三角形稳定原理为特征，优于以垂直受力为特征的传统抬梁式和穿斗式，在构造上也更简单。普遍认为，西式三角木屋架在中国的推广一方面与正规西方工程师的参与有必然联系，另一方面则与需要较大空间的工场建筑有直接关系。由于留存遗物甚少，从有关文字史料和图片资料或可推论：1840～1850年代黄埔船坞之大型厂房、1870年代开始的岭南洋务工业等应采用了西式三角屋架。而1860～1880年代的沙面早期砖木混合结构建筑绝大多数采用了四坡屋顶，从现存实例看，为西式三角木屋架无疑。

值得注意的是，早期由传教士和商人建筑的西式建筑，虽在承重结构上采用了西式砖木混合结构，但在屋架处理上却任由地方工匠根据传统屋架形式作出修改。即使是广州石室天主教堂这样一座由法国正规工程师作出设计的伟大建筑，其陡坡屋顶内也并非欧洲木桁架(即三角屋架)，而由中国工匠以抬梁式解决屋顶结构问题，1935年维修时才改为钢筋混凝土结构。[①]

与传统木结构技术相比，西式砖(石)木混合结构的用料与构造通过对建筑各部分受力情况的分析而获得，对传统营造业带来很大冲击。其中最根本的改变在于，结构计算与建筑设计成为西式建筑营造的必经阶段，经过训练的工程师与建筑师取代传统匠师成为营造技术的主导，并由此带动劳动分工和新的建筑业生产关系的形成，而后者是中国建筑近代转型的重要标志。因此，西式砖(石)木混合结构的引入是中国建筑近代化历程的开始，其先导意义显然超出了技术价值本身。

三、新材料、新结构在岭南的发展契机及结构过渡形式的出现

新材料、新结构的应用是建筑技术发展的重要前提。从技术发展视角看，欧洲产业革命为人类贡献了蒸汽发动机，是科学对工业的重大贡献。但在相当长时期内，经过产业革命洗礼的西方先进国家，大部分工业生产仍建立在传统技术基础上。19世纪中叶，即使在先行的资本主义国家里，也未曾出现技术的根本变化。[②]因此，鸦片战争后短时期内，相对西方先进工业国家的建筑技术水平，中国传统建筑技术虽存在一定差距，但并不悬殊，在早期砖木混合结构建筑的建造中，岭南地方工匠的技术素质基本能胜任。中西方建筑技术的真正差距突出反映在19世纪中后期西方新材料和新结构在建筑工程领域的广泛应用，由于波特兰水泥、钢铁等新型建筑材料，以及相应的钢筋混凝土和钢结构技术在铁路、桥梁等工程建设中得到检验，并开始应用于建筑工程，西方工业国家的建筑技术在19世纪中后期发生革命性变革。这些新材料、新结构通过西方殖民势力的入侵，以及1860～1890年代清政府洋务运动所引发的技术引进热潮很快登陆中国，使中国近代建筑技术步入真正意义的近代化历程。

新材料与新结构技术的引入就岭南而言有两条主线，其一，以沙面租界为代表的技术殖入体系；其二，以晚清洋务建设为代表的技术引进体系。

技术殖入体系的形成和发展以租界地区最为系统和完整。从沙面现存70余幢近代建筑的结构形式看，砖(石)木

混合结构、砖木钢骨混合结构，钢骨(筋)混凝土结构的使用有明显脉络可寻。同时由于沙面大规模建设主要集中在19世纪末20世纪初，有理由相信，沙面建设时期既是砖(石)木结构在岭南的成熟期，也是新材料新结构在岭南的发轫期，原因如下：

其一，沙面在相当长一段时间里扮演了技术输出角色。这一方面表现在沙面曾设立有广州最早的建筑师事务所，包括丹备洋行沙面分行、治平洋行及后来的伯捷洋行等。其中，由于美国土木工程师学会会员伯捷等人的贡献，中国近代第一幢钢筋混凝土结构建筑——瑞记洋行新楼20世纪初诞生于沙面。[③]而该大厦的业主——瑞记洋行(Arnhold, Karberg & Co)由于在工程技术方面的贡献受到莱特兄弟(Wright and Cartwright)的高度评价："在众多对中国商务发展作出重大贡献之商人中，瑞行占着举足轻重的位置……除了是商人外，他们亦是工程师及承造商，凭借着其专业的工程人员，该公司可管理所有范围的工程项目。"[④]沙面租界中还有许多类似瑞记洋行这样的外国商行，通过贸易和承办洋务的方式引入较先进的建筑材料与技术。

其二，在相当长一段时间里，沙面是岭南主要新型建筑材料(水泥、钢材、玻璃等)的输入地。以广州为中心，其经销范围涵盖岭南大部分地区，形成本地区最重要的新型建筑材料销售网。岭南最早的士敏土工业——广东河南士敏土厂，也是光绪三十四年(1908)岑春煊督粤时期向沙面礼和洋行引入设备建立的，同时设立的还有红砖厂、花阶砖厂等。广东士敏土厂及其附属工厂被视为岭南近代建材工业的源起。

其三，沙面建筑技术发展脉络清晰，技术形态具有源发性。其建筑多在19世纪末20世纪初完成，从现存建筑分析。砖(石)木结构房屋多属于早期建构，楼面及屋面木结构设计合理。而一些较早采用钢骨混凝土的建筑，如英商太古洋行沙面分行(1905)，其钢骨混凝土楼面结构层，没有分布钢筋，水泥标号很低，楼面结构层厚达30厘米，技术上严重不合理。[⑤]由此断定，当时钢骨混凝土等新材料、新结构在岭南的运用还属于摸索阶段。

作为租界势力的延伸，外国洋行在堤岸地区建立了一系列码头货仓，成为技术殖入体系的另一重要分支。西方人在珠江航道两侧建立码头货栈始于十三行外贸时期，鸦片战争后更有扩大趋势。1900年前后，太古轮船公司、亚细亚火油有限公司、亨宝轮船公司、怡和洋行、亚细亚火油公司、美孚火油公司、日商大阪株式会社等开始在珠江后航道(也称南航道)两侧的河南、芳村与花地一带建设新型仓库和码头。从现状遗存看，其结构多采用钢结构，并具体表现为工字钢立柱与三角钢屋架的结构形式(图6-7)。由于采光通风需要，气楼、天窗等技术形式得到普遍应用。这些货仓建筑是岭南早期大跨度钢屋架的典型代表。

总之，沙面建设集中反映了19世纪末20世纪初岭南近代结构技术发展演变的全过程。将该时期作为岭南砖木结构的成熟定型期和以运用水泥、钢为特征的新材料、新结构的发轫期是合理的。以沙面为代表，包括香港、澳门、广州湾等在内的西人特权区域成为新材料、新技术引入的第一目的地。由于西方人对上述区域或其他类似区域

①邓其生、李佩芳.论广州石室建筑艺术形象[J].新建筑，1988，(1)：65~69.

②张国辉.浅谈戊戌维新运动的社会背景[A]//纪念戊戌变法100周年会议论文集[C].1998.9.北京天则经济研究所网络发布，2004.

③Wright and Cartwright. *Twentieth Century Impressions of Hong Kong, Shanghai and Other Treaty Ports of China: Their History, Commerce, Industries, and Resources*[M]. London: Lloyd's Great Britain Publishing Co,. Ltd, 1908: 788.

④Wright and Cartwright. *Twentieth Century Impressions of Hong Kong, Shanghai and Other Treaty Ports of China: Their History, Commerce, Industries, and Resources*[M].London: Lloyd's Great Britain Publishing Co,. Ltd, 1908: 788.

⑤李传义.广州沙面近代建筑群分类保护研究[A]//张复合主编.中国近代建筑研究与保护(二)[C].北京：中国建筑工业出版社，2001: 298.

图6-7 广州芳村太古仓及3号仓室内，摄于2006年。

①赵春辰.岭南近代史事与文化[M].北京:中国社会科学出版社,2003:29.
②、③李海清.中国现代建筑转型[M].南京:东南大学出版社,2004:54.
④张之洞.续修沙角等处炮台片[A]//范书义、孙华峰、李秉新 主编.张之洞全集(第一册).卷九,奏议九.石家庄:河北人民出版社,1998:261.
⑤张之洞:修筑珠江堤岸摺[A]//王树枏编.张文襄公(之洞)全集[C].卷二十五,奏议二十五.台北:文海出版社,1967.

的投资行为，新材料、新技术的应用以一种镜象西方的方式进行。

"强国求富"的洋务运动是西方建筑技术引进与发展的另一主线。鸦片战争的失败引发对西方器物的崇拜，1860年代后，洋务派官僚纷纷创办以军事工业为主体的近代工业，大量引进西方先进的生产技术，并逐渐扩展至其他领域，包括民用工业、交通、能源及矿藏开发等。新政时期对民族工商实业和华侨资本的激励制度，则使官办、官商合办、官督商办等多种形态的产业投资成为中国近代西方技术引入与发展的主流。岭南早期洋务工业多属军事用途，有1873年两广总督瑞麟所创广州机器局，1875年两广总督刘坤一所办广州火药局；1885年两广总督张之洞创办石井枪弹厂并整顿广州机器局等；1889年张之洞更有广州枪炮厂的筹建计划，并已拟定广州石门为厂址，准备依照德国图纸动工兴建厂房。①与此同时，张之洞任内(1884～1889)岭南近代洋务建设开始转向民用工业。1887年张奏请创立广东钱局，由西方建筑师和工程师完成设计，并于1889年建成投产；1889年，再请创设广州炼铁厂和广州织布局。张之洞调任湖北后，原广州枪炮厂和广州炼铁厂计划在武汉得到具体实施。建成后的湖北枪炮厂为连续数十跨、绵延数百米的砖木结构建筑，由于大量采用木框架结构，同时设置气楼、天窗、大面积侧窗等，较好满足了通风、采光需要。②这在广东钱局的设计中也得到了证实。但在屋顶结构方面，广东钱局仍有中式梁架的特征。而汉阳炼铁厂也是在原广州炼铁厂已完成厂房设计和设备选型基础上整体迁往汉阳的，其汉阳厂房采用波特兰水泥与砖、石等共同构筑基础，其六大分厂的主厂房均采用钢铁结构，为近代中国最早采用此类结构的工业建筑之一。③产业建筑成为晚清技术引进体系的主要载体。

官方记载水泥等新型材料的使用始于张之洞督粤时期。1884年间张修复大角旧炮台时："新增所筑各工悉系因地制宜，参用西法以灰砂砖石洋泥层层舂筑，并以砖石作拱，以避敌弹。"④修筑广州长堤时："层列木桩入土丈余，堤外砌长方石块纵横十层，高以一丈为率，石底铺以红毛泥，石缝环以铁锭，石砌之内以土和灰沙舂筑坚实，务令巩固平整。"⑤这是清末岭南地方官员第一次明确提到对洋泥或红毛泥(即水泥)的使用，或可说明，岭南出现波特兰水泥的时间不会晚于1880年代。

以沙面为代表的技术殖入体系和以洋务建设为代表的技术引进体系在19世纪末20世纪初汇聚成新材料、新结构的引入和应用高潮。其具体表现包括：水泥和钢材开始在民用建筑中推广和应用；砖(石)木混合结构开始采用水泥或钢以提高技术性能；作为过渡形式的结构技术——砖(石)木钢骨混合结构、砖(石)钢骨混凝土混合结构等开始替代砖(石)木混合结构，同时酝酿更合理科学的钢筋混凝土结构。新材料、新技术的应用同时催生建筑材料工业的萌芽。广东士敏土厂在地方官员和沙面洋行的共同努力下于1907年建成投产，水泥生产第一次实现本地化。

由于水泥、钢等新型建筑材料的使用，改良砖(石)木混合结构成为可能。长期以来，受限于材料的力学性能，砖(石)木混合结构砖无法解决木制梁板在跨度方面的局限性，而钢骨的辅助为扩大室内空间提供了帮助，并因此形成改良形态的砖(石)木钢骨混合结构。该结构技术仍以砖(石)木结构为主体，以型钢为辅助加强楼面承载能力。以林秉伦设计的培正白课堂为例，该堂建于1907年。主体结构为砖木混合结构，内部以砖墙承重，外部以拱券承重，楼层以木梁为主，辅以工字钢，两端支撑于横墙上，梁上木密肋，其上铺板。由于钢梁的参与，其室内跨度几达6.5米，更好满足了教学要求。[①]沙面粤海关俱乐部(俗称红楼)与白课堂建成时期相同，也采用木肋梁板辅以工字钢梁的结构做法，但木肋间每隔一定距离还加设剪刀木撑作固定之用。也有直接以工字钢承于承重墙上，形成工字钢密肋梁、其上铺板的做法，如广东士敏土厂南北楼(孙中山大元帅府旧址)(图6-8)。在一定程度上，钢材的使用延长了砖(石)木混合结构技术在岭南的存在时间。

虽然存在时间较短，砖(石)钢骨混凝土混合结构是真正意义的结构新技术。该结构一般用厚砖石承重墙，楼面结构用型钢(多为工字钢)平行排列形成密肋，密肋间距可达1.5米左右。密肋间以拱形生铁板或钢板搭接，或砌砖拱、平拱等，上面再浇筑混凝土制成楼板。沙面也有以3-4根型钢外包混凝土作梁，梁上再搭型钢密肋的做法。沙面南街48号太古行旧址是早期采用筒拱钢板的典例(图6-9)，其钢拱间距为400毫米，拱高150毫米。沙面大街59号原英商亚细亚火油公司也采用了类似结构形式。但砖木钢骨混合结构普遍存在耗钢量大、造价高昂等缺点，同时由于技术不成熟，未能充分发挥钢材的力学性能，其技术存在时间较短，使用范围也较窄，多在大型建筑中使用。砖木钢骨混合结构在岭南的出现在1880年代后，早期钢骨混凝土由于结构计算和设计理论不成熟，表现出设计不合理和耗材多等问题，如前述太古行旧址。但作为一种比砖(石)木结构更耐久的结构形式，砖(石)钢骨混凝土混合结构在19世纪末20世纪初在广州等地仍得到广泛使用，较典型例子包括广东咨议局(钢骨混凝土结构,1909年建成)等。1914年澳洲华侨马应彪创办环球百货的先施有限公司广州分行，从室内情况看，是典型的工字钢作梁、梁上再设密肋钢梁的砖(石)钢骨混凝土混合结构设计(图6-10)。但从构造方式看，该建筑已接近钢框架结构，这也是砖(石)钢骨混

① 马秀之等.实测报告1：培正中学白课堂[A]//马秀之、张复合、村松伸、田代辉久.中国近代建筑总览(广州篇)[Z].北京：中国建筑工业出版社,1992: 24.

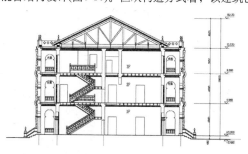

图6-8 采用砖、石、木、钢混合承重的广东士敏土厂南楼剖面,广州大学岭南建筑研究所测绘并提供。

图6-9 沙面太古行筒拱钢板结构，摄于2009年12月。(右)

图6-10 先施公司广州分行室内,近代广州.(中)

凝土混合结构的两个发展趋势之一。一方面，砖(石)钢骨混凝土混合结构有向钢筋混凝土混合结构和钢筋混凝土框架结构过渡的可能；另一方面，也有向钢框架结构过渡的可能。这在很大程度上决定了砖(石)钢骨混凝土混合结构作为结构过渡形式的技术特征。

除砖木钢骨混合结构与砖(石)钢骨混凝土混合结构外，岭南近代曾尝试采用竹筋混凝土技术以减低造价并解决一战时期物质紧缺的问题。竹筋混凝土最早由法国人蒙尼亚氏于1867年发明，因当时对于竹筋混凝土之防水、防腐及粘着力增强尚无有效办法，故未能普及。[①]1916年，广东公立医科专门学校在广州百子岗建新校(今中山二路原中山医科大学旧址)，其时正值一战时期，钢材缺乏，价值昂贵。为节省资金，谭胜以竹筋代替钢筋制作竹筋混凝土获得成功，预计可用三十年。1918年建造广州私立培正中学王广昌寄宿舍和两广浸信会联合办事处时，建筑师周良采用谭胜的方法加以改善，并尤其注意竹筋排布的细致缜密，使竹筋混凝土技术得到进一步发展，其后广州采用竹筋混凝土建造的楼房有一百多幢。[②]相应的竹筋混凝土研究直到1936-1937年间德国工学博士达泰氏和日本人七条计曾一等多方努力下才有较大突破。[③]

四、钢筋混凝土结构技术的全面发展

在短暂采用砖木钢骨混合结构与钢骨混凝土砖混结构后，岭南近代结构技术向更合理的钢筋混凝土结构过渡。在这个过程中，美国土木工程师伯捷与澳大利亚建筑师帕内在广州开办的治平洋行为中国近代钢筋混凝土结构技术的引入作出了重要贡献。1905年，伯捷与帕内治平洋行为瑞记洋行设计了位于广州沙面的五层总部大楼，并采用了从1905年开始流行的"康"式钢筋混凝土结构。该结构的技术基石是美国人朱利尤斯·康(Julius Kahn)发明的"康式绑扎型钢筋"(Kahn Trussed Bar)，即带凸缘的水平主筋以45°对角与刚性连接的组合钢筋共同构成的钢筋体系(图6-11)。该技术被康等人于1903年组建的T.C.S.公司(Trussed Concrete Steel Corporation)使用，并在20世纪初成为其他钢筋混凝土结构体系的主要竞争对手。郭伟杰认为瑞记洋行新楼是中国现存最早的钢筋混凝土结构建筑[④]。在瑞记洋行新楼的建造中，康式钢筋混凝土结构技术被设计者选用(图6-12)，同时雇佣香港林护(Lam Woo)的建筑公司学习该结构的施工以便建造[⑤]。随着林护联益公司向上海、南京、长沙等地的拓

图6-11 T.C.S.公司发明的康式钢筋，转引自 郭伟杰(Jeffrey W. Cody). *Exporting American Architecture 1870~2000, Longdon and New York*: Routledge, 2003: 38.(左)
图6-12 康式钢筋运抵广州(摄影: Arthur W. Purnell)，澳大利亚维多利亚州立图书馆.

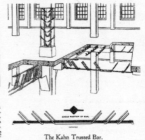

展，钢筋混凝土结构技术得到进一步推广。⑥

伯捷在设计瑞记洋行的同时也设计了岭南大学东堂(The East Hall，后被命名为马丁堂)，而后者也被认为中国近代第一幢钢筋混凝土混合结构建筑。谢少明细致的研究证实马丁堂最初的结构方案为砖石钢骨混凝土混合结构，但最后实施却采用了钢筋混凝土混合结构。⑦马丁堂作为岭南大学第一幢永久性建筑，由美国纽约斯道顿事务所于1905年11月完成设计⑧。或许路途遥远，或许砖石钢骨混凝土混合结构的设计被最终放弃，斯道顿事务所的工作最终交给了治平洋行，而T.C.S.公司的康式钢筋混凝土结构技术再次被采用并实施。

争论瑞记洋行和岭南大学马丁堂之间谁是中国近代第一幢钢筋混凝土结构建筑也许并不重要，但马丁堂前后不同的结构选型却反映了一个重要信息，即1905年是砖石钢骨混凝土结构和钢筋混凝土结构的交汇点。在美国本土的建筑师还在采用砖石钢骨混凝土结构进行设计时，更科学合理的钢筋混凝土技术已在广州出现，从技术应用的时间看，近代岭南乃至中国与世界先进国家基本同步。1905年后，钢筋混凝土结构技术在包括岭南大学、广州协和神学院、真光、培正、培道等一大批教会学校建筑中广泛运用，一些新的公共建筑包括租界洋行及长堤海关大楼、邮政局等由于西方建筑师的设计也更多选用了新的钢筋混凝土结构，并主要表现为硬红砖承重墙与钢筋混凝土梁板的混合结构方式，即钢筋混凝土砖混结构。但同时，砖石钢骨混凝土和砖木钢骨混合结构仍在继续使用，这是技术过渡时期的必然特点。

在钢筋混凝土技术本土化的过程中，民国初地方政府的技术部门扮演了十分重要的角色。1920年代广州、汕头等地市政府成立后，工务局作为城市建设的职能管理部门，担负起"规划、市政、取缔建筑、测量公园及其他土木工程事项"。⑨其中建筑技术的引介和管理成为工务局的一项重要职能，一些钢筋混凝土的结构规范和构造做法开始出现在各地工务局自行颁布的建筑规章或条例中。1921年11月3日，汕头市政厅颁布《取缔建筑暂行章程》，其中第48条至第54条明确列明"钢筋混凝土"的一些技术规定，包括力学强度、施工要求及构造做法等。⑩1924年《广州市新订取缔建筑章程》附刊"建造规范"计六条，其中四、六条为"钢筋三合土"的有关构造规定。从现存文献看，上述两部建筑章程是岭南最早的有关钢筋混凝土的结构技术规范。

从行文和内容看，岭南早期钢筋混凝土结构技术规范更象经验叙述。《广州市新订取缔建筑章程》"建造规范"第六条："钢筋三合土之钢及工字等形之钢多由别处输入可根据普通限制每方寸受牵力一万六千磅。"又，《汕头市政厅取缔建筑暂行章程》第四十八条："钢筋混凝土所用炼灰(注：水泥)混合土配合须以炼灰一分净砂二分沙砾四分调和

①李海清.中国建筑现代转型[M].南京：东南大学出版社，2004：229.

②黎铎.广东公医专门学校及附设公医院[A]//广州市政协文史资料委员会编.广州文史资料[C]，1980，(21)：170；雷秀民、周良等.广州市东山六十多年来发展概述[A]//广州市政协文史资料委员会编.广州文史资料[C](总第14辑)，1965，(1)：92.

③李海清.中国建筑现代转型[M].南京：东南大学出版社，2004：229.

④Jeffrey W. Cody: *Exporting American Architecture 1870~2000*[M], Routledge, 2003. 37~41.

⑤Wright and Cartwright. *Twentieth Century Impressions of Hong Kong, Shanghai and Other Treaty Ports of China: Their History, Commerce, Industries, and Resources*[M], London: Lloyd's Great Britain Publishing Co,. Ltd, 1908: 788.

⑥彭长歆.20世纪初澳大利亚建筑师帕内在广州[J].新建筑，2009，(6)：71.

⑦、⑧谢少明.岭南大学马丁堂研究[J].华中建筑，1988，(3)：95~99.

⑨广州市工务局章程[Z].谭延闿署.广州市市政例规章程汇编，1924：85.

⑩市厅颁行法令摘要//汕头市政厅编辑股.新汕头[Z]，1928：133-134.

之。"这些技术规定一定程度上反映了岭南各地工务部门规范和推广钢筋混凝土技术的努力。

岭南自1920年代中期进入稳定发展的时期，从而推动钢筋混凝土结构技术的应用与普及。在政府推动及民族资本、华侨资本的共同作用下，岭南城市建设日新月异，尤其在陈济棠主粤时期(1929~1936)进入高速发展时期。建筑业、房地产业蓬勃兴旺，钢筋混凝土成为建筑主要用材。为规范和引导新材料、新技术的应用，广州市工务局于1930年颁布《广州市工务局取缔建筑章程》，对各类建筑、建筑物各组分作出明确规定以指导建筑设计。其中，第四章"材料"主要就三合土以及钢筋三合土的施工规范作出规定，全章共16条。1932年8月广州市工务局再行颁布《广州市修正取缔建筑的章程》，其最大的改变在于，除第四章"材料"对砖、木、石料、士敏土等建筑材料作出通则规定外，另专辟第九章"钢筋三合土"共计44条(第80条~第123条)对钢筋的结构性能、计算方法、施工方法作出详尽规定。与此同时，广州市建立材料试验所，并于1932年6月2日广州市第十二次市资政会议决通过《广州市建筑工程师及工程员试验规则》，要求对广州市建筑工程师员进行包括"材料力学、材料试验、结构学、钢筋、混凝土"等科目在内的材料试验考察，每年举行两次。另外，广州各大院校，包括岭南大学、中山大学、勷勤大学、广东国民大学等纷纷开设土木工程专业，高等教育的开展极大推动了岭南土木工程技术的研究和发展。1936年中山大学方棣棠教授编写《材料力学》，是广东首部材料力学的自编教材。理论体系的成熟和技术推广的本地化使钢筋混凝土结构从1920年代开始成为岭南建筑普遍使用的技术形式，并主要表现为两种类型：钢筋混凝土砖混结构和钢筋混凝土框架结构。

(1) 钢筋混凝土砖混结构

钢筋混凝土砖混结构是指建筑物中承受竖向荷载的结构墙、扶壁柱等采用砖块砌筑，柱、梁、楼板、屋面板、基础等采用钢筋混凝土构筑。与砖木混合结构相比，钢筋混凝土砖混结构仍保持了砖墙承重的技术特点，但在楼面梁板方面，以强度更高、更耐用的钢筋混凝土代替了木制梁板(图6-13)。与砖石钢骨混凝土混合结构相比，钢筋混凝土砖混结构主要通过构造方式的不同充分发挥水泥和钢筋的力学性能。岭南早期钢筋混凝土多采用康式钢筋，如岭南大学马丁堂。早期的钢筋种类有圆钢、竹节钢、方钢等多种形式，后期则有螺纹钢的出现。砖多为西式硬红砖。由于红砖、水泥的生产在20世纪初开始实现本地化，以及对施工场地、施工技术及施工设备要求较低、造价低廉等优势，钢筋混凝土砖混结构作为一种经济可靠的结构形式被迅速推广。至20世纪八九十年代初，岭南仍在使用这种结构形式建造低层房屋。

(2) 钢筋混凝土框架结构

钢筋混凝土框架结构主要通过结构柱、梁、板共同形成受力支撑系统。与钢筋混凝土砖混结构相比，由于砖砌墙体不再成为结构支撑的一部分，钢筋混凝土框架结构对室内空间的解放显而易见，其施工过程也因明显区分了结构体与附着体，而在施工速度等方面表现出较强优越性。

从全国视野看，岭南是钢筋混凝土框架结构技术起步最早、发展最快的地区之一。上海1908年建成了中国第一座钢筋混凝土框架结构建筑——上海德律风公司大楼。囿于基础处理，上海直到1920年，才有八层大来大楼(Robert Dollar Building)的出现。而此前，沙面瑞记洋行早在1905年即由治平洋行完成中国第一幢钢筋混凝土框架结构建筑的设计(图6-14)。广州长堤及西堤大马路一带，则有1914年建成的先施公司七层百货公司大楼及附属酒店(即东亚大酒店)、1918年建成的九层大新公司(包括顶层塔楼)等。其中，大新公司是中国近代第一幢钢筋混凝土框架结构高层建筑。

图6-13 沙面花旗银行(钢筋混凝土砖混结构施工中)(摄影：Arthur W. Purnell),澳大利亚维多利亚州立图书馆.
图6-14沙面瑞记洋行(钢筋混凝土框架施工中)(摄影：Arthur W. Purnell),澳大利亚维多利亚州立图书馆.(右)

　　钢筋混凝土框架结构建筑在岭南的发展与城市建设中的骑楼法规关系紧密。岭南自民国初年便有拆城墙、改筑新式街道之举措。1912年广东军政府工务部颁布《广东省城警察厅现行取缔建筑章程及施行细则》,其中第十五条规定："凡在马路建造铺屋者,由门前留宽八尺,建造有脚骑楼……"该条文从法律上明确了商业建筑必须以骑楼形式出现。由于有脚骑楼在结构体系上改变了连续砖墙的承重方式,使得一些为了摊薄高额地价而寻求向高度发展的商业建筑不得不采用新技术来达到目的,钢筋混凝土框架结构由于一方面可将底层商业空间从承重墙中解放出来,另一方面又可谋求更多楼层的技术特点而被采用。广州新华、新亚、东亚大酒店及先施、大新百货公司等,是长堤及西堤大马路该类建筑的代表。1920年广州市政公所再行颁布《临时取缔建筑章程》,对骑楼宽度作出规定,并在《取拘建筑十五尺宽度章程》中规定："凡建十五尺宽骑楼,遵照本公所规定骑楼高度,属于普通铺屋,及骑楼下如无圆拱逼力者,其柱如用士敏土铁条结柱",可增至五层楼高度。因此,对骑楼商业形态和建筑高度的追求是岭南钢筋混凝土框架结构产生和发展的最直接原因,这与上海等租界城市单纯谋求高度的发展,而在客观上促进了钢筋混凝土框架结构技术的发展有所不同。

　　20世纪20年代至30年代末,岭南政局稳定、经济发展,建筑业、房地产业篷勃兴旺,形成岭南近代最为繁荣的时期。当时岭南近代建筑材料工业已基本形成,广东河南士敏土厂年产水泥200000桶,广州西村士敏土厂1932年建成投产,年产水泥440000桶。[①]国内钢材的产量也稳定增长。在广州、汕头、梅县、中山、江门、台山、海口等主要侨乡,华侨也以船运等方式从香港等地直接运送"红毛泥"、钢材等建筑材料返乡建设。与此同时,各种技术规范先后颁布,使得钢筋混凝土结构技术二三十年代在岭南得到普及,钢筋混凝土框架结构也广泛应用于大型公共建筑、商业建筑及多层住宅等。岭南各地以钢筋混凝土框架结构挑战旧有建筑高度的事例层出不穷。海口大厦1935年建成,号称"五层楼",保持高度至1950年。汕头南生百货公司七层、江门新亚酒店6层(局部8层)等,都达到了当地建筑从未有过的高度。

　　由于钢筋混凝土框架结构的发展,带来近代岭南建筑几方面的变化：

①广东建设厅士敏土营业处.广东建设厅士敏土营业处年刊[Z].1933: 9-10.

① 郑时龄.上海近代建筑风格[M].上海:上海教育出版社,1999: 205.

其一,建筑向高度发展,单栋建筑功能趋于综合化、多样化。如汕头南生百货公司大楼,一、二层为百货公司,三、四层为中央酒楼,五、六、七层为中央旅社。

其二,建筑形式趋于多样化。有学院派的古典样式,如台山县新建公署;有中国固有式,如广州市府合署;也有现代摩登式,如广州平民宫。也有利用钢筋混凝土的结构性能,作一些新奇样式的尝试。结构技术的革命性跨越,在一定程度上带来形式手法的多样化。

其三,新技术的运用开拓了设计者和使用者的视野,在钢筋混凝土框架结构基础上开始酝酿更新、更有效的结构技术,如钢结构在高层建筑中的应用与发展等。

五、钢结构技术的引入与发展

从民用建筑的应用看,岭南钢结构技术晚于上海等租界城市。中国现存可考的钢结构建筑最早为1917年由公和洋行设计的上海天祥洋行大楼(后改名有利洋行大楼)①,其后1920~1930年代在上海、广州等地不断出现新的高层钢结构建筑。然而,研究中国近代钢结构技术的引入与发展,将目光仅局限在建筑领域并不足取。正如西方高层钢结构技术的发展是以西方工业革命以来不同类型钢铁构筑物的诞生为基础一样,西方近代钢铁结构首先在桥梁等市政工程、铁路工程中广泛运用,即使是1889年作为钢铁时代来临的重要标志——埃菲尔铁塔也仅具地标与象征意义。但钢结构技术的发展最终为空间的营造奠定了基础,1851年,帕克斯顿(Joseph Paxton)设计的伦敦"水晶宫"初步确立钢铁建筑的原型。19世纪末20世纪初,"芝加哥学派"建筑师极大拓展了钢框架尤其是高层钢框架结构理论,使钢框架及稍后建立的钢筋混凝土框架结构技术成为20世纪前期最重要的结构技术创新,它支承并建构了20世纪现代建筑赖以存在的技术基础。遵循同样的脉络,研究岭南近代钢结构技术的引入与发展必须全面考察钢铁结构在各项工程技术的运用和设计。总体来看,在岭南近代第一幢高层钢框架结构建筑——广州爱群大酒店诞生前,钢铁结构主要在低层钢结构建筑、钢屋架、铁路及市政桥梁中得到广泛应用,它们和高层钢框架结构建筑一道构成岭南近代钢结构技术引入与发展的全貌。

(1)低层钢结构建筑

由于施工安装速度快、强度高、易于拆卸等优点,早期钢结构技术主要用于仓库、厂房、铁路站房等需要较大空间的产业建筑。广州现存较完整的近代钢结构建筑是建于20世纪初位于广州珠江南航道两岸的一大批码头、仓库,包括渣甸仓、美孚

图6-15 西关水塔,广东省立中山图书馆.广东百年图录(上)[Z].广州: 广东教育出版社,2002: 70.
图6-16 广州河南原海关信号塔,摄于2011年1月。(右)

仓、太古仓、大阪仓、龙唛仓等。其中，渣甸仓、美孚仓由治平洋行帕内与伯捷于1900年代中期设计，外表为英式维多利亚风格，内部采用工字钢立柱和三角钢屋架。当时广州建筑用钢材几乎全赖进口，据现场考证，太古仓建筑用钢主要产自苏格兰格伦加诺克钢铁厂（Glengarnock Steel Works）。[①] 同时期另一些钢结构构筑物还包括1907年建于广州西关长寿大街的水塔（图6-15），它采用了钢框架形式，并用钢弦拉结以加强稳定性。1910年建于广州河南的海关信号塔也采用了类似的钢结构，至今保存仍基本完好（图6-16）。总体来看，钢结构在岭南近代民用建筑中，是一种较少采用的结构形式，除材料没有实现本地化导致造价偏高外，长期保守的技术心理和使用心态估计也是钢结构未能普及的重要原因。

(2) 钢屋架

相对于建筑主体钢结构的匮乏应用，岭南近代建筑中采用钢铁屋架的案例却层出不穷。

早期西式三角木屋架在19世纪末20世纪初，逐渐为各种形式的钢屋架如芬式、豪式及钢桁架等所取代。首先是西式三角屋架经历了由木屋架向钢屋架的演变过程。最初的变化发生在一些大跨度建筑中，木架结合钢弦或钢制连接件的方式开始出现。随后，多种类型的钢屋架形式包括芬式、豪式及钢桁架等开始传入并普及。岭南现存钢屋架的较早实例应为沙面北街51号今沙面游泳馆钢屋架[②]，其室内工字钢立柱间距为3.7~3.8米，钢屋架每榀跨度为13.1米，下弦杆呈拱形，最高点为5.8米，最低点为2.7米。[③] 另外，1909年建成使用的广东咨议局，其圆形穹顶由国外制作并运回广州安装，为工字钢曲成弧面，上铺锌铁屋面而成，为晚清官方所建较早个案。其间，外国洋行在广州珠江航道两侧建立的货仓钢结构建筑几乎全部采用了钢屋架。

钢屋架技术在岭南的大规模应用与发展始于1920年代中期，并与中国古典建筑复兴有直接关系。通过美国建筑师茂飞等人的早期探索，并通过吕彦直、范文照、杨锡宗等留学海外的中国建筑师的成功演绎，"中国古式"或"中国固有式"成为国民政府极力倡导的建筑样式。在将西方古典建筑的形式构图与中国传统形式相结合的同时，中国建筑师和土木工程师引入并发展了西方钢屋架技术以适应中式大屋顶的设计和建造，豪式、芬式及混合式钢屋架等成为屋顶构造的主要形式。其中，广州中山纪念堂以其涵盖的巨大空间成为中国近代钢屋架技术的突出代表，在这座要求能容纳5000人聚会及演讲的建筑中，吕彦直以中国传统形式设计了八角形的中央大厅和四周门廊，留美土木工程师李铿完成了主体结构设计。在李铿、冯宝龄的设计中，基础、柱及楼板采用了钢骨混凝土结构，礼堂内看台及全部屋面为钢结构。[④] 其中，中央大厅式为豪式钢屋架（图6-17），四周门廊为芬式钢屋架，由广州沙面慎昌洋行

① 其工字钢柱内侧留有"Glengarnock Steel"标记。格伦加诺克钢铁厂1841年由James Merry和Alexander Cunningham创建，其后多次易手，最终由英国钢铁公司经营，1985年完全关闭。

② 该建筑山墙顶端有"1887"的年份记录，现为沙面游泳池使用。历史文献所载该地块（原沙面79号地块）与沙面公共游泳池所在地（即原沙面78号地块）相邻，但一个明确事实是，沙面租界公共游泳池始建于1908年，个中变迁及该建筑原使用功能尚需考证。

③ 汤国华.广州沙面近代建筑群[M].广州：华南理工大学出版社，2004：254.

④ 董大西.广州中山纪念堂[J].中国建筑，1933.7, Vol.1, (1): 5.

图6-17 广州中山纪念堂中央大厅钢屋架施工中（摄影：王开，1930年1月），卢洁峰.吕彦直与黄檀甫——广州中山纪念堂秘闻[M].广州：花城出版社，2007.

①参见李海清.中国建筑现代转型[M].南京:东南大学出版社,2004:318~329.
②广州市政府.广州市政府新署落成纪念专刊[Z],1934:3.
③荔湾区地方志编纂委员会办公室.广州西关风华(四)——西关与詹天佑[M].广州:广东省地图出版社,1997;颜泽贤、黄世瑞.岭南科学技术史[M].广州:广东人民出版社,2002.
④美国土木工程师伯捷(Charles S. Paget)在华设计与营造项目清单.感谢Peter E. Paget先生提供家族史料。

(Anderzen Mysner & Co.)总包、美国马克敦公司建造施工。在中山纪念堂的技术指向下,以钢屋架设计中式大屋顶成为主流,曾担任中山纪念堂顾问工程师的林克明在他早期中国固有式建筑的设计中,多采用钢结构屋架,包括中山图书馆中央主殿(芬式,1928-1929)、中山大学原法学院教学楼(豪式,1933~1935)、中山大学原生物地理地质三系教学楼(芬式,1933~1935)、中山大学理学院化学楼(芬式,1933~1935)等。有关钢屋架技术及构造做法如何适应中国固有式建筑的形式要求,有学者曾就此做了专门研究。①

岭南近代在中国固有式建筑中停止使用钢屋架应始于广州市府合署。该建筑于1930年由林克明竞标获选担任设计。"原定各座屋架均用角铁构造,后以金字铁架易于锈蚀,且每年需检查及油色一次,故改用钢筋三合土为之。"②修改屋架结构估计发生在施工后期。从1935年前后开始,岭南中国固有式建筑的屋架结构几乎全部采用钢筋混凝土建造,包括林克明本人在中山大学的设计及范文照的广东省府合署设计等。

(3) 钢结构桥梁

钢结构桥梁在岭南的出现与20世纪初广东铁路的建设有直接联系。清末民国初,粤汉铁路广三段(1901~1903)、潮汕铁路(1903~1906)、广九铁路(1907~1911)、新宁铁路(1906~1913)、粤汉铁路广韶段(1906~1916)等铁路工程相继兴建。河泊密布、山林透迤的地理环境为岭南近代道桥工程引入钢结构提供了客观环境,钢结构桥梁在岭南铁路工程中得到广泛运用。在众多参与中国近代铁路建设的中外工程师中,尤以詹天佑对中国铁路的贡献最为突出,他在钢结构技术的本土化中扮演了重要角色。

詹天佑(1861~1919)(图6-18),广东南海人。1872年经容闳招考幼童出洋赴美,1878年,考入耶鲁大学土木工程系,专习铁路工程。1881年毕业回国短暂担任广东博学馆教职,其后长期从事中国铁路的设计和建造工作。1905~1909年,担任京张铁路总办兼总工程司,在京张铁路的修建中,詹天佑以"之"字形线路设计解决火车大坡度翻越八达岭的问题,同时制订了一系列标准化设计汇编成《京张铁路标准图册》,并于1913年在广州出版,其中包括100英尺跨度钢梁标准图;1906年5月,商办广东粤汉铁路总公司成立,筹资兴筑粤汉铁路广韶段,全长224公里,沿线桥梁众多。1910年10月推举詹天佑任总理,主持粤路,1911年2月,詹就任公司总理兼总工程司并成功完成了包括英德大桥在内的钢桥工程(图6-19)。他在三十余年铁路工程师生涯中因基础处理、钢铁道桥、隧道工程等方面的丰富经验,先后入选英国土木工程师学会(1894)、上海欧洲皇家工程师建筑师学会(1905)及美国土木工程师学会(1909)等会员。詹天佑对中国工程技术发展的另一重要贡献在于1912年在广东倡建的广东中华工程师会,以及同年在上海发起成立的中华工学会

图6-18 詹天佑像,詹天佑照片手迹故事集.图6-19 粤汉铁路英德桥,广州西关风华(四).(右)

和中华铁路路工同人共济会，次年，又由詹天佑提议三会合并成立中华工程师会。③在上述学会组织中，詹本人均担任会长，使包括钢结构技术在内的各工程技术得以广泛传播和交流。

在肯定詹天佑所作贡献的同时，也必须肯定外国工程师和外国洋行在引入西方现代桥梁技术所作的贡献。美国土木工程师伯捷是其中的一位，他既是钢筋混凝土专家，也是铁路与桥梁专家。伯捷早年受聘美国合兴公司担任广三铁路工程师，其后与帕内合组治平洋行，帕内离开后则独立主持伯捷洋行的设计与营造业务，其间完成了广九铁路中方一侧所有钢结构桥梁设计。④由于港英段罗湖桥改造曾由中国铁路工程师詹天佑担任顾问，相信两人在广九铁路兴建时有较紧密的合作关系。不同于伯捷等人以工程师身份直接参与设计工作，美商慎昌洋行则通过贸易方式为钢结构在岭南民用建筑及城市市政

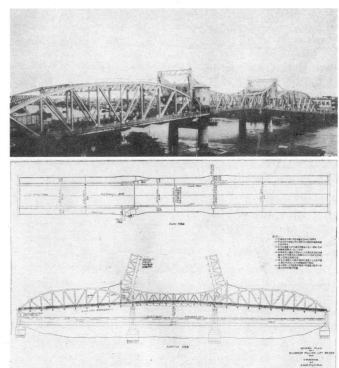

图6-20 广州海珠桥，Edward Bing-shuey Lee. *Modern Canton*[M]. Shanghai：The Mercury Press, 1936.

工程中的广泛运用发挥了重要作用。由于慎昌洋行在中山纪念堂巨型钢屋架工程中所表现的专业素养，1929年，广州市政府将承办珠江大铁桥(今海珠桥)的合约交给了该洋行，并向美国马克敦公司订约承建。在设计中，珠江大铁桥全长600英尺(约183米)，分三孔，南北两孔各长220英尺(67.1米)，为简支拱形下承钢桁架梁，桥中孔长160英尺(48.8米)，是两扇开合式活动钢桁架(图6-20)。桥宽60英尺(18.3米)，桥中40英尺(12.2米)，可行电车两辆，两侧为人力车及人行道。大型船只通过时，要求于5分钟内能开闭一次，同时要求在时速50哩台风吹击下仍能保持正常开合功能。⑤在设计和建造中，美国钢结构技术规范成为重要依据："一切施工详细说明，均照美市桥梁建筑标准说明书之规定"。⑥要求桥之活重，同时能负20吨货车两辆，又每平方英尺负重100磅；桥架负重，机动车道每平方英尺负重100磅，人行道每平方英尺80磅；震荡负荷按路面负重25%计算；大桥保固期以30年为限。⑦大桥于1929年12月动工兴建，1933年2月建成通车，使广州珠江两岸第一次实现陆路联系，是近代广州城向河南拓展的重要基石。

1930年代，在政局稳定、经济发展的背景下，岭南各地交通及城市市政建设发展迅速，桥梁建设十分兴旺。1929年，公益铁路桥筹建，全长423.2米，设计、施工均由美国马克敦公司(Mcdonnell & Gorman Incopporated Engineering Projects)承办，并已完成多个桥墩施

⑤、⑥程天固.广州工务之实施计划[Z].广州市政府工务局，1930：75, 74.

⑦袁梦鸿.海珠铁桥筹划之经过及其关系之重要[J].广州市市政公报，1933，(419)：136～140.

①、②广州市政府.广州市政府三年来施政报告书[Z], 1935: 36, 40-41.

③陈荣枝1926年毕业于美国密西根大学建筑系, 李炳垣同年毕业于该校土木工程系.

④、⑤陈荣枝、李炳垣.广州爱群分行建筑设计与施工经过述概[A]//香港爱群人寿保险有限公司广州分行广州爱群大酒店开幕纪念刊[Z], 1937.

⑥范文照致函广东省银行, 1937年6月25日.广东省档案馆藏.

⑦~⑨郑校之致函广东省银行, 1937年4月17日.广东省档案馆藏.

图6-21开平齐塘桥(又名合山桥), 谭金花提供。(左)

图6-22 正在施工中的广州爱群大酒店高层钢框架, 陈荣枝、李炳垣.广州爱群分行建筑设计与施工经过述概[A]//香港爱群人寿保险有限公司广州分行广州爱群大酒店开幕纪念刊[Z], 1937.

工, 后因故停止; 1933年1月16日, 马克敦公司与广州市政府订立修建西南大铁桥的合约, 限四年完成, 美国1928年颁布的钢铁建筑章程再被明确为大桥设计必须依据的原则①; 1934年10月, 开平齐塘桥(又名合山桥)经半年施工建成(图6-21)。该桥由中国工程师黄勒庸设计, 全长近70米, 可供两辆15吨重载重卡车并排行驶。桥型为下承式单跨钢桁架, 上弦为曲弦式, 为我国最早采用高强钢桁架的公路桥。各地桥梁建设在推动钢结构技术向下普及的同时, 也极大丰富了岭南桥梁技术的种类和形式。

(4) 高层钢结构

战前十年是中国近代发展最迅猛的时期, 中国建筑学和建筑技术领域酝酿新的高潮。从客观条件来看, 经过长时期的设计和建造实践, 中国建筑师和工程师已具备独立的技术制定和发展能力, 施工技术、建筑设备、建筑材料也得到长足发展, 纳入世界市场秩序的中国与西方工业国家分享建筑技术的新成就。从经济背景看, 城市市政设施的改善和房地产业发展导致城市地价上升, 土地发展商有降低土地成本谋取更多利益的主观需要。在上述背景下, 高层建筑在钢结构技术支持下在上海、广州等中心城市不断挑战新的高度。

广州第一幢高层钢框架结构建筑选址于西堤新填地。由于自然成因, 广州近代沿江堤岸东自长堤电灯局(即五仙门电厂), 西至仁济街口, 长约3800英尺全线凹入呈反弓弧形, 水面虽宽但怪石嶙峋、水流湍急, 既影响船运, 又不利东西堤之交通联系。作为广州市最繁华的商业区——西堤成功的商业模式为发展计划提供了经验, 从1930年9月开始, 广州市政府、工务局长期谋划的填筑新堤工程正式动工, 由马克敦公司承办炸石工程, 荷兰河海工程建筑公司、联兴公司和华益公司分段填筑新堤, 并于1935年底基本完工。②在填新堤的同时, 香港爱群人寿保险有限公司承领仁济街口新填地之三角地段共八十余井土地准备兴建该公司广州分行及爱群大酒店。1931年秋广州市工务局建筑师陈荣枝、结构工程师李炳垣接受委托展开设计。这两位美国密西根大学的同届毕业生③显然受美国摩天大楼的影响:"本楼楼型, 系采用美国摩天式"。④"芝加哥学派"倡导的高层钢框架结构在15层爱群大酒店得到具体运用:"全楼结构, 悉用钢架及三合土, 系向德商西门子厂订制, 共重九百三十五吨四。"⑤其基础形式采用钢筋混凝土桩基, 由香港惠保公司负责施工。全楼主体钢框架雇请香港工人配备现代施工工具进行安装(图6-22)。全部工程从1934年10月1日开始基础施工, 至1937年7月交付使用, 历时不到三年。

爱群大酒店的成功显然鼓舞了地方对高层建筑的信心。1937年, 广州市银行、广东省银行也试图在广州长堤新填地建筑新的银行大厦。其中, 广州市银行有兴建13层建筑的计划, 而省行则有包括基泰工程司、董大

酉建筑师事务所、郑校之土木工程技师事务所、过元熙建筑工程师事务所、范文照建筑师事务所等著名建筑师事务所参与了该项目的方案设计。在这些方案中，范文照提出了13-14层的方案设想，与他所提出的13层市行大厦保持高度一致，⑥郑校之提出了甲、乙两种方案，并提出了相应的结构设想："甲种用工字铁架作力，乙种用钢筋三合土作力。"⑦其中甲种方案共18层，"系长方塔形，由地面至塔顶高共220英尺，另尖顶避雷针不计外，其高度不让将来之市立银行"。⑧乙案除地下室不同外，其高度与甲案相同，但建筑费除去所有设备费用后，"甲种约需一百五十万元，乙种预需一百万元以下，均广东毫币计算"。⑨上述信函内容说明两个事实，其一，岭南近代在1930年代末期自爱群大厦后已渐兴高层建筑的热潮；其二，建筑师对高层钢框架结构及高层钢筋混凝土框架结构无论技术特征还是经济指标均有清晰认识。由于爱群大酒店成功的设计与施工，岭南高层钢结构的普及已无任何技术障碍。

纵观广州近代建筑结构技术的发展，有以下几个特征：

①结构技术的转换周期短、新技术的应用与世界基本同步。从西式砖木混合结构大规模进入的19世纪中期到爱群大酒店建成的1937年，广州在不到百年时间里，完成了一系列新材料、新技术的引进。其技术转换周期短、推广快。一些新技术，尤其是钢筋混凝土结构技术在广州的出现与世界基本同步，使广州成为中国近代新技术传播的重要源头。

②结构新技术的引入经历了从西方人到中国人的过渡。早期西方建筑结构技术的引入主要由西人主导，美国土木工程师伯捷是其中的代表人物。1920年代后，随着留学国外的中国建筑师和土木工程师陆续回国，新技术的引入开始摆脱西人控制。1930年代前后，随着中国近代土木工程教育的建立和完善，中国开始自主培养土木工程师，新技术的应用与推广实现本土化。

③新材料、新技术与现代中国建筑的结合。中国近代建筑史中，广州是最早尝试将新材料、新技术与中国传统建筑艺术相结合的城市之一。吕彦直、杨锡宗、林克明等人通过钢屋架技术、钢筋混凝土技术与中国传统形式的结合，设计建造了一大批坚固耐用、形式优美的"中国固有式"建筑。

④结构新技术的推广受制于材料工业的发展。虽然在结构新技术的引入方面居于领先地位，广州在新技术的推广方面却受制于材料工业的发展。早在1880年代，张之洞就尝试在广州建立炼铁厂，却因调任湖北而未果。此后，虽在1907年建成广东士敏土厂、1931年建成广州西村士敏土厂，却因钢铁工业缺失而极大限制了钢筋混凝土技术的推广与发展。

第二节　新型建筑材料的生产

建筑是通过建筑技术对各种建筑材料进行组合构建所形成的物质实体，建筑材料生产的本地化和工业化是考察近代岭南建筑技术发展水平的重要指标。传统建筑材料的生产和制作，岭南自古有之，且在明清两代达到较高技术水平，青砖、灰瓦及用于满洲窗的彩色玻璃等，均有作坊或工场制作。但从整体看，传统建筑材料的生产在鸦片战争前，甚至在19世纪末还停留在手工业阶段，尚未形成以机器生产为特征的近代工业。而近代西方新材料、新技术的不断涌入，一方面使传统建筑发生转折性变化，步入近代化历程；另一方面，民族资本、官僚资本等通过各种途径，纷纷参与近代建筑材料的生产，不断打破西方工业国家对建材生产的垄断，逐步形成岭南近代建筑材料工业。现就几种主要建筑材料分别说明。

一、机制砖

红砖是西式砖(石)木混合结构的主要用材之一，其生产需要源于鸦片战争后西洋建筑的营造及不断扩大的规模。早在明清时期，砖在岭南已得到广泛使用，但主要类型为青砖。龙思泰在其回忆录中指出："广州邻近的地方有大量的砖头生产，砖的颜色主要有铅青和浅褐，少量为红色，这些不同的颜色是由于干燥和烧制的方式不同造成的，只有红色的才是完全烧透的砖。"[①]第二次鸦片战争后由于沙面租界的开辟，西式建筑营造形成快速发展时期。在解决生产供应前，混合使用西式红砖和本地青砖成为常见做法。

早期红砖的供应主要通过船运方式输入，运输成本较高，数量供不应求，红砖生产形成商机。近代砖厂的建立，主要集中在洋务运动后期岑春煊督粤时期，一批机制砖厂先后建成投产，其中以广东士敏土厂红砖窑、香山机器制砖有限公司、南海同益砖瓦厂、广东裕益机器制造灰砂砖有限公司和广州南岗砖厂等设备完善、规模较大。光绪三十一、三十二年间(1905～1906)，广东官府筹设广东士敏土厂，附设机制红砖厂。筹办方在向沙面德商礼和洋行定购士敏土机器的同时，还定购了制造红砖机等，并向沙面兴华洋行立建筑机房、炉窑、楔木房以及焙砖巷等，于光绪三十三(1907)正式开办广东士敏土厂附属红砖厂。[②]红砖厂位于广东士敏土厂办公楼后(今广州市河南大元帅府旧址)(图6-23)，聘请德国工程师哈士作技术指导。该厂采用运窑制砖，运窑为十二门，每门即一个窑。每日出一窑砖，计二万余砖，每窑轮流出砖。厂会办刘麟瑞见出砖小费用大，向礼和洋行再定二百匹马力机一副、锅炉二个、切砖机五副、花砖机五副、拟扩充红砖窑，但后因刘麟瑞卸任而停办。1915年由方寿年重建花阶砖房一所，利用士敏土厂所产水泥制造花阶砖，花阶砖机器配有钢砖模及各式铜花，十分完备，而当时广州市内各花阶砖厂，俱用人力机制造，后因经营不得法而停办。其他散见于文献中制作花阶砖者有战后设于广州维新南石将军路的美而美厂等(图6-24)。

香山机器制砖有限公司是中山最具规模的近代工厂。该厂于清光绪三十四年(1908)落成投产，由中山南朗濠海村严迪光、沙溪永厚环村蔡锦佳等华侨青年创办，厂址在县城北郊青溪路张溪村口。香山机器制砖有限公司采用了当时较先进的轮窑生产设备，也是我国最早的轮窑厂之一，雇用工人百余人。在20世纪前半个世纪，该砖厂为中山工业三大支柱之一。[③]

广东士敏土厂附属红砖厂和香山机器制砖有限公司无论在设备选型还是办厂方式上具有可比性。前者为官办，机器通过洋行买办采购，督办官员对设备选型及动力匹配缺乏了解，且经营"实因没收飞鼠岩石矿山与芳园田地而起，并非因社会上建筑之需要"[⑤]，所以该厂成立最早，反落后于新建之厂，从另一侧面反映了洋务新政的局限性。而香山机器制砖有限公司，由民间华侨资本创设，规模虽小，但在技术上不依赖洋人，生产管理较先进，反而

①[瑞典]龙思泰著，吴义雄、郭德炎、沈正邦译.早期澳门史[M].北京：东方出版社，1997：266.
②广东建设厅士敏土营业处.广东建设厅士敏土营业处年刊[Z].1933：36-37.
③刘居上.百年随笔——从老照片看中山[C]//政协广东省中山市委员会文史资料委员会.中山文史[C].2000，(46)：68.
④广东建设厅士敏土营业处.广东建设厅士敏土营业处年刊[Z].1933：31.
⑤广州市地方志编纂委员会.广州市志，卷五(下)[M].广州：广州出版社，2000：353-354.

南來置賣公館
建築華麗大廈
均宜採用

美而美廠 M.I.M.
牌美字牌機製花礌磚

美而美花礌磚…
能立實您的地坪
增加您的體面

美而美花礌磚…
角度整齊　顏色悅目
工精料美　堅固耐用

由美術專家監製代客設計佈置
逕明或來圖定製潔洁批發一律歡迎

總批發處：廣州市海珠橋北中正北路
工　場：廣州市(22)雄新南石將軍路

陳麗峰

图6-23 广东士敏土厂附属红砖厂(摄影：Arthur W. Purnell), 澳大利亚维多利亚州立图书馆、广州孙中山大元帅府纪念馆(左)
图6-24 广州美而美花阶砖厂广告新广州建设概览.文化出版社, 1948.

取得较好成绩，个中差异一目了然。

除西式红砖外，灰砂砖也是广州等城市地区常见的一种建筑材料。灰砂砖主要用石灰和砂子为原料，经混合压制成型和蒸汽高温高压处理的非黏土墙体材料。广州生产灰砂砖始于20世纪初。清光绪三十三年(1907)，由华人集资的"广东裕益机器制造灰砂砖有限公司"在广州市西堤新基开设商号，在南海盐步镇水藤村附近设厂生产。该公司从德国购进生产设备，采用消化鼓加外热工艺，质量较好，但价格较红砖高，多为华侨建房所用，未能普及推广，销路平淡。民国二十五年(1936)，红砖生产发展很快，量多价跌，冲击了灰砂砖销售，裕益灰砂砖公司遂告倒闭。⑤

二、水泥

中国近代水泥工业始于19世纪末。1876年，开平矿务局在矿场附近设立小型士敏土厂。其后，启新公司收购该厂，经改组后于光绪十六年(1890)在唐山设立启新水泥公司；而英国人则在香港设立青州水泥公司，并设分厂于澳门；1909年日资小野田水泥会在大连成立；1910年，湖北大冶水泥公司成立，后经营不善售予启新水泥公司更名为华记湖北水泥公司；1918年，日本人在青岛开设山东水泥厂；1921年，华资上海水泥公司在龙华成立；1923年，中国水泥公司建厂于江苏省龙潭；其次在山东济南有山东致敬水泥公司等等。因毗连港澳，岭南早期水泥供应多由青州水泥公司在香港或澳门的工厂生产。

图6-25 广东士敏土厂生产车间，澳大利亚维多利亚州立图书馆、广州孙中山大元帅府纪念馆.

275

①中国2010年上海世界博览会官方网站.[EB/OL].(http://www.expo2010china.com/a/0080613/000135.htm), 2009.

②广东建设厅士敏土营业处.广东建设厅士敏土营业处年刊[Z], 1933: 30~34.

与机器红砖厂一样,岭南近代水泥工业始于1907年广东士敏土厂。广东官府以没收粤海关库书周东生经营的花县飞鼠岩石灰岩矿为原材料,并以周在河南草芳园所置潮田数十亩为厂地兴办(图6-25)。全厂田地共五百余亩(一部分为征用民田)。由沙面兴华洋行建造各类机器设备用房,治平洋行承建办公楼两座,冯润记建筑店承建围墙、会办住所、工人宿舍及道路等。设备则向礼和洋行定购,并有德国工程师赛仁负责管理土厂机器(后辞退,由克利希替换)。生产之初,效果甚差,经青州水泥厂化验师施纲裳查验后才知道该厂窑炉技术陈旧,生产方式极为落后,经多项技术改造后,终于达到合同预期,每日出产四百至五百余桶(每桶375磅)。1915年,广东士敏土厂产品在美国巴拿马世界博览会上获金奖。[①]1916年,广东士敏土厂在生产管理和销售方面发展至高峰,广州许多大型项目均采用广东士敏土厂出产的水泥,其中以西堤大新公司为代表,除地下一层外,由第二层至第九层,俱用该厂出品。1921年,惠群公司投得承办权,广东士敏土厂由官办转为商办,其间,几经兴废。1932年归并新成立的西村士敏土厂,改为河南分厂。[②]

广东士敏土厂因产量甚小远不能满足岭南市政建设和公私建筑需要,建设新的现代化大型水泥厂成为必然。1928年春,国民政府铁道部因粤汉铁路铺设工程需用大量水泥,要求广东省建设新式士敏土厂以供急需。1928年冬,士敏土厂筹建,选址广州西村,全厂占地三百余亩。1929年,陈济棠主粤,为扩大财政收入,加快工厂建设步伐。1931年6月西村士敏土厂建成试产。该厂主要设备为新式Unax水泥回转窑,由丹麦史密芝公司制造并派技术人员指导安装,所用原料为英德县石灰石及西村附近山泥和海泥。

为适应现代化机械设备和生产工艺需要,西村士敏土厂厂区规划呈现技术综合性强,并与轨道交通相结合的特征(图6-26)。

图6-26 广州西村士敏土厂鸟瞰图(下)与车间全貌(上),广东省立中山图书馆.广东百年图录.广东教育出版社,2002;The Kwangtung Cement Factory[J].The Far Eastern Review, 1931.2.

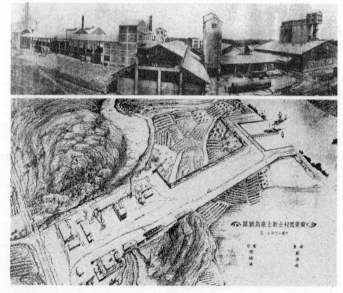

1929年筹建的广东西村士敏土厂选址于广州西村河岸边,背靠粤汉铁路,方便水陆运输。厂内建筑根据需要,除制土生产部分外,还设有修机厂、电力厂、办公楼、化验室、器材仓、容器仓、贮煤厂、石膏仓、滤水堂、泵房等。在总工程师兼筹备处主任黄肇翔[③]等人规划下,厂区内部通过内燃机车和轻便铁道连接粤汉铁路、内港码头,原料与产品运输十分方便[④]。由于技术先进,西村士敏土厂生产流程自动化程度颇高,试产期即日产水泥330公吨。所产"五羊牌"士敏土于1931年10月18日公开化验,其力学性能十分优良,达到国际标准,投放市场后,赢得极高信誉。另外一方面,地方政府采取保护政策,实行水泥专营,广东市场遂一改舶来水泥为主，本地产水泥为辅的局面。西村士敏土厂先后于1935年和1936年进行了两次扩建，发展至战前已拥有制土窑机三套及附属设备。并设有修机厂、电力厂。其他如办公楼、化验室、器材仓、容器仓、贮煤场、石膏仓、滤水塘、泵房等一应俱全，每日产量达660公吨。⑤西村士敏土厂遂成为华南地区最具规模的工厂之一。

广东士敏土厂和西村士敏土厂分别创设于岭南近代两个重要时期。前者为洋务运动在岭南深入发展的时期，广东士敏土厂的建立从根本上打破了外来水泥对广东市场的垄断，为清末民国初的广州城市建设提供了基本的物质保障。而西村士敏土厂的建设正值陈济棠在广东制定和推行"广东省三年施政计划"以及"广州市三年施政计划"期间。岭南各地市政改良和城市建设日新月异，至1931年，广东一省对水泥的输入量已占全国总输入量的80.93%。⑥西村士敏土厂的投产，极大缓解了岭南各地水泥供应紧缺的局面。由于质量上乘，西村厂水泥除供应粤汉铁路外，还被粤、桂、闽等省建筑工程广泛使用，成为30年代华南地区城市建设的主要用材。由于西村士敏土厂的巨大贡献，广东全省水泥进口随西村士敏土厂年产量递增而逐年递减，由1931年的22.6万吨降至1933年的6.9万吨、1935年的2.5万吨及1937年的0.45万吨。⑦水泥生产的国产化和水泥供应的本地化为岭南近代钢筋混凝土结构技术和各种水泥砂浆饰面技术的发展创造了条件。

1938年，由于日军进犯，西村士敏土厂遭到严重破坏。战后重建工作也极为缓慢，至解放前夕，该厂生产尚未到达战前水平。

三、玻　璃

玻璃的使用在我国有着悠久历史。现有商周、战国时代的出土文物中已有玻璃器物的存在。中国古代玻璃的主要成分是铅钡，烧成温度较低。虽然绚丽多彩、晶莹、璀璨，但易碎，透明度差，不适应骤冷骤热，只适合加工各种装饰品，用途狭小，因而发展缓慢。

岭南是中国古代较早运用玻璃作为建材的地区之一。在生产工艺上，广东、广西的古代玻璃有别于中国其他地方的铅钡玻璃，而以高低钾镁玻璃为主，这一点已在出土玻璃器物上得到证实。岭南近代建筑玻璃的使用始于何时不可考，但整体来看，直到19世纪中后期，岭南玻璃的使用和生产，更多地集中在手工艺方面，即通过手工艺的方式对玻璃进行加工和改造，"满州窗"为早期传统建筑应用玻璃的典型案例。而玻璃单片原材料的来源，有可能通过传统作坊生产，也有可能通过中西贸易而获得。

随着广州、汕头等条约口岸的开辟，玻璃在新式建筑中得到推广。20世纪前后，平板玻璃成为岭南近代建筑的主要用材之一。我国近代玻璃工业始于1904年山东博山玻璃公司，之后江苏宿迁、汉口、重庆、香港、上海陆续

③黄肇翔(1896~?)，广东台山人，1920年毕业于美国奥海奥北省大学(即北俄亥俄大学，Ohio Northern University)土木工程学士。1934年登记为广州市工务局技师，1936年曾设计开平开侨中学部分建筑，曾任广东西村士敏土厂总工程师兼筹备处主任。参见，广州技师技副姓名清册，1934年3月.广州市档案馆藏.
④、⑤陈丕扬.我所知道的西村士敏土厂[A]//广州市政协

文史资料研究委员会.南天岁月——陈济棠主粤时期见闻实录[C].广州文史资料，第三十七辑，广州：广东人民出版社，1987: 212, 241~243.
⑥广东建设厅士敏土营业处.广东建设厅士敏土营业处年刊[Z], 1933: 22-23.
⑦广州市地方志编纂委员会.广州市志(卷五(下))[M].广州：广州出版社，2000: 336.

有玻璃工厂成立。岭南近代玻璃工业以1905年成立的广东玻璃厂为最早,初办时资本有60万元[①],在全国同行业中应属投资较大者[②],但产品种类不详。1914年先施公司也曾投资100万元,除经营环球百货外,还兼营玻璃厂等。[③]但先施公司属下玻璃厂规模应小于博山等三厂及广东玻璃厂,且产品品种可能以玻璃器皿为主。

岭南近代玻璃工业在20世纪二三十年代得到较大发展。据资料显示,仅汕头一地,在日军入侵前就有玻璃制造厂七家,大者广德昌、广合记、广合成;较小者合成兴、合德发、合德昌、顺兴。各厂每日平均出品约60万元。战后汕头市玻璃制造厂仍盛,但因工资过高,且内地设厂亦多,销路受阻。据调查,外地厂家,计揭阳有万合、洪发、永合成、永丰四家;潮安有振兴、新兴、新南三家;兴宁有集益、集泰、合益、三明、潮兴、光记、茂兴七家;梅县有雪益成、天丰、大通、更生四家。[④]上述厂家由于投资额及产品品种不详,不能判断其是否生产建筑用平板玻璃,但潮、梅、汕等地的近代玻璃工业当占岭南主要位置,这可能与该地区原材料丰富有关。另据《中国近代工业史资料》,1949年前广州玻璃业大小型工厂店家共54家,其原料多来自石叻、安南等地,但由于输入原料甚少,外销力弱,全部停产厂家占31%,局部停产50%,全部开工占19%。通过上述材料可基本勾勒出岭南近代玻璃工业的发展状况,即以汕头、广州为主要生产地,个别城市零星分布(如桂林)的发展态势,这和岭南原料供应渠道和城市建设的规模基本吻合。

四、钢材与五金

岭南传统冶铁业十分发达,尤以佛山为最。佛山铸冶业崛起于明正统、景泰年间,嘉靖以后一直到清均为广东铸冶业中心。因受官府政策性保护,岭南各地生铁均输往佛山,保障了原材料供应;而佛山本地居民以冶铁业为生者占多数,因冶炼技术精良、冶炼炉场众多,极大地促进了佛山铸冶业的发展。[⑤]佛山铁制产品主要包括铁锅、铁线、铁钉、铁锁、农具、杂器、钟、鼎和军器等,产品输往全国各地乃至海外,因而有"佛山之冶遍天下"[⑥]之称。不同于现代工业冶炼,传统钢铁种类包括生铁、熟铁及钢等含碳量较高,性脆而抗弯、折性能较低,不适用于钢筋混凝土结构。但在19世纪中后期,佛山生铁、熟铁在近代西式建筑和西式装饰中均有不同程度运用,如广州陈氏书院连廊采用了佛山产西式生铁柱和月台铁铸通花栏板等。相信当时岭南中、西建筑中受西方影响的铁艺装饰包括栏杆、窗花等有相当部分产自佛山。

与发达的传统冶铁业相比,岭南近代钢铁工业十分薄弱。历史上也曾有多次筹设钢厂、铁厂的举措,但均失之交臂。1889年,两广总督张之洞曾计划在广州创办炼铁厂,厂址在广州南岸凤凰岗,并通过刘瑞芬向英国订购了化铁炉、炼钢炉,以及压板、抽条等兼制铁路路轨的机器,但因张调任湖北,该厂经奏准随迁,即汉阳铁厂。

①黄启臣 主编.广东海上丝绸之路史[C].广州:广东经济出版社,2003:581.

②1904年山东博山玻璃厂、资本总额为209790元;1905年宿迁耀徐玻璃有限公司资本总额为559440元;1904年武昌耀华玻璃厂资本总额为699000元。以上数据源自陈真、姚洛 合编.中国近代工业史资料(第一辑)[M].北京:生活·读书·新知 三联书店,1957:43~45.

③陈真、姚洛 合编.中国近代工业史资料(第一辑)[M].北京:生活·读书·新知 三联书店,1957:43~45.

④马国俊.今日的汕头[M],1948:4.

⑤颜泽贤、黄世瑞.岭南科学技术史[M].广州:广东人民出版社,2002:516~519.

⑥ [清]屈大均.广东新语[M].卷十六,器语,锡铁器.

⑦、⑧广东省建设厅.广东省五年建设计划纲要[Z],1946:1-2.

1935年，陈济棠督粤，有鉴于广东建设事业
的蓬勃发展，由省府主席林云陔，派出代表
李芳，赴美国与厂商及银行接洽磋商，意图
与美方合办钢铁厂。厂址定在番禺东朗乡，
共收用田地460余亩，但因借款未成，该项
计划流产。由于城市建设日新月异，战前广
东省每年需要钢铁数量已达两万余吨[⑦]，其
中建筑业占相当比重。虽然战时粤北铁工厂
曾设制铁部，但规模太小，战后也完全停顿。

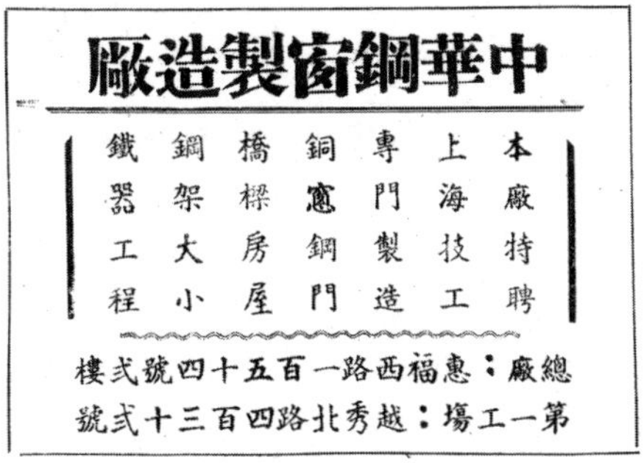

图6-27 中华钢窗制造厂广告，新广州建设概览.文化出版社，1948.

1946年11月，《广东省五年建设计划纲要》颁
布，钢铁工业成为工业类首要发展计划。其中心业务意图利用粤北之煤矿、云浮乌石岭或
海南岛之铁矿，在广州附近设立钢铁厂一间(如利用瀚江水力发电，则以设厂于英德清远两
县间为宜)，日产灰口生铁二百余吨，钢块约一百吨，钢材则视市场而定。其熔铁炉设备，
则以日产五百吨为计量标准。[⑧]由于政治腐败和军事失利，该项计划遂成空中楼阁。

　　钢铁工业虽一直未建立，五金建材包括水暖器材、小五金、钢门窗及建材机械等，却
因技术难度小和使用量大而有一定发展。广州于清光绪三十三年(1907)开始有自来水供应，
但早期供水器材均产自国外。1929年，广州惠福西路的"同记"开始生产水暖器材，由海
珠路的"朱森记"铸出铜坯，再由"同记"加工装配而成。稍后，有"钟良记"及设在仁
济路、中华路(今解放路)的几家作坊生产小规格龙头，但不久即转业或停业。因当时生产水
龙头采用泥模浇铸，浇铸后的铸件难以清除泥芯，无法大批生产。后于1933年开业生产的
"陈明记"采用钻孔清芯方法解决技术难题，产量及质量大为提高。1946年，"陈明记"
改名为明太五金机器厂，继续在广州生产水龙头，产品远销至天津、四川、湖南等地，并
能仿照进口产品小批量生产浴缸龙头、面盆龙头、便器冲阀等洁具五金配件。[⑨]

　　受制于钢铁工业发展和加工技术低下，岭南钢窗制造起步较晚，水平较低。1930年左
右，广州钢窗制造公司在珠江南岸洲头咀大街开业，岭南始有钢门窗的生产。[⑩]随着制造
技术不断成熟与发展，钢门窗国产化率逐渐提高。至战后，规模发展较大者有中华钢窗制
造厂，其总厂在广州惠福西路，并在越秀北路设有分厂。由于上海产钢门窗具有行业及技
术优势，中华钢窗制造厂曾聘上海技工以保证质量，并将其作为招徕生意的招牌(图6-27)。
与钢门窗生产较早本地化相比，门窗配件包括插销、合页、窗钩等的生产却极不配套。直
到1940年代广州始有插销生产企业的出现。较早者有1946年8月由广西桂林迁至广州的坚美
五金制品厂，该厂最初设于海珠中路牛头巷，次年迁至惠福西路白薇街。其后陆续有多家
小厂生产插销，至1948后国产插销受进口产品严重冲击，企业倒闭现象突出，年产量仅1万
余打。[⑪]广州合页生产也始于1946年，当年先后有复兴五金厂、建设五金厂和中国五金厂开
业[⑫]，但在生产规模和质量方面均有不足。而窗钩生产也多依赖进口，至1940年代才渐有手
工产品的出现。

⑨～⑫广州市地方志
编纂委员会.广州市志
[M]，卷五(下).广州：
广州出版社，2000：
383，392，387，389.

第三节　建筑应用技术的发展

随着西方建筑结构、材料及相应技术的引入，建筑应用技术包括建筑设备、建筑构造、施工技术、施工设备等也发生迥异于传统的变革。其中，西式卫生设备的引入、施工设备和施工技术的全面西化成为岭南建筑应用技术近代化的早期特征。其后，随着建筑技术的发展，新的建筑设备和施工设备得以广泛应用。电力照明、给排水、空气调节等新型设备、技术在19世纪末、20世纪初陆续在中国出现；一些特殊技术如建筑声学等开始应用于大型会场建筑；新型施工设备和施工技术也因建筑的复杂程度不断提高而呈现综合发展。岭南因早开风气、华侨众多、经济发展较快等原因在建筑应用技术的发展方面位居前列，并与建筑结构和建筑材料技术的发展同步。

一、新型建筑设备的引入与发展

远距离供电和供水以及对电和自来水的终端使用引发了近代建筑设备的发展。早期的电灯和卫生取水设备从使用观念上改变了中国传统家居的生活方式。同时，对建筑舒适度的更高追求使新型水、电、通风、采暖、制冷及电梯设备等不断引入，从而推动建筑设备作为独立技术体系的形成与发展。

岭南电力照明始于清末张之洞督粤时期。1888年张从国外购进小型发电机一台，首先在督署安装了100盏电灯。次年，张之洞在广东水陆师学堂增设包括电学在内的"洋务五学"，张之洞认为："电之为用，若电线、电灯、电发雷炮之属，最神军政。今各省用电之事甚多，而生电之机、发电之气、制电之药亦皆仰给外洋……"[1]有鉴于此，当1889年美国华侨商人黄秉常申请在广东试办电灯时得到张之洞极力赞赏和批复。[2]黄于当年向美国华侨招集股金40万元着手筹办电灯公司，先从美国威斯汀霍斯电气公司购买两台1000匹马力发电机和两台100伏特交流电发电机，并聘请美国人威司任总工程师负责技术指导，同时雇用工人100名进行发电。发电量可供1500盏电灯照明之用，所用灯泡分16支光和10支光两种，当时广州城有40条街的店铺和公共场所安装了700盏电灯。1892年，广州电灯公司获准向沙面供电，首先供电的是Karajia Terrace，但直到1898年，沙面才允许设立更多的电线杆以提供电力给私人住宅。至1904年，沙面工部局才决定用电力照明系统更换旧式油灯。[3]

1900年代对电灯照明的投资逐渐增多。1905年，美商旗昌洋行在广州长堤五仙门创办华南最早的商办电厂——粤垣电灯公司，俗称五仙门电厂，由治平洋行完成建筑设计。后因用户甚少难以维持，于1909年由官商合资赎回自办，1919年改为商办，易名广州市商办电力股份有限公司，并逐年增加发电机。[4]1908年，潮籍侨商高绳创办开明

①张之洞.增设洋务五学片[A]//王树枏主编.张文献公(之洞)全集[C].卷二十八，奏议二十八.台北：文海出版社，1967.
②同上，卷一百三十二、电牍十一.
③H.S.Smith.Diary of Events and The Progress on Shameen 1859~1938, 21.
④广州市政府.广州市政府新署落成纪念专刊[Z].1934: 97.
⑤Wright, Arnold ed., Twentieth Century Impression of Hongkong, Shanghai, and Other Treaty Ports of China: Their History, Commerce, Industries, and Resources[M]. London：Lloyd's Greater Britain Publishing Company Ltd., 1908: 630.
⑥、⑦广州市政府.广州市政府新署落成纪念专刊[Z].11934: 113, 117.

电灯股份有限公司并正式向汕头埠供电。自此，岭南近代电力照明逐渐在中心城市普及，电灯取代旧式油灯成为新式建筑之必要设备。

图6-28 开平庆临里骏庐所用冲水马桶，摄于2004年7月。

岭南近代自来水供应则始于清光绪三十一年(1905)冬岑春煊督粤时期。第一座自来水厂以官商合办形式筹集资金，并于光绪三十二年六月开始建筑工程，由上海通和洋行(Atkinson & Dallas)完成设计，⑤厂址在广州西村增埗。1907年，广州西关水塔在长寿大街建成，1908年6月，增埗水厂建成，8月正式供水。1915年，水厂改商办，因早期设备简陋，出水量仅供西关繁盛区6000户使用。⑥其后多年不断扩大生产。1918年广州拆城筑路以后，市区发展、人口增多，该水厂又向美商洋行订购新机器，产量有所增加，但因内部管理不善、业务逐渐衰落，最终由广州市政府接管改为市营。在整顿和扩充增埗旧厂的同时，1928年间，广州市市长林云陔以东山区域住户日增为由，由公用局设计在东山杨基村北择地建造东山水厂。工程于1928年9月开始，次年7月通水。其时东山总人口为12000人、户数1900户，登记自来水用户为1200户。⑦其比例之高与东山多洋楼，以及市政当局推广模范住宅有关。

电力和自来水供应对生活和工作方式的改变显而易见。新的卫生设备包括大便器、洗手盆以及配套使用的水龙头、水管、水柜、通气管、化粪池等为建筑带来新的技术及构造要求。1928年3月，筹建广州市模范住宅区委员会公布实施《筹建广州市模范住宅区章程》，其中规定："本区住宅须一律安装水厕，其化屎池须依照广州市工务局化屎池图则构造之。"水厕则作为新型卫生设备，被以条例形式在模范住宅区中强制执行。在模范住宅区的开辟中，华侨是积极的响应者，同时也是新型建筑设备的倡用者，他们甚至不远千里为乡间的别墅安装西式马桶(图6-28)、水泵和发电机，以适应其侨居海外所形成的生活习惯，并同时影响侨乡生活观念的转变。

公共建筑物则在新型设备选用上扮演了积极角色。中山图书馆，"厕所凡二，一在东北隅，一在西南隅，悉为水厕，内配洋瓷粪盆、尿兜及洗手盆，暨面镶白洋瓷砖之尿槽。并设铁水柜、铅水管、通气管等件"。⑧广州市府合署"电灯采用最新式树胶线和反光灯……全座合署电梯共七座，第一期安装四座，采用最新式中等快速之电梯"。⑨广州中山纪念堂第一次在设计中预备采用冷气设备。1929年广州中山图书馆建设时，则预留地下室部分空间作为暖气机房，以求"严冬时候，变换寒冷空气，极为妥善"。同时，在构造上"从八角亭各阅览书处之地脚四周，悉辟透气门户，使暖气由此输入，为阅书者御寒之具"。⑩除了照明和用水，电梯作为室内垂直交通工具首先在沙面瑞记洋行新楼中出现，此后，长堤粤海关等新建筑也陆续使用，广州大新公司则是岭南第一座使用电梯的高层建筑。

⑧广州市工务局.广州市立中山图书馆特刊[Z].1933,无页码.广东省立中山图书馆藏.
⑨广州市政府.广州市政府新署落成纪念专刊.[Z].1934: 4.
⑩广州市工务局.广州市立中山图书馆特刊[Z].1933,无页码.广东省立中山图书馆藏.

在商业利益驱使下，新型建筑设备的引入成为眩奇夸富的重要手段。为吸引客流，汕头中原大酒店宣称"布置十分贵族，有电梯、冷热自来水、电扇、暖炉等"，系本埠"规模最完善最美备的酒店"(图6-29)。[①]为营造华南最摩登商业大厦，广州爱群大酒店在电气、卫生、蒸汽、冷气和消防设备的选用方面表现出时代特征(表6-1)。其中，由于蒸汽设备和冷气设备的采用，岭南酒店业中第一次实现房间的冷、热水供应和餐厅的冷气调节。

需要说明，虽然在中心发达城市不断有新的建筑设备的引入与发展，但在广大周边地区，对建筑设备的应用多停留在初期阶段，即电灯照明、电扇和简单的卫生设备等。

二、建筑构造技术的发展

为适应建筑形式和构造体系的西方化，建筑构造技术发生深刻变革。其中，建筑各部位包括墙体、门窗、屋顶、地面、天花及内部的卫生间、厨房等在早期的西洋化中逐渐演变为西式构造；防水、防潮、保温、隔热、防火等构造技术适应新的使用要求不断成熟与发展；一些特殊建筑如会场、戏院等则在更高层面对声音质量提出要求，从而引发建筑声学和声学构造技术的引入与发展。在满足多样化使用需求前提下，建筑材料、建筑设备的更新推动了建筑构造技术的发展。

为推广合理的建筑构造技术，政府工务部门通过建筑法规进行规范管理和引导。岭南

表6-1 广州爱群大酒店建筑设备一览表

设备种类	具体设置
电气设备	A电梯: Otis电梯6台，其中: 客梯3台，3尺6寸×5尺；可乘12人/台，速率500尺/分钟； 工人梯1台，5尺7寸×5尺3寸，可乘14人/台，速率275尺/分钟； 食物梯2台，1尺8寸×2尺，速率130尺/分钟。 B电话: 设100座，总线共9条 C电灯: 936盏 D电扇: 除座扇不计，吊扇12把 E电钟: 300个 F插座: 293个 G电压室: 总机4个，设于地下室
卫生设备	所有洁具采用美国最新出品，喉管为德国出品。共计面盆350套，浴盆180套，瓷箱水厕30套，冷热水喉共长16242尺。用水由珠江汲上经过沙漏及消毒器后再施送于塔顶钢制水池，水池容量25000加仑，其高度超出堤岸水平200尺；热水则由1500加仑之蒸汽供给
蒸汽设备	Y-Pipe低压汽下降式锅炉，热汽面积7400平方尺，汽吼22454尺，骑炉540套，汽温差为华氏30度
冷气设备	设于首层大餐厅，其他部分必要时再行酌量增设
消防设备	救火龙头除10楼只设两只外，其余2楼至9楼，每层各设4只，共计34只，安装于楼梯附近

资料来源: 陈荣枝、李炳垣. 广州爱群分行建筑设计与施工经过述概[A]. 香港爱群人寿保险有限公司广州分行. 广州爱群大酒店开幕纪念刊[R], 1937.7.

早期构造技术自发发展，工匠在施工过程中依据传统经验和使用要求调整构造做法。随着正规建筑师和土木工程师的出现，建筑构造技术开始定型化。民国成立后，建筑管理部门更尝试制定统一的技术规范，其中相当篇幅涉及建筑构造部分：

1918～1920年《广州市市政公所临时取缔建筑章程》较早对墙体构造作出规定。

1924年《广州市新订取缔建筑章程》第一次对墙脚、墙壁及楼面、窗户、厨房、厕所等作出专项规定。其中，对厨房、卫生间已有防火、防潮等构造要求："厨房四壁，应以不能惹火之材料为之"；"厨房四周墙壁，由楼面或地面起，至少批荡二尺半高士敏砂浆，或铺士敏土阶砖，或其他瓷质物料，以免污水旁渗"；"凡厕所墙壁之下端，近楼面或地面，至少批荡十八寸士敏砂浆，或铺士敏土砖，以免渗漏，而便清除"；等等，水泥砂浆是早期防水、防潮的主要手段。

在制定技术规范的同时，政府还通过模范住宅示范新型构造技术。1928年广州市"模范住宅区运动"开始时，即"先建模范住宅数十间，教市民以构造、卫生及放火、防湿、防冷、防暑等方法"。[2]

从1920年代中后期开始，岭南大规模城市建设为建筑构造技术的发展提供了契机。大型公共建筑在追求建筑新形式的同时，在建筑材料、建筑设备等方面的水准均达到当时可以达到的高度，进而引发新的技术措施和构造做法的出现与应用。在有关中国固有式建筑的营造中，广州中山纪念堂在构造技术方面具有开拓性，林克明毫不隐晦指出中山纪念堂"对参与的建筑师和结构工程师都是一次很好的学习和实践机会"。[3]在现代中国建筑的创作中，岭南建筑师以杨锡宗、林克明、范文照、黄玉瑜等为代表，以西方建筑构造技术为基础，结合岭南地方传统，发展了一系列从建筑基础、墙身到屋顶等建筑各部位的构造做法。

广州中山纪念堂同时也是岭南最早提出建筑声学要求的建筑物之一。中国人系统研究声学技术始于1929年叶企荪(1898～1977)和施汝威(1901～1983)对清华大学礼堂音质和吸声系数的测量[4]，1926年广州中山纪念堂设计竞图时要求"计画时须注意堂内声浪之传达及视线之适合以臻美善"，说明竞赛组织者对建筑声学已有一定认识。实际建造中，纪念堂内部"上下墙壁遍设回音壁"。[5]遗憾的是，由于当时声学技术的局限，建成后堂内声学效果不甚理想，使用者微言颇多。[6]

1930年代是岭南近代建筑构造技术发展最迅猛的时期，这一方面表现在构造技术的日渐成熟，另一方面表现在构造材料的国产化和广泛使用。岭南由于日照强、雨水多，对防水、防潮及隔热尤为重视，中国自行生产的加剂、卷材、涂料等防水防潮材料在岭南均有不同程度的使用，一些国产品牌具有相当优越的性能，如广州石牌国立中山大学使用上海建业公司生产的"军舰"牌防水粉，曾在1935年获国产建筑材料展览会及实业部颁发的一等奖状。[7]

建筑构造技术也为建筑工程教育所重视。中山大学、岭南大学、广东国民大学等在1930年代先后设立土木工程专业以培养建筑技术之专业人才。1932年，岭南历史上第一个

①汕头中原大酒店广告用语//谢雪影.汕头指南[M].汕头：时事通讯社，1933.
②李宗黄.模范之广州市[M].商务印书馆，1929：80.
③林克明.建筑教育、建筑创作实践六十二年[J].南方建筑.1995, (2)：47.
④李海清.中国建筑现代转型[M].南京：东南大学出版社，2004：215.
⑤中国建筑的美——广州中山纪念堂吕彦直君之遗制[N].广州民国日报.1929-9-12.
⑥程天固.程天固回忆录[M].香港：龙门书店有限公司，1978：181.文中称："查该堂图则，外表虽颇宏伟壮观，但内里大讲堂之建筑设计，对于演讲声音之收吐，绝未研究讲求，故在大堂演讲时，全失效用。"
⑦李海清.中国建筑现代转型[M].南京：东南大学出版社，2004：208.

建筑系——广东省立勤勤大学建筑工程学系诞生，在系主任林克明、教授胡德元等人带领下，该系确立了以技术为主导的教学方向，"建筑构造学"因"授以建筑物之构造方法，由地基至屋顶各部分之详细研究"成为建筑专业的重要课目。[①]通过建筑技术的专业教育，具有岭南地域特点的建筑构造技术呈现系统发展的趋势。

三、施工设备与施工技术的全面发展

由于较早接触西洋建筑，并在长期的建造活动中积累了丰富经验，岭南传统营造商在近代早期西洋建筑活动中曾有非常辉煌的历史。在1863～1888年广州石室天主教堂的建设中，揭西工匠蔡孝担任总管工，在其组织带领下，以五华石工为主体结合传统施工方法克服了重重困难，建成了中国最大的石构天主教堂。随着条约口岸的开辟，广东工匠扮演了技术输出的角色。在汉口，"几乎所有要建楼房的欧洲人都只和广东人签约，虽然他们的价钱要贵些，但作为建筑商，他们更值得信赖"。[②]在上海，最早的建筑施工队伍也来自广东，其中以广东工匠赵道仁为代表，在上海早期建筑市场中成为主要建筑承包商之一。[③]作为旗昌洋行的建造商，赵道仁在材料组织及施工技术等方面有着广东工匠工艺精细、独创性强、技术特征鲜明等特点。

岭南近代施工设备和施工技术的发展与近代营造体系的建立密切相关。有学者指出：传统营造体系向自由建筑师体系和营造厂体系的分化和转变是中国建筑现代化的一个重要特征。[④]从组织架构看，传统营造体系是具有传统建筑技能的手工业工人的集合。他们以"班"或"鲁班馆"形式组合成松散性营造组织，并根据工种不同分成不同专业班组。以汕头近代营造业为例，传统施工组织多以"师头"(领头匠师，作者注)领班，俗称"师头班"。[⑤]由于领头师傅技术专长不同，逐渐形成各种专业组织，包括泥工、木工、石工、夯墙工、油漆工、搭棚工、嵌瓷工、绘画工等多种。技术传授采用师傅—徒弟的单向模式，虽然技术传承可以较好进行，但技能为少数人掌握的缺陷导致长期以来施工技术发展缓慢、不同工种间缺乏技术交流及协调等种种弊端。近代营造体系在组织架构上表现为营造厂商制度，通常为具有一定建筑技能和拥有建筑生产工具的厂主或营造商通过雇佣方式组织建筑工人进行营造活动。虽然在内部组织上仍有传统营造体系的痕迹，近代营造体系在生产关系上已完全改变了旧有封建形式，成为具有近代资本主义生产关系的营造工厂，传统工匠向近代建筑工人过渡。

在岭南近代营造体系的形成中，香港是重要的源头和参照系。英国在香港的殖民地建设中较早引入西方建筑制度，使香港成为岭南最早建立营造业资本主义生产关系的地区。由于熟悉西人建筑活动的运行模式和技术特点，并能有效组织大规模建筑生产，19世纪末20世纪初香港的建筑公司在广州等中心城市占有重要地位，其中如林护的香港联益建筑公司和谭肇康的永利、浴利公司等。林护(1871～1933)，字裘焯，广东新会牛湾镇上升乡飞龙村人。林护幼孤家贫，14岁赴澳洲谋生，工余就读夜校，后定居香港，从事建筑业，随后在香港创办联益建筑公司，承建各项工程，为香港及华南建筑业首位。[⑥]与林护的经历颇为相似，谭肇康(1875～1961)出生于广东省新会县双水镇

①广东省立工业专门学校.广东省立工专校刊[Z].1933: 12.
②威尔逊(R. Wilson)1862年12月22日信函，见伦敦布道会档案. 转引自: [美]罗威廉著. 江溶、鲁西奇 译. 汉口: 一个中国城市的商业和社会(1796～1889)[M].中国人民大学出版社, 2005: 283.
③郑时龄.上海近代建筑风格[M].上海: 上海教育出版社, 1999: 39.
④赖德霖.从宏观的叙述到个案的追问: 近十五年来中国近代建筑史研究述评——献给我的导师汪坦先生[J].建筑学报, 2002, (6): 59~61.
⑤参见. 汕头市建设委员会.汕头市建筑业志(油印本)[M].广东省立中山图书藏. 1989: 4-5.
⑥五邑华侨华人数据库·林护.网络资源: http://wylib.jiangmen.gd.cn/jmhq/list.asp?id=387.

上凌乡，幼年丧父，家境艰难。光绪十六年(1890)，谭肇康前往香港谋生，工余之暇，刻苦钻研建筑知识。其间曾一度赴加拿大谋生，返国后前往大连学习建筑工程，后在友人帮助下在香港创立永利、裕利建筑公司，业务遍及省、港、澳三地，与林护的建筑公司并驾齐驱。谭本人曾在广东实业司任建筑工程师，为中华工程师学会会员。①通过香港等西人殖民地学习建筑技能和营造业管理经验、并最终创立近代企业的个案在岭南近代营造业中十分常见。而在林护、谭肇康等人带动或竞争下，更多旧式营造厂也逐渐完成近代转型。

为在竞争中占据有利位置，施工技术的革新受到普遍重视。对一些新兴施工技术的掌握如钢筋绑扎、模板安装，混凝土搅拌制作、水电安装等成为延揽工程的重要手段。林护所在的建筑公司即通过沙面瑞记洋行的建造，以及与治平洋行的合作，学习了钢筋混凝土的施工技术，成为最早掌握这种技术的中国营造商。②在先进技术支持下，林护创办的联益建筑公司成为省港地区最具规模的中国营造厂商，其分行分布香港、广州、上海等地。先后完成了广州沙面花旗银行、汕头海关大楼、梧州中山纪念堂、广州柔济医院，南京中山路、湖南省天竹堤，上海南京路永安、新新百货公司，上海日清货仓、NYK货仓及其他商业住宅的建造。③

岭南近代施工设备和施工技术曾有两次大飞跃，第一次发生在20世纪初。在清末"新政"鼓舞下，岭南铁路交通、工业制造等全面发展。在1900年代铁路建设的热潮中，近代工程技术和工程设备纷纷引入。一些重型施工设备如码头起重机(图6-30)、桥梁施工设备(图6-31)等第一次在工程施工中应用，一些与铁路工程有关的施工技术如基础处理和勘测技术等为民用建筑技术的发展奠定了基础。当时岭南近代营造厂商制度已基本建立，与国外建筑承包商的竞争和合作态势已形成。如1907年广东河南士敏土厂即由沙面兴华洋行建造机房、炉窑、楔木房、焙砖巷这类具有较高技术难度的生产设施建筑。但同时，另一中国建筑公司冯润记建筑店则负责承造办公楼，住宅等。④该次飞跃在1910年代中后期形成高潮，广州海关(1916)、广东邮务管理局大楼(1916)、省财政厅大楼(1919)等新古典主义建筑在建

①五邑华侨华人数据库·谭肇康.网络资源：http://wylib.jiangmen.gd.cn/jmhq/list.asp?id=392.
②经过分析考证，笔者认为林护即沙面瑞记洋行的营造商Lam Woo。林护通过建造沙面瑞记洋行学习钢筋混凝土施工技术的情况详见 Wright and Cartwright. *Twentieth Century Impressions of Hong Kong, Shanghai and Other Treaty Ports of China: Their History, Commerce, Industries, and Resources*[M]. London：Lloyd's Great Britain Publishing Co,. Ltd, 1908：788.
③五邑华侨华人数据库·林护.网络资源：http://wylib.jiangmen.gd.cn/jmhq/list.asp?id=387.
④广东建设厅士敏土营业处.广东建设厅士敏土营业处年刊[Z].1933：31.

图6-30 码头起重机，詹天佑照片手迹故事集.
图6-31 桥梁施工设备，詹天佑照片手迹故事集.(右)

①中山纪念堂已开始建筑[N].广州民国日报.1928-3-24.

②广华三合土椿公司.广告[J].广东土木工程师会.工程季刊.1934.11, vol.4, (2), 无页码.

③程天固.程天固回忆录[M].香港:龙门书店有限公司, 1978: 183.

④香港爱群人寿保险有限公司广州分行广州爱群大酒店开幕纪念刊[Z], 1937.

筑技术和建筑艺术等方面均达到当时技术条件所能达到的高度,而始建于1919年的广州大新百货公司则以岭南第一座钢筋混凝土高层框架结构及与其相应的施工技术和施工设备成为当时岭南建筑技术发展的最高潮。

岭南近代建筑施工设备和施工技术发展的第二次飞跃发生在20世纪二三十年代。岭南各地因大规模城市建设,房地产、大型公共建筑和市政工程等为建筑营造业提供了快速发展的契机,以广州中山纪念堂为先导,岭南施工技术的发展和新型施工设备的引入进入飞跃发展时期。始于1928年3月的广州中山纪念堂工程不仅在施工难度上为岭南所未见,在施工配合上也为岭南带来新的理念。其主体结构由上海馥记营造厂施工,技术工人大部分来自上海,其建筑设备包括"最新式材料车两辆"也均从上海运来。①其工程组织具有多工种、新技术、难度高等特征,并协调了包括上海馥记营造厂、沙面慎昌洋行(钢屋架工程)、上海慎昌总行(电器安装工程)、上海亚洲机器公司(卫生器具和救火设备工程)在内具有当时国内先进施工水平的各工程营造商。在中山纪念堂历时三年的施工过程中,广州市工务局全程监督,地方市民和新闻媒介高度关注、广泛讨论,对新型施工技术的传播起到了直接或间接的作用。

在城市公共建筑大规模兴建和市民报建数量连续增长的同时,市政工程在施工技术和施工设备方面也有新发展。广州海珠铁桥1929年2月兴建,1933年2月15日完成,广州西南大铁桥1934年兴建,上述二桥均由美国马克敦公司承建,由工务局监工。两座大桥在河床勘探、基础处理、钢结构施工等方面对广州本土施工企业起到了技术示范作用。在河(海)堤岸建设中(如兴筑海珠堤岸、内港填泥等),一些新型施工设备如气泵打椿机被运用到桩基施工中,并推广至民用建筑。广华三合土椿公司以其承建的广州仁济路孙中山纪念博济医院(黄玉瑜,1934)基础工程为例宣称:"三合土椿载重力胜于任何椿,用时间胜于任何椿"②,以此招揽业务(图6-32)。

作为技术管理部门,工务局也有意识地引导本地施工企业向国外同行学习。工务局局长程天固在其回忆录中指出:"我对广州市各项工程,早已拿定主意,除非是中国承商所没有能力技术足以胜任者外,我才召洋商承筑,以免利权外溢。……惟我为鼓舞华商之努力上进,每与洋商仅签订一小部分工程之合约,如当堤岸规划完竣,只画出二百

图6-32 广华三合土椿公司广告,工程季刊1934-11第2期第4卷(3).

尺，使世界闻名之荷兰筑堤公司承造，订价每尺二百元。兴工时，密嘱华商暗加模仿，其后全堤长度，改召华商承投，每尺取价百三十余元。……"[③]在维护自我权益的同时，中国承建商也学习到了洋商的施工技术与管理经验。

当时岭南近代营造技术的发展在广州爱群大酒店的兴建中(1934～1937)达至最高峰。现撷取部分施工情况加以说明。[④]

①基础施工　采用钢筋混凝土桩基，柱下基础88个，共计404条桩基。工程由1934年3月开始，由香港英资惠保公司(The Vibro Piling Co., Ltd)承建。施工方法为：先将钢桩筒用汽锤打入，然后浇筑钢筋混凝土，边浇边打，以最后十锤入土深度不超过1英寸为限。设计认为，由于地基情况由25英尺至60英尺以下，为倾斜石层，本不宜采用桩类基础。因投资商已与惠保公司签定合约，所以不得不继续施行。但在打击过程中，生铁制桩嘴打烂甚多，钢桩筒也多有崩烂和屈曲现象，其后改用钢桩嘴，才消除上述弊端。桩基深度最深为60英尺，最浅也超过20英尺，经荷重试验，每桩可承重约75吨，达到要求。在电梯及地下室施工过程中，曾遇地下水位过高等困难，经电力抽水机不分昼夜抽水施工，终于克服。基础工程历时十月始成。

②主体结构施工　主体结构采用钢框架结构，建筑用钢全部向德国西门子公司订制，共重935.4吨，分五批运来。第一批为地下室及一、二层钢铁构件，包括各层锣丝、锅钉、角码等，计510吨。1934年8月初陆续锅妥柱脚草鞋底以备使用，8月16日，由雇自香港、富施工经验的较铁工(名称采自原文，作者注)85名、锅丁工(名称采自原文，作者注)60名正式开工竖柱。其间困难重重，首先因地脚钢柱笨重，于牵缆竖柱之际，无所凭借致施工缓慢；后因所购气压锅钉机不甚合用、只得配用锅钉锤人手操作导致工作迟钝，未能与较铁工作相配合，后再订购美国锅钉一幅才有所补救。其后上部结构安装陆续加快，综计由开工至1935年1月20日共5个月，所有十楼以下各层连地下室，全部较妥，效率颇高。

③楼面结构施工　楼面采用钢筋混凝土结构。1934年12月16日，先倒首层楼面钢筋混凝土，因混凝土搅拌机尚未运到，先用人工搅拌，四日完工。其后除二楼因横阵较大，混凝土量较多四日夜才施工完毕外，其余标准层楼面混凝土均三日浇筑完毕。总施工期近8个月。

第四节　政府主导建筑技术发展的努力

为规范建筑活动，中国历代封建皇朝均有严格的营造制度。在中国古代建筑的发展中，建筑形式和建筑技术以制度形式在相对长期的时间里保持稳定。《营造法式》及材分、材挈制度对建筑尺度、规模等级作出量性规定；民间工匠则以鲁班尺和口诀等形式对建筑作法经验记述。虽然经验和口诀在流传过程中会有所偏差，或因地域环境不同，会带来建筑作法和形式的地区差异，但总体来看，中国古代建筑的平面型制、建筑形式、建造技术等在相当长一段时间里呈惰性发展。因此，从辩证关系看，传统营建制度虽严格控制了建筑的规模等级，保障了木构建筑传统的延续性，但同时也严重制约了中国古代建筑技术的发展。

近代市民社会的建立，在解放生产力的同时，对建立市政管理机构并规范建筑活动提出了要求。由于西方势力的入侵，封建王权受到极大挑战。随着租界和条约口岸的不断开辟，长期森严的建筑等级制度被打破，城市平民成为城市建筑的主要赞助人，从而极大鼓舞了建筑活动的开展，促进了生产力和建筑技术水平的提高。但是，作为

①、②广州年鉴大事记//广州市政府.广州市市政统计年鉴[Z], 1929: 406.

③黄俊铭.清末留学生与广州市政建设(1911~1922)[A].汪坦、张复合主编.第四次中国近代建筑史研究讨论会论文集[C].北京:中国建筑工业出版社.1993: 184.

④广州市工务局章程[Z]//广州市市政厅.广州市市政例规章程汇编[Z], 1924: 85.

⑤汕头市政厅编辑股新汕头[M].1928: 86.

⑥新会县政府建设局组织章程[Z]//新会县建设局.新会县建设特刊[M], 1933: 83.

⑦工务局设计委员会简章[Z]//广州市市政厅.广州市市政例规章程汇编[Z], 1924.

⑧孙科.都市规画论[J].上海:建设, 1919, Vol.1,(5): 10-11.

⑨广州市政府.广州市市政公报.1932.9.20, (475): 94.

人类物质生产的一部分，建筑活动的进行必然涉及公共卫生和公共安全等领域。在近代市民社会逐渐建立的前提下，一个新型市政管理体制被引入以协调和规范市民活动，并保障市民社会的公共性。其中，工务部门着重在市政建设和城市建筑等方面进行规划管理，并主要通过技术策略的制订、技术规范的编制等手段引导城市发展，以及约束不法建筑、保障城市公共卫生和公共安全等。在执行上述职能过程中，各地工务部门及其他相关机构成为该地区建筑技术应用与发展的主导。

一、技术管理机构的建设

岭南市政管理的雏形始于清末新政。长期以来，晚清地方政府采用军政合一的府治制度，地方建设向无明确的管理机构。清光绪二十七年(1901)，粤督陶模奉朝廷命，裁汰绿营，改为常备、续备军及巡警，置巡警局，设立警岗并派警察出巡，是为广州有警察负责公共安全之始。①清光绪三十年(1904)，岑春煊督粤时期，在进行新政建设的同时，再设航政、堤工两局。②岭南城市建设始有专业管理部门出现。

1911年辛亥革命后，广东共和独立成立军政府，并着手建立城市管理体系。军政府下设工务部专管市政建设，程天斗任部长；原清末巡警道改组为警察厅，隶属省政府。在城市与建筑管理方面，军政府工务部与警察厅的职责范围有所交叉，前者专注城市建设，后者偏重公共安全。在此前提下，程天斗工务部拟定"拆城筑路"方针并着手实施，后者则将取缔建筑、制定建筑法规纳入公共安全部分加以管理。1912年，广东省警察厅订定《广东省城现行取缔建筑章程及施行细则》，为我国最早之建筑法规。③

1918年广州市政公所成立，开始有真正意义的市政管理。市政公所下辖总务、工程、经界、登录四科，工程科负责拆城筑路、建设市场、收用土地、取缔车辆、土木建筑工程等事宜。

1921年2月，孙科参照美国市制设立广州市政厅，总管区内市政。市政厅下辖公安、教育、卫生、财政、公用、工务六局。其中，工务局分三课①设计课、②建筑课、③取缔课。"广州市工务局章程"明确规定三课分管事务如下④。

第三条　设计课掌理：

(一) 关于规画新辟街道、公园、市场、沟渠、桥梁、楼宇、水道等工程事项。

(二) 关于测量制图印刷及保管仪器图箱事项。

(三) 关于绘图工程事项。

第四条　建筑课掌理：

(一) 关于街道、公园、市场、沟渠、桥梁、楼宇、水道等工程事项。

(二) 关于修理及保养已建各种市有工程事项。

(三) 关于监督市有建筑工程事项。

(四)关 于工程估价及开投事项。

(五)关于一切市有危险建筑之拆毁事项。

(六)关于保管本局所有机器物料事项。

第五条　取缔课掌理:

(一)关于查勘市民各项建筑工程事项。

(二)关于取缔市内各建筑工程事项。

(三)关于发给建筑凭照事项。

因建设需要，渠务和测量先后单独设科，但设计、建筑、取缔三课基本保持其分管业务。从内容看，设计课主要负责规划与设计；建筑课主要负责市政工程和公有建筑的工程管理及招投标等；取缔课则主要负责市民建筑报建及工程管理等。市政工程、公有建筑等通常由设计课技士完成设计，重大公共建筑或纪念性建筑也采用设计招标形式，由建筑课完成工程估算，并拟定招、投标文件，公开招商承投。因此，工务局对营造业的管理是根据业主的公私所属进行分类管理。广州市政厅成立后，广东省政府参照广州市制在岭南各地全面推行新的市县制建设，工务局成为新的市政管理机构的必设部门。但各地工务局根据所在地实际情况，在科室设置上各有特点，如1921年4月汕头市政厅成立时，工务局下辖建筑、取缔、堤工三课，其职责包括：①规划新市街；②建筑及修理道路、桥梁、濠沟、水道；③取缔各种楼房建筑；④测量全市公有及私有土地；⑤经理公园并各种建筑物；⑥其他关于土木工程事项。⑤在近代国民政府县制建设中，也有将工务管理和实业建设合并一局的作法，如新会县建设局，下辖设计、建筑、取缔、实业、文牍五课，其中实业课"掌理农业恳荒造林和一切实业事项"。⑥

在设立各科室的同时，广州市工务局成立设计委员会规划关于广州市各种工程设计及建筑预算事项。委员会设委员九人，由局长一人、课长三人、技士二人及聘请驻本市著名外国工程师三人组成。⑦关于设计委员会的设置早在1919年孙科撰写发表的《都市规划论》中已见端倪："近数年来美国各都市乃次第增设一专司以主理改建计画事宜，而规画事业始有所统属。前者市政厅各课员司多各自为政，有所规画亦只各就本课所辖之范围而各自为之耳。未尝有全部之具体计划，或各课互相联络商议规画者，于是各街道课之建设计画或与水利课者互相冲突，公园课或与工程课不相问闻，致起重复之工程。"⑧与工务局设计课相比，设计委员会之职责应在更高层面建立规划设计的协调机制。

就市县而言，工务局担负了地方市政建设及建筑管理之责，就全省而言，则由建设厅制定发展策略、担负技术指导和技术推广的作用。1929年度广东建设厅即拟定物质建设纲领包括："公路网之完成"、"模范事业及特种事业之举办"(含士敏土工业等)、"各县市政之改良"等。对于各县市政改良，建设厅有专门设计人员负责设计指导。在国产建筑材料推广方面，省建设厅也发挥了积极作用。在1931年广州西村士敏土厂建成投产后，广东省建设厅曾多次要求在政府建筑中必须使用国产"五羊"牌士敏土。"查舶来士敏土，类多土质恶劣，价格低贱，私枭偷运入口，影响五羊牌士敏土推销甚大。本厅有见及此，拟请钧府通令各县市，凡政府建筑工程，一律须用五羊牌士敏土，如人民建筑工程，在一万元以上之建筑，必须用五羊牌士敏土，方准兴筑。"⑨该案在1932年广东省政府第六届委员会第300次会议上议决通过，虽有垄断之嫌，于建筑材料国产化、本地化还是颇有成效的。

①黄俊铭.清末留学生与广州市政建设(1911-1922)[A].汪坦、张复合主编.第四次中国近代建筑史研究讨论会论文集[C].北京:中国建筑工业出版社.1993:184.

二、建筑技术法规的制定

岭南建筑技术法规的制订始于广东省城警察厅。1912年,广东省城警察厅成立后,颁布一系列法律章程和制度,其中包括《广东省城现行取缔建筑章程及施行细则》,为我国第一部由中国人制定的建筑法规。法规计34条,内容与1856年香港公布实施的建筑法规(An Ordinance of Buildings and Nuisances)相似,皆以取缔妨害公共安全与卫生之建筑物为着眼点。其中,第1至2条为宗旨、适用范围、对象;第3至4条为申告制度、申告内容;第5至13条为沿街建筑物退缩规则;第14条至15条为骑楼条文;第16条为防火构造规定;第17条为界址相关规定;第18至19条为堤岸、道路上突出物取缔规则;第20至25条为构造体尺寸规定;第26至27条为承尘板、基础规定;第28条为公共建筑相关条文;第29至37条为建筑执照、罚则等条文。①这是中国近代建筑史上第一次将城市建筑活动纳入法制管理的范畴,但从内容看,该法规对建筑技术的涉及仍处于较低层次。

1920年广州市市政公所大范围颁布有关建筑技术法规。其中,《广州市市政公所临时取缔建筑章程》在原《广东省城现行取缔建筑章程及施行细则》内容基础上有所增加,原来的34条扩充为54条,但在条目上仍与旧章程相对应。在法规中有关技术类型方面,仍以砖木结构为指向,对墙体构造等作出技术指导。当时真正具有新技术特征的法规为《广州市市政公所取拘建筑十五尺宽度骑楼章程》。为配合该时期蓬勃开展的"拆城筑路"运动,市政公所试图推行骑楼模式以改良城市面貌,同时发展商业,骑楼作为一种城市策略被明确提出并推广。由于骑楼在构造方式及空间构成的特殊性,如何在结构上满足十五尺宽骑楼

表6-2　　　　　　　　　　1924年《广州市新订取缔建筑章程》总目

第一章	总则	第1条至第2条
第二章	领照办法	第3条至第12条
第三章	建造限制:(甲)墙脚;(乙)墙壁及楼面;(丙)窗户;(丁)厨房;(戊)厕所;(已)上盖;(庚)渠道水槽;(辛)凿井	第13条至第61条;
第四章	材料	第62条至第75条
第五章	拓宽街道	第76条至第84条
第六章	众墙	第85条至第90条
第七章	禁例	第91条至第105条
第八章	罚则	第106条至第109条
第九章	照费	第110条至第120条
第十章	附加费	第121条
第十一章	新区域	第122条至第123条
附则		第124条至第125条
附刊建造规范		共6条

资料来源:广州市市政公报,1924年1月,第113号.

的构造要求为市政公所所考虑,并作出技术指引。在该骑楼章程中,提出了"十五尺宽骑楼用士敏土铁条结柱楻之限制"、"十五尺宽骑楼用青石柱楻之限制"、"十五尺宽骑楼用砖楻之限制"、"十五尺宽骑楼用圆铁柱楻之限制"等四种结构技术方案,其中,钢筋混凝土结构在岭南近代建筑技术法规中第一次完整提出。值得注意的是,章程中有关钢筋混凝土柱的构造规定在一定程度反映了当时钢筋混凝土技术的运用尚不成熟,"方形铁枝"为主要的钢筋形式。

1924年1月,广州市工务局在市政厅成立后正式颁布新的建筑技术法规——《广州市新订取缔建筑章程》制定实施(表6-2)。[①]与前警察厅和市政公所时期的技术法规相比,新章程体系完整,其章节排序一直为1930年、1932年、1936年多次修订所借鉴。另外,该章程还具有内容丰富、技术指导性强等特点,尤其在第三章"建造限制"和第四章"材料"部分有相当突破,即对建筑各部位包括基础、墙体、楼面、窗户、厨房、厕所及屋顶等构造作法均作清晰规定(第三章),并对包括砖、水泥、钢筋、砂等在内的建筑材料在施工方法上作出指导(第四章)。而章程所附"建造规范"则第一次对地基承载力、不同建筑楼面荷载、风压、钢筋混凝土自重等作出量性规定,说明科学的结构计算方法已为工务局所重视。

1920年代末期广州城市建设蓬勃兴旺,原有章程显然不能适应建筑技术的发展,技术法规酝酿新的变革。1930年程天固任内,《广州市工务局取缔建筑章程》颁布实施。新章程在保留1924年旧章程纲目基础上,增设了第十二章"小修章程"、第十三章"御火建筑"、第十四章"耐火建筑"、第十五章"业权铺底"、第十六章"取缔危墙办法"等。总条目为118条,较前章程虽略有减少,但分条目却大为增加,如第三章"建筑限制"对建筑构造作更详细规定的同时,对不同建筑类型提出不同的防火、耐火要求,其对象涵盖已出现的各种新的建筑类型;对建筑荷载、地基承载力等也规定得更为全面和细致;对汽车场、戏院等设计标准也以专条形式作出规定。

1932年8月1日广州市第二十二次市政会议议决通过《广州市修正取缔建筑章程》。该次修订是因"民二十一年奉市政府令,一律改为公尺,自应将章程修改",[②]以求解决长期以来困扰技术发展的度量衡不统一问题,广州市建筑业长期沿用的英尺单位被公尺所取代。但修订内容不仅限于此,"钢筋三合土"以独立章节形式列入章程第九章,说明钢筋混凝土已成为最广泛应用的结构技术而需要作出明确指引。1936年,《广州市建筑规则》在1932年《广州市修正取缔建筑章程》的基础上完成定型化编制。

长期以来,岭南各地在建筑技术法规方面并未有统一的制订程序,各地工务局往往依据自身特点分别拟就。汕头市工务局早在1921年11月3日就自行颁布了《汕头市市政厅取缔建筑暂行章程》计六十九条,[③]无论在格体和内容上均与广州同时期"章程"有很大不同。由于汕头为侨乡及海港城市,对外联系方便、频繁,结构新技术运用较早且普及,钢筋混凝土等技术规范在该章程中已有较清晰的制订。而台山县工务局所订《台山县取缔建筑章程》及修订本在技术内容上则似乎落后于台山建筑技术的发展状况。但台山县工务局技士

①林冲认为在这之前曾有1922年修订《临时取缔建筑章程》的颁布,为九章123条,与1924年《广州市新订取缔建筑章程》相似,该部分资料笔者尚未发现.

②广州市政府.广州市市政公报.1934.1.10,(451): 90.

③汕头市政厅编辑股.新汕头[M].1928: 130.

①该规则草案现藏于广州市档案馆。
②广州市新订取缔建筑章程[J].广州市市政公报[J].1924.1,(113): 7.

谭毓树在赴任新会县建设局长后制订颁布了《新会县取缔建筑章程》,该章程在文体格式上显然模仿了《广州市取缔建筑章程》,章节内容包括第一章"总则"、第二章"申报手续"、第三章"建筑限制"、第四章"材料限制"、第五章"街道限制"、第六章"照费"、第七章"罚则"、第八章"附则"等。

战后为统一全省建筑技术法规,广东省政府专门委员会专员梁泳熙曾编拟《广东省县(局)城镇管理房屋建筑规则》,计划上交广东省都市计划委员会核签①,实施情况不详。

总体来看,岭南近代建筑技术法规的制订与建筑技术发展的趋势基本一致。建筑技术法规的不断修订反映了工务局作为技术管理和指导部门,有主动调适的愿望和行动。但需注意的是,建筑技术法规的制订往往滞后于建筑新技术的实际应用,在技术倡导方面较为保守。

三、建筑营造业管理

虽然从光绪年间开始岭南已有近代营造厂商出现,但晚清至民国初数十年间,对营造厂及营造业的管理多属行会内部的民约管理。真正将营造业纳入法制管理仍以近代市政管理机构的成立为始,并陆续有管理办法及规程颁布。

(1) 完善报建制度

报建制度的建立,是规范管理建筑活动的首要步骤。1912年,广东省城警察厅制订的《广东省城现行取缔建筑章程及施行细则》中始有建筑"申告制度"和"申告内容"的出现;1920年市政公所《临时取缔建筑章程》,1924年市政厅《广州市新订取缔建筑章程》及后来的修订章程均有"建筑执照"或"领照办法"的规定。其中,1924年《广州市新订取缔建筑章程》第二章"建筑执照"规定:

"第三条:凡建筑无论新建改造或小修,除粉饰、榍板、执漏、补阶砖外,均须按照其原日地址及现时如何造法绘成图则三份注明尺寸,并照工务局颁发建筑说明书填写三份,于兴工前赴工务局呈报。同时缴纳照费,侍工务局派员勘准给照后方得兴工。"②

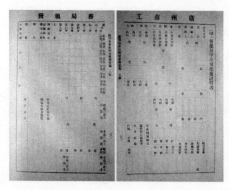

图6-33 广州市工务局"新建屋宇呈报建筑说明书"(1924),广州市市政例规章程汇编,1924.

上述规定在制度上建立了工务局对城市建筑活动的全面管理。从广州市工务局1924年"新建屋宇呈报建筑说明书"内容看,主要包括业主、绘图人、承建人、房屋地址及拟建房屋状况等信息(图6-33),说明工务局试图从规划控制和工程质量两方面对新建房屋作出监管。至1932年,在继续沿用报建表格的同时,要求绘制报建房屋详细四至图,加强建筑红线和道路红线的控制。

报建制度在规范管理建筑活动的同时，在1930年代被广州市工务局用以配合建筑工程师登记执业制度的建构。以使建筑师和土木工程师更多参与建筑营造业管理。

(2) 逐步推行和强化营造厂商登记制度

早期营造厂商间的利益协调或其他活动多以传统行会方式进行，广州市政厅成立后开始将其纳入政府管理范畴。为加强营造厂商的注册管理，广州市工务局曾先后于1923年10月1日颁布《广州市建筑铺店注册领证章程》；1925年11月11日颁布《广州市工务局工程承商登记简章》；1929年3月27日颁布《修正广州市建筑商店注册及换照登记章程》；1932年颁布《广州市建筑商店注册及换照登记章程》等多个登记规程。

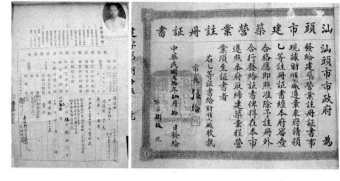

图6-34 汕头市建筑营业登记表(左)及注册证书(右)，汕头市档案馆.

推行营造厂商登记领证制度的最初目的是为了改变当时营造厂商急功近利，舍本求末的作法。广州市工务局局长林逸民在1925年11月11日《提议广州市工务局工程承商登记意见书》中指出："……职局主管全市工务，时有工程招商投承，惟查到投之承商多是临时组织，由有工程学识或经验之一二人招集资本而成彼一二同事之。……对于需用材料或拟从中偷减，或以劣货混充。而其胆敢如此营私，无非以其商号系属临时而非永久之组织，全无名誉与责任心。其承筑之工程亦因此影响，或延滞，或停顿，绝无康好之结果，为害诚非浅……"因此"拟略仿照津沪及各国工务局工程承商登记兹法，……无非使投承之商号变临时而为永久之组织"。[①]营造厂商登记制度的建立从客观上强化了工务部门进行技术监管的权力。

等级划分是营造厂商登记领证制度的另一重要内容。为明晰厂商营造力量的强弱，工务局根据注册资金多寡、厂商规模、以往业绩及营造厂商受专业教育的程度等将营造厂商分为甲、乙、丙、丁四等。营造厂商可根据企业等级承揽不同等级所规定的不同规模的建筑工程。由于等级高低与营造业务的关联，营造厂商扩大规模、引进新型施工技术和设备成为必然，从而极大推动了岭南建筑技术的发展。

汕头市工务局仿效广州营造厂商注册制度，也相应颁布了《汕头市建筑工厂注册规程》(1931)及《管理营造业规则》(1939年4月)。由于战前汕头经济繁荣，建筑业兴旺，建筑工厂登记情况十分踊跃(图6-34)，1934年9月初版之《汕头商业人名录》登载建筑工厂多达155家。[④]

(3) 构建业主—建筑工程师—承建人质量监管与合同体系

由于社会性建筑经济活动的开展，协调业主、建筑工程师及营造厂商三方关系成为必然。与私有建筑不同，岭南近代公有建筑往往由工务局设计课技士设计，由建筑课进行工程估价并拟就招、投标文件进行工程承投，在施工过程中，由工务局派出技工进行监督。因此，公有建筑从设计到建造，过程十分规范，且工程质量得到很好监控和保证。反观私

①林逸民.提议广州市工务局工程承商登记意见书[Z].1925.11.11，广州市档案馆藏.
② 汕头时事通讯社.汕头商业名人录[Z].1934: 19-21.

有建筑，虽有报建制度约束，但传统的业主—承建人的直接雇佣关系，带来很多弊端，主要集中在合同遵守与工程质量等方面。有鉴于此，广州市工务局从1930年开始推行建筑工程师登记制度，并于1932年颁布《广州市保障业主工程师员及承建人章程》及修正案。试图将建筑工程师纳入营造业体系中，建构业主—建筑工程师—承建人质量监管与合同体系，使建筑工程师参与营造业管理。新体系遭到了建筑业同业公会激烈反对，直到1934年《广州市土木技师技副执业章程》公布实施后，反对声音才逐渐平息，业主—建筑工程师—承建人营造业三方体系才真正建立起来。

业主—建筑工程师—承建人体系从本质上看，是确立了建筑师和土木工程师以专业人士身份代表业主进行包括设计、报建、建筑预算、施工招标、施工合同、施工管理等多方面专业技术工作，在相当程度上保障了业主在建筑营造中的利益。从工务局看，工程师员的介入，保障了工务局对城市规划和建筑质量的控制，并使营造业纳入有序管理。

岭南乃至中国近代建筑技术的发展，经历了技术体系的转型和技术的近代化两个阶段。从传统木构体系到西式方砖(石)木混合结构体系，技术的优劣与差距似乎并不明显，在某种程度上，只能说近代早期形式的西化对应了技术体系的西化，仅此而已。但技术体系的转型却将中国纳入西方建筑技术发展的轨迹，并开始真正的近代化历程。钢材和水泥，作为西方工业革命对于工程技术的贡献，在改变西方技术观念的同时也改变了中国。从钢骨混凝土和钢筋混凝土技术应用的时间看，岭南与世界基本同步。

与技术体系的转型相适应，岭南被迫建立新的建筑材料供应和生产体系。红砖、水泥等在20世纪初实现工业化生产，在1930年代更实现水泥工业的现代化。但同时，钢材、玻璃、五金等建筑材料和建筑设备的生产却始终处于起步阶段。材料工业和设备工业发展的不平衡严重阻碍了岭南近代建筑技术的全面发展。

技术体系的转型同样导致建筑生产的近代化。传统营造体系向建筑师体系和营造厂体系的分化和转变使近代建筑生产由工匠主观向技术客观过渡。建筑规模的扩大、建造难度的增加不断促进施工设备、施工技术的发展 使建筑生产呈现专业化、技术化的发展特点。

作为近代资产阶级革命的中心，广州最早参照美国市制建立了自治政府，统辖了包括工务局在内的各专业管理部门。留学海外的中国建筑师和土木工程师在引入西方专业管理体系的同时又表现了强烈的技术自尊，使岭南近代建筑技术的发展在民初以后走上了自主独立的发展道路，包括建筑技术法规的制订、营造业管理、建筑工程师登记等，使岭南近代建筑技术呈现制度化发展。

第七章　建筑教育的开展与教学体系的本土化

作为专业教育的一种，建筑教育旨在培养适于设计、营造及相关职能的建筑专门人才。在中国传统营造体系中，由于道器观念的存在，营造技能的传承循工匠途径以师徒相授方式进行，其传播途径和传播方式远离士大夫知识阶层，而从未有系统的官学教育存在。近代西方建筑文化的强势楔入，在颠覆中国建筑传统的同时，也使建筑人才的培养以一种西方化模式进行，并最终表现为西方建筑教育体系的移植。中国近代建筑教育体系的建立使中国建筑师的培养从早期留学教育为主向自主培养转变，也使建筑思想的传播逐渐摆脱单一的西方语境，呈现出基于中国背景的多元性。

岭南近代建筑教育发轫较早，但直到1930年代才真正建立具有现代意义的专业教学体系。其中，清末学制改革从制度上开启了建筑作为科学的基本认知。其后，土木工程教育因适应地方发展需要被首先建立，继而在"社会需要"与表达"国民精神"的诉求下，林克明等完成了岭南第一个建筑系——广东省立勤勤大学建筑工程学系的创建工作。注重技术与工程实践的教学体系因借着现代主义的传播使该系成为中国早期现代建筑教育的重要组成。国立中山大学在战时对勤大建筑系的继承，以及许多偶然和必然因素交织在一起，使该教学体系得以延续和发展。由于相对封闭和连续，对岭南近代建筑教育发展历程的考察可以完整反映一个区域对象在移植西方建筑教育过程中的反应和调适。

第一节　岭南建筑教育的早期状况

在第一批留学西方的中国建筑师回国前，岭南建筑人才的培养以西方建筑师事务所的学徒教育和晚清洋务实学及土木新学教育等为主要途径，部分则通过西式建筑的营造学习了相关技能。

1. 早期西方建筑师事务所中的学徒教育

在长期对外贸易中，广东商民与西方商人形成了十分紧密的合作关系。对西人而言，广州拥有包括买办、通译及营造商在内许多称职的伙伴。与此同时，广州还拥有许多基本功扎实、技艺高超的画匠，他们熟悉西方绘画技巧，并以外销画为业，其作品在欧美市场有很大影响力。许多画匠也被早期来华的西方博物学家和植物学家们所雇佣，以完成对岭南动、植物样本的绘制，他们高超的技艺得到西方人由衷的赞赏，认为在表现自然科学价值方面，中国画师的作品远超西方人。[①]早期来粤西方建筑师对这些画匠显然非常熟悉，澳大利亚建筑师帕内甚至专门拍摄过中国画匠正在绘画的场景(图7-1)。相信通过这些画匠，西方建筑师完成了对中国雇员的最初考察。显而易见，招收广东人作为学徒，对于培养设计助手、提高设计效率不无裨益。而这些助手或学徒通过在西方建筑机构的学习或工作，逐渐熟悉和掌握西方建筑艺术和技术，并最终成为中西建筑文化交流的实践者。

帕内与伯捷创办的治平洋行就雇佣了九位中国雇员(图7-2)，承担了包括绘图在内的许多工作。《商埠志》这样描写治平洋行的工作状况："他们的欧洲职员和中国雇员在其各自的领域都训练有素和富有经验。"[②]由于人物真实存在，我们可以大胆假设，这些中国职员在澳大利亚建筑师帕内和美国土木工程师伯捷等人指导下，通过学习绘图逐步掌握了建筑设计的基本知识。这恰巧是近代早期中国建筑师培养的一条主要途径：通过在西方建筑师事务所的

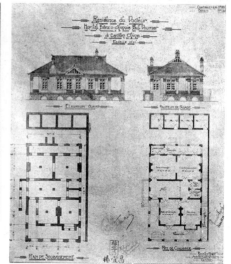

实习或工作取得经验和学识，并最终成为可以独立执业的建筑师。在由西方培养的建筑师产生前，上述过程是岭南中国建筑师培养的一条主要途径。在治平洋行一份有关广州中法韬美医院医生住宅的设计中，我们得到了一位中国人"杨宜昌"的签名和盖章(图7-3)，他与其他西方人的名字及治平洋行的图签一道并列在图纸下方，这在一定程度上证实了我们的设想，杨宜昌或许就是那九位中国雇员中的一位。由于直接受教于西方建筑师，许多像杨宜昌这样的中国人受益其中，并成为岭南早期中国建筑师的来源之一。

图7-1 清末广州外销画家(帕内摄)，澳大利亚维多利亚州立图书馆、广州孙中山大元帅府纪念馆.(左)
图7-2 治平洋行中西职员合影(帕内摄)，澳大利亚维多利亚州立图书馆、广州孙中山大元帅府纪念馆.(中)
图7-3 广州中法韬美医院医生住宅设计图(下有"杨宜昌"签名)，澳大利亚维多利亚州立图书馆、广州孙中山大元帅府纪念馆.

2. 晚清洋务实学与营造教育

近代中国营造学科的产生发端于洋务运动时期军事工程的需要。两次鸦片战争的失利，促发了晚清洋务运动的兴起，清政府一方面在全国兴建40多个近代军事工厂，一方面展开近代军事教育，以期在短时间内提高军事技术。1887年，两广总督张之洞在广州长洲岛创办水陆师学堂，即今黄埔军校旧址。其中，陆师学堂分马步、枪炮、营造三课，计划三年毕业，择优出洋，分赴各国学堂继续深造。学堂教习多由西人担任，中国早期土木工程专业留学生詹天佑在毕业回国后曾担任该学堂英文教习。[3]由于史料匮乏，其营造一科，在学制及课程设置等方面均未得其详，但从教学目的看，应偏重于军事工程的营造。

①Fa-ti Fan. *British Naturalists in Qing China: Science, Empire and Cultural Encounter*[M]. Harvard University Press. 2004: 45~49.
②Wright and Cartwright.*Twentieth Century Impressions of Hongkong,Shanghai,and Other Treaty Ports of China: Their History, Commerce, Industries, and Resources*[M].London: Lloyd's Great Britain Publishing Company Ltd, 1908: 788-789.
③广州市荔湾区地方志编纂委员会办公室.广州西关风华(四)·西关与詹天佑[M].广州: 广东省地图出版社, 1997: 43-44.

3.《学堂章程》对建筑教育体系的初步确立

1870年代以后，晚清洋务运动从"求强"的军事方面转向"求富"的民用方面，与此相适应，新学教育的重点也逐渐从军事技术转向民用技术，土木工程和建筑学科的设置被列为学制改革的内容。光绪二十八年(1902)管学大臣张百熙奉两宫谕，"谨上溯古制，参考列邦，拟定《京师大学堂章程》，并《考选入学章程》，暨颁发各省之《高等学堂、中学堂、小学堂章程》各一份"。①即中国第一部实业教育章程《钦定学堂章程》，得到钦定颁行。在大学分科的方法上，则"略仿日本例"。光绪二十九年(1903)《奏定大学堂章程》对土木工学门科目和建筑学门科目做出规定：

(1) 土木工学门科目

主课：算学、应用学、热机关、机器制造法、建筑材料、冶金制器学(日本名制造冶金学)、地质学、石工学、桥梁、道路、测量、计画制图及实习、河海工学、铁路、卫生工学、水力学、水力机、实事演习、市街铁路、地震学、房屋构造、测地学。

补助课：工艺理财学(日本名工艺经济学)、土木行政法、电气工学大意。

第三年末毕业时，呈出毕业课艺及自著论说、图稿。

土木工学，以计画制图实习为最要，故计画制图实习钟点较为最多。②

(2) 建筑学门科目

主课：算学、热机关、应用力学、测量、地质学、应用规矩、建筑材料、房屋构造、建筑意匠、应用力学制图及演习、测量实习、制图及配景法、计画及制图、卫生工学、水力学、施工法、实地演习、冶金制器学。

补助课：建筑历史、配景法及装饰法、自在画、美学、装饰画、地震学。

第三年末毕业时，呈出毕业课艺及自著论说、图稿。

建筑学亦以计画制图为最要，故钟点较多。③

从课程名称看，土木工学与建筑学并无严格区分。多数学者认为这与"略仿日本例"有关，同时，建筑学科目则几乎照搬了日本建筑科的全部内容。④从日本建筑学重技术的特点看，《奏定学堂章程》对土木工学与建筑学的模糊分类是合情理的。

按清末《钦定高堂学堂章程》(1902.8.15)的规定，大学堂之下为高等学堂，土木和建筑学科为分设科目之一。"设高等学堂，令普通中学堂毕业愿求深造者入焉，以教大学预备科为宗旨，以各学皆有所长为成效"。"高等学堂定各省设置一所"，⑤并在课程设置上，对有志进入工科大学各专业者作相应的课程安排，其中包括土木学门和建筑学门。

广东高等教育之设始于光绪二十八年(1902)，两广总督陶模将广雅书院改建成立两广大学堂，为广州近代最早官立大学堂。翌年，清政府规定除京师大学堂外，各省不得设立大学，于是两广大学堂改名为两广高等学堂，随即又改为广东高等学堂。由于高等学堂在本质上为大学堂之预备学堂，其课程设置多重基础理论，表现出预备特征。

就岭南而言，真正推动早期建筑教育体系建立者为光绪二十九年(1903)颁布的《奏定高等农工商实业学堂章程》。该章程对高等工业学堂之设作出规定："设高等工业学堂，令已习普通中学之毕业学生入焉；以授高等工业之学理技术，使将来可经理公私工业事务，及各局厂工师，并可充各工业学堂之管理员教员为宗旨……"⑥高等工业学堂分为十三科，含建筑科、土木科，学科科目如下：

"建筑科之科目凡七：一、应用力学；二、房屋构造法；三、工场用具及制造法；四、建筑沿革；五、施工法；六、配景法；七、制图及绘画法。"⑦

"土木科之科目凡七：一、测量学；二、河海工；三、道路铁路；四、桥梁；五、施工法；六、制图；七、工场实习及实验。"⑧

另，《奏定高等农工商学堂》中对高等农业学堂本科科目作出规定："若在殖民垦荒之地，更可设土木工学科。"其土木工学科之科目凡二十一："一、测量法；二、微积分大意、三、物理学；四、化学；五、制图及建筑材料；六、应用重学；七、道路修造法；八、桥梁建造法；九、铁路建造法；十、石工造屋法；十一、水利工学；十二、农业工学；十三、卫生工学；十四、器械运用法；十五、工业理财学；十六、农业理财学；十七、殖民学；十八、土木法规及农事法规；十九、测量实习；二十、工事设计实习；二十一、体操。"⑨

光绪三十三年(1907)，两广总督岑春煊在广东旧抚院署(今人民公园及市府所在地)创办两广高等工业学堂。先办预科，后设高等正科，分机器、应用化学、土木工程三科。⑩再据沈琼楼《清末广州科举与过渡时期状况》一文，高工(沈文对两广高等工业学堂的称呼)先办预科，再设高级、寻常两部。高级部分两班，每班二十至三十左右，拟办机械工程系和采矿冶金系；寻常部分三班，每班人数三、四十人之间，拟办建筑工程(应为土木工程)等三系。⑪沈文并未明确指出这些专业设置是否真正实施，但从其文章列出的1909年甲班24位毕业生中有卫梓松、李学海等人来看，两广高等工业学堂在土木工程方面的教育是真实存在的。卫、李等人在从高工毕业后经遴选入北京大学堂学习土木工程，并在后来的国立中山大学建筑系担任教职，讲授结构课程。中大移驻粤北时期，卫梓松还曾担任该系主任。宣统三年(1911)两广高等工业学堂停办。

由于教育资源稀缺，早期建筑教育以游学外地或留学国外为主要途径。从开设时间推论，两广高等工业学堂的毕业生只有两届。部分岭南子弟求学于国内早期洋务学堂，如唐山路矿学堂、北洋大学、交通大学等，上述各校均设有土木工程科。而更多的则通过留学欧美、日本或欧美殖民地学习建筑或土木工程。从留学方向看，以美国为主要目的地，这与美洲粤籍华侨众多，以及晚清庚款留美所掀起的热潮有必然联系。

从《学堂章程》在岭南的实施效果看，只能说是浅尝辄止，而建筑科则更未有设立的记录。但毫无疑问，晚清岭南建筑教育在《学堂章程》支持下完成了初步建构，建筑与土木的学科分类虽模糊却略具雏形，为未来建筑教育体制的完善和发展奠定了基础。

①张百熙.进呈学堂章程折.钦定学堂章程·上谕奏折.
②、③舒新城.中国近代教育史资料(中册)[M].北京：人民教育出版社，1961：610-611，615-616.
④徐苏斌.中国近代建筑教育的起始和苏州工专建筑科[J].广州：南方建筑.1994，(3)：16.
⑤~⑨舒新城.中国近代教育史资料(中册)[M].北京：人民教育出版社，1961：561，761，762，759.
⑩广州市地方志编纂委员会.广州市志[M]，卷十四.广州：广州出版社，1999：188.
⑪沈琼楼.清末广州科举与学堂过渡时期状况[A].政协广东省文史资料研究委员会.广东文史资料(第53辑)[C].广州：广东人民出版社，1987：11.

第二节 应时之需——土木工程教育的先发

因民国初市政改良运动及经济发展需要，岭南建筑教育以土木工程教育为先导在1930年代形成举办高峰。此前，岭南土木工程教育在两广高等工业学堂停办后，曾长期沉寂达二十年，终于在1930年前后呈井喷之势，广东国民大学、岭南大学、省立工专、中山大学几乎在同一时期设立土木工程专业。社会之需推动教育的发展，土木工程教育的先发集中反映了民初岭南市政改良、城市发展的必然结果。而以土木技术为先导同时也反映了20世纪二三十年代岭南近代建筑教育"先技后艺"的发展格局。

一、岭南近代土木工程教育概览

岭南土木工程教育的兴发与岭南1920~1930年代市政改良所引发的城市建设热潮有直接联系。虽然从1910年代开始，有大批学习工程技术的留学生和华侨回国效力，但总体上，仍不敷需求，各种形式的土木工程教育应运而生。为培养合格的监工，广州市工务局于1929年举办培训班，工务局技师林克明等担任培训工作。[①]1929年台山县工务局长谭铁肩也在《台山物质建设计划书》中建议筹办工程讲习所。"凡土木建筑工程，日趋发展，故需要土木工程人才，方能实现此种建设。现际全国统一，训政伊始，各县之新建设，同时并举，故技术人才，不敷需用。若欲完成台山全县之新建设，须由工务局附设工程讲习所，招罗学生，授以土木工程需要科，栽培技术人才，应本邑各乡村新建设之需……不至有人才缺乏，阻碍进行之虑也。"[②]台山一县尚且如此，中心城市对土木人才的需要则更为迫切。岭南土木营造业历来十分发达，从业者众多，其营造业在早期约约口岸开辟和亚洲殖民地中占有重要地位。粤人也素有学习土木建筑技能的传统，清末留学海外的岭南子弟以修习土木专业者居多，他们在带回西方建筑技术的同时，也带回了西方建筑教育的方法、教学体系和教学内容等。由于人数众多，在客观上解决了教育师资的问题。总体而言，1920~1930年代岭南兴办建筑教育的条件已基本成熟。

从专业设置的先后看，土木专业因在工程方面具有较强适应性、以及社会需要的迫切性而被首先开设。1930年前后，广东国民大学、岭南大学、中山大学、广东省立工业专门学校、广东省立勤勤大学先后创办土木工程专业，并在课程设置方面适应现代建筑技术、尤其是钢筋混凝土结构技术的发展状况，从而建立具有现代意义的土木工程教育体系。

各校土木工程教育的设置情况如下：

①岭南大学 受铁道部委托，岭南大学以部校合办形式于1929年成立工学院，设土木工程系，其目的"以专办土木工程养成铁道及公路专门技术人才为宗旨"；"学生毕业，除由校给凭及授予学位之外，再送部试验加给证书，量材录用"。[③]哲生堂为工学院院址(茂飞，1929)(图7-4)。建筑师黄玉瑜曾受聘土木工程系教授。

②广东国民大学 1929年秋广东国民大学校董会筹划成立工学院，翌年夏，聘清黄肇祥为院长，在广州荔枝湾第一学院东侧购置相连地十余亩，扩建校舍创办工学院，并先办土木工程系，李卓为系主任。[④]其师资以当时广州工程名家为主，招生颇有号召力。其中，院长黄肇翔早年毕业于美国奥海奥北省大学(即北俄亥俄大学)土木工程系，

1929年与杨锡宗等人共同设计了开平开侨中学等建筑；系主任李卓1921年毕业于美国宾夕法尼亚大学土木工程科，工程经验丰富。该系自创办日起，至1950年广东国民大学并入华南联合大学止二十年间，共培养土木工程专业毕业生427人。[⑤]

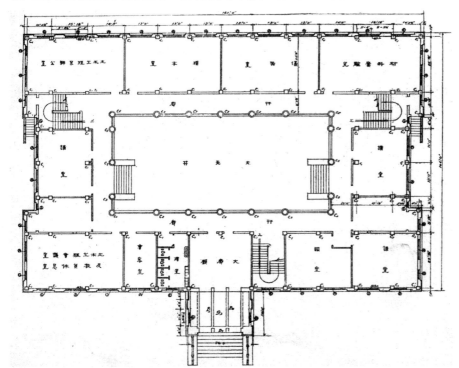

图7-4 岭南大学工学院哲生堂，余志 主编.康乐红楼[M].商务印书馆(香港)有限公司，2004：195.

③国立中山大学 中山大学从前身广东大学开始就尝试建立工学教育体系，并在1925年成立工科筹备委员会。1926年广东大学改中山大学时也有接受广东公立工业学校之工学体系的计划，但均未成功。1931年春，工科筹备委员会重组，以黄肇翔为主席，委员中包括建筑师杨锡宗等。因筹备成立工科未果，于该年秋季采用变通手法在理学院中增设土木工程系与化学工程系，并改称理工学院。中山大学土木工程教育自此始。1932年春，邹鲁重任校长，认为"国难正亟，无论济贫、无论抗敌，实应广植各门高深科学知识及工业技术人才，以为国家努力建设之需"，工学院设立刻不容缓。于是聘请萧冠英为主席成立工学院筹备委员会，委员中包括土木、建筑专家桂铭敬、方棣棠、杨锡宗等人。1934年秋，工学院筹备完毕，分设土木工程等四个学系(图7-5)，原理工学院土木工程系等拨归工

①工务局第五次局务会议记[N].广州民国日报，1929.9.16.
②谭铁肩.台山物质建设计划书[Z].台山县工务局，1929：35.
③铁道部委托岭南大学办理工科学院[N].广州民国日报，1929年9月13日.
④广东国民大学.广东国民大学十周年纪念册[Z]，1935：2-3.
⑤祁士恭.广东国民大学校史概略[A].中国人民政治协商会议广东省广州市委员会、文史资料研究委员会.广州文史资料(选辑)(第23辑)[C]，1981：150.

图7-5 中山大学土木工程系教室(杨锡宗，1929)，国立中山大学，1935.

学院。[1]

④广东省立工业专门学校 其前身为1917年10月广东工艺局创办的工艺学校，其后历经广东省立第一甲种工业学校(1920.8)、省立工业专门学校(1923)、省立工业专门科学校、中山大学工业部(1926.8)等多次变动，于1929年实行新学制，设置土木、机械、化工三个工业专科。该校教学和实习，素以严格著称，为岭南培养了不少工程人才。1932年7月，经改组成为勤勤大学工学院。[2]

⑤广东省立勤勤大学 1932年7月，广东省教育厅饬工业专门学校于是年秋季，依照大学课程标准，添设建筑工程、机械工程两班，作为改大之准备。1933年8月，省立工专政组为勤勤大学工学院。在创立岭南近代第一个建筑系的同时，保留原三年制大专土木工程专业。1936年，土木工程专修班改四年大学本科制[3]，勤勤大学工学院成为岭南近代第一个具有完整建筑与土木专业设置的工学院。

二、岭南近代土木工程教育的特点

岭南近代土木工程教育由于发起人之学业背景和办学理念的不同，校际之间呈现多样格局。

从课程体系看，各校办学并无统一计划和安排。以中山大学和勤勤大学比较为例，各校多根据自己的办学特点选择科目(表7-1)，安排学时和学分。科目涵盖也十分广泛，地质学、桥梁、道路、铁路、测量、市政、水力学、水电工程、房屋设计、海港设计等，几乎含括所有工程构筑物的设计与建造。从办学特点看，中山大学对理论学习较注重；而勤大则偏重实际操作，在必修课和先修课中安排大量的工程原理及设计课程，这与勤大源自省立工专、十分重视工程技艺的传统有关。

各校间专业发展方向也不尽相同。岭大土木工程系因受铁道部委托而筹设，教学以铁路工程为主导；勤大与中大也有明显不同，勤大工学院因设有建筑工程学系，在专业分类方面有非常清晰的界定，因此，其土木工程专业不设任何建筑学课程。中大土木系在设立之初，曾聘有杨锡宗等著名建筑师参与工科筹备工作，课程设置在偏重土木工程的同时，另设建筑美术、房屋建筑、房屋建筑设计、都市计划、都市设计等建筑学类课程，并聘黄适(美国奥海奥省立大学建筑科学士)担任建筑美术教职，胡伊文(日本东京工业大学建筑科毕业)担任房屋建筑及设计教职[4]，建筑师黄玉瑜也曾任该系教授，因而在建筑师培养方面有所发展。岭南当代著名建筑师莫伯治即该系土木工程专业1936年毕业生。

在学科建设方面，各校本土化发展十分迅速，并尤其反映在教职员配备和教材选择两方面。各校土木工程学系设立之初，绝大部分教授、讲师为留学欧美之技术专才，如勤大之罗明燏、叶保定、沈祥虎、罗济邦、霍耀南、邝耀原、罗清滨、司徒禊等，以及中大之方棣棠、张公一、陈训垣、胡家法、崔龙光等。随着教学的展开，逐渐有本校毕业生和国

①国立中山大学工学院概览，1936：187-188。
②广东省立工专校刊，1933：8；又，广东省立勤勤大学概览，1937：11。
③广东省立勤勤大学概览，1937：11。
④国立中山大学工学院概览，1936：179。
⑤广东国民大学.广东国民大学十周年纪念册[Z]，1935：48。

内其他学校毕业生充实到教学队伍中，其中以广东国民大学毕业生留校任教者为最多，包括吴厚基、李融超、王文郁、黄禧骈等，这也是近代建筑教育的目的所在。选用教材最初多为国外教材翻译而来或直接采用原版英文教材，随着教学的深入发展，以方棣棠为代表的青年学者开始自己撰写符合本系教学特点的教案或教材，1936年方棣棠编写的《材料力学》正式出版，成为广东首部材料力学的教材。

各校学生在执行教学计划的同时，与社会发展联系十分紧密。广东国民大学虽为民办，但表现尤为突出。该校学生于1931年成立土木工程研究会，并编著刊行《工程学报》和各类土木工学丛书。其学生中以莫朝豪等为代表对1930年代城市建设高度关注，其中，莫朝豪撰写了《摩登都市计划的几个重要问题》、《河南新堤之设计及建筑实施工程》、《广州内港计划》；吴灿璋撰写了《首都市政建设之鸟瞰》；以及吴民康撰写了《广州之美学问题》等学术论文。⑤其研究成果反映出该校土木系有别于其他学校的专业特点和教学方向。

表7-1　　　　　勤大土木工程学系(1936)与中大土木工程学系(1936)课程设置比较

学年	勤勤大学土木工程学系	中山大学土木工程学系
第一	党义、国文、英文、微积分、物理、化学、投影几何及机械画、物理实验、化学实验	数学、物理、物理实验、化学、化学实验、机械画、投影几何、第一外国语、平面测量、平面测量实习
第二	微分方程、力学、图解力学、物理、测量、工程材料学、物理实验、材料强弱学、天体测量学、地质学、材料实验、英文*	力学、构造学（一）、建筑材料、材料实验、应用电学、应用电学实验、地质学、金木工实习、第二外国语、高等测量、高等测量实习、道路工程、道路设计
第三	构造工程、道路工程、铁路工程、卫生工程、机械工程、电机工程、大地测量、水力学、铁路测量、钢筋三合土原理、水电工程、水力机械、道路设计、卫生工程设计、铁路设计、电机工程实习、机械工程实习、英文*	构造学（二）、水力学、水力学实验、原动机、经济学、工程契约、工业簿记、第二外国语、铁道定线及土方、铁道测量、铁道工程、石桥与木桥、石桥与木桥设计、钢筋混凝土理论、钢筋混凝土设计、圬工及基础、灌溉工程、土木法规
第四	构造工程、地基学、工程估计、桥梁设计、钢筋、钢筋三合土房屋设计、钢架房屋设计、拱桥设计、高级构造工程原理*、土壤力学*、高级钢筋三合土原理*、高级材料强弱*、高级构造工程设计*、高级卫生工程*、高级卫生工程设计*、高级水力学*、高级水力工程设计*、海港工程设计*、防空建筑*、高级铁路工程*、高级铁路工程设计*、航空测量*、第二内应力*、水闸设计*、高级水力工程*、高级大地测量*、地震学*、水利工程*	海港工程、河道工程、水电工程、建筑美术、劳工法、工厂卫生、铁道养护、污水工程、给水工程、钢筋混凝土桥、钢筋混凝土桥设计、钢铁桥、钢铁桥设计、房屋建筑、房屋建筑设计、钢铁构造、都市计划、都市设计、毕业论文

注：带*号者为选修课程

资料来源：①《国立中山大学工学院概览》，1936：11～14。②《广东省立勤勤大学概览》，1936：(第二部分)8.

三、岭南土木工程教育对建筑师执业体系的影响

岭南近代土木工程教育由于体系完整，培养学生渐多，并从1930年代中期开始陆续毕业进入工程及设计领域。与此同时，岭南近代建筑工程师登记执业制度逐步形成与完善，相关章程虽经多次修改，但对登记资格的界定始终保持连续性，即建筑师和土木工程师均可登记成为执业建筑工程师。登记制度模糊专业背景的规定使土木工程师成为岭南近代建筑师的重要组成部分，对岭南近代建筑师执业体系产生重要影响。

岭南土木工程教育的兴发极大改善了岭南建筑工程师的体系构成。从1930年代初广州历次建筑工程师或土木技师技副登记到战后甲、乙等建筑师登记，土木工程师均占有相当比例，但前后情况却有极大差别。1934年广州工务局126位登记技师中，土木工程师为109位，占绝大多数，其中国内土木工程专业毕业者仅49位，全部为岭北各大学所培养。[①]而此时岭南土木工程教育尚属起步阶段，岭南大学、广东国民大学刚有第一届毕业生。随着本地土木工程教育的普及，这一状况得到极大改善，在1948年广州市工务局公布的200余位甲等建筑师中，广东国民大学、中山大学、岭南大学、勷勤大学、省立工专等校土木工程专业均有毕业生登记执业，所占比例甚多。[②]仅广东国民大学毕业生就有黄禧骈、曾炊林、吴鲁欢、陈福齐、王文郁、李融超、梁慧忠、劳漳浦、莫朝豪、吴洁平等数十位领得甲等建筑师执照。[③]

岭南土木工程教育在培养普适专才的同时，也有相当数量呈个别发展。为适应社会需求，岭南土木工程教育多兼顾市政规划、建筑设计及土木工程的需要，学生根据专业喜好也有所偏重。部分土木专业毕业生更在现当代岭南建筑学界发挥重要作用，中山大学土木工程系1936年毕业生莫伯治(1914~2003)是其中的典型代表。

岭南土木工程教育在影响岭南近代建筑师体系构成的同时，也影响了岭南建筑学界的发展方向。或者说，建筑师体系中大量土木工程师的存在极大配合了自勷勤大学建筑系以来岭南建筑学界注重技术、理性务实的设计风尚，使岭南近、现代建筑整体地向该方向发展，从而形成地方性格。

第三节　广东省立勷勤大学建筑工程学系

岭南第一个建筑专业的设置始自广东省立勷勤大学建筑工程学系。为纪念国民党元老古应芬(别名勷勤)先生的功绩，陈济棠在1931年国民党第四次全国代表大会提出倡仪创建勷勤大学。勷勤大学下辖教育学院、工学院和商学院，其中工学院以省立工业专科学校为基础进行组建。在广东省教育厅和广州市政府督办下，省立工专于1932年秋季，依照大学课程标准，添设建筑工程等专业，始开岭南建筑学教育之先河。1933年8月，省立工专完成改组，并入勷勤大学成为工学院，下辖机械工程学、建筑工程学、化学工程学三系。其中建筑工程学系成为东北大学、中央大学之后我国又一个大学自办建筑系，林克明任主任。[④]

一、建系目的与背景："社会需要"与"国民精神"的表现

从外在影响看，专业教育的开展不外三方面因素：现实需要、社会关注、职业保障。勷大建筑系创立的1930

年代，是战前岭南社会、经济、文化发展最迅速的时期，也是建筑活动最兴旺的时期。在陈济棠建设西南的政策指引下，中心城市的市政改良和城市规划取得突破性进展，一系列城市发展的总体纲要在各中心城市颁布并实施；岭南各地经济繁荣，房地产业兴旺发展，市民房屋报建量逐年递增；以广州西村士敏土厂为核心的近代建筑工业逐步形成规模生产和经营；广州中山纪念堂、中山图书馆等大型城市公共建筑相继落成，极大鼓舞了地方民众对现代中国建筑的期待。与此同时，由于建筑师登记制度的推行，一种新型建筑业生产关系开始确立。1932年3月至5月间，在程天固主导下，广州市工务局颁布了《广州市建筑工程师登记章程》、《广州市建筑工程师及工程员取缔章程》和《广州市保障业主工程师员及承建人规程》等多个章程，第一次对建筑师在建筑营造业中的作用和地位进行了界定。同年9月，广州市工务局分六期完成了120位建筑工程师及221位建筑工程员登记。[5]建筑师成为独立的专业技术群体，并因此得到市民社会广泛关注。

与普通市民相比，建筑师因其专业分工的不同对建筑教育有着更清晰的认识。当广东省立工业专门学校工学院院长卢德邀请林克明负责教授建筑时，林提出了设立建筑系的设想。其目的，正如《广东省立工专校刊》中所提到的："建筑工程学系为适应我国社会需要而设。盖建筑、土木两种人才在建设上之需要，均属迫切，按西欧文明国家，此两人才之数量，颇为相等；而我国各大学则以设立土木工程科为多，其设立建筑工程科者尚少，就本省论，如中大岭南民大等校，均有土木科设立，且有相当成绩；惟建筑科则付阙如。故目前求求建筑人才，仅有海外留学毕业生数拾人而已。在此情形之下，省内求学者即欲研究是科，亦无从学习；而社会上复不明瞭研究建筑与土木者之各有专长专责，往往以建筑事业委托土木工程师办理，而土木工程之执业者，遂兼为建筑工程之事业。越俎代庖，原非得已。本校感觉此种缺点，故思从根本上补救之也。"[6]

但同时，系主任林克明从另一个角度阐述建筑之精神性。"建筑事业是文明社会的冠冕；其效用不仅为繁盛都市表面上的壮观，而尤足以为一国的国民精神上一种有力的表现。"[7]30年代的岭南，在经历了民国初以来孙中山革命思想的熏陶及20年代如火如荼的反帝反封建运动，民众的民族意识普遍高涨。他们希望更多地从意识形态领域，以文化和艺术的手段去张扬这种民族性和时代性。而长期以来，孙中山为首的国民党人不断尝试一种新的中国建筑形式以表达改造国民和建设新国家的理念，并将其发展为具有全国意义的文

①广州市技师技副姓名清册[Z], 1934年3月.广州市档案馆藏.
②甲等建筑师.载：新广州建设概览.广州：文化出版社.1948: 33~43.
③祁士恭.广东国民大学校史概略[A].中国人民政治协商会议广东省广州市委员会、文史资料研究委员会.广州文史资料(选辑)(第23辑)[C], 1981: 150.
④彭长歆.杨晓川.勤勤大学建筑工程学系与岭南早期现代主义的传播和研究[J].武汉：新建筑.2002, (5): 54.
⑤彭长歆.岭南近代著名建筑师[M].广州：广东人民出版社, 2005: 62~65.
⑥一年来校务概况.广东省立工专校刊, 1933: 8.
⑦广东省立勤勤大学建筑图案展览会特刊发刊词.广东省立勤勤大学工学院特刊, 1935: 1.

化运动。岭南作为该运动的发源和繁荣地，建筑的文化承载和表述方式对市民社会有广泛的启蒙，也使普通民众在建筑审美与现代追求等方面有了更多认识。因此，作为"文明社会的冠冕"，建筑是实现"国民精神"的表现和现代追求的重要手段，而建筑教育的开展因事关建筑设计专门人才的培养而变得尤为重要。

二、有关办学方向的思考

在勤大之前，仅有苏州工业专门学校(1923)、中央大学(1927)、东北大学(1928)等为数不多的学校有建筑系之设。至于课程设置，1903年"癸卯学制"和1912~1913年壬子癸丑学制虽对建筑学门课程作出了规定，但上述各校建筑系均无统一的课程安排，反而与创始人所受教育有较大关联。苏州工业专门学校"因为几位老师均为日本留学生，所以在教学体系上深受日本影响，其内容也模仿了日本的内容"；[①]梁思成则"所有设备，悉仿美国费城本雪文尼亚大学建筑科"，[②]创办了东北大学建筑系。从中央大学和东北大学这两个中国最早的大学建筑系看，由于"担任设计课的老师全部是从欧美归来的留学生，他们的教学方法自然也就与他们先前的学习方法有关，这一时期欧美学院派视建筑为艺术的专业认同和注重古典训练的倾向也就通过他们在中国的建筑教育中占了上风"。[③]

教学体系的制订深受创立者或主要师资背景影响，是中国大学建筑系在创办过程中的普遍现象。很显然，勤勤大学建筑系并未采用当时东北大学和中央大学所代表的学院派中国主流教学体系。由于岭南建筑教育的源流，该选择直接影响了该地区建筑学发展至今。为明晰岭南建筑教育与建筑思想的脉络，考察林克明等勤大建筑系创始人的学源背景和相关思考显得十分重要。

图7-6 巴黎艺术装饰与现代工业博览会里昂馆与圣埃町馆(Tony Garnier, 1925).

林克明(1900~1999)，广东东莞石龙镇人，1921~1926年就读于法国里昂建筑工程学院建筑系。总的来看，该校是法国学院派教学体系的重要营垒，据林回忆："入建筑专业后，知道老师都分成两种学派。一为学院派——专门指导学生按其要求的方法设计，亦步亦趋。另一派则思想较开明，设计方法比较自由。Tony Garnier即属这一派。"[④]文中提到的托尼·嘎涅(Tony Garnier, 1869·1948)是法国20世纪重要建筑家和城市规划理论家，里昂市出生，1886~1889年先后在里昂和巴黎美术学院就读，1897年获罗马大奖(Prix de Rome)。作为里昂市政府总建筑师，嘎涅设计了包括里昂医院、La Mouche Cattle 市场、里昂屠宰场和Gerland体育场在内的多个地标建筑，并于1925年设计了巴黎艺术装饰与现代工业博览会里昂馆与圣埃町馆(图7-6)，该建筑是法国早期现代主义的经典案例。嘎涅同时也是早期理想城市的倡导者，1917年，他出版了其重要著作《一个工业城市——基于城市建设的研究》(Une Cité industrielle, étude pour la construction des villes)。一般认为，柯布西耶的"光明城市"理论受到了嘎涅"工业城市"的影响，前者曾于1908年与后者邂逅。[5]嘎涅在其著作中所阐述或表现的对混凝土的运用，以及对城市公共空间的构想等都能在柯布西耶后来的设计中发现其影子。在受教于里昂建筑工程学院建筑系的过程中，林克明认为嘎涅的建筑观对其本人产生了深刻影响。[6]

　　虽然出身于巴黎美术学院派的重要营垒，师从嘎涅的学业背景却使林克明更愿意尝试一种非学院派的教学体系。林克明认为："作为一个新创立的系，我考虑到不能全盘采用法国那套纯建筑的教学方法，必须要适合我国当时的实际情况。不能单考虑纯美术的建筑师，要培养较全面的人才，结构方面也一定要兼学。"[7]当然，林克明在专业办学适应社会需要方面也有十分现实的考虑。当时正值陈济棠督粤，经济建设如火如荼，工程技术人员十分缺乏。为培养合格的监工，1929年，林克明本人也亲身参与了由工务局组织的工程技术人员培训工作。[8]实践能力强、技术全面的建筑师更能适应社会的需要。

　　同期开展的广州建筑工程师登记则从另一角度影响了勤大建筑系的办学方向。广州市建筑工程师登记制度的倡建始于1929年广州市工务局局长程天固，其后历经波折，于1932年3月正式实施。为配合建筑工程师和工程员的登记，广州市工务局于1932年8月颁布《广州市建筑工程师及工程员试验规则》，其中包括平面测量、材料力学、材料试验、结构学、钢筋混凝土、地基及砖石构造、渠道工程、契约及规范、屋宇计划、取缔章程等十项内容。[9]身为工务局建筑师[10]，林克明一定熟悉这些规则，并十分清楚建筑工程师登记对于建筑师职业及建筑教育导向的重要性。将上述规则与勤大创办初期(省立工专时期)的课程体系比较，两者对工程技术的关注高度统一，其事件的关联性或在一定程度佐证了林克明对全面技术人才培养的构想。

三、1932年课程体系制订

　　教学方向的选择主要通过课程设置而实现，并以此形成具有主体特征的教学体系。关于勤勤大学课程设置的"蓝本"，在省立工专创系时期有一个具有普遍性的原则："大学部各系课程，系遵照我国现行教育法规，斟酌国

①徐苏斌.中国近代建筑教育的起始和苏州工专建筑科[J].广州：南方建筑，1994, (3): 17.

②梁思成.祝东北大学建筑系第一班毕业[J].上海：中国建筑(创刊号)，1931.11.

③赖德霖.中国近代建筑史研究[M].北京：清华大学出版社，2007: 167.

④林克明.世纪回顾——林克明回忆录[M].广州市政协文史资料委员会，1995: 8.

⑤作者Besset在他的著作中提到了影响柯布的几位先锋人物，其中一位便是Tony Garnier，详Maurice BESSET, Le Corbusier, Genève, Skira, 1987.

⑥林克明.建筑教育、建筑创作实践六十二年[J].广州：南方建筑，1995, (2): 45.

⑦林克明.世纪回顾——林克明回忆录[M].广州市政协文史资料委员会，1995: 14.

⑧工务局第五次局务会议记[N].广州民国日报，1929.9.16.

⑨彭长歆.岭南近代著名建筑师[M].广州：广东人民出版社，2005: 59~64.

⑩林克明时任广州市工务局设计课技士("广州市政府委任令"，《广州市市政公报》1932年5月20日第392号)。1934年9月，林以"专任勤大教授"为由向工务局请辞获准(《广州市市政公报》1934年9月8日第476号)。

①、②一年来校务概况. 广东省立工专校刊, 1933: 7, 8.
③(勤勤大学工学院)学生自治会出版委员会.编后话[J].学生自治会出版股.工学生.1935. 4, 第1卷第1期: 250.
④胡兆辉、焦永吉、金生文、任宗禹.日本建筑界之演进[A].日本留日东京工业大学学生同窗会发行.东工同窗, 1937: 92.另注:文中有关"建筑教育"一节由任宗禹撰写.
⑤徐苏斌.中国近代建筑教育的起始和苏州工专建筑科[J].广州: 南方建筑, 1994, (3): 17.

情, 根据社会需要, 及参考外国工科大学课程而订定";① "建筑工程学为美术与科学之合体, 两者不能偏废也".②参考"外国工科大学课程"、注重"美术与科学的合体"成为课程设置的两个重要原则。

考察省立工专的发展历史与教学传统, 其教学模式无一例外指向日本工业教育。工专前身为广东工艺局, 由晚清政府广东劝业道于1910年8月以广州增步制造旧厂改组为局, 教习均由东京高等工业学校(东京工业大学前身)毕业生所担任, 对工业技术极为注重。其后几度改制, 历经广东省立第一甲种工业学校(1918~1924)、广东省立工业专门学校(1924~1926)、国立中山大学工科学系(1926~1930), 至1930年奉教育部之命, 再改广东省立工业专科学校, 虽几经波折, 但作为广东高等级工业学校的地位始终未变, 该校学生也以培养严格著称。改组成为勤大工学院后, 院方要求严苛的情况依然存在。其学生称: "本院的课程是非常忙碌的, 整天都要算习题、做报告, 及其他工程设计; 还有癙痳不能忘的, 为每星期有两科以上的会考。"③由于课程实践性强、重视工业技术, 该系毕业生工业技能十分娴熟。

在重视工业技术的整体背景下, 胡德元或是岭南日本建筑教育模式的引入者。作为林克明创系时期的重要伙伴, 胡德元1929年毕业于日本东京高等工业学校建筑科, 曾在日本东京清水组和东京铁道省建设局实习任职, 随后受聘省立工专建筑工程学系教授。有关日本建筑教育与欧美之不同, 早在1930年代已为中国留日学生所认识。1938年受聘担任中山大学建筑系教授的东京工业大学建筑系毕业生胡兆辉曾与任宗禹等人共同撰写《日本建筑界之演进》, 文中总结日本建筑教育特点时指出: "日本之大专建筑教育方针, 为设计制图、构造演习(应用构造力学以事精密之设计计算)与材料实验三方并重, 均为必修课予同格重视, 似为他国所未有之特色, 盖日本以受震灾影响, 深知仅求设计制图之美观建筑, 而不解构造计算材料试验及演习等, 实不济事, 是其建筑家必须具材料构造双方之充分知识也。"④而具体到东京高等工业学校建筑科, 徐苏斌指出, "东京工业学校和帝国大学工科大学略有不同之处在于更重实践"; "建筑科的目标是培养全面、懂得建筑工程的人才, 能担负整个工程从设计到施工的全部工作"。⑤总的来说, 日本建筑学教育, 是极为强调结构和工学技术的工程性学科。

从总体上看, 林克明培养实践型建筑师的设想与曾接受实践型建筑教育的胡德元在办学思路上得到了很好契合。比较勤大建筑系与中央大学建筑系1933年课程表(表7-2), 对材料构造、实验, 以及结构设计课程的偏重是勤大建筑系教学体系受日本建筑教育影响的重要例证。前者在1933年省立工专时期及1935年修订后的课程体系中, 对材料构造和结构设计类课程的设置, 无论学分总量和权重均超过以学院派教育著称的后者, 而创系初期相关课程比重更高达30.14%, 相关实验课程开展的深度和难度在国内其他建筑系中更属见未所见。这一方面说明了省立工专重视工业技术的一贯传统, 另一方面也间接说明了勤大建筑系与日本建筑教育模式的联系。

表7-2　　　　　广东省立工专(1933)、勤勤大学(1935)、中央大学(1933)课程体系比较

类别	省立工专建筑系 1933年课程体系 学分/权重	勤大建筑系 1935年课程体系 学分/权重	中央大学建筑系 1933年课程体系 学分/权重
公共课程	英文(4,4,4,4) 数学(4,0,0,0) 物理(4,0,0,0) 微积分(0,4,0,0)	国文(2,0,0,0) 英文(8,0,0,0) 数学(4,6,0,0) 物理(3,0,0,0) 化学(3,0,0,0) 法文,日文,党义,军训,体育	国文(6,0,0,0) 党义(2,0,0,0) 英文(4,0,0,0) 物理(8,0,0,0) 微积分(6,0,0,0)
	28/19.18%	26/17.11%	26/18.84%
专业基础课程	画法几何(4,0,0,0) 阴影学(1,0,0,0) 透视学(0,2,0,0) 测量(0,4,0,0)	画法几何(4,0,0,0) 阴影学(1,0,0,0) 透视学(0,2,0,0) 测量(0,4,0,0)	投影几何(2,0,0,0) 透视画(2,0,0,0) 阴影法(0,2,0,0) 测量(0,0,0,2)
	11/7.53%	11/7.24%	8/5.8%
建筑美术课程	自在画(3,0,0,0) 模型(2,0,0,0) 图案画(4,0,0,0)	自在画(3,0,0,0) 模型(2,0,0,0) 图案画(2,0,0,0) 水彩画(0,2,0,0)	徒手画(2,0,0,0) 模型素描(2,4,0,0) 水彩画(0,2,4,4)
	9/6.16%	9/5.92%	18/13.04%
建筑史论课程	建筑学史(2,0,0,0)	外国建筑学史(0,4,0,0) 中国建筑史(0,0,2,0)	西洋建筑史(0,4,2,0) 中国建筑史(0,0,2,2) 中国营造法(0,0,2,0) 美术史(0,0,1,0)
	2/1.37%	6/3.95%	13/9.42%
材料构造与结构设计课程	材料强弱学(2,4,0,0) 应用力学(0,4,0,0) 建筑构造(0,0,8,0) 建筑材料及实验(0,0,4,0) 构造分析(0,0,4,0) 构造详细制图(0,0,4,4) 钢筋三合土(0,0,4,0) 钢筋三合土学(0,0,0,6)	力学及材料强弱(0,8,0,0) 建筑构造学(0,0,8,0) 建筑材料及试验(0,0,4,0) 钢铁构造(0,0,4,0) 钢筋混凝土原理(0,0,4,0) 地基学(0,0,4,0) 钢筋混凝土构造(0,0,0,6)	应用力学(0,5,0,0) 材料力学(0,5,0,0) 营造法(0,6,0,0) 钢筋混凝土(0,0,4,0) 钢筋混凝土及计划(0,0,2,0) 图解力学(0,0,2,0) 钢骨构造(0,0,0,2)
	44/30.14%	38/25.0%	26/18.84%
建筑设备课程	水道学概要(0,0,0,2)	应用物理学(0,0,0,4) 渠道学概要(0,0,0,2)	暖房及通风(0,0,0,1) 电炽学(0,0,0,1) 给水排水(0,0,0,1)
	2/1.37%	6/3.95%	3/2.17%
建筑设计课程	建筑学图案(0,3,0,0) 建筑学原理(4,6,0,0) 建筑图案设计(3,8,8,8) 都市设计(0,0,0,4)	建筑图案(2,0,0,0) 建筑学原理(4,6,0,0) 建筑图案设计(2,8,8,12) 都市计划(0,0,0,4) 内部装饰(0,0,0,4) 防空建筑	建筑初则及建筑画(4,0,0,0) 初级图案(2,0,0,0) 建筑图案(0,7,10,12) 内部装饰(0,0,4,0) 都市计划(0,0,0,0) 庭院学(0,0,0,2)
	44/30.14%	50/32.89%	41/29.71%
建筑师业务	估价(0,0,0,2) 建筑管理法(0,0,0,2) 建筑师执业概要(0,0,0,2)	施工及估价(0,0,0,2) 建筑管理法(0,0,2,0) 建筑师业务概要(0,0,0,2)	建筑组织(0,0,0,1) 建筑师职责及法令(0,0,0,1) 施工估价(0,0,0,1)
	6/4.11%	6/3.95%	3/2.17%
学分总计	146	152	138

资料来源:①《广东省立工专校刊》,1933年7月;②《勤大旬刊》1935年9月第二期;③《中国建筑》,1933年8月。笔者分类整理.示例:"建筑学原理(4,6,0,0)"为课程名称(各学年学分).

①一年来校务概况.
广东省立工专校刊,
1933: 11.
②、③胡德元.广东省
立勤勤大学建筑系创
始经过[J].广州: 南方
建筑, 1984, (4): 25.
④林克明.世纪回
顾——林克明回忆录
[M].广州市政协文史
资料委员会, 1995:
16-17.

作为"美术与科学合体"的另一极，美术、建筑史等艺术修养课程的设置与比例也能反映勤勤大学建筑系在创系初期的非"学院派"倾向。与1933年开始转型为学院派模式的中央大学建筑系相比，勤大建筑系美术教育以"在使能描写物体之外观形式，由实在的艺术方法表现之；以期养成对于物体比例之感觉性，及美术性"①为目的，开设自在画、模型、图案画三科，其学分权重6%，大大少于中央大学的13.04%。而两者在史论课程方面的差距则更为明显，因此，从课程设置看，勤大教学轻美术训练的倾向是显见的事实，这和林克明创系时的主张也是吻合的。

由于林克明、胡德元的学源背景、主观取向，以及省立工专的教学传统，勤大建筑系在预备时期选择了以工程技术和实践能力培养为主要内容的教学模式。胡德元在50年后回忆勤大建筑系创办经过时谈道："由于当时的条件限制和缺乏教学经验，对建筑工程系的课程设置中不够全面和完善的，不分工民建、工民结(即建筑，结构，笔者注)，在四年的教学课程中，建筑工程类课程与建筑学专业课程差不多。"②由于课程艰深等原因，勤大建筑系1936年只毕业了10人。③这虽然反映了勤大在教学体系上的局限性，但也说明勤大在教学体系上走了一条与"学院派"有所不同的注重工程技术的教学道路，这也为勤大后来学术导向的形成留下了伏笔。

四、1935年课程体系修订

1935年，勤大建筑系课程体系面临新的调整。经多年办学，勤大建筑系已积累了一定经验，过元熙、谭天宋等建筑师则在1934-1935年间受聘担任建筑系教师，在改善师资结构的同时，也带来了新的教学方法和理念；更为重要的是，由于林克明等人设计的勤大石榴岗新校接近完工，建筑系所在的工学院也计划在1936年迁入新校(图7-7)，在一个新时期即将开始的前夜，重新思考未来的方向显然势在必行。

林克明、胡德元于该年暑期的日本之行或是此次调整的原因之一。经向日本领事馆申请，林、胡二人及家眷得到庚子赔款项目资助，利用暑期前往日本神户、大阪、东京等地考察，并在胡德元安排下参观了其母校——东京工业大学。④1930年代的日本，在以佐野利器为代表的结构派建筑师主导下，已形成功能主义的主导思想，而20年代中后期赴欧洲留学于柯布西耶和包豪斯的崛口舍己、今井兼次、前川国男、村野藤吾

图7-7 勤勤大学工学院(林克明, 1935)，广东省立勤勤大学概览, 1937.

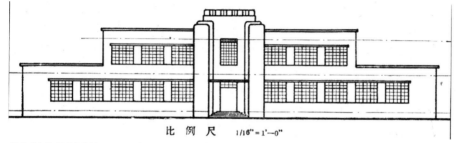

图7-8 勤勤大学工学院建筑工程学系材料试验室(陈荣枝, 1935), 广东省立勤勤大学概览, 1937.

比例尺 1/16"＝1'—0"

等年轻建筑师陆续回国, 向国内介绍了最新的现代主义理论。[1]东京、大阪等地成为战前日本现代建筑的重要实践地, 涌现了包括森大厦(村野藤吾, 1931)、东京中央邮电局(吉田铁郎, 1933)、大阪煤气大楼(安井武雄, 1933)等在内的许多日本早期现代主义作品。而东京高等工业学校于1929年升格为大学, 其建筑教学体系多年来在保持一贯特色的同时, 伴随日本现代建筑的发展不断完善。林、胡二人对该校的考察, 相信在课程设置的合理性、系统性和教学体系的完整性等方面都得到了有益启示。需要指出的是, 刘英智、胡兆辉等人当时正在该系就读, 二人毕业后曾先后任职勤勤大学和整体并入后的中山大学建筑系, 通过他们或其他留学生了解日本现代建筑潮流、东京工大乃至日本建筑教育的信息更为真实和全面。[2]新的课程表在暑期结束后的1935年9月公布。时间上的偶合加强了事件的关联性, 在一个信息交流欠发达的时代, 对一个关系紧密且具有示范性的学校进行考察, 显然有着极强的目的性。

与1933年课程体系相比, 材料构造与结构设计课程的整合与强化是1935年课程体系修订的重要内容。在学分总量和权重均有减少的情况下, 新的课程开设更为清晰合理。以课程名称为例, 1933年相关课程中冠之以"构造"名称者有"建筑构造"、"构造分析"、"构造详细制图"三科, 至1935年课程体系中与之相对应的仅"建筑构造学"一科, 而增加"钢铁构造"、"地基学"两科。所以, 从课目名称和数量来看, 1935年材料构造与结构设计类课程似有减少, 但实际涉及课目范围却有增无减。1936年迁入石榴岗新校后, 由于实验室条件大幅改善(图7-8), 材料试验更有明显加强趋势。为开展试验课程, 勤大建筑系实验室中相关仪器与设备包括摆锤撞击试验机、万能试验机、Buinell式波珠硬度试验机、士敏土拉力试验机、士敏土撞击机及混凝土软度试验机等; 实验室种类则包括三合土材料试验室、石材试验室、木材试验室(附研究室)、金属材料试验室、各种建筑材料陈列室、各种试验材料制作室等[3], 其材料与结构试验与土木工程专业几无二致。

在延续省立工专注重技术传统的同时, 1935年课程体系修订有加强建筑史论课程的倾向, 这种倾向与学术风尚的培育有直接联系。勤大建筑系创立时期, 因十分偏重工程技术, 其课程设置在建筑史论方面份量极轻, 且仅有"建筑学史"一科。在新的课程体系中, 省立工专时期"建筑学史"被细分为"外国洋建筑学史"和"中国建筑史", 并通过增加学分强化该类课程在课程体系中的比重, 显示办学者新的期待。有理由相信, 1935年课程修订中增

①沙永杰.“西化”的历程——中日建筑近代化过程比较研究[M].上海:上海科学技术出版社,2001:124.
②林克明在回忆录中指出,为了节约开支,林、胡一行在日本均不住酒店而选择留日学生宿舍附近住宿,以便在其食堂搭伙。见林克明.世纪回顾——林克明回忆录[M].广州市政协文史资料委员会,1995:16.
③广东省立勤勤大学概览.1937:14.

加的史论课程除"中国建筑史"外，很大部分是有关近代新建筑的产生与发展。

为强化实践能力的培养，各种类型的实习实践计划被重视并实施。勤勤大学工学院从省立工专改组而来，有重视工作实践和校外实习的传统："本校以各生学习工科，对于实习参观，极应重视，故各系、科、组织于课程中规定实验实习时间外，并常由系主任或各教授教员领导前往本市及各地参观各大工厂或大建筑物。"并订立"工学院派遣学生校外实习规则"，规定"大学各系学生由第二年级起……开始派遣"，"于每年寒暑假，或特别指定时间行之"。从1936年6月21日的派遣名单看，建筑系学生多被派往市内各著名建筑师事务所，如雷佑康工程师事务所(2人)，黄森光工程师事务所(1人)，过元熙工程师事务所(2人)，关以舟工程师事务所(2人)，陈逢荣工程师事务所(2人)，谭天宋工程师事务所(2人)，陈荣枝工程师事务所(2人)，胡德元工程师事务所(9人)等。[1]由于派遣设计单位多为本系教授讲师所创办，产学结合和教学实践的目的较易实现。学生通过实习，课堂所学得到检验，在积累设计经验的同时，工作能力也得到加强。

五、主要师资

建筑教学在很大程度上是思想和观念的传授，教师面对学生讲述其本人在学业与工作中获得的知识与经验是思想观念形成的主要途径。勤大建筑系教师绝大部分毕业于欧美或日本大学的相关专业，他们从思想观念角度影响了勤大建筑系未来的建筑师们。在这里，我们将考察勤大建筑系教师的专业背景、工作经历以及学缘背景等。其师承关系、专业理念等是影响教师建筑思想及设计观念形成的重要因素，此外，其所接受的教学方法与手段也必然影响他们作为中国建筑教育先行者的教育观念的形成。

(1) 省立工专时期(1932~1933)

省立工专时期是岭南建筑教育开展的初期阶段。当时教师来源以政府工务部门为主。建筑科教授仅林克明、胡德元二人，美术科由陈锡钧、楼子尘、王昌担任，其余大部分为土木科出身，且多在政府工务部门担任技士职务(表7-3)。其中，麦蕴瑜为水利专家，潘绍宪则长于市政研究，两者均与林克明同一时期进入广州市工务局的同僚，也是程天固城市设计委员会主要成员。教师中土木工程背景居多对建筑教学在工程技术方向的发展与强化有着显著作用。

(2) 勤大时期(1933~1938)

随着建筑教学的展开，1934~1935年，几位在建筑和土木方面颇具影响的建筑师和土木工程师加入勤大建筑系，《勤大旬刊》公布了这些新聘教师的资料[2]：

过元熙，建筑工程系教授，江苏无锡人，美国本雷文尼大学建筑学士，麻省理工学院建筑硕士，费城美术学院肆业。曾在美国纽约、费城等建筑公司任事，曾担任芝城万国博览会监造、实业部筹备万国博览会设计委员和北洋工学院教授兼建筑师。

①勤大工学院建筑工程学系、土木工程系一、二、三年级暑期派遣实习名单[J].勤大旬刊，1936年6月21日，(28): 9~12.
②广东省立勤勤大学.勤大旬刊.1935，第一卷第四期: 6.

表7-3　　　　　　　　　　省立工专时期(1932-1933)建筑工程学系教职员表

姓 名	学 历	科目	职别	主要履历
林克明	法国里昂建筑工程学院建筑科	建筑	教授	兼系主任
胡德元	日本东京工业大学建筑科毕业	建筑	教授	日本东京清水组、东京铁道省建设局实习
麦蕴瑜	上海同济医工大学土木工程师、德国(汉诺和)工科大学土木工程师	土木	教授	广州市工务局建筑课课长,广东省建设厅南路公路处处长
陈 崑	唐山交通大学土木工程科	土木	教授	广西建设厅技士、镇南区公路局总工程师,荔修公路工务处主任,广东西村士敏土厂工程师,工务局技士
陈良士	美国康奈尔大学土木工程师、市政工程硕士	土木	讲师	上海复旦大学、东华大学、北平大学等校教授,京梅铁路工程师,汕头市工务局代局长,广州市自来水管理委员会工程课课长
潘绍宪	美国奥华省大学工科博士,美国米西干省大学工科硕士	土木	讲师	广州市工务局技士,广州城市设计委员会委员
李文邦	美国意利诺大学土木工程学士,美国士丹佛大学土木工程师	土木	讲师,上学期在职	
沈祥虎	美国伦敦大学矿科工学士	土木	讲师,下学期在职	农专高师等校教员,广东大学、中大及民大教授
梁文翰	不详			
温其濬	天津北洋大学高等科毕业,美国华毡尼亚大学土木科毕业	土木	教员	曾任浙江省立第一中学艺术科主任,上海三余工业社图案技师,广州市美术学校图案系主任兼市立工科高级中学教员
李达勋	上海复旦科学士	土木	教员,上学期在职	广州市建筑工程师
唐锡畴	国立同济大学土木学院毕业	土木	教员,下学期在职	曾任广东省建设厅及工务局技士,广州市工务局修缮股主任
陈锡钧	美国美术学校,意国美术学校	美术	讲师	
楼子尘	日本粟木图案馆分馆毕业	图案画	讲师	
王 昌	上海美术专门学校	自在画	讲师	

资料来源:《广东省立工专校刊》,1933年7月,第163~171页。

罗明燏,建筑工程系讲师,广东番禺人,唐山大学工学士,美国麻省理工学院飞机及土木硕士。曾任省立工业专门学校讲师,国立中山大学讲师,总部省府、市府技士。

林荣润,建筑工程系讲师,广东台山人,美国康乃尔大学学士,曾在美国桥梁公司实习,并曾担任岭南大学讲师。

李卓,建筑工程系讲师,广东开平人,美国编士苑尼亚大学土木工程科学士。曾担任美国钢桥公司设计委员、香港华美建筑公司工程师,新会工务局长,广州市工务局技士,以及广东国民大学教授等职。

谭天宋,建筑工程系讲师,广东台山人,美国北加路连那省大学工程师,哈佛大学毕业院建筑学专修生,曾在美国建筑公司任职六年。

这五人均留学美国,对现代建筑或建筑技术均有相当认识。其中,过元熙在亲身经历了1933年芝加哥百年进步万国博览会摩登形式的冲击后,对该会中国馆所采用的中国古式

①过元熙.博览会陈列各馆营造设计之考虑[J].中国建筑，1934，第二卷第二期：2.

②袁培煌.怀念陈伯齐、夏昌世、谭天宋、龙庆忠四位恩师[J].武汉：新建筑，2000，(5)：49.

③彭长歆、杨晓川.勤大学建筑工程学系与岭南早期现代主义的传播和研究[J].新建筑，2002，(5)：54～56.

④、⑤广东省立勤大学教务处.广东省立勤大学概览.1937：15～23.

产生了深刻怀疑，并于1934年撰文发表自己的看法，对固有式建筑进行了猛烈抨击。①谭天宋则长期任职建筑公司，实际工作经验丰富，"他的设计注重平面功能，提倡现代主义简洁明快的创作风格，反对摹仿西化，反对复古，是一位现代主义的坚定支持者"。②罗明燏由于在土木技术方面的深厚造诣，在后来的教学实践中建树颇丰。勤大在师资方面进一步强化了注重工程、注重工程实践的教学主流。同时，由于林克明、胡德元、过元熙等对现代主义的倡导，该系学生在1935年勤大建筑图案展览会上表现出强烈的新建筑思潮。③

1937年，在《广东省立勤勤大学概览》中公布了工学院建筑工程学系全体教职员名单，建筑科除林克明、胡德元、谭天宋之外，又增加了杨金、陈逢荣、谭允赐、朱绍基等人④，但当时过元熙已离开建筑系，就职广州市园林管理处。

杨金，广东南海人，东京工业大学建筑系毕业，曾在东京BERGAMINI建筑事务所任设计主任，受聘担任勤勤大学建筑系教授。

陈逢荣，广东台山人，美国芝加哥菴麻理科大学（今麻省理工学院前身，笔者注）建筑学士，于芝加哥克芝机事务所任技师一年，芝城汉标建筑师事务所任技师三年，广州市华粤工程公司任技师两年。受聘担任勤勤大学建工系讲师。

谭允赐，广东开平人，美国加省大学建筑工程学士，曾任美国三藩市丹利建筑公司测绘员，又曾任卜忌利埠中业中学教员。受聘担任勤勤大学建工系讲师。

朱绍基，1935年勤勤大学建工系毕业后，留校任教。

另外，当时美术科由楼子尘、陈锡钧、邱代明（法国巴黎国立美术专门学校毕业）担任讲师，结构专业科由罗明燏、叶保定（美国麻省理工学院土木工程学士）担任教授，由罗济邦（美国伊省州立大学土木工程学士）、霍耀南（上海交大土木工程学士、美国密西根大学硕士）、温其濬、罗清滨（国立同济大学及德国柏林工业大学土木工程师）、司徒禔（美国华盛顿大学土木工程学士、密西根大学硕士、意大利利奈大学研究员）、陶维宣（国立同济大学土木工程学士）、吴国太（勤勤大学土木专修科毕业）、赵尹任（国立中山大学土木工程学士）等担任讲师。⑤

在胡德元的回忆文章中，还指出陈荣枝、刘英智、金泽光等也曾任教建筑设计及制图课程，这些情况在已掌握的勤大资料中虽未提及，但在其他相关资料中得到证实。

陈荣枝，广东台山人，1926年毕业于美国米西根大学，获建筑科学士，为30年代岭南著名建筑师。

刘英智，广东廉江人，日本东京工业大学建筑科毕业，应在1937-1938年间加入勤大，后随勤大工学院整体并入中山大学工学院，并长期任职建筑系。

金泽光，广东番禺人，1932年毕业于法国巴黎土木工程大学，获法国国授建筑师学位，在1936年左右受聘勤大建筑系讲师。

在这里，可以基本勾勒出勤勤大学建筑工程学系1932年创系至1938年并入中山大学工学院期间曾担任建筑系教师名单。

建筑科：林克明、胡德元、陈荣枝、过元熙、谭天宋、杨金、陈逢荣、谭允赐、朱绍基、金泽光、刘英智等。

美术科：陈锡钧、楼子尘、王昌、邱代明等。

结构科：麦蕴瑜、陈崑、陈良士、潘绍宪、李文邦、沈祥虎、梁文翰、温其濬、李达勋、唐锡畴、罗明燏、林荣润、李卓、叶保定、罗济邦、霍耀南、司徒穗、陶维宣、吴国太、赵尹任等。

他们绝大部分为岭南子弟留学海外学有成就者，除林克明外，建筑科教员中几乎没有一个出身于学院派教育体系的营垒。他们中有的经历过现代主义的洗礼，如过元熙；有的则直接接受了现代主义的教育，如金泽光，（1935~1936年），他以现代主义手法设计了中山大学卫生细菌研究所和传染病院；有的曾在注重工程技术的建筑系就读，如胡德元、杨金、刘英智等。他们偶然或必然地聚集在一起，为勤大建筑系注重建筑技术、注重工程实践的教学体系打下了坚实的思想基础。

六、工程技术背景下现代主义学术风尚的培育

从阅读层面看，勤勤大学建筑系有关世界各国最新建筑资讯主要来自英、美和日本。由于勤大系因陈济棠为纪念其政治盟友古应芬(字勤勤)而创办，广东省政府提供了相对充裕的办学资金，图书及期刊订阅较为通畅。1935年10月工学院新购图书目录显示，日文类建筑著作包括伊东忠太所著《东洋建筑史讲座》、吉村辰夫所著《新建筑起源》、森口多里所著《文化之建筑》，以及滨冈周忠所著《近代建筑思潮》等。[①]根据时间判断，这些日文图书当为林、胡访日时所购，其中有关新建筑之论著无疑是图书选择的主要对象。而建筑系所订西文建筑期刊则包括美国的*American Home*、*American Architecture*、*Architectural Illustrated*、*Architecture Record*、*Architectural Forum*、*Architecture*、*Building*，以及英国的*The Architect's Journal*、*Architectural Review*等。[②]由于建筑期刊以介绍最新建筑资讯为主要目的，1930年代席卷全球的现代主义思潮以图像和文字的形式为勤大学生所认知。

在关注建筑技术与工程实践的背景下，勤大建筑系开始培育和发展自己的学术风尚。早在创系初期，林克明即已提出"建筑工程学为美术与科学之合体"[③]。作为建筑专业学习的核心命题，"何为建筑美？"相信在学生中也有过广泛讨论。1935年胡德元在阐述该命题与建筑设计的关系时指出："建筑者，美的构造物也，构造的艺术也。……建筑之真之三位，为用途、材料与艺术思想也。此三者若不为一体，则不能成其所谓良好的建筑。……由是言之，在廿世纪之今日，当建筑设计，离开用途与材料，而专注重其形式与样式，此实为不揣本而齐其末之事也。"[④]在更早的时候，林克明在论述"什么是摩登建筑"时也明确指出："'美'处于建筑物与其目的之直接关系，材料支配上之自然属性，和工程构造上的新颖华丽。……构造系以需要为前提，故一切构造形式，完全根据现代社会需要而成立。换

① 广东省立勤勤大学.勤大旬刊，1935年10月1日，(4): 32.

② 广东省立勤勤大学.勤大旬刊，1935年12月1日，(10): 63；1936年3月1日，(17): 21.

③ 一年来校务概况.广东省立工专校刊，1933: 8.

④ 胡德元.建筑之三位[A].广东省立勤勤大学工学院特刊，1935: 4.

①林克明.什么是摩登建筑[A].广东省立工专校刊,1933:78-79.
②林克明先生1992年1月15日致赖德霖信.详见赖德霖等.近代哲匠录[M].北京:中国水利水电出版社、知识产权出版社,2006:81.
③林在回忆录中称:在东京时还参观了书市街."这条街全是书坊铺。由于日本的翻译工作做得特别快,国外新书一出版,便马上译成日文出版。……我也购买了不少有用的书籍。"见林克明.世纪回顾——林克明回忆录.广州市政协文史资料委员会,1995:17.

言之,即愈趋于科学化也"。①将林、胡"构造"论与勒大建筑系教学体系进行综合比较,其注重建筑技术与工程实践的教学体系为当时欧洲风起云涌的现代主义思想的传播营造了适宜温床。由于林克明发表上述言论是在建筑系省立工专时期的1933年,或可说明,林克明注重建筑技术的教学体系实际上已受新建筑思潮的影响。勒大建筑系对水泥、钢及相应的钢筋混凝土结构技术的关注,从表面看是适应工程应用的结果,在本质上却将建构的真实性放在了建筑设计的第一位,而这恰巧是现代主义思潮最核心的命题。建筑对新材料、新结构的运用,以及建筑以功能为前提,以反映材料的特性为前提等种种新观点新理论,将现代主义建筑推到了形式主义的古典建筑及其他旧有建筑形式的对立面。勒大建筑系对建筑技术与工程实践的关注所引发的建构真实性的讨论,使现代主义的传播成为必然。

在现代主义建筑思潮影响下,林克明从1930年代初期开始摩登建筑的研究和实践,并直接影响了勒大建筑系创系初期的学术风尚。1930年,他以摩登式设计了广州市平民宫、天文台和气象台等。1933年7月,他在《广东省立工专校刊》中刊发了《什么是摩登建筑》一文,引发了勒大建筑系探求现代主义的学术思潮,并通过该校注重技术及实践的教学体系深刻影响了以裘同怡、郑祖良、黎抡杰、霍云鹤等为代表的青年学生。正如早期现代主义表述的多样化,晚年的林克明也认为"当时的建筑思潮很复杂,不能取得一致"。②但从勒大建筑系办学六年学术风尚的主流与发展看,该系现代主义思想的传播是真实存在的。

在勒大现代主义学术风尚的形成中,胡德元从建筑史学角度起了重要推动作用。建筑系创设之初,课程设置无统一蓝本,教材选用也颇为困难。由于聘请教授多为各国留学回来,大部分教材由英文或日文版本翻译而来。其中,建筑史论课程主要由胡德元讲授。早期教材为《建筑史学讲义》,由胡本人以弗莱彻尔(B.Fletcher,1866~1953)《比较建筑史》为蓝本编译完成。随着教学开展,引进和介绍新的建筑思潮成为史论课程之重要内容。需要说明的是,林、胡访日的另一成果是新书的购买。③由于1920~1930年代日本新建筑思潮的传播和留日学生的引入,日本建筑界对现代建筑的研究和相关理论译著的出版成为中国建筑师和建筑教育者了解世界建筑潮流的重要渠道。包括除前述《建筑史学讲义》外,胡德元本人选用的建筑历史新教材同样来自日文译著,为配合新建筑思潮的传播,1935年

图7-9 胡德元 著"近代建筑样式",广东省立勒勤大学季刊,1935.1,第一期.

1月,胡德元分两期在《勒勤大学季刊》中发表了《近代建筑样式》的长文(图7-9)。文中详尽介绍了欧洲近代建筑从古典主义、浪漫主义、折中主义到国际建筑样式的发展历程,以及维也纳学派、维也纳分离派、构成主义、表现主义和机能主义建筑产生的背景和特点。文章同时介绍了1925年巴黎万国博览会,并对博览会上出现的国际式作出了较高评价。由于胡德元建筑史学教育的开展与

导向，现代主义基于建筑历史发展的合理性与革命性在勤大建筑系中有十分明确的认识。

虽然任教时间不长，过元熙是另一位新建筑思潮的倡导者。他以亲历1933年在芝加哥百年进步万国博览会的经历反思现代中国建筑的发展，并于1935年底对学生发表了措辞激烈的演讲"新中国建筑及工作"。此次演讲是勤大"总理纪念周"的活动内容之一，并有赵象乾、郑文骧、朱绍基、梁精金四位建筑系学生负责记录。[①]过元熙在阐述新建筑本质的同时，对当时中国建筑的复古倾向进行了猛烈抨击。由于观点新颖且针贬现状，相信在青年学生中有极其重要的影响。

勤大后期，过元熙开始关注现代主义在中国推广的技术策略。1937年2月，过元熙发表了《平民化新中国建筑》一文[②]，其"适合各地气候环境生活"的观点，以及对广州湿热气候的认识或为岭南地域建筑设计之观念滥觞。在其要求和指导下，1934年入学生利用寒假对家乡民居进行了考察并提出相应的改造计划。其中，广东紫金籍学生杨炜在调查了家乡的民居建筑后，提出了材料、构造等改良措施以适应卫生及健康居住的功能，并指出这样做的原因是："现代的建筑似乎已经完全侧重于如何才能适合一切实际需要方面了，换句话说，现代的建筑设计者须要时常注意着一切工程上底忠实的结构，新材料的使用，建筑上的卫生设备和机械电气化诸问题……使建筑设计完全达到合理化的境地，使建筑成为有机的结构。"[③]杨炜的报告完成于1936年5月就读二年级期间，其通篇有关材料与构造技术的论述一方面说明过元熙基于现代建筑理念改造中国建筑的技术策略在学生中的广泛影响，另一方面则说明勤大建筑教育对工程技术的关注之于现代主义思想传播的必然性。

与教师言传身教相比较，一个更为宏大的社会和文化背景影响着勤大建筑系现代主义教育的导向。1930年代的广东，由于陈济棠西南政府与蒋介石南京中央政府的竞争，开始了大规模省营工业的建设，至勤大创立初期，已初步完成了现代化水泥、纺织、化工、机械及军事工业的建构。由于规模庞大、成效显著，陈济棠时期的工业化建设对岭南现代建筑的发展产生了积极、深远的影响。这种影响更多体现在现代观念的养成，并与1930年代中国知识阶层试图通过工业化实现现代化的理念相契合。与此同时，由于经年市政改良，岭南城市繁荣，道路整洁，在水泥、钢材等现代建筑材料普遍使用的前提下，崇尚简洁明快的审美观念开始酝酿并发展。

文化运动方面，近代中国国家精英有关国民改造的方案在1930年代出现新的特点，并被解读为符合现代性追求的文化运动。1934年2月，蒋介石在南昌倡导"新生活运动"，试图通过"礼、义、廉、耻"的道德标准以改造国民、提高效率，复兴国家和民族。作为新生活运动的表征，一系列新的生活规范如卫生、整洁、迅速等被提出用以改造国民饱受诟病的生活与精神状态。宁粤和解、尤其是1936年"两广事变"失败后，"新生活运动"传入广东。[④]1936年秋季，广东文化教育界名人许培干以《新生活运动的意义》为题对勤大学生发表了演讲，在论述有关"新生活"的内涵时称："在行为方面，每个国民都能表现出整齐、清洁、简单、迅速，确实和朴素；在精神方面，要适合礼义廉耻四个方面。"[①]由于表征的

① 广东省立勤勤大学教务处勤大旬刊, 1936年1月11日, (14): 29.
② 过元熙.平民化新中国建筑[J].广东省立勤勤大学出版委员会.广东省立勤勤大学季刊, 1937年2月, 第一卷第三期: 158~160.
③ 杨炜乡镇住宅建筑考察笔记[J].广东省立勤勤大学出版委员会.广东省立勤勤大学季刊, 1937年2月, 第一卷第三期: 224.其文提到过元熙对该次考察的要求和指导.
④ 由于两广的半独立地位，陈济棠西南政府在文化政策等方面处处抗拒南京政府的渗透和影响，新生活运动在初期并未得到广东方面的响应和展开，但在1936年两广反蒋事变失败以及陈济棠被迫下野后有了根本的改变。见肖自力.陈济棠[M].广东人民出版社, 2002: 368.

①许培干演讲, 谢松佳、雷玉光记录. 新生活运动的意义[J]. 广东省立勤勤大学教务处. 勤大旬刊, 1936年10月21日, (5): 15

②赖德霖. 中国近代建筑史研究[M]. 北京: 清华大学出版社, 2007: 231.

③过元熙. 平民化新中国建筑[J]. 广东省立勤勤大学勤勤大学季刊, 1937.2, 第一卷第三期: 158.

④彭长歆、杨晓川. 勤勤大学建筑工程学系与岭南早期现代主义的传播和研究[J]. 武汉: 新建筑. 2002. (5): 54~56; 又, 彭长歆. 现代主义与勤勤大学建筑工程学系[A]. 张复合主编. 中国近代建筑研究与保护(三)[C]. 北京: 清华大学出版社, 2003: 381-382.

⑤学生自治会干事会干事暨出版委员会委员留影[J]. 广东省立勤勤大学工学院学生自治会. 工学生. 1935年4月, 第一卷第一期.

⑥学生自治会出版股出版委员会职员一览[J]. 广东省立勤勤大学工学院学生自治会. 工学生. 1936年5月, 第一卷第二期, 封底.

相似性, 勤大建筑系学生多有将现代主义与"新生活运动"等同理解的趋势。1936年, 建筑系第二届毕业生郑祖良等创办《新建筑》杂志, 即将该运动的口号"整齐、清洁、简单、朴素、迅速、确实"刊登在创刊词的前面, 以配合杂志宣传现代主义的宗旨和基调。②类似语境也出现在过元熙《平民化新中国建筑》一文中: "此平民化之新中国建筑, 必须科学化、卫生化、极度经济简单, 合于实用……"③基于社会、文化和思想等多重认识, 勤大建筑系现代主义思想的传播既有外部教学及学术氛围的推动, 也有内生主观的作用, 而后者更从意识形态层面培养了一批现代主义的坚定支持者。

作为现代主义学术风尚形成的标志性事件, 1935年3月勤大建筑系"建筑图案展览会"对该系办学成果和学术主流进行了全面检阅。在林克明主持下, "为使社会上人士明瞭及提倡房屋建筑之革新房意见"及"引起社会人士对于新建筑事业之注视", 在市立中山图书馆举办了建筑设计图案展览会, 并为此刊发了《广东省立勤勤大学工学院特刊》, 林克明撰写了前言《此次展览的意义》, 对勤大建筑系教学成果大加褒赏。在这次展览会上, 郑祖良《新建筑在中国》、裘同怡《建筑的霸权时代》和《建筑的时代性》、李楚白《建筑设计上的风水问题》、杨蔚然《住宅的摩登化》等多篇学术论文从不同角度对现代主义建筑思潮进行探索和研究。④在林克明、胡德元等人努力下, 勤大建筑系在短时期内确立了鲜明的教学特点, 使该系现代主义的学术方向逐渐发展成形。

在教师引领、师生互动的同时, 学生社团及相关刊物在勤大建筑系现代主义风尚的形成中发挥了重要作用。作为学生自治与交流的平台, 勤勤大学主要以学院、系为单位成立学生社团(图7-10), 并自办刊物开展学术研究(图7-11)。其中, 工学院学生自治会下设出版股出版委员会, 委员会中建筑系成员先有郑祖良、李楚白、唐萃青, ⑤后有朱叶津、朱绍基、黎抡杰、李金培、裘同怡等人加入。⑥在学生自行开展的学术研究中, 郑祖良无疑是先行者。1935年1月, 郑祖良撰写了《建筑的配色问题》一文, 发表在1935年4月工学院学生自治会出版的第一期学术刊物《工学生》中。虽然谈的是建筑色彩问题, 其中有关"现代建筑的配色"的阐述显示当时郑祖良对现代新建筑已有相当程度认识, 从时间上看, 这是郑祖良第一篇公开发表的论文, 也是他一系列现代主义研究的开始。1936年5月在胡德元等人"教正"下, 《工学生》出版了第二期, 郑祖良发表了《新兴建筑思潮》的长文。文

图7-10 勤勤大学工学院学生自治会部分成员合影(前排左二为郑祖良), 广东省立勤勤大学工学院学生自治会. 工学生. 1935.4, 第一卷第一期.(左)

图7-11《工学生》杂志.

中主要论述了"建筑分离运动的前后"、"表现主义的建筑"、"玻璃建筑"、"构成主义的建筑"、"较近建筑主潮的倾向——合理主义及国际建筑样式的诞生"等内容，显示作者对现代主义运动的发展已有全面了解和掌握。与1935年图案展览会激昂的论调相比，郑祖良叙述方式的理性在一定程度上说明勤大建筑系现代主义学术风尚在1936年已发展成熟。由于工学院学生自治会在学生中的广泛代表性，郑祖良的现代主义研究通过《工学生》必然深刻影响建筑系学生的新建筑思潮。

图7-12 《新建筑》杂志，广东省立中山图书馆.

1935年12月，民廿二级学生自主成立了学生研究团体——建筑工程学社，形成了以裴同怡(主席)、李楚白、郑祖良、黎抡杰等为核心的现代主义研究社团。该社团与1935年勤勤大学建筑系第一次图案展览会有必然联系，从时间上看，应是展览会催生了社团产生。1936年初建筑工程学社自主改选，裴同怡连任主席，并即席选出陈仕钦、李楚白、裴同怡、李金培、庚锦洪、陈荣耀、郑祖良、黎抡杰、何绍祥、黄德良、姚集珩、李肇国、陈庭芳等十三名干事。[①]建筑工程学社的成立，使勤大建筑系现代主义思想的传播从早期教师主导向更广阔的层面普及，学生成为现代主义研究的重要力量。

在勤大建筑系现代主义风尚推动下，郑祖良、黎抡杰、霍云鹤等毕业生在1936年创办了中国近代建筑史上现代主义传播和研究的重要刊物——《新建筑》(图7-12)。在刊物扉页上，几位年轻人写道："我们的宗旨：反抗现存因袭的建筑样式，创造适合于机能性、目的性的新建筑。"其宣言般的论调让我们联想起柯布西耶在其一系列著作中的同样做法，《新建筑》宣传和推动新建筑思潮的心态显得十分迫切。抗战爆发后，《新建筑》在重庆复刊，郑祖良、黎抡杰复任主编，继续了《新建筑》对现代主义运动与中国实际相结合的思辩色彩。抗战胜利后，郑祖良等于1946年在广州复刊《新建筑》(胜利版)。刊物扉页上，仍重复着1936年杂志创办时的理念，《新建筑》也因此成为勤大建筑系现代主义教育及岭南现代主义探索的重要见证。

从主观因素看，勤勤大学建筑系现代主义学术风尚的形成表现为一系列个体及偶发事件的推动。林克明早期现代主义言论、胡德元新建筑发展史论、过元熙有关新中国建筑的演讲、1935年图案展览会上的新建筑思潮，以及以郑祖良等人为代表的现代主义研究等，以前后相继的方式串联在一起，构成勤大建筑系现代主义教育和探索的总体脉络。从事件发生的主体看，也经历了先教师后学生的转变，其由点及面、向下发展的态势与建筑教育的方向性高度吻合，在很大程度上反映了建筑教育对思想传播的引导作用。

主观因素之外，教学体系的固有特色是勤勤大学建筑系现代主义学术风尚形成的内在动力。通过工程技术背景下教学体系的建构，形成了适应现代主义传播的内在机制。在注

①工学院建筑工程学系民二六级建筑工程学社成立[J].勤大旬刊，1936.3.21，第19期：4.

重工程技术与实践的教学体系下，学院派教育对形式构图的训练让位于材料与技术的真实反映。为适应工程技术背景下建筑教育的开展，现代主义成为理论武器，并最大程度指导了勤大建筑相关研究的开展，使现代主义学术风尚的形成成为必然。

第四节　国立中山大学建筑工程学系

中山大学建筑教育的开展始于土木工程专业中建筑课程的设置，但完整建筑教学体系的建立在抗战初期勤勤大学建筑系整体并入后。1931年秋，中山大学创办土木工程学系，并在课程安排中设置美术、房屋建筑、房屋建筑设计、都市计划、都市设计等课目，其发展局限于掌握相关技能、以服务土木工程的需要。1937年中，日军飞机对广州狂轰滥炸，广州局面岌岌可危，勤勤大学建筑工程学系被迫从石榴岗迁往云浮县，当时少数学生和教师没有随校撤离，系主任林克明亦辞职离任。1938年，第三届学生毕业，日军猛攻广州，当局决定裁撤勤勤大学，将工学院并入国立中山大学，并征得中山大学校长邹鲁及工学院院长萧冠英同意，勤大建筑系在胡德元带领下顺利移交，计三年级杜汝俭等28人，二年级伍耀荣等26人，一年级文和光等18人及教师名册①，胡德元任系主任兼教授。勤大建筑系得以完整保留。

一、初创期的中山大学建筑工程学系(1938～1940)

中山大学建筑工程学系的创立具有一定偶然性。它是具有成熟教学体系、丰富教学经验、鲜明教学特点的勤勤大学建筑工程学系以整体嵌入方式建立起来的，最初三届学生也是经过勤大良好的基础教育后整体进入中山大学，这种状况一直持续到1940年底，胡德元因母病辞职回川。②

由于战乱，中山大学建筑系从一开始就处于颠沛流离之中。先是1938年10月迁广东云浮，再迁云南澄江。1940年7月，邹鲁校长辞职，许崇清接任，开始将澄江校区全部教职员学生回迁至广东临近省会韶关以北地区。因数次迁移，建筑系教师也颇为动荡。1938年9月云浮时期，勤勤大学建筑系的留任教授有胡德元(兼系主任)、副教授有刘英智等，并增补黄玉瑜、胡兆辉为教授、黄维敬、黄适等为副教授，其中黄适是以勤勤大学设计技士身份出任教职。③到达云南澄江后，黄玉瑜离开建筑系。期间还增聘前勤大毕业生黎抡杰(1939年5月到校)和中山大学建筑系1939年第一届毕业生杜汝俭为助教，以及杜的同学练道喜、吴翠莲等为技佐。但随后黎于1940年3月请辞去川，杜于1940年8月辞不就聘。④1939年10月澄江时期又增补教授吕少怀、黄宝勋，副教授丁纪凌等，黄适则晋身教授职位。⑤动荡局面至1940年7月建筑系迁回广东后才相对稳定。动荡时期各任职教授及曾经担任课程如下(表7-4)：

①该数据自勤大移交中山大学有关学生名册，广东省档案馆藏；胡德元在《南方建筑》1984年第4期《广东省立勤勤大学建筑系创始经过》一文中所公布的数据为三年级34人、二年级35人、一年级30人，估计是以战前学生名册为依据计算的。
②胡德元忆述他本人离开勤大的时间为1941年底。见胡德元.广东省立勤勤大学建筑系创始经过[J].南方建筑，1984，(4)：25；另据虞炳烈1941年5月25日致校长函称"胡前主任德元兄"等语判断，胡此前已离任，故胡德元文中忆述似有错误。
③国立中山大学工学院二十七年度(1938)教员一览，广东省档案馆藏.
④工学院职员委任文书(1936～1941)；工学院教员辞聘文书(1940)，广东省档案馆藏.
⑤国立中山大学工学院二十八年度(1939)职教员录，广东省档案馆藏.

表7-4　　　国立中山大学建筑工程学系1938、1939年度主要教师及授课一览

姓名	籍贯	学历	所授课目	到校/离校
胡德元	四川塾江	日本东京工业大学建筑科学士	房屋建筑、工场建筑、建筑图案设计、外国建筑史、建筑构造学	1938.9/1941
黄玉瑜	广东开平	美国麻省理工大学建筑系建筑学学士	建筑图案设计、建筑施工法、建筑计划、室内装饰、建筑估价、中国建筑	1938.9/1940
胡兆辉	安徽休宁	日本东京工业大学建筑科学士	近代建筑、建筑图案设计、建筑计划、建筑计划特论	1938.9/迁粤前
刘英智	广东廉江	日本东京工业大学建筑科学士	建筑设备、透视学、建筑图案设计	1938.9/
黄维敬	广东梅县	美国密西根大学土木工程硕士	钢筋混凝土构造、钢筋混凝土理论、材料强弱学、钢铁构造、构造学演习	1938.9/不详
黄适	广东台山	美国奥海奥省立大学建筑科学士	建筑图案设计、阴影学、投影几何、建筑美术	1938.9/
吕少怀	四川重庆	日本东京工业大学建筑科学士	建筑计划、施工及估价、图案设计	1939.10/迁粤前
黄宝勋	湖北黄陂	天津工商学院工学士，巴黎E.T.P.工程师、建筑师	中国建筑史、中国营造学、外国建筑史、都市计划、建筑图案设计	1939.10/迁粤前
丁纪凌	广东东莞	德国柏林大学美术学院毕业	雕刻、水彩画、徒手画、模型设计	1939.10/

注：教师所授课目1938-1939年度每学年均有变化，本表以第一次任职登记为限。
资料来源：①广东省档案馆"国立中山大学教员一览(二十七年度)".
　　　　　②广东省档案馆"国立中山大学工学院二十八年度职教员录".

从上表看出，中山大学建筑工程学系虽基本延续了勤大教学体系，但由于教学条件的改变，尤其是新增教师的加入，使课程安排发生了变化，一些新的课目开始出现，如黄玉瑜的"中国建筑"或黄宝勋的"中国营造学"等都是前勤大时期所没有的。师资方面也有新的特点，其一，改变了战前以粤籍人士居多的师资组成；其二，东京工业大学毕业者为最多，这估计与系主任胡德元的学业背景和教学理念有关。

二、粤北时期(1940～1945)

1940年秋，中山大学各学院陆续回迁粤北山区，建筑工程学系安排在连县三星坪新村一带。吕少怀此前已由滇返川，并于1941年2月正式请辞获准。①黄宝勋也离开了建筑系②，但又增聘了虞炳烈、金泽光等人。1940年11月，系主任胡德元因家母病重请假回川，并于1941年1月向许崇清校长正式请辞获准，③虞炳烈接任系主任。

1940～1942年间是中山大学建筑工程学系最困难的时期。三星坪及新村的工学院25座临时校舍直到1943年2月才全部完成。由于战乱及经费困难等原因，建筑系教师流失极为严重，为应付师资匮乏局面，虞炳烈上任后极为进取，并试图改善和加强建筑系的教学力

①吕少怀1941年2月15日致许崇清校长函.工学院教员辞聘文书(1941)，广东省档案馆藏.
②黄宝勋离开建筑系后前往重庆，曾任重庆都市计划委员会主任，在陪都建设时期地位颇高。感谢谢璇博士提供该线索.
③胡德元1941年1月26日致许崇清校长函.工学院教员辞聘文书(1941)，广东省档案馆藏.

①虞炳烈1941年12月11日呈报章翔履历.工学院教员辞聘文书(1940),广东省档案馆藏.
②国立中山大学许崇清1941年6月19日笺函;工学院院长陈宗南1941年7月16日致校长函.工学院教员辞聘文书(1941),广东省档案馆藏.另注.在陈宗南函件中指出,赵、过、黄均因故辞聘.
③工学院教员辞聘文书(1941-1942),广东省档案馆藏;另注:陈训烜,福建人,1902年生,巴黎公共工程大学毕业,前国立中山大学教授,交通部川滇公路管理处正工程师.1941年10月30日,陈致函中大校长辞聘.
④工学院教员辞聘文书(1941-1942),广东省档案馆藏.另注,尚其熙,湖南长沙人,1902年生,国立北京美术专门学校毕业,法国国立里昂美术学校肄业,巴黎大学市政学院毕业.曾任上海法学院、北平大学教授、中央党部专门委员、地方自治委员

量,拟聘计划包括:

1940年12月,函聘章翔为建筑工程学系教授。章翔,湖南人,1910年生,比利时皇家建筑学院毕业,曾任国立艺术专科学校建筑系主任和贵州某企业公司专员。①1941年3月,章翔到校担任建筑图案设计及西洋建筑史等课教学;

1941年6月,函聘赵深、过元熙、黄宝勋为教授、龙庆忠为副教授;②

1941年9月,函聘陈训烜为建筑工程学系教授;③

1941年10月,函聘尚其熙为建筑工程学系教授;④

与此同时,中山大学建筑工程学系毕业生詹道光、李煜麟、卫宝葵等被聘请担任助教。⑤

虞炳烈庞大的教授拟聘计划除章翔外,其他各位均因故辞聘。虞本人也于1941年冬迁居桂林。⑥卫梓松继任建筑系主任,并聘有教授钱乃仁(1942年8月聘期)、刘英智、符罗飞(1942年12月函聘)等四人(含卫梓松本人),副教授黄培芬(1942年8月函聘,约1949年上半年离校)一人。本校建筑系毕业生则分别有1941届区国垣、卫宝葵、沈执东(1943年11月辞职)、1942届吴锦波(1943年7月解聘)及1943届邹爱瑜等先后担任助教。由于师资匮乏,一些课程被精简,各人任课如下(表7-5):

条件虽然艰苦,中山大学建筑工程学系师生仍坚持执行教学计划。原勤大建筑系学生社团——"建筑工程学社"在随勤大1935~1937级学生进入中大建筑系后,有了新的社团名称——建筑工程学会,并继续发扬其传统,"为增进学术研究及使社会人士认识建筑工程学术之内容起见",于1942年2月26日至3月1日,在学校同德会举办建筑图案展览,展出各种作品百余祯,"均为平日习作,内分纪念建筑、宗教建筑、住宅建筑、交通建筑、教育建

表7-5　　　　中山大学建筑工程学系1943年度主要教师及授课一览

姓 名	籍 贯	学 历	所授课目
卫梓松		北京大学堂土木工程科毕业	钢筋混凝土、钢筋混凝土设计、测量、钢骨构造
李学海	广东四会	国立北京大学土木系毕业	应用力学、材料力学、房屋建筑学、结构学、图解力学
钱乃仁	不详	不详	建筑图案设计、建筑计划、室内装饰、建筑师业务及法令、都市计划
刘英智	广东廉江	日本东京工业大学建筑科学士	建筑初则及建筑画、投影几何、阴影学、房屋给水及排水、建筑图案设计、建筑材料、外国建筑史
符罗飞	广东文昌	意大利那不勒斯皇家美术大学研究院	徒手画、水彩画、单色水彩、模型素描
黄培芬	广东台山	菲律宾马保亚工程大学建筑工程学士、英国建筑师学会毕业	建筑图案设计、建筑计划、施工及估价、建筑图案论
区国垣	不详	国立中山大学建筑工程学系	助教
卫宝葵	广东台山	国立中山大学建筑工程学系	助教
邹爱瑜	江西丰城	国立中山大学建筑工程学系	助教

注:本表籍贯及学历由笔者整理.

资料来源:①国立中山大学校友通讯,1943年.

筑、商业建筑、防空建筑、都市计划及美术作品等，琳琅满目，连日各界参观者甚众，极得良好评价"。[7]稍后，建筑工程学会又将图案展览扩大到校外及外省展出，均获好评。

三、战后教学新体系的建立(1945～1952)

抗战胜利后，中大建筑系迎来新的发展时期。中山大学各学院及机构于1945年陆续迁回广州石牌原址，各院、系逐步恢复、发展。其后两年间，工学院建筑系聘请了后来对岭南建筑学界产生重大影响的三位教授陈伯齐、夏昌世、龙庆忠，他们和其他陆续增聘教师一道建构了战后中大建筑系新的教学体系。1946年11月，勷勤大学建筑系前系主任林克明也来到中山大学任教。至此，中山大学建筑工程学系迎来其发展历程中的鼎盛时期。各科目包括建筑设计、建筑结构、建筑构造、建筑史、建筑设备及美术等科均有学识渊博、经验丰富的学者和教师担任教学(表7-6)。

一个有趣现象是，长期以来，岭南建筑学教育与注重建筑技术的日本、德国等国留学生有颇深的源渊。勷大时期的胡德元、刘英智、杨金；战时留任中大的胡德元、刘英智以及胡兆辉、吕少怀等；以及战后陈伯齐、夏昌世、龙庆忠、刘英智等德、日留学生的全面主导，使岭南建筑学教育偶然和必然地向注重建筑技术、注重工程实践的方向发展。战时法西斯轴心国(德、意、日)与同盟国(美、英、苏、中、法)在政治、军事上的对立在某种程度上影响了中国近代建筑教育的开展，[8]正由于轴心国建筑教育体系培养的陈、夏、龙等人被驱离至中山大学建筑系，才使本身具有相同教学特点的该系更坚定了其发展方向。实际上，政治形态及意识形态在中华人民共和国成立后也更深刻地影响了中国建筑教育三十年。

在陈伯齐等人主持下，建筑系首先重整了战时因师资匮乏和资金短缺而有所精简的课

会委员兼主任、长沙市新市区设计委员会工程师。撰有《图案学》(商务)、《城市建设之研究》、《中国各市自治概述》、《各国地方政治概论》(正中)等著述。
⑤詹道光，中山大学建筑学系1940年毕业生，1941年1月受聘担任助教，1943年4月辞职；李煜麟，中山大学建筑工程学系1941年毕业生，1941年8月受聘担任助教，1942年2月辞职；卫宝葵，中山大学建筑工程学系1941年毕业生，1941年8月受聘担任助教。
⑥侯幼彬、李婉贞.一页沉沉的历史——纪念前辈建筑师虞炳烈先生[A].汪坦、张复合主编.第五次中国近代建筑史研究讨论会论文集[C].北京：中国建筑工业出版社，1998：181.
⑦建筑工程学会举办图案展览会[N].国立中山大学日报，1942年2月28日.
⑧杨永生.中国四代建筑师[C].北京：中国建筑工业出版社，2002：33.

表7-6 　　　1949年度上学期中山大学建筑工程学系主要教师名册及担任课程

姓 名	职 别	讲授课程
陈伯齐	教授	房屋构造(1)、房屋构造(2)、建筑设计、建筑计划
夏昌世	教授	建筑设计、内部装饰、建筑计划
龙庆忠	教授	建筑制图、中国建筑史、外国建筑史、中国营造法
林克明	教授	建筑设计、都市计划、建筑计划、近代建筑
刘英智	教授	投影几何、阴影学、透视学、外国建筑史、房屋给排水、声音日照学
丁纪凌	教授	建筑雕刻、图案设计、模型设计
符罗飞	教授	水彩画、徒手画、模型素描
李学海	教授	材料强弱学、应用力学、图解力学、钢筋、混凝土学、房屋建筑学
许淞厦	副教授	微分工程、最小二乘方
邹爱瑜	助教	透视学、投影几何
杜汝俭	助教	建筑意匠学(即前建筑原理)、施工估价学、建筑师职务及法规
卫宝葵	助教	建筑初则、建筑画、房屋建筑学、图解力学
陶乾	助教	材料试验

资料来源：广东省档案馆.

程安排，使其相对稳定并具有鲜明的教学特点。由于师资的加强，课程设置较诸战时更为全面和完善，并延续了长期以来注重工程技术的传统(表7-7)。技术类课目包括建筑设备、材料构造及结构设计等在学分安排上与建筑设计类课目持平。其中，结构设计课程中理论课程更为系统和完善，钢筋混凝土技术成为结构设计主要课程；材料构造课程则将一些非传统课目如房屋建筑(原名营造法)、中国营造法等列入教学序列。另外，建筑师业务课程由于增加了实业计划、经济学及建筑施工等课目，而在权重方面较诸勤大时期有大幅增长。美术课程仍保持低权重，但学生可根据需要选修表现类课程，如金振声在第二、第三学年均重复修有水彩画一课，计6个学分。值得注意的是，战后中山大学建筑系在课目名称方面渐与岭北各校建筑系相同，这一方面与国民政府教育系统统一教程的努力有关，另一方面则与陈、夏、龙等人曾任职多间院校的教学经历有关，一些新的课目估计也由其引人。

虽然时局动荡、中山大学建筑系诸教授在教学上特点纷呈，为学生所乐道。据1948级学生蔡德道回忆，教师中，林克明授课严谨，夏昌世则诙谐轻松。绘制图纸时，夏昌世常以本名签署设计，以笔名"夏日长"签署绘图，并戏称："人皆苦炎热，我爱夏日长。"[①]在夏昌世看来，唐朝诗人李昂《夏日绝句》[②]中的意境最能表达他对夏季气候的关注。实际上，李昂绝句下半阙中描述的状况正是夏昌世设计思想最重要的部分："熏风自南来，殿阁生微凉"，其设计理念相信在青年学生中有着十分广泛的影响。需要说明的是，当时中山大学建筑系教学方法呈多样化发展。其中，黄培芬(约1949年上半年离校)基本采用学院派教学。因缺乏教材，黄要求学生抄绘《建筑构图》，进行形式构图和组合训练。[③]这一训练在黄培芬离校后被弱化，中山大学建筑系完全回归勤大时期注重技术、注重工程实践的教学

表7-7　　　　　　　　　　战后中山大学建筑工程学系课程设置分析表

课目类别	课目名称	学分/权重
公共课程	英文/国文/伦理/(法文*)	14/8.43%
建筑史学课程	外国建筑史/中国建筑史*/(近代建筑*)	6/3.61%
专业基础课程	数学/物理/物理实验/投影几何/阴影学/透视学/测量学/微分工程*	28/16.87%
建筑美术课程	徒手画/素描/水彩画*/(建筑模型)*	10/6.02%
建筑设备课程	建筑卫生/建筑设备/建筑声学	6/3.61%
材料构造课程	房屋建筑(原名营造法)/中国营造法/(木构建筑*)/(构造设计*)/建筑材料*	14/8.43%
结构设计课程	应用力学/材料力学/图解力学/钢筋混凝土/钢筋混凝土设计*/钢骨构造*/结构学/材料实验*	28/16.87%
建筑设计课程	建筑初则及建筑画/建筑图案设计/建筑设计/建筑计划/都市计划/内部装饰*/庭园设计*/毕业设计/毕业论文/(建筑原理)*	48/28.92%
建筑师业务及应用课程	实业计划/建筑师业务及法令/经济学/估价学/工厂实习*/建筑施工/木工*	12/7.23%

注：①本表系以1948年毕业生莫俊英、邝百铸、刘玉娟、金振声等历年成绩表统计而成，必修与选修课程仅从上述四份成绩表中进行推断；带*者应为选修课目。
②上述四份样表中总学分以邝百铸所修174分为最高，以莫俊英所修165分为最低，本表以总学分为166分之金振声样表对各课程类别在学分分布及权重进行分析，有*标记课程未被金所选。
资料来源：国立中山大学毕业生历年成绩表(工学院建筑工程系)，广东省档案馆藏.

理念，并有与地域性征相结合的趋势。

相对于勤大时期，中山大学建筑系另一个重要发展是有关中外建筑史的教学和研究。胡德元所开启的岭南建筑史学教育，在战后中大时期因龙庆忠先生的加入而有了本质突破。龙渊博的史学素养和他开设的"中国建筑史"、"中国营造法"等科弥补了勤大以来重西洋史及西洋近代史的偏颇局面，并进而建构岭南建筑史学研究的基础和框架。直到现在，岭南建筑史学的研究和发展仍深受其影响。

在开展教学的同时，学生作品展览及考察活动十分活跃。其中包括：1946年间为赴香港考察建筑工程，建筑工程系于6月14日至16日一连三天举办图案展览，筹集经费；1948年1月12日至14日，以建筑系学生为主体的工学院创造画社举办习作展览；1949年"五四"期间，建筑系和工学院其他系别一道举办科学展览，展出美术图案和雕塑等。[④]在此基础上，学生社团——建筑工程学会创办《建筑通讯》杂志。

建筑系教师对外交流活动也明显增加。1949年2月，建筑系陈伯齐教授前往日本考察建筑教育，符罗飞则应美国芝加哥美术学校邀请赴美讲学。[⑤]同年12月，符罗飞在香港举办个人画展。[⑥]

1949年中华人民共和国成立后，中山大学建筑系仍继续招生，直至1952年全国院系大调整时该系并入华南工学院。

岭南近代土木工程教育和建筑学教育的开展，最直接地促发了岭南近代建筑师组成结构的深刻变革。在1934年广州土木技师技副登记中，没有一位执业技师由岭南本地所培养，但在战后甲、乙等建筑师登记中，岭南各校毕业生达数十位之多，他们和岭北其他院校毕业生一道见证了中国建筑师的本土化历程。

由于林克明、胡德元等人的贡献，勤大建筑系发展了有别于学院派教育的教学体系。重技术、重实践成为勤大建筑系特色鲜明的发展方向，该系师生也因此发展了现代主义的学术主流。虽然勤大建筑系最终因战乱并入中山大学，但其教学体系与教学传统仍得以完整保留，并在战后陈伯齐、夏昌世、龙庆忠等人带领下得到进一步发扬光大，同时深刻影响了1952年由中山大学建筑系组建而成的华南工学院建筑工程学系以及岭南现代建筑的发展。

仍需说明的是，在二十年办学史中勤勤大学建筑工程学系(1932～1938)以及中山大学建筑工程学系(1938～1952)共培养青年建筑师数百名(表7-8)。其中相当部分在毕业后驻留本地，或从事建筑师职业，或从事研究、教育及管理之职，成为本地区建筑业主要参与者。由于具有相同的学术及专业背景，且规模庞大，这些建筑师成为建国后岭南现代现代建筑运动的重要参与者和实践者。

①、③2008年12月15日采访蔡德道笔录。
②唐朝诗人李昂《夏日绝句》全诗："人皆苦炎热，我爱夏日长。熏风自南来，殿阁生微凉。"
④、⑤黄义祥.中山大学史稿[M].广州：中山大学出版社，1999：426，436.
⑥国立中山大学日报.1947年1月28日.

附表　勤勤大学工学院建筑工程学系(1932～1938)、中山大学工学院建筑工程学系(1938～1952)学生名录

年度	姓　名	备　注
1936	郑文骥、梁耀相、朱叶津、朱绍基、赵象乾、关伟亮、余寿祺、陈锦文、梁精金、吴耿光、黄庭蓁、杨思忠、龙炳芬	勤大建筑系1936届毕业生
1937	何绍祥、李金培、李肇周、李楚白、姚基珩、陈荣耀、陈廷芳、陈士钦、唐萃青、梁建勋、庾锦洪、苏飞霖、霍云鹤、郑祖良、裘同怡、邓汉奇、杨蔚然、黄家驹、黄德良、黎伦杰、黄理白、黄绍祥、张景福、苏灂	勤大建筑系1937届毕业生
1938	古亢、方子容、余玉燕、林熙保、周毓芬、连锡汉、古节、梁慧芝、梁庆南、温钦兰、黄炜机、杨炜、梁嘉明、赵善苓、郑官裕、谭兆佩、苏廷熙、陆斯仑、杨照华、张炳文、张耀　、陈薰桢、陈心如、陈一鸣、莫汝达、温汉兴、陈桢祥	勤大建筑系1937年三年级(1934级)在校名单，毕业情况待查

1938年，抗战军兴，勤大工学院整体并入国立中山大学，中大始开建筑学教育

年度	姓　名	备　注
1939	丘如汉、朱旺全、李柏活、李应勖、李家献、余兆聪、何伯愨、杜汝俭、林唯戎、莫福汉、陈任始、叶锡荣、张礼德、黄国振、黄伯坤、黄锐、冯翰铭、郭尚德、赵锦庆、曾乃璞、练道喜(女)、刘克麟、刘鸿图、卢绍燊、魏贻煊、梁惠芝(女)	该届毕业生为勤大1935年入学生，当时入校共31名，本表为四年级下期注册名单
1940	伍耀荣、何文滔、伍国弼、吴梅兴、吴翠莲(女)、周炳俊、林良田、陈美燊、陈康寿、陈敏聪、梁启杰、梁其森、梁启文、莫灼华、冯禹能、詹道光、赵显亨、刘绍基、刘豫章、潘作鸿、潘绍铨、卢煋鏐、钟子雄、聂朝赞、陈国士*、梁以湛*	该届毕业生为勤大1936年入学生，本表为四年级下期注册名单
1941	李林、沈执东、区国垣、廖共登、蔡惠毅、卫宝蔡、龚国燊、林亦常、李祥楷、何光濂、李煜麟、李为光#、杨卓成#、刘唯屏#……	该届毕业生为勤大1937年入学生，本表为四年级下期注册名单
1942	吴锦波*、苏宝仁*、喻永泽、范天民、文达、彭佐治、刘漱沧、王平靖、瞿大陆、沈梅叶、冯辉汉、利慕湘、林祖诒#	四年级下期注册名单
1943	胡发枝、陆铸平、王济昌、李蔼、温梓森、何国钊、言乘万*、邹爱瑜(女)、区白、徐萃文、陈洪熙、陈启明、杨智仪、袁淑卿(女)#、杨若余(女)#、周卓#	本表为四年级下期注册名单
1944	陈钧祥、刘汉荣、陈洪业、李奋强、钟鸿英、李杞棣、谢西豪、瞿庆孙(女)、黄璧玑(女)、李祖源#、岑胜光#	本表为三年级下期注册名单
1945	焦耀南、陶正平、张雄涛、邓本治	估计毕业名单
1946	罗兆强、齐鸿翔、詹婧恺(女)、俞蜀瑜、陶正平*、黄蕙馨(女)*、蒋军剑*、刘汉荣*、董法基*、刘署生*、文景江*、祁景祐*、贺陈词*#、李照甫*#、周卓*#	本表为四年级下期注册名单，大部为上届补课生，疑因抗战胜利复原本校所致
1947	曾永安、高彼得、区静婉(女)、伍涤尘、林启混、唐仲华、黄少谋、廖肇乾、陈士琦、彭树林、韦福田、冯秀艺、张沾燊、詹益镇、管铭杰#、李蕙英#、甄荣康*、莫炳文*、王金渭(女)*、左林丞*、曾广彬*、梁鸿达*、蔡振铎*、周希静*、姚宗颢*、陆宗炎#*、梁瑞华(女)#*、崔泳池#*、毛子玉ˇ、刘泽年ˇ	本表为四年级下期注册名单

326

续表

年度	姓 名	备 注
1948	胡正赞、雷玉允、郑鹏、许锡昌、吴美章、蔡德道、唐法周、苏宝仪、黄新范、吴开澍、关宗诒、郭天存、魏伦有、钟浩泉*、何浣芬(女)*、黄理*、林松坚*	本表为四年级下期注册名单
1949	邬慕泽、王砥中、伍时清、李志榲(女)、曹沛霖(女)、周希罗、朱舜韶、邝百铸、徐家烈、金崇让、刘玉娟(女)、欧阳兆锦、彭克初、梁鸿志ˇ、陈宏骥*、莫俊英*、金振声*、黄宗翰*、刘锡昌*、利校襄*	本表为四年级下期注册名单
1950	梁崇礼、梁启龙、黄炎泉、黄颂康、张炳焜、杨国旺、杨建畴、雷振子、褚绍达、刘文传、赖振良、罗绍龙、庞尚文、谭燊ˇ、伍诚信、彭建新ˇ	本表为四年级下期注册名单
1951	余茂先、林其标、洪迈华、胡荣聪、莫介沃、汤国樑、郑世富、钟锦文、谭荣典、高镇泉	本表为四年级下期注册名单
1952	丁葆楠、邢福地、李鸿瑞、吴鸿侃、周爽南、陈贞元、张洪源、张慰慈、梁鸿权、陆元鼎、杨仁川、杨敏仪、叶伟遥、邓锡全、蔡瑞华、潘诞鞠(女)、霍梓辉、刘世礼、罗宝钿、蓝育炯	本表为四年级下期注册名单

注：①1952年，经院系调整，中山大学工学院建筑工程学系并入华南工学院建筑学系.

②*——补课生；#——借读生转正式生；ˇ——转学生.

资料来源：

①《勤大旬刊》，1936年6月21日第28期；1937年6月21日，第28期.

②《广东省立勤勤大学概览(1937年)》，中山图书馆藏.

③中山大学历届学籍档案，广东省档案馆藏.

④陆元鼎先生校核.

参考文献

一、书 籍

[1]汤开建. 澳门开埠初期史研究[M]. 北京：中华书局，1999.

[2]香港艺术馆. 珠江风貌——澳门，广州及香港[Z]. 香港市政局，2002.

[3] 屈大均. 广东新语. 北京：中华书局，1985.

[4]天主教辅仁大学. 朗世宁之艺术——宗教与艺术研讨会论文集[C]. 台北：幼狮文化事业公司，1992.

[5]李向玉. 澳门圣保禄学院研究[M]. 澳门：澳门日报出版社，2001.

[6]梁嘉彬. 广东十三行考[M]. 广州：广东人民出版社，1999.

[7]黄启臣. 广东海上丝绸之路史[M]. 广州：广东经济出版社，2003.

[8]广州历史文化名城委员会等. 广州十三行沧桑[M]. 广州：广东省地图出版社，2001.

[9]马秀之，等. 中国近代建筑总览(广州篇)[M]. 北京：中国建筑工业出版社，1992.

[10]江滢河. 清代洋画与广州口岸[M]. 北京：中华书局，2007.

[11]张星烺. 中西交通史料汇编. 北京：中华书局，1977.

[12](伪)广州市政府. 沙面特别区署成立纪念专刊特辑，1942.

[13]王赓武. 香港史新编[M]. 香港：三联书店(香港)有限公司，1997.

[14]郑宝鸿. 港岛街道百年[M]. 香港：三联书店(香港)有限公司，2000.

[15]胡朴安. 中华全国风俗志[M]. 石家庄：河北人民出版社，1986.

[16]中国史学会主编. 戊戌变法(四)[M]. 上海：上海人民出版社，2000.

[17]庄林德，张京祥. 中国城市发展与建设史[M]. 南京：东南大学出版社，2002.

[18]中国史学会. 洋务运动(四)[M]. 上海：上海人民出版社，1961.

[19]赵春辰. 岭南近代史事与文化[M]. 北京：中国社会科学出版社，2003.

[20]梁鼎芬等修、丁仁长等纂. 番禺县续志，1931刊本.

[21]蒋祖源，方志钦. 简明广东史[M]. 广州：广东人民出版社，1993.

[22]王树枬. 张文献公(之洞)全集[C]. 台北：文海出版社，1967.

[23]番禺市地方志编纂委员会办公室. (清)同治十年番禺县志点注本[Z]. 广州：广东人民出版社，1998.

[24]程天固. 程天固回忆录[M]. 香港：龙门书店有限公司，1978.

[25]黄炎培. 一岁之广州市[M]. 上海：商务印书馆，1922.

[26]陈定炎. 陈竞存(炯明)先生年谱[M]. 台北：李敖出版社，1995.

[27]广州市市政厅. 广州市市政例规章程汇编[R]. 1924.

[28]广东省政府. 广东建设实况——民国十八年度之广东建设[Z]. 1929.

[29]广东建设厅. 广东建设厅士敏土营业处年刊[Z]，

1933.

[30]谭铁肩. 台山物质建设计划书[M]. 台山县工务局,
1929.

[31]肖自力. 陈济棠[M]. 广州：广东人民出版社，2002.

[32]广州市政府. 广州市市政报告汇刊[Z]，1928.

[33]广州市市政公所. 广州市市政公所取拘建筑十五尺
宽度章程[R]//广东省现行单行法令汇纂，1921.

[34]孙中山. 孙中山文粹[M]. 广州：广东人民出版社，
1996.

[35]李宗黄. 模范之广州市[M]，上海：商务印书馆，
1929.

[36]谢雪影. 汕头指南[M]. 汕头：汕头时事通讯社，
1933.

[37]林云陔. 广州市政府施政计划书[M]. 广州市政府，
1928.

[38]程天固. 广州工务之实施计划[Z]. 广州市政府工务
局，1930.

[39]程浩. 广州港史(近代部分)[M]. 北京：海洋出版
社，1985.

[40]广州市地方志编纂委员会. 广州市志[M]. 广州：广
州出版社，1995.

[41]广东省华侨历史学会华侨史学术研讨会论文集(未刊
本)，1986年. 广东省立中山图书馆.

[42]赵辰. "立面"的误会：建筑·理论·历史[M]. 北
京：(生活·读书·新知)三联书店，2007.

[43]颜泽贤，黄世瑞. 岭南科学技术史[M]. 广州：广东
人民出版社，2002.

[44]广州市文物局，广州市地方志办公室，广州市文物
考古研究所. 广州市文物志[M]. 广州：广州出版
社，2000.

[45]汤国华. 广州沙面近代建筑群艺术·技术·保护[M].
广州：华南理工大学出版社，2004.

[46]张复合. 北京近代建筑史[M]. 北京：清华大学出版
社，2004.

[47]潮阳市地方志编纂委员会. 潮阳县志[M]. 广州：广
东人民出版社，1997.

[48]赖德霖. 中国近代建筑史研究[M]. 北京：清华大学

出版社，2007.

[49]赖德霖 主编、王浩娱、袁雪平、司春娟 编. 近代
哲匠录——中国近代重要建筑师、建筑事务所名录
[M]. 北京：中国水利水电出版社、知识产权出版
社，2006.

[50]吴兴慈. 广州指南[M]. 上海：新华书局，1919.

[51]赵辰，伍江. 中国近代建筑学术思想研究[C]. 北
京：中国建筑工业出版社，2003.

[52]苏裕德. 现代广东人物辞典[M]. 广州：华南新闻总
社，1949.

[53]林克明. 世纪回顾——林克明回忆录[M]. 广州市政
协文史资料委员会编，1995.

[54][美]勃德. 中国近代名人图鉴[M]. 上海：天一出版
社，1925.

[55]汕头市政厅编辑股. 新汕头[Z]. 1928.

[56]杜汝俭. 中国著名建筑师林克明[C]. 北京：科学普
及出版社，1991.

[57]谢少明. 中国近代建筑的先驱城市广州[A]//杨秉
德. 中国近代城市与建筑[C]. 北京：中国建筑工
业出版社，1993.

[58]李海清. 中国建筑现代转型[M]. 南京：东南大学出
版社，2004.

[59]伍江. 上海百年建筑史(1840～1949)[M]. 上海：同
济大学出版社，1997.

[60]杨永生. 中国四代建筑师[C]. 中国建筑工业出版
社，2002.

[61]陈志华. 外国建筑史(19世纪末叶以前)[M]. 北京：
中国建筑工业出版社，1997.

[62]中国国家图书馆，大英图书馆. 1860～1930英国藏
中国历史照片[Z]. 北京：国家图书馆出版社，2008.

[63]吴义雄. 在宗教与世俗之间——基督教新教传教士
在华南沿海的早期活动研究[M]. 广州：广东教育
出版社，2000.

[64]董黎. 岭南近代教会建筑[M]. 北京：中国建筑工业
出版社，2005.

[65]董黎. 中国近代教会大学建筑史研究[M]. 北京：科
学出版社，2010.

[66]陈学恂. 中国近代教育史教学参考资料 [C]. 北京：人民教育出版社，1987.

[67]郭卫东，等. 近代外国在华文化机构综录[Z]. 上海：上海人民出版社，1993.

[68]刘圣谊，宋德华. 岭南近代对外文化交流史[M]. 广州：广东人民出版社，1996.

[69]王受之. 世界现代建筑史[M]. 北京：中国建筑工业出版社，1999.

[70]沙永杰. "西化"的历程——中日建筑近代化过程比较研究[M]. 上海：上海科学技术出版社，2001.

[71]上海建筑施工志编委会，编写办公室. 东方巴黎——近代上海建筑史话[M]. 上海：上海文化出版社，1991.

[72]王立新. 美国传教士与晚清中国现代化[M]. 天津：天津人民出版社，1997.

[73]顾长声. 传教士与近代中国[M]. 上海：上海人民出版社，1981.

[74]卜舫济. 圣约翰大学五十年史略1879～1929[M]. 台北：台湾圣约翰大学同学会，1972.

[75]李瑞明. 岭南大学[C]. 岭南(大学)筹募发展委员会，1997.

[76]杨秉德. 中国近代中西建筑文化交融史[M]. 武汉：湖北教育出版社，2003.

[77]余齐昭. 孙中山文史图片考释[M]. 广州：广东省地图出版社，1999.

[78]李恭忠. 中山陵：一个现代政治符号的诞生[M]. 北京：社会科学文化出版社，2009.

[79]曾庆榴. 广州国民政府[M]. 广州：广东人民出版社. 1996.

[80]卢杰峰. 广州中山纪念堂钩沉[M]. 广州：广东人民出版社，2003.

[81]广州市市立博物院筹备委员会. 广州市市立博物院成立概况[Z]. 广州：天成书局，1929.

[82](民国)国都设计技术专员办事处. 首都计划[Z]. 南京：南京出版社，2006.

[83]陈代光. 广州城市发展史[M]. 广州：暨南大学出版社，1996.

[84]广州市政府. 广州市政府新署落成纪念专刊[Z]. 广州市政府，1934.

[85]黄淼章. 陈家祠[M]. 广州：广东人民出版社，2006.

[86]广东省立工专. 广东省立工专校刊[Z]. 1933.

[87]广东省立勷勤大学. 广东省立勷勤大学工学院特刊[C]，1935.

[88]广东省立勷勤大学. 广东省立勷勤大学概览，1937.

[89]彭长歆. 岭南近代著名建筑师[M]. 广州：广东人民出版社，2005.

[90]香港爱群人寿保险有限公司广州分行爱群大酒店开幕纪念刊[Z]，1937.7.

[91]荔湾区地方志编纂委员会办公室. 广州西关风华(四)——西关与詹天佑[M]. 广州：广东省地图出版社，1997.

[92]陈真，姚洛. 中国近代工业史资料(第一辑)[M]. 北京：生活·读书·新知 三联书店，1957.

[93]广东省建设厅. 广东省五年建设计划纲要[Z]，1946.

[94]广州市工务局. 广州市立中山图书馆特刊[Z]，1933. 广东省立中山图书馆藏.

[95]广州市政府. 广州市政府三年来施政报告书，1935.

[96]汕头市建设委员会. 汕头市建筑业志(油印本)[M]，1989.广东省立中山图书馆藏.

[97]新会县建设局. 新会县建设特刊[M]，1933.

[98]汕头时事通讯社. 汕头商业名人录[Z]. 1934.

[99]舒新城. 中国近代教育史资料[M]. 人民教育出版社，1961.

[100]广东国民大学. 广东国民大学十周年纪念册[Z]，1935.

[101]国立中山大学工学院概览[Z]. 国立中山大学出版社，1936.

[102]国立中山大学工学院现状[Z]. 国立中山大学出版社，1937.

[103]新广州建设概览[M]. 广州：文化出版社. 1948.

[104]朱剑飞. 中国建筑60年历史理论研究(1949～2009)[C]. 北京：中国建筑工业出版社，2009.

二、论 文

[1]巴拉舒．澳门中世纪风格的形成过程[J]．[澳门]文化杂志．1998(35)：45～76.

[2]澳门从开埠至20世纪70年代社会经济和城建方面的发展[J]．[澳门]文化杂志．1998,(36、37)：9～68.该文节选翻译自1995年澳门政府出版的《澳门，在珠江口的纪念城》第一部分。

[3]王文东、袁东华．广州沙面租界概述[A]//上海市政协文史资料委员会等合编．列强在中国的租界[C]．北京：中国文史出版社．1992：252～266.

[4]孙晖，梁江．近代殖民商业中心区的城市形态[J]．城市规划学刊．2006(6)：102～107.

[5]陆晓敏．英国九龙"新界"概述[A]//上海市政协文史资料委员会等主编．列强在中国的租界[C]．北京：中国文史出版社．1992：492～505.

[6]赵国文．中国近代建筑史分期问题[J]．华中建筑．1987(2)：13～18.

[7]马秀之．汕头近代城市的发展与形成[A]//汪坦主编．第三次中国近代建筑史研究讨论会论文集[C]．北京：中国建筑工业出版社，1991:92～98.

[8]邝震球，黄颂虞．旧广州拆城筑路风波[A]//中国人民政治协商会议广州市委员会文史资料委员会．广州文史[C]．广州：广东人民出版社，1994.2(46)：164～168.

[9]杨颖宇．近代广州第一个城建方案：缘起、经过、历史意义[J]．学术研究，2003(3)：76～79.

[10]黄俊铭．清末留学生与广州市政建设[A]//汪坦、张复合．第四次中国近代建筑史研究讨论会论文集[C]．北京：中国建筑工业出版社，1993：183～187.

[11]陈予欢．民初之广州市政建设[A]//中国人民政治协商会议广州市委员会文史资料委员会．广州文史[C]．广州：广东人民出版社，1994.2(46)：156～163.

[12]韩锋、邝震球、黄颂虞．旧广州拆城筑路风波[A]//中国人民政治协商会议广州市委员会文史资料委员会．广州文史[C]．广州：广东人民出版社，1994.2,(46)：164～168.

[13]孙科．都市规划论[J]．建设,1919，Vol.1,(5)：1～17.

[14]程天固．广州市马路小史[J]．广州：广州市政公报，1930.6,(356)：95～100；(357)：92～102.

[15]陈殿杰．广州市分区制之研究[J]．新广州，1931.11，第1卷，(3)：22～33.

[16]赵辰．从开平碉楼反思中国建筑研究[A]//张复合主编．中国近代建筑研究与保护(四)[C]．北京：清华大学出版社，2004:85～88.

[17]黄遐．晚清寓华西洋建筑师述录[A]//汪坦、张复合主编．第五次中国近代建筑史研究讨论会论文集[C]．北京：中国建筑工业出版社，1998:164～179.

[18]侯幼彬、李婉贞．一页沉沉的历史——纪念前辈建筑师虞炳烈先生[A]//汪坦克、张复合主编．第五次中国近代建筑史研究讨论会论文集[C]．北京：中国建筑工业出版社，1998:180～187.

[19]徐苏斌．中国建筑教育的原点：清末京师大学堂与明治期的日本——中日建筑文化关系史之研究[A]//张复合．中国近代建筑研究与保护(一)[C]．北京：清华大学出版社，1999:207～220.

[20]利安．一百三十年的历史见证[J]．世界建筑，2004(12)：92～95.

[21]汤开建、颜小华．19世纪美北长老会在粤传教活动述论[J]．世界宗教研究，2005,(3)：86～95.

[22]林克明．建筑教育、建筑创作实践六十二年[J]．南方建筑，1995，(2)：45～54.

[23]陈智良、李其芳、陈荣翰口述．爱群大厦设计工程师陈荣枝[A]//广东省台山县政协文史委员会．台山文史[C]．1987,(8)：71-72.

[24]胡德元．广东省立勤勤大学建筑系创始经过[J]．南方建筑，1984，(4)：24-25.

[25]冯江．龙非了：一个建筑历史学者的学术历史[J]．建筑师，2007(1)：40～48

[26][日]藤森照信著．张复合译．外廊样式——中国近代建筑的原点[J]．北京：建筑学报．1993(5):33～38.

[27]房建昌．近代外国驻汕头领事馆及领事考//汕头文史．1996(16)：89～108.

[28]董黎．教会大学建筑与中国传统建筑艺术的复兴

[J]．南京大学学报(哲学、人文科学、社会科学)，2005(5)：70～81．

[29]郭伟杰．谱写一首和谐的乐章——外国传教士和"中国风格"的建筑(1911～1949)[J]．中国学术．2002(13)：68～118

[30]孙科．广州市政忆述[J]．广东文献，1971.10，Vol.1，(3)．

[31]赖德霖．中山纪念堂—— 一个现代中国的宣讲空间[J]．城市空间设计，2009(6)：42～47．

[32]赖德霖．构图与要素——学院派来源与梁思成"文法—词汇"表述及中国现代建筑[J]．建筑师，2009，(142)：56～59

[33]韩峰．吕彦直和杨锡宗[A]//广州市政协学习和文史资料委员会．广州文史资料存稿选编(六)[C]．北京：中国文史出版社，2008:161．

[34]赵辰．"民族主义"与"古典主义"——梁思成建筑理论体系的矛盾性与悲剧性之分析[A]//张复合主编．中国近代建筑研究与保护(二)[C]．清华大学出版社，2001:77～86．

[35]过元熙．博览会陈列各馆营造设计之考虑[J]．中国建筑，1934.2，Vol.2,(2)：12～14．

[36]过元熙．新中国建筑及工作[J]．勤大旬刊．1936.1.11(14)：29～31．

[37]徐苏斌．中国近代建筑教育的起始和苏州工专建筑科[J]．南方建筑．1994(3)：15～18．

[38]沈琼楼．清末广州科举与学堂过渡时期状况[A]//政协广东省文史资料研究委员会．广东文史资料[C]．广州：广东人民出版社，1987(53)：1～11．

[39]祁士恭．广东国民大学校史概略[A]．中国人民政治协商会议广东省广州市委员会、文史资料研究委员会．广州文史资料(选辑)[C]，1981，(23)：144～151．

[40]胡兆辉、焦永吉、金生文、任宗禹．日本建筑界之演进[A]//中华留日东京工业大学学生同窗会发行．东工同窗，1937：83～92．

[41]胡德元．建筑之三位[A]//广东省立勤勤大学工学院特刊，1935：4．

[42]林克明．什么是摩登建筑[A]//广东省立工专校刊，1933：78-79．

[43]过元熙．平民化新中国建筑[J]．广东省立勤勤大学出版委员会．广东省立勤勤大学季刊，1937.2，Vol.1,(3)：158～160．

[44]许培干演讲，谢松佳，雷玉光记录．新生活运动的意义[J]．广东省立勤勤大学教务处．勤大旬刊，1936.10.21(5)：15．

[45]彭长歆．20世纪初澳大利亚建筑师帕内在广州[J]．新建筑，2009(6)：68～72．

[46]彭长歆，杨晓川．骑楼制度与城市骑楼建筑[J]．华南理工大学学报(社科版)，2004,(4)：29～33．

[47]彭长歆．"铺廊"与骑楼：从张之洞广州长堤计划看岭南骑楼的官方原型[J]．华南理工大学学报(社科版)，2006,(6):66～69．

[48]彭长歆．广州东山洋楼考[J]．华中建筑，2010，(6)：154-155．

[49]彭长歆，蔡凌．广州近代"田园城市"思想源流[J]．城市发展研究，2008(1)：中16～19．

[50]彭长歆．中国近代建筑教育一个非"鲍扎"个案的形成——勤勤大学建筑工程学系的现代主义教育与探索[J]．建筑师，2010(5)：89～96．

[51]彭长歆，董黎．共生下的建筑文化生态——澳门早期中西建筑文化交流[J]．华中建筑，2008(5)：172～175．

[52]彭长歆．地域主义与现实主义：夏昌世的现代建筑构想[J]．南方建筑，2010(2)：36～41．

[53]彭长歆．一个现代中国建筑的创建：广州中山纪念堂的建筑与城市空间意义[J]．南方建筑，2010(6)：52～59．

三、翻译文献

[1][美]马士．中华帝国关系史(第1卷)[M]．张汇文，等，译．北京：三联书店，1962．

[2][意]利玛窦，[比]金尼阁．利玛窦中国札记[M]．何高济，王遵仲，李申，译．北京：中华书局，1983．

[3][德]施丢克尔(Helmuth Stoecker)．19世纪的德国与中

国Deutschland Und China Im 19. Jahrhundert[M]．乔松，译．北京：三联书店，1963.

[4][英]弗兰克·韦尔士(Frank Welsh)．香港史[M]．王皖强，黄亚红，译．北京：中英编译出版社，2007.

[5][英]斯当东．英使谒见乾隆纪实[M]．叶笃义，译．上海：上海书店出版社，1997.

[6][美]亨特．旧中国杂记[M]．沈正邦，译．广州：广东人民出版社，2000.

[7][英]呤唎．太平天国亲历记[M]．王维周，译．上海：上海古籍出版社，1985.

[8][法]卫青心．法国对华传教政策[M]．黄庆华，译．北京：中国社会科学出版社，1991.

[9][澳大利亚]费约翰．唤醒中国：国民革命中的政治、文化与阶级[M]．李恭忠，李里峰，李霞，徐蕾，译．生活·读书·新知三联书店，2004.

[10][意]L. 本奈沃洛．西方现代建筑史[M]．邹德侬，巴竹师，高军，译．天津：天津科学技术出版社，1996.

[11][瑞典]龙思泰．早期澳门史[M]．吴义雄，郭德炎，沈正邦，译．北京：东方出版社，1997.

四、西文文献

[1]Valery M. Garrett.*Heaven is High, the Emperor Far Away——Merchants and Mandarins in Old Canton*[M]．Oxford University Press，2002.

[2]W. C. Hunter. *The Fan-qui at Canton before Treaty Days,1825~1944*[M]．London: Kegan Paul, Trench & Co, 1882, reprint, Shanghai: The Oriental Affairs,1938.

[3]H. S. Smith.*Diary of Events and The Progress on Shameen，1859~1938*[M]．1938.

[4]Tess Johnston and Deke Erh.*The Last Colonies—Western Architecture In China's Southern Treaty Ports*[M]．Hongkong:Old China Hand Press，1997.

[5]M. C. Powell(Editor).*Who's Who in China*(中国名人录)．Third Edition.Shanghai：*The China Weekly Review*，1925.

[6]Canton City Wall Replaced by Road[J]．*The Far Eastern Review*, 1920，(2)：109.

[7]Canton in the Changing[J]．*The Far Eastern Review*, 1921，(10)：705-707.

[8]Canton's New Maloos[J]．*The Far Eastern Review*，1922，(1)：22-24.

[9]Orrin Keith.Commission Government in Canton.*The Far Eastern Review*, 1922，(2)：101-103.

[10]Milton Chun Lee.Public Construction in Canton.*The Far Eastern Review*, 1930，(5)：217~219,255.

[11]The Kwangtung Cement Factory.*The Far Eastern Review*, 1931，(2)：84-85.

[12]Canton—A World Port[J]．*T The Far Eastern Review*，1931，(6)356~358.

[13]Proposed Bridge Across the Pearl River[J]．*The Far Eastern Review*,1922,(9)：562.

[14]Brenda S. A. Yeou.*Contesting Space in Colonial Singapore：Power Relations and the Urban Built Environment* [M]．Singapore University Press,2003

[15]Edward Bing-Shuey Lee(李炳瑞)．*Modern Canton*[M]．Shanghai：The Mercury Press, 1936

[16]J. E. Hoare．*Embassies in the East: The Story of the British Embassies in Japan, China and Korea from 1859 to the Present*[M]．London：Curzon Press, 1999

[17]*Who's Who in the Far East* (1906-1907)[Z]．Newchwang：Bush Brothers，1907.

[18]Wright and Cartwright.*Twentieth Century Impressions of Hongkong,Shanghai,and Other Treaty Ports of China：Their*

History, Commerce, Industries, and Resources [M]．London：Lloyd's Great Britain Publishing Company Ltd, 1908.

[19] "Canton Adopts New 'City Plan', Chinese Aspects Retained in Layout Designed by a New York Architect—Modern Sanitary System to Be Built" [N]．New York Times, March 13,1927.

[20] Derham Groves. *From Canton Club to Melbourne Cricket Club: The Architecture of Arthur W. Purnell*[M]．Melbourne ：The University of Melbourne.2006

[21] John William Leonard, Lewis Randolph Hamersly, Frank R. Holmes.*Who's who in New York City and State* [M], Vol.4.L.R. Hamersly Co., 1909

[22] Antonia Brodie, Alison Felstead, Jonathan Franklin, Leslie Pinfield.*Directory of British Architects 1834-1914*[Z]. Longdon, Newyork：Continuum，2001

[23] Jeffrey W. Cody.*Building in China: Henry K. Murphy's "Adaptive Arcitecture" 1914~1935*[M]．Hongkong: The Chinese University of Press; Seattle: University of Washington Press, 2001

[24] Jeffrey W. Cody.*Exporting American Architecture 1870~2000*[M], Routledge, 2003.

[25] Jeffrey W. Cody.*American Geometries and the Architecture of Christian Campuses in China*[A]// Edited by Daniel H. Bays and Ellen Widmer. *China's Christian Colleges: Cross-Cultural Connections,1900~1950*[C]．California: Stanford University Press, 2009.

[26] Fa-ti Fan. *British Naturalists in Qing China: Science, Empire and Cultural Encounter*[M]．Harvard University Press. 2004.

五、历史档案文献

[1]中国第一历史档案馆、广州市荔湾区人民政府．清宫十三行档案精选.

[2]广州年鉴大事记．广州市政府．民国十八年广州市市政府统计年鉴，1929年．广东省立中山图书馆藏.

[3]汕头市政厅．汕头市政厅改造市区计划书及古应芬、孙科的批复,1920年代．汕头市档案馆藏.

[4]广州市政府．广州市政府合署征求图案条例，1929年7月．广州市档案馆藏.

[5]台中新校舍奠基纪念录，1924年，会议纪事篇，台山市档案馆藏.

[6]广州市工务局．已呈准登记技师姓名学历表．1934年3月6日，广州市档案馆藏.

[7]广州市政府市行政会议．市府合署案．1929年．广州市档案馆藏.

[8]广州市银行．广州市银行华侨新村设计，1947年．广州市档案馆藏.

[9]范文照、郑校之等建筑师与致函广东省银行．广东省档案馆藏.

[10]林逸民．提议广州市工务局工程承商登记意见书，1925年11月11日．广州市档案馆藏.

[11]广州市技师技副姓名清册，1934年4月．广州市档案馆藏.

[12]广州协和神学院历史档案，广东省档案馆藏.

[13]夏葛医学院、柔济医院历史档案，广东省档案馆藏.

[14]程天固．提议拟办建筑工程师登记意见书，1929年9月．广州市档案馆藏.

[15]程天固．提议拟办保障业主工程师员及承建人规程，1932年3月．广州市档案馆藏.

[16]罗启芳等致广州市市政府市长函，1932年8月23日．广州市档案馆藏.

[17]林凤翔等：陈述保障规程窒碍意见书，1932年8月23日．广州市档案馆藏.

[18]袁梦鸿等就广东省府建字第3420号训令及建筑业同业公会顾鸿年等上诉省府一案致省府公函，1929年8月18日．广州市档案馆藏.

[19]陆嗣曾等．审查修正广州市保障业主工程师员及承

建人规程案意见书，1932年10月18日．广州市档案馆藏．

[20]广东省政府主席陈铭枢．建字6201号训令；袁梦鸿为广州市府第1109号训令、省府训令建字第1307号、西南政务委员会第931号训令致广州市市长刘纪文公函，1933年5月26日．广州市档案馆藏．

[21]基泰工程司广州事务所致京所函分抄沪所，1946年5月7日．广州市档案馆藏．

[22]广州市建筑师公会．建筑师业务规则，1947年．广州市档案馆藏．

[23]广州市建筑师管理规则[Z]，第一章第四条，1945年．广州市档案馆藏．

[24]民国时期广东省银行各支行建设情况．广东省档案馆藏．

[25]香港历史档案馆．有关建筑师登记注册档案．HongKong Public Record Office；宪报，1952年．

[26]翁桂清、杨锡宗．汕头市政计划举要，1947年．广东省立中山图书馆藏．

[27]广东欧美同学会会员录，1936年．广东省立中山图书馆藏．

[28]广州市工务局建筑师开业申请书(甲等)，1946年7月．广州市档案馆藏．

[29]广州市工务局建筑师开业申请书(乙等)，1946年7月．广州市档案馆藏．

[30]国立中山大学教职员、学籍等档案．广东省档案馆藏．

[31]国立中山大学董事会．国立中山大学建筑新校舍工程费用一览表．广东省档案馆藏．

[32]林逸民．提议广州市工务局工程承商登记意见书[Z]．1925.11.11，广州市档案馆藏．

六、历史期刊、报纸及文史资料

[1][香港]华字日报

[2][香港]士蔑西报

[3]中国人民政治协商会议广东省广州市委员会、文史资料研究委员会．广州文史资料

[4]广州市政协文史资料委员会．广州文史．广州：广东人民出版社

[5]中国人民政治协商会议广东省委员会、文史资料委员．广东文史资料

[6]汕头市政协文史资料委员会．汕头文史

[7]江门市政协文史资料委员会．江门文史

[8]新会县政协文史资料工作委员会．新会文史资料选辑

[9]广东省台山县政协文史委员会．台山文史

[10]广州市工务局．广州市工务局季刊，1929年4月创刊．

[11]广州市市政(厅)府．广州市市政公报,1920-1930年代

[12]广州市市政府．新广州

[13]广州民国日报

[14]汕头市市政(厅)府．汕头市市政公报,1920-1930年代

[15]新建筑社．新建筑(含抗战版、胜利版)

[16]中国建筑师学会．中国建筑,1930年代

[17][上海]建筑月刊，1930年代

[18]广东省立勤勤大学．勤大旬刊，1930年代

[19]国立中山大学．国立中山大学日报

七、学位论文

[1]谢少明．广州建筑近代化过程研究[D]．华南工学院建筑系，1987.

[2]赖德霖．中国近代建筑史研究[D]．清华大学建筑学院，1992.

[3]林冲．骑楼型街屋的发展与形态的研究[D]．华南理工大学建筑学院，2000.

[4]刘业．现代岭南建筑发展研究[D]．东南大学建筑学院，2001

[5]彭长歆．岭南建筑的近代化历程研究[D]．华南理工大学建筑学院，2004.

[6]王浩娱．中国近代建筑师执业状况研究[D]．东南大学建筑学院，2002.